江山仙霞岭自然保护区生物多样性研究

Jiangshan Xianxialing Nature Reserve Biodiversity Research

主编 王荣华 余著成 金 伟

ZHEJIANG UNIVERSITY PRESS
浙江大学出版社 | 全国百佳图书出版单位
·杭州·

图书在版编目(CIP)数据

江山仙霞岭自然保护区生物多样性研究 / 王荣华，余著成，金伟主编. —杭州：浙江大学出版社，2022.10
ISBN 978-7-308-22885-5

Ⅰ.①江… Ⅱ.①王… ②余… ③金… Ⅲ.①自然保护区—生物多样性—研究—江山 Ⅳ.①S759.992.554 ②Q16

中国版本图书馆 CIP 数据核字(2022)第 138685 号

江山仙霞岭自然保护区生物多样性研究
王荣华 余著成 金 伟 **主编**

责任编辑 季 峥 潘晶晶
责任校对 王 晴
封面设计 BBL 品牌实验室
出版发行 浙江大学出版社
(杭州市天目山路 148 号 邮政编码 310007)
(网址：http://www.zjupress.com)
排　　版 杭州星云光电图文制作有限公司
印　　刷 浙江海虹彩色印务有限公司
开　　本 787mm×1092mm 1/16
印　　张 19.5
插　　页 14
字　　数 494 千
版 印 次 2022 年 10 月第 1 版 2022 年 10 月第 1 次印刷
书　　号 ISBN 978-7-308-22885-5
定　　价 168.00 元

浙江大学出版社市场运营中心联系方式：0571－88925591；http://zjdxcbs.tmall.com

江山仙霞岭省级自然保护区——地理位置图

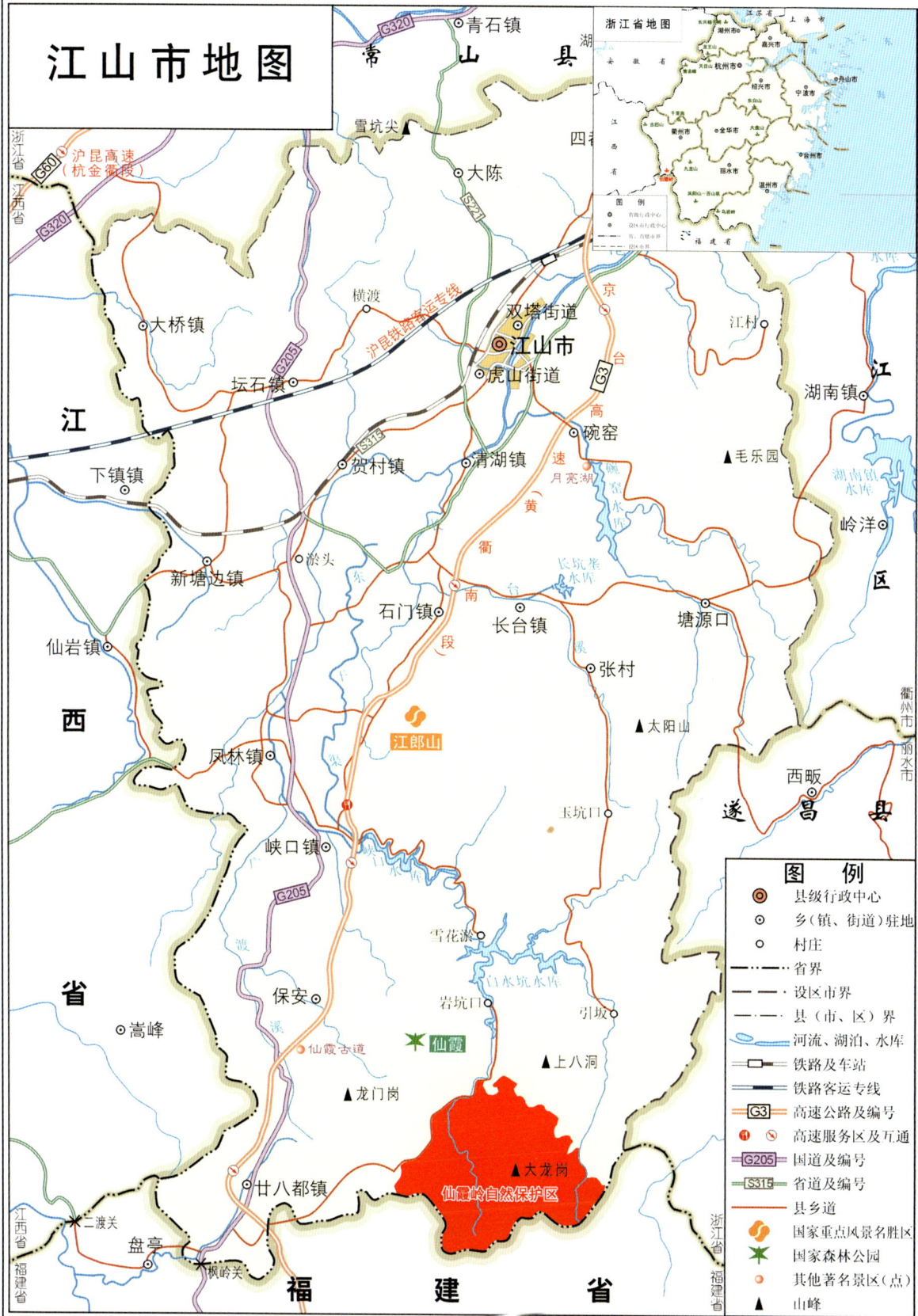

江山市地图

常山县
青石镇
G320
雪坑尖
四
大陈
S221
浙江省
江西省
G60 沪昆高速（杭金衢段）
G320
横渡
沪昆铁路客运专线
双塔街道
江山市
虎山街道
大桥镇
坛石镇
G205
G3
京台高速（黄衢南段）
碗窑
江村
湖南镇
江
毛乐园
湖南镇水库
下镇镇
贺村镇
S315
清湖镇
月亮湖
碗窑水库
岭洋
江
新塘边镇
淤头
长坑垄水库
区
石门镇
长台镇
塘源口
仙岩镇
张村
西
江郎山
太阳山
凤林镇
西畈
遂昌县
衢州市
丽水市
玉坑口
峡口镇
峡口水库
G205
雪花淤
保安
白水坑水库
岩坑口
引坑
省
嵩峰
仙霞古道
仙霞
上八洞
龙门岗
大龙岗
仙霞岭自然保护区
廿八都镇
二渡关
盘亭
枫岭关
江西省
福建省
浙江省
福建省
福 建 省

浙江省地图
湖州市
嘉兴市
杭州市
绍兴市
舟山市
宁波市
衢州市
金华市
台州市
丽水市
温州市
安徽省
江西省
福建省

图 例
县级行政中心
乡（镇、街道）驻地
村庄
省界
设区市界
县（市、区）界
河流、湖泊、水库
铁路及车站
铁路客运专线
G3 高速公路及编号
高速服务区及互通
G205 国道及编号
S315 省道及编号
县乡道
国家重点风景名胜区
国家森林公园
其他著名景区（点）
山峰

地图审核号：浙衢S[2020]12号

浙江振邦地理信息科技有限公司 编制

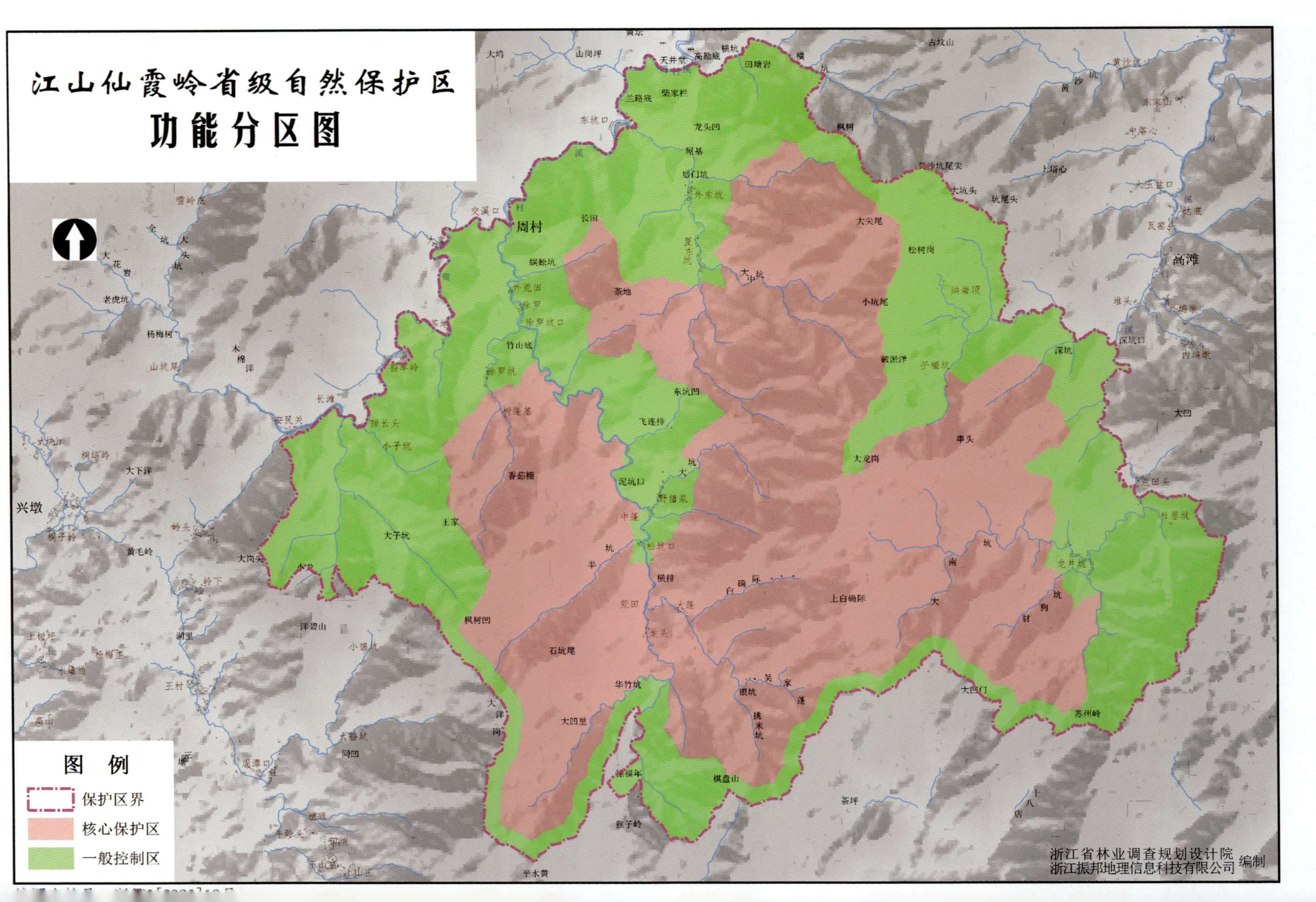
江山仙霞岭省级自然保护区
功能分区图
图 例
保护区界
核心保护区
一般控制区
浙江省林业调查规划设计院
浙江振邦地理信息科技有限公司
编制
周村
高滩
兴墩
大尖尾
松树岗
小坑尾
茶地
长田
香菇棚
石坑尾
串头
大龙岗
上白确际
大四里
华竹坑
棋盘山
苏州岭
深坑
大子坑
小子坑
王家
枫树凹
泥坑口
飞连排
东坑凹
竹山底
龙头凹
田塘岩
兰路底
柴家栏
大四门
茶坪
大坳
山岗坪
东坑口
交溪口
老虎坑
杨梅树
大下洋
黄毛岭
洋岩山
湖里
王村
高山
平水黄
大凹
大坑头
坑尾头
上塔心
枫树
后门坑
屋基
蜈蚣坑
银坑
挑米坑
獠子岭
古坟山

1	2
3	4

1. 多脉鹅耳枥林　2. 枫香林
3. 毛竹林　4. 甜槠林

1	2
3	4
5	6

1. 白发藓　2. 比拉真藓　3. 大凤尾藓
4. 大羽藓　5. 东亚短颈藓　6. 东亚灰藓

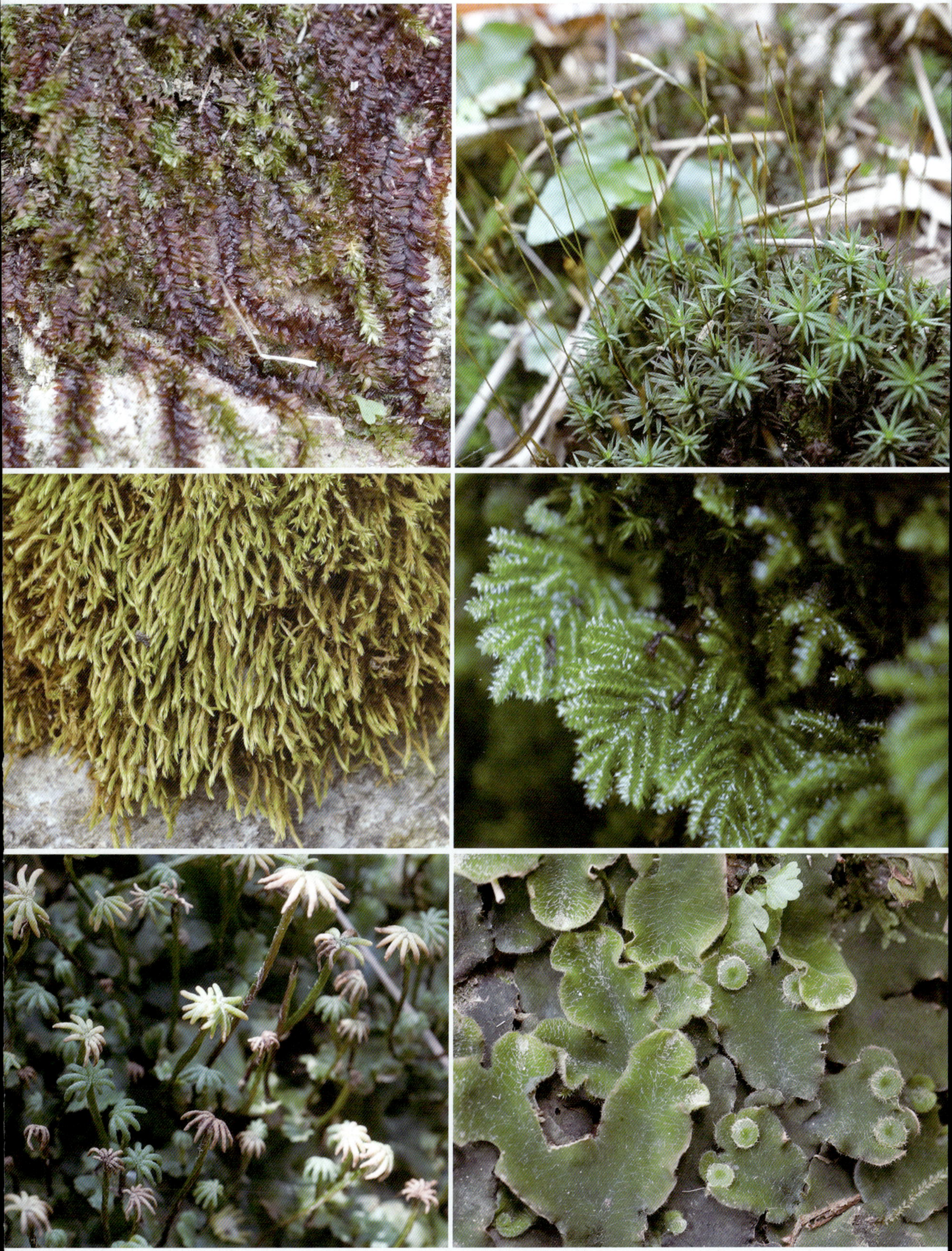

1	2
3	4
5	6

1. 东亚拟鳞叶藓　2. 东亚小金发藓　3. 东亚泽藓
4. 黄边孔雀藓　5. 地钱　6. 毛地钱

1	2
3	4
5	6

1. 南京凤尾藓　2. 暖地大叶藓　3. 三裂鞭苔
4. 威氏缩叶藓　5. 疣灯藓　6. 爪哇裸蒴苔

1a	1b
2a	
2b	2c

1. 南方红豆杉（国家一级重点保护野生植物）
2. 伯乐树（国家一级重点保护野生植物）

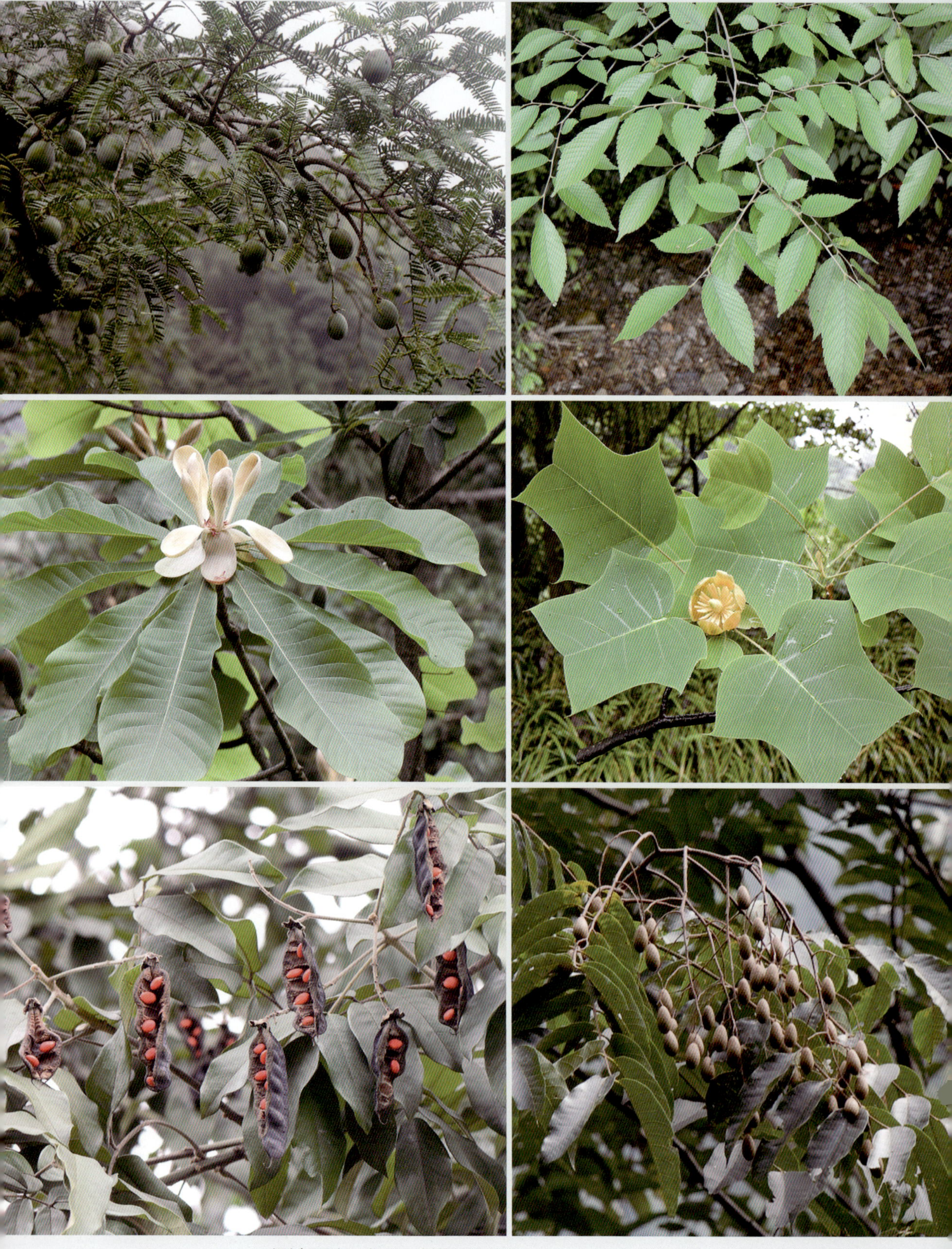

1	2
3	4
5	6

1. 榧树(国家二级重点保护野生植物)　2. 榉树(国家二级重点保护野生植物)
3. 凹叶厚朴(国家二级重点保护野生植物)　4. 鹅掌楸(国家二级重点保护野生植物)
5. 花榈木(国家二级重点保护野生植物)　6. 毛红椿(国家二级重点保护野生植物)

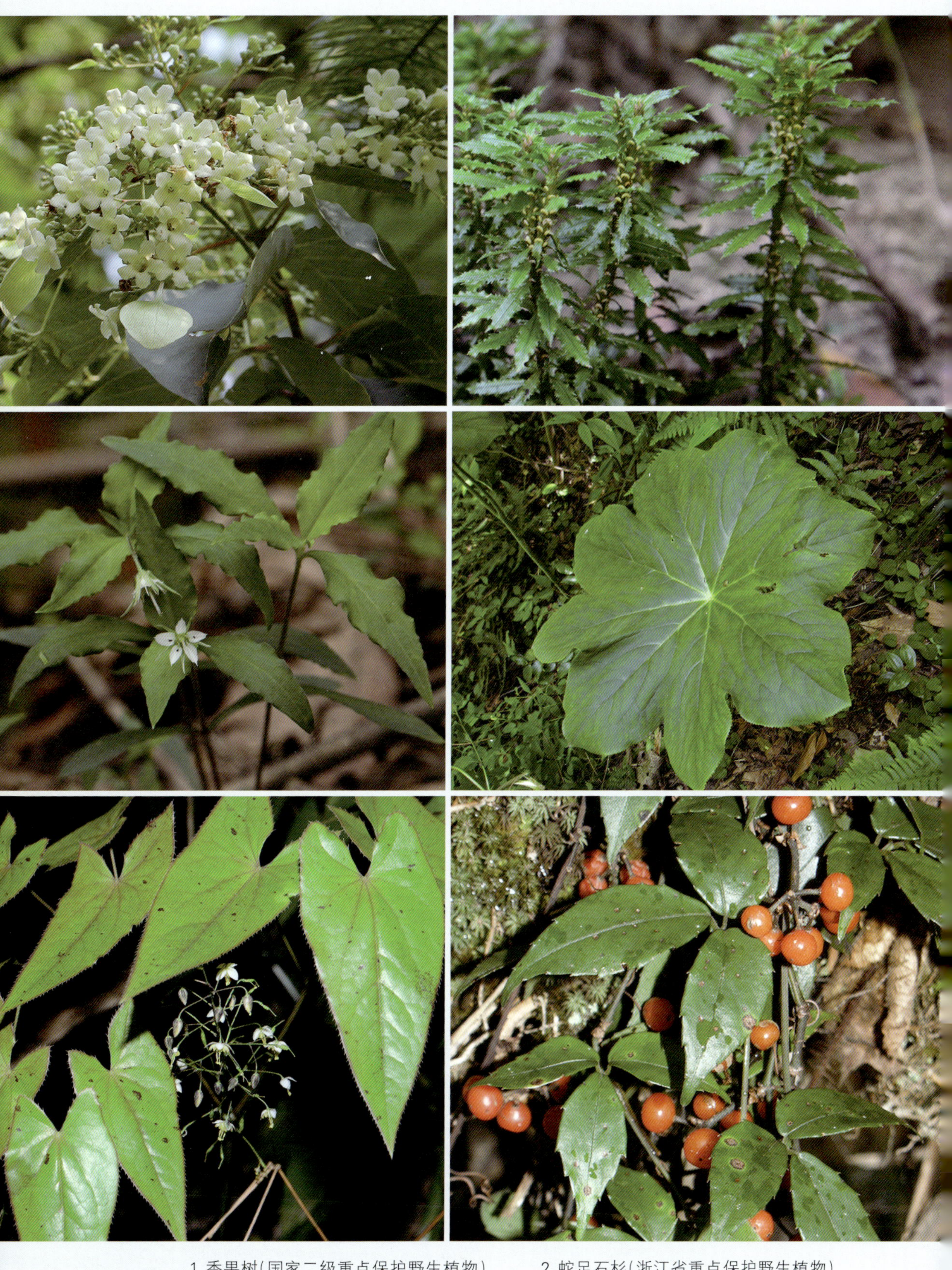

1	2
3	4
5	6

1. 香果树（国家二级重点保护野生植物） 2. 蛇足石杉（浙江省重点保护野生植物）
3. 孩儿参（浙江省重点保护野生植物） 4. 八角莲（浙江省重点保护野生植物）
5. 三枝九叶草（浙江省重点保护野生植物） 6. 三叶崖爬藤（浙江省重点保护野生植物）

1	2
3	4
5	6

1. 红淡比(浙江省重点保护野生植物)
2. 银钟花(浙江省重点保护野生植物)
3. 金线兰[《中国生物多样性红色名录》濒危(EN)物种]
4. 寒兰[《中国生物多样性红色名录》易危(VU)物种]
5. 浙江樟[《中国生物多样性红色名录》易危(VU)物种]
6. 春兰[《中国生物多样性红色名录》易危(VU)物种]

1 | 2	1. 白绒红蛋巢菌	2. 漏斗韧伞	3. 云芝
3	4. 朱红密孔菌	5. 残托鹅膏	6. 鹅绒菌
4 | 5 | 6			

1	2
3	4
5	6
7	8

1. 秉志肥螈（浙江省重点保护野生动物）
2. 崇安髭蟾（浙江省重点保护野生动物）
3. 大绿臭蛙（浙江省重点保护野生动物）
4. 凹耳臭蛙（浙江省重点保护野生动物）
5. 布氏泛树蛙（浙江省重点保护野生动物）
6. 天目臭蛙（浙江省重点保护野生动物）
7. 棘胸蛙（浙江省重点保护野生动物）
8. 中国雨蛙（浙江省重点保护野生动物）

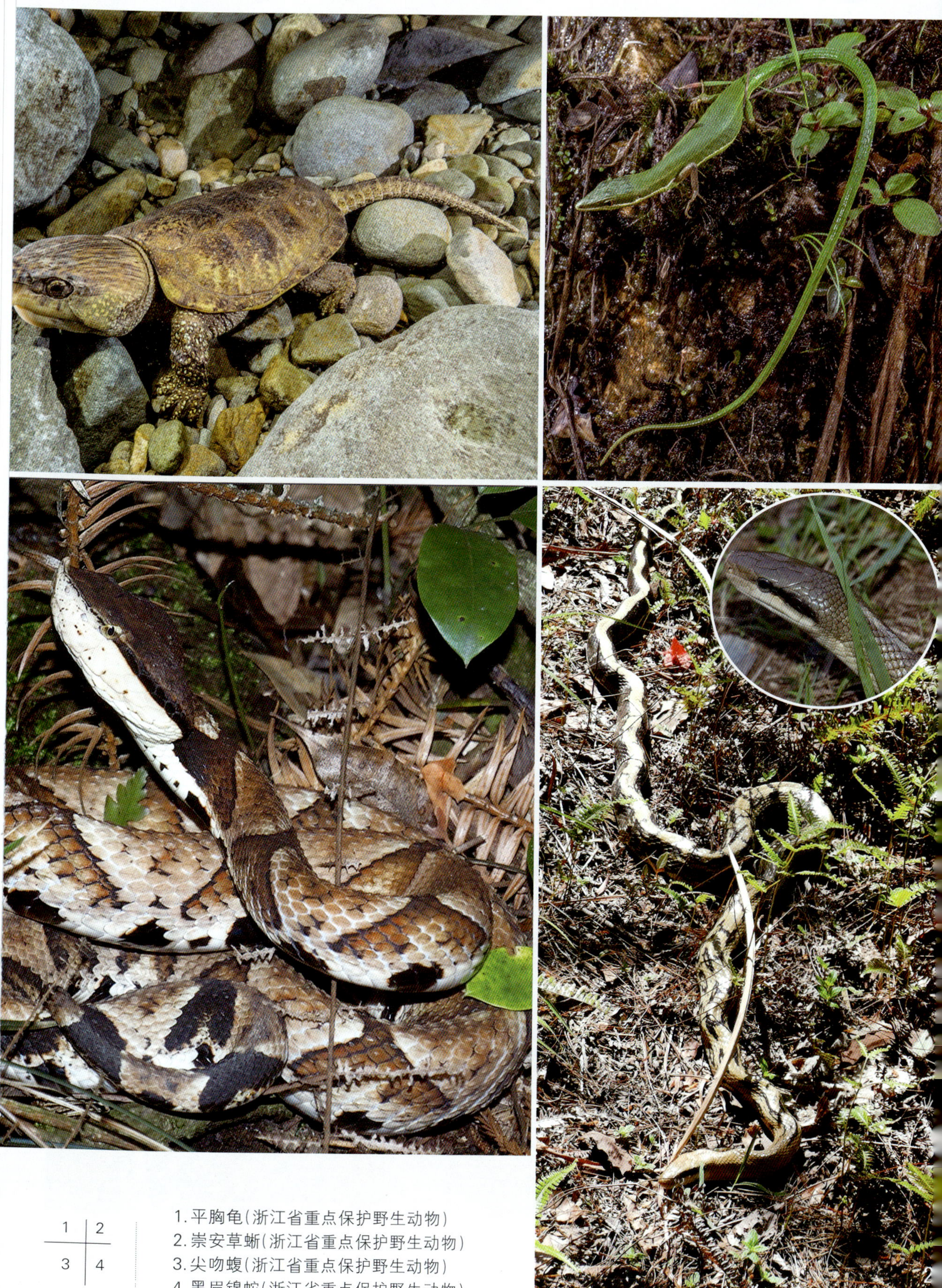

1	2
3	4

1. 平胸龟（浙江省重点保护野生动物）
2. 崇安草蜥（浙江省重点保护野生动物）
3. 尖吻蝮（浙江省重点保护野生动物）
4. 黑眉锦蛇（浙江省重点保护野生动物）

1	2
3	4
5	6

1. 黑熊（国家二级重点保护野生动物） 2. 中华鬣羚（国家二级重点保护野生动物）
3. 猕猴（国家二级重点保护野生动物） 4. 毛冠鹿（浙江省重点保护野生动物）
5. 豹猫（浙江省重点保护野生动物） 6. 小麂

《江山仙霞岭自然保护区生物多样性研究》编委会

顾　问：丁　平

主　任：王荣华

副主任：陈　林　陈征海　徐望汝　余　杰

主　编：王荣华　余著成　金　伟

副主编：郑志鑫　张芬耀　余　杰　谢文远　陈　卓　诸葛刚　周　晓

编　委（按姓氏笔画排序）：

王义平　王梅芳　毛鹏程　刘　笑　刘凯焰　刘宝权　许济南　巫优良　吴　鸿　张培林　陈　锋　陈春雷　邵华亮　罗水根　周佳俊　祝肖肖　徐林莉　梁卫青　童　哲　温超然　鲍毅新

单　位：江山仙霞岭省级自然保护区管理中心

浙江大学

浙江省森林资源监测中心

浙江师范大学

浙江省中医药研究院

杭州师范大学

浙江农林大学

调查人员名单

江山仙霞岭省级自然保护区管理中心

王荣华　郑志鑫　余　杰　余著成　陈　卓　罗水根
童　哲　王梅芳　毛鹏程　徐林莉　祝肖肖　陈玉文
吴康伟　邵华亮　巫优良　刘　笑

浙江大学

夏贵荣　潘　林　陈传武　曾　岫　吴亦如　赵郁豪
周浩楠　金挺浩　刘　娟　朱　晨　张　雪　韩雨潇
许心玉　蔡　畅　司　琪

浙江省森林资源监测中心

金　伟　刘宝权　陈　锋　张芬耀　诸葛刚　陈春雷
谢文远　许济南　周　晓　周佳俊　温超然　张培林
刘凯怊　刘富国　刘小云　汤　腾　王　晨

浙江农林大学

李根有　马丹丹　王义平　吴　鸿　龙承鹏　刘立伟
黄　杨　廖佳鑫　谭林晏　王康祺

浙江师范大学

鲍毅新

杭州师范大学

吴玉环　盛　威　黄文专　岳心睿　马　飞

浙江省中医药研究院

浦锦宝　梁卫青　楼柯浪　吴晓俊

浙江省中医药大学

顾秋金　麻馨尹　陶婷婷　徐梦霞　高　恬　王江波
余　各

前 言

江山仙霞岭省级自然保护区(以下简称保护区)地处浙江省西南部的江山市境内,与福建省浦城县及浙江省遂昌县毗邻,于2016年5月经浙江省人民政府批准建立,2020年经整合优化后总面积7084.56hm²。主峰大龙岗海拔1501.0m,为金衢第一高峰。保护区处于仙霞岭山脉西南端,是仙霞岭山脉入浙的起点,是全国32个内陆生物多样性保护优先区域之一的"武夷山生物多样性保护优先区域"的南北连接之咽喉,生态区位十分重要。其主要保护对象有黑麂、黄腹角雉、黑熊、伯乐树等珍稀濒危野生动植物,以及典型的中亚热带常绿阔叶林。

保护区自成立以来,积极与省内外高等院校和科研单位合作,开展生物多样性调查与科学研究工作。特别是2018—2021年,江山仙霞岭省级保护区管理中心联合浙江省森林资源监测中心(浙江省林业调查规划设计院)、浙江大学、浙江师范大学、杭州师范大学、浙江省中医药研究院、浙江农林大学、中国林业科学研究院亚热带林业研究所等相关部门和单位共同组建了综合科考队,对保护区内的地质、地貌、水文、气候、土壤、菌物、苔藓、维管植物、植被、昆虫、脊椎动物、社会经济、生态旅游、区域环境等开展了一次全面系统的考察。通过本轮综合科考,系统科学地查清了保护区内野生动植物资源的种类、分布和特点,更为全面地认识了保护区自然地理面貌、生物多样性特征、生态系统类型及演替规律、社会经济和环境状况,为保护区的管理提供了重要的科学依据。

保护区地处中亚热带北缘、亚热带湿润季风气候区,四季分明,光温适宜,小气候特征明显,土壤、温度、水分、光照等各种生态因子在小尺度下有机结合,形成了丰富的生境类型,孕育了多样的植被类型。根据考察统计,保护区内植被类型有13个植被型46个群系(组),森林覆盖率达98.0%,具有保存完好的典型中亚热带常绿阔叶林,发育并保存了广袤的天然次生阔叶林,其林内古木参天,冠如华盖。保护区是浙江省生物多样性丰富的区域之一,优越的自然环境条件使这里成为了野生动植物的乐园。

保护区内,野生及常见栽培高等植物共有231科812属1743种(包括种下分类单位,下同),其中,苔藓植物29目66科145属345种,维管植物165科667属1398种;大型菌物共有3门8纲21目58科111属191种;野生动物共有50目342科2687种,其中,昆虫20目246科2357种,鱼类3目10科48种,两栖类2目8科28种,爬行类2目9科40种,鸟类15目46科151种,兽类8目23科63种。众多野生动植物中,不乏珍稀濒危物种。植物中,蛇足石杉、六角莲、南方红豆杉、伯乐树、短萼黄连和香果树等28种为国家重点保护野生植物,三枝九叶草、野含笑等9种为浙江省重点保护野生植物,其他珍稀濒危植物有78种;大型菌物中,桃红胶鸡油菌、中国胶角耳、光柄厚囊牛肝菌、类铅紫粉孢牛肝菌、灰疣鹅膏、灰褐湿伞、网纹马勃、金黄鳞盖菇和东方色钉菇等10种为中国特有种;动物中,黑麂、穿山甲、小灵猫、黄腹角雉、白颈长尾雉和中华秋沙鸭等10种为国家一级重点保护野生动物,藏酋猴、黑熊、白眉山鹧鸪、小天鹅、平胸龟、中国瘰螈和金裳凤蝶等国家二级重点保护野生动物37种,浙江省重点保护陆生野生动物有40种,中国特有种有51种。

本书是根据各个学科的科考报告,综合有关文献、资料所做的系统整理和总结而成,不仅阐明了保护区的生物多样性,更对保护区珍稀濒危野生动植物的科学管理、合理利用与科普宣传等起到重要作用。

本书是保护区全体科考成员辛勤工作的结果,在从外业调查到编纂出版的过程中,有幸得到了浙江大学丁平教授、浙江省森林资源监测中心陈征海教授级高工等领导专家的关心和指导,在此表示衷心的感谢。

由于编撰时间相对较短,且编者水平有限,书中难免有疏虞之处。期望同行、专家、学者和读者不吝批评指教!

编　者

2022年5月28日

目　录

第1章 概 述

1.1 自然地理概况

1.1.1 地理区位及范围

江山仙霞岭自然保护区(简称保护区)位于浙江省江山市南部山区,是浙江省母亲河——钱塘江的重要源头之一,南与福建省浦城县接壤。地理坐标为118°33′41.73″~118°41′5.01″E、28°15′25.66″~28°21′11.46″N。

保护区总面积7084.56hm^2,其范围涉及江山市廿八都镇的周村村和张村乡的双溪口村,东至双溪口村社屋坑山岗,南至省界周村平水黄,西至周村大岗尖,北至周村横坑。

1.1.2 地质概况

保护区位于江山市南部的廿八都镇和张村乡境内,大地构造上位于江山—绍兴深断裂带西南端之南东侧,属华南褶皱系浙东南褶皱带丽水—宁波隆起龙泉—遂昌断隆的北部。江山—绍兴深断裂带是一条具有长期活动历史、切穿地壳的深断裂带,向西南延伸至抚州、宜春一带,地表倾向北西,深部转向南东,由众多大致平行的断层组成,带宽0.5km至数千米。沿断裂带有晋宁期、燕山期及喜山期多期次基性和酸性岩浆岩侵入。

1. 地层

保护区岩浆活动强烈,其基底地层为早—中元古宙陈蔡群变质岩系。构造运动造成长期风化剥蚀,其间缺失了大量的地层单元,如震旦系、寒武系、奥陶系、志留系、泥盆系、石炭系、二叠系、三叠系、白垩系,基底之上大面积覆盖侏罗系火山碎屑岩。

中元古宙陈蔡群变质岩的岩性为各种片岩、片麻岩,以混合片麻岩为主。该层位中发育有石英脉、花岗岩脉、伟晶岩脉,片麻岩中局部含有石墨,品位低、规模小。该层厚度大于1000m。

侏罗系上统高坞组,岩性分布较单一,主体为浅灰色、深灰色流纹质晶屑熔结凝灰岩,其间夹少量玻屑凝灰岩、角砾集块凝灰岩,以晶屑粒度粗大、碎屑矿物普遍为特色,酷似花岗岩类;晶屑组分以石英、钾钠长石为主,钾长石及云母类次之,其含量一般在40%~50%,局部达60%以上。该地层与上覆的西山头组整合接触,厚度大于1719m。

侏罗系上统西山头组，岩性组合为流纹质玻屑、晶屑熔结凝灰岩和流纹质晶屑、玻屑熔结凝灰岩，岩石中晶屑含量15%～40%，粒度较细小，成分以钾钠长石和石英为主，厚度大于580m。

第四系全新统，主要分布在沟谷、洼地中，以冲积形成的粉砂质亚黏土、粉砂、砂与砂砾为主，在坡麓地带尚有坡积的亚黏土。

2. 岩浆岩

保护区内燕山构造运动造成了规模较大的断裂构造，影响了不同阶段、不同序次的岩浆侵入。侵入岩为燕山早期侵入的花岗斑岩，燕山早期花岗岩、燕山早期石英正长斑岩、晚侏罗世流纹斑岩呈岩体、岩株、岩脉产出，侵入侏罗系中。

3. 构造

保护区位于江山—绍兴深断裂带南东侧，属华南褶皱系，经加里东运动褶皱回返，后加里东地台阶段处于长期隆起与剥蚀状态，进入陆缘活动阶段后构造岩浆活动十分活跃。保护区基底为前震旦系变质岩系，区域热变质作用强烈；盖层为陆缘活动阶段复理石建造和巨厚的大陆钙碱性火山岩系。燕山早期受刚性基底的控制，表现为大型宽缓的坳陷、隆起和断裂构造，控制了北东向火山岩带的发育；燕山晚期在以引力、张力为主的作用下，形成了由一系列北北东向区域性断裂以及断块构造组成的构造火山盆地。区内岩浆活动十分强烈，火山喷发活动和岩浆侵入作用频繁，以断裂发育为特征，其展布方向有北东向、北北东向、北西向和近南北向四组。其中，以北东向和北北东向最为发育，规模最大，为燕山晚期的产物。断裂性质以逆断层为主，其次为正断层，大多切割侏罗系火山岩，生成时间较晚，并具有对前期构造的继承性和多次活动的特点，是区内火山岩发育区导矿、储矿的有利场所，金属及萤石矿产的产出与构造关系密切。

在构造岩浆活动方面，区内火山活动具有多旋回的特点，经历了地槽、地台和大陆边缘活动三个大地构造岩浆活动阶段。其中，除大陆边缘活动阶段，特别是燕山晚期火山活动强烈而持续外，地槽、地台阶段火山活动相对较弱，火山喷发堆积物亦较零星，具有间歇性火山喷发的特点。经长时间的侵蚀、剥蚀作用，低次级的火山构造已遭受破坏，区内现保存完好的火山构造通道有东坑口火山颈。

东坑口火山颈位于东坑口以西、尾坑村南东侧，地表出露长1700m，宽400m。岩颈由爆发角砾岩、岩浆自身角砾岩、酸性熔岩等组成。其中含有巨大的凝灰质砂岩、凝灰质砂砾岩、安山岩、层纹状流纹英安岩等围岩岩块，形态不规则，普遍较破碎，并被爆发角砾岩和脉状熔岩穿切贯入。爆发角砾岩为由火山碎屑岩或熔岩胶结的火山角砾岩、集块岩组成。角砾、集块成分以酸性熔岩和凝灰岩为主，也有凝灰质砂岩、安山岩和少量花岗岩，一般呈尖棱角状，大小混杂，无分选性。岩浆自身角砾岩的角砾成分与胶结物成分完全一致，有英安岩、霏细岩、珍珠岩、流纹岩等，岩性较杂，多呈团块状和不规则脉状产出。酸性熔岩主要为霏细岩、珍珠岩、流纹岩，它们的结构构造多变，多切穿火山颈中的爆发角砾岩，呈枝杈状、脉状产出，形态复杂多变。火山颈下部相变为花岗斑岩、流纹斑岩。火山颈南东侧有一呈半环状分布的火山集块角砾岩，呈层状产出。角砾、集块成分复杂，主要为凝灰岩、流纹岩、花岗岩及凝灰质砂砾岩，呈尖棱角状，直径几厘米至几十厘米，集块大者可达几米。

4.新构造运动与地震

(1)新构造运动

保护区内火山活动具有多旋回的特点。燕山晚期火山活动强烈,新构造运动表现较明显的为抬升作用。新构造断裂与长期活动的深断裂关系密切,区内位于江山—绍兴深断裂带南东侧西南段,沿断裂带北东向断裂发育,早更新世后断裂均有活动,切割侏罗系,表明新构造运动具明显的继承性和依附性。

(2)地震

历史记载,保护区无震源,仅有波及性地震,属地壳活动相对稳定的地区。

根据《中国地震动参数区划图》(GB18306—2001),保护区地震动峰值加速度<0.05g,相应地震基本烈度<Ⅵ度。

5.矿产

燕山期侵入活动规模大,次数频繁,花岗岩类岩石是保护区岩浆活动的主要产物,其形态、产状与区域构造关系十分密切,在空间分布上与潜火山岩、火山喷出岩相伴产出。岩石富碱,后期碱质相对增高,碱度增大。岩体自变质作用较强,常见的有钠长石化、云英岩化。副矿物组合相对复杂,造矿元素铜、铅、锌、钼等含量较高,局部有相应矿化。保护区内铜、铅、锌、锡、稀有金属及萤石产出与燕山晚期岩浆活动关系密切。目前已发现或正在勘查的矿产有萤石、铜、铅、锌、锡、铷、锂、稀有金属等。

6.区域地质发展史

保护区地处扬子地台与华南褶皱系接触带的东南侧,地质发展经历了晋宁期以来的各个阶段,由于区内缺乏加里东旋回和印支旋回沉积记录,主要阐述中生代陆缘阶段的地质发展史。印支运动以后,地质发展进入濒西太平洋大陆边活动阶段,古构造格架、沉积建造、岩浆活动和构造形变都发生了根本性的转变,区域性基底断裂的复活控制着区内火山作用、岩浆侵入,形成了以北东向、北北东向和北西向为主体的构造格架。

保护区位于华南加里东褶皱系。印支运动使该地区进入濒西太平洋大陆边缘活动的新时期。其后的燕山运动以及喜马拉雅构造运动使保护区地壳活动剧烈,形成了以断裂为主的剧烈构造形变、大规模的酸性岩浆喷发和侵入活动。区内出露大量燕山期的火山岩以及侵入岩,众多侵入岩体均呈小岩株与岩支状产出。

晚侏罗世由于太平洋板块的强烈俯冲作用,区内岩浆活动达到全盛时期,火山喷发作用具有明显的旋回性特点,形成了以火山构造为中心的岩浆喷发、喷溢和侵入作用,显示了区域应力场周期性强弱变化。高坞期,火山喷发作用达到鼎盛,强烈爆发的火山碎屑流相覆盖面积最大,其厚度亦相应较大,晚期岩浆侵入频繁;西山头组底部较普遍存在一厚度不同的沉积岩,显示高坞期后存在火山喷发间歇期,西山头期的火山喷发活动明显不及高坞期,中后期火山喷发伴随着多期次间歇性沉积作用。

7.地质灾害与防治

据浙江省地质环境监测中心发布的《地质灾害调查与区划报告》,保护区属于江山中部—南部地质灾害低易发区和定溪—双溪口地质灾害不易发区。保护区南部以中低山区为主,地势较陡,地形切割较深。出露地层为侏罗系熔结凝灰岩、前震旦系陈蔡群片麻岩,并有较多的斑岩体(脉)侵入,包括花岗斑岩、流纹斑岩、安山玢岩、花岗岩等侵入体。

断裂较发育，以北东向为主，雁状排列，并被北西向断裂切割。外东坑村有一处泥石流地质灾害隐患，危害程度一般，属地质灾害一般防治区，但汛期要进行监测。地质灾害不易发区包括定村、白沙及以东，原双溪口乡东积尾村及以东的高雄一带。

1.1.3 地貌的形成及特征

1. 地貌形成

印支运动时期，由于太平洋板块向欧亚板块俯冲，保护区受强烈的南东方向挤压作用，岩浆活动强烈，形成区内北东—南西向的印支期褶皱、断裂、其他伴生和派生构造，组成了保护区的构造格架和构造侵蚀中低山型地貌。

2. 地貌特征

保护区处于仙霞岭中低山区，地貌类型属构造侵蚀中低山型地貌。保护区与周边地区海拔 1000m 以上的山峰有 28 座，大多数分布在浙、闽边界和江山市与丽水市遂昌县、衢州市衢江区交界一带。保护区内最高峰——大龙岗海拔 1501m。仙霞岭中低山区深受江山港及其支流的切割和冲刷，沟谷深度在 500～800m，呈 V 形。山坡陡峭，坡度多在 25°以上。

3. 山脉

仙霞岭，又名古泉山，是浙西南的重要名山。仙霞岭是钱塘江水系与瓯江水系分水岭，为浙江省主要山系之一。仙霞岭山脉由闽、赣交界的武夷山脉向东北延伸而成，呈东北—西南走向，在保护区内分成三个支脉——龙门岗支脉、大龙岗支脉、仙岭坑尾支脉，在保护区内主要为大龙岗支脉和仙岭坑尾支脉。

(1)龙门岗支脉

龙门岗支脉位于江山市南部边缘地带，在广渡溪以东、周村溪以西，从廿八都镇向北延伸至龙门岗(海拔 1454m)，继续北延，依次为鸡公石尖(海拔 1379m)和春雕花尖(海拔 889m)，至峡口水库南岸止，南北走向，是大峦口溪和广渡溪的分水岭。仙霞关位于本支脉西缘，与龙门岗和鸡公石尖形成“三足鼎立”之势。

(2)大龙岗支脉

大龙岗支脉位于江山市东南端，在周村溪以东、双溪口溪以西，从周村将军山(海拔 1360m)开始，向北延伸至周村和双溪口之间的大龙岗(海拔 1501m)，继续向北，依次为古坟山(海拔 1375m)和上八洞(海拔 1411m)，至定村溪止，是大源溪和小源溪分的水岭。

(3)仙岭坑尾支脉

仙岭坑尾支脉位于江山市东南部，在双溪口溪、玉坑口溪以东，始于原双溪口乡苏州岭(海拔 1169m)，沿着浙、闽边界和江山市与丽水市遂昌县交界线向北延伸，而后延伸至衢州市衢江区境内。

1.1.4 气候

保护区地处中亚热带北缘，亚热带湿润季风气候区，四季分明，光温适宜。保护区内山多且高，受地形地势等诸多因素影响，小气候特征明显。区内气温偏低且日温差较大，雨量充沛，日照相对偏少，立体气候明显，年际变化大。根据保护区境内代表站双溪口气象站观测资料：年平均气温为 15.0℃左右，气温最高月(7 月)的月平均气温约为 25.7℃，气温最低月(1月)的月平均气温约为4.1℃,活动积温约为5534℃·d;年平均降水量1650～2200mm;年日照1600～1800h;无霜期237d左右;盛行东北风向。

1.气候形成因素

(1)太阳辐射

太阳辐射是保护区作物生长的重要影响因子,也是当地气候形成的决定性因素之一。在气候学上,地理纬度决定一个地区太阳高度角的大小以及该地的昼夜长短。由于保护区地处中低纬度,一年中以夏至日正午太阳高度角最高,为85°11′;冬至日正午太阳高度角最低,为38°14′;因而正午太阳高度角变动范围在38°～85°,昼夜变化约3h。保护区到达地面的年平均太阳总辐射强度约103.8kcal/cm²。

(2)季风环流

季风环流是指由海洋和大陆热力交流作用所引起的、按季节规律转移的大规模的空气运行,它使得气团发生移动时高、低纬度地区的热量和水分得到转移和调整。因此,季风环流在宏观上对保护区气候的形成有着极其重要的作用。

根据1966年中央气象局的气候区划,保护区处于亚热带湿润季风气候区,因地处中亚热带北缘,存有光温充足、降水丰沛而季节分配不均的地带特征。

影响区内降水的天气系统,3—5月,主要有锋面、南支槽、切变线;6—9月,主要有西南低涡、热带气旋、短时强对流等;10月至翌年2月,主要有冷空气活动、高空槽等。

2.气候要素

(1)太阳辐射

太阳总辐射由直达辐射、散射辐射组成,是太阳投射给地球的巨大能量。到达一个地方的太阳总辐射强度与当地的太阳高度角、大气透明系数和大气光学质量有关。太阳总辐射强度随海拔高度的增加而增加。太阳总辐射是地表和大气中热量的来源、光合作用的条件。各地太阳总辐射强度年、月、日的不同,决定了各地年、月、日气温高低的不同。由于保护区气象代表站双溪口站无日射观测,故采用孙治安经验公式计算,由天文辐射强度和日照百分率求得。保护区年平均太阳总辐射强度约103.8kcal/cm²。保护区各月和年平均太阳总辐射强度见表1-1。

表1-1 保护区与周边站点各月和年平均太阳总辐射强度

单位:kcal/cm²

站点	1月	2月	3月	4月	5月	6月	7月	8月	9月	10月	11月	12月	全年
江山	5.4	5.6	7.3	8.8	10.1	10.6	14.4	14.4	10.7	9.3	6.9	5.9	109.4
双溪口(保护区)	5.1	5.2	6.7	8.2	9.7	10.1	13.9	14.0	10.1	8.9	6.7	5.2	103.8

从表1-1可以看出,保护区的太阳总辐射强度在1、2、12月最小,月平均约为5kcal/cm²,为全年平均的15%左右;3—5月,太阳总辐射强度随着太阳高度角的增大而增加;6月,因受梅雨影响,故基本维持5月的水平;7、8月,受副热带高压的影响,区内晴朗高照,辐射强度骤增;9月,云雨开始增多,加上太阳高度角的减小,辐射强度骤降;之后,随着太阳高度角的减小而渐次下降,到12月,最大振幅为8.9kcal/cm²,最大值是最

小值的 2.75 倍。

生理辐射是指被植物吸收用来进行光合作用的太阳辐射能。在太阳总辐射的直接辐射中，生理辐射占 37%；在散射辐射中，生理辐射占 50%～60%。保护区各月和年平均生理辐射强度如表 1-2 所示。

表 1-2 保护区与周边站点各月和年平均生理辐射强度

单位：$kcal/cm^2$

站点	1月	2月	3月	4月	5月	6月	7月	8月	9月	10月	11月	12月	全年
江山	2.47	2.60	3.45	4.23	4.93	5.25	7.11	7.07	5.20	4.43	3.22	2.68	52.64
双溪口(保护区)	2.34	2.41	3.16	3.94	4.73	5.00	6.87	6.87	4.91	4.24	3.12	2.37	49.96

综上分析，保护区各季平均太阳总辐射强度的季节分配以夏季最多，达38.0$kcal/cm^2$，占年总量的 36.6%；冬季最少，仅 15.5$kcal/cm^2$，占年总量的 14.9%；春季、秋季分别占年总量的 23.7%和 24.8%(见表 1-3)。

保护区年各季平均生理辐射与太阳总辐射的季节分布极其相似：生理辐射以夏季最多 18.74$kcal/cm^2$，占 37.5%；冬季最少 7.12$kcal/cm^2$，仅占 14.3%(见表 1-3)。

表 1-3 保护区与周边站点四季太阳总辐射、生理辐射强度

站点	辐射类型	春季(3—5月)		夏季(6—8月)		秋季(9—11月)		冬季(12月至翌年2月)		全年辐射强度/($kcal/cm^2$)
		辐射强度/($kcal/cm^2$)	占比/%	辐射强度/($kcal/cm^2$)	占比/%	辐射强度/($kcal/cm^2$)	占比/%	辐射强度/($kcal/cm^2$)	占比/%	
江山	太阳辐射	26.2	23.9	39.4	36.0	26.9	24.6	16.9	15.5	109.4
	生理辐射	12.61	24.0	19.43	36.9	12.85	24.4	7.75	14.7	52.64
双溪口(保护区)	太阳辐射	24.6	23.7	38.0	36.6	25.7	24.8	15.5	14.9	103.8
	生理辐射	11.83	23.7	18.74	37.5	12.27	24.6	7.12	14.3	49.96

(2)日照

日照时数是指每日太阳照射的时间，当天空无云时，由日出到日落的时间为可照时数，太阳实际照射地面的时间为日照时数。保护区日照时空分布不均：在河谷、平原地区，全年日照时数可达 1992h，日照百分率 48%；在山地、丘陵地区，云雾较多，日照时数较少，日照百分率较小。保护区日照时数与日照百分率见表 1-4。

表 1-4 保护区各月和年日照时数、日照百分率

时间	1月	2月	3月	4月	5月	6月	7月	8月	9月	10月	11月	12月	全年
日照时数/h	93.3	83.5	94.1	122.1	154.5	148.8	235.1	223.3	178.1	159.5	135.0	131.0	1758.3
日照百分率/%	29	26	25	32	37	36	55	55	49	45	42	41	39

从表 1-4 可以看出，区域内日照时数分布不均匀。7—8 月日照时数最长，在 230h 左右，平均每天 7.4h 左右；2 月日照时数最少，仅 83.5h，平均每天不足 3h。从全年情况看，冬至日到夏至日，日照时数逐渐增多；夏至日到冬至日，日照时数逐渐减少。从月份看，

3—6 月，春雨增多，日照时数偏少，日照百分率偏低，占全年日照时数的 29.5%；7—9 月，是全年日照最丰富时期，日照时数总量达 636.5h，占全年日照时数的 36.2%。从日照百分率上看，夏、秋两季最高；其中，7、8 月最大，可达 55%，3 月最小，仅 25%。日照百分率的分布与太阳总辐射和太阳生理辐射分布相似。

(3)气温

1)平均气温

气温高低，是空气热量的标志，是一切植物生长的首要条件，是区分地表热、温、寒带等气候带和一个地区四季划分的依据。保护区年平均气温为 15.6℃，各月平均气温见表 1-5。

表 1-5 保护区与周边站点各月和年平均气温

单位：℃

站点	1 月	2 月	3 月	4 月	5 月	6 月	7 月	8 月	9 月	10 月	11 月	12 月	全年
双溪口(保护区)	3.8	6.0	9.8	15.8	20.1	23.1	25.8	25.3	22.7	16.8	11.7	5.8	15.6
廿八都	5.4	7.3	11.1	17.0	21.9	25.1	28.8	28.2	24.2	18.9	13.1	7.3	17.4
保安	4.8	6.2	10.1	16.0	20.5	23.6	26.9	26.0	23.0	17.0	12.2	6.1	16.0

从保护区各月平均气温的分布来看，月平均气温变化较大，呈单峰曲线形；月平均气温最低值为 3.8℃，出现在 1 月；月平均气温最高值为 25.8℃，出现在 7 月。保护区月平均气温分布情况与太阳总辐射强度月平均分布情况相关性显著。从表 1-5 分析发现，保护区各月平均气温与周边气象站点廿八都站的月平均气温差异较大，与保安站的月平均气温差异较小。分析原因，主要是廿八都地形差异大，有小盆地聚热的作用；保安站所处纬度差异较小，太阳总辐射强度差异不大，都是山地且海拔高度变化较小；保护区由于森林覆盖率较高，形成了自己的小气候。

由于保护区的森林覆盖率较高，植物对太阳辐射吸收能力较强，对气温变化起了较好的调节作用，所以保护区月平均气温日较差变化不大。

2)气温的垂直变化

根据经验公式，结合观测，计算得出江山境内气温垂直变化与海拔有较好的线性关系，海拔每升高 100m，平均气温下降 0.49～0.55℃。据此推算出保护区平均气温的垂直变化(见表 1-6)。

表 1-6 保护区各月和年平均气温垂直变化

单位：℃

海拔	1 月	2 月	3 月	4 月	5 月	6 月	7 月	8 月	9 月	10 月	11 月	12 月	全年
1500m	−2.3	−0.1	3.7	9.9	14.1	17.1	19.9	19.4	6.8	11.0	5.9	0.0	8.8
1400m	−1.7	0.5	4.3	10.5	14.7	17.7	20.5	19.9	17.4	11.5	6.4	0.5	10.2
1200m	−0.5	1.7	5.5	11.5	15.8	18.8	21.6	21.0	18.5	12.6	7.5	1.6	11.3
1000m	0.7	2.9	6.7	12.7	17.0	20.0	22.7	22.1	19.6	13.7	8.6	2.7	12.5
800m	1.8	4.0	7.8	13.8	18.1	21.1	23.8	23.2	20.7	14.8	9.7	3.8	13.6
600m	2.8	5.0	8.8	14.8	19.1	22.1	24.8	24.2	21.7	15.8	10.7	4.8	14.6
408m	3.8	6.0	9.8	15.8	20.1	23.1	25.8	25.3	22.7	16.8	11.7	5.8	15.6

山区气温的垂直变化差异较大，不同的下垫面和不同的坡向均有差异，根据对密林区和疏林区的对比观测，可知密林区气温低于疏林区。就坡向而言，东坡的气温高于南坡，西坡的气温高于北坡，阳坡的气温高于阴坡。

3)气温的季节变化

受地形、植被、海拔等诸多因素影响，气温随季节的变化也存在较大差异。在海拔200m以下的河谷、平原，平均初霜日出现在11月下旬初，平均终霜日多为3月中旬前期，平均无霜期为249～255d；而海拔600m左右的山区，平均初霜日为11月13日前后，平均终霜日为4月2日前后，平均无霜期约为224d。表1-7所示为保护区与周边站点的无霜期统计。

表1-7　保护区与周边站点无霜期

站点	海拔/m	无霜期		
		平均终日	平均初日	间隔天数/d
双溪口(保护区)	408	11月10日	3月31日	223
峡口	214	11月22日	3月13日	253
保安	320	11月15日	3月22日	237
张村	502	11月13日	4月2日	224

保护区的季节变化特征与平原地区也存在较大差异。根据统计资料分析，保护区内冬季长，达112d；春、秋季短，分别为85d和74d；夏季94d。随着海拔的升高，冬季时间增加，夏季时间减少。

4)积温

植物生长发育中不仅需要一定范围的温度变化，而且要求有相当长的持续期，以及对持续期温度的逐日积累总数有一定的要求，当自由积累到一定的总和，其才能完成生长发育。积温是植物在某一生长发育期或整个生长发育期所需温度的总和。活动积温是林木在某一生长发育期或整个生长发育期内全部活动所需温度的总和。有效积温是植物在某一生长发育期或整个生长发育期内有效温度的总和。保护区积温见表1-8。

表1-8　保护区积温

温度	≥0℃	≥5℃	≥10℃	≥15℃	≥20℃	≥22℃
积温	6355.9℃·d	6030.4℃·d	5534.0℃·d	4655.0℃·d	3586.7℃·d	2589.2℃·d

保护区积温垂直分布随着海拔的升高而逐渐减少，且减少幅度较大，呈线性下降趋势，到海拔1200m以上时，≥22℃的积温只有668.5℃·d(见表1-9)。

表 1-9 保护区积温垂直变化

单位:℃·d

海拔	≥0℃	≥5℃	≥10℃	≥15℃	≥20℃	≥22℃
1400m	4348.4	4049.8	370.6	2544.5	1274.4	0
1200m	4749.9	4393.8	4054.7	3018.9	1650.2	668.5
1000m	5151.4	4757.8	4402.3	3423.9	2041.8	1274.0
800m	5552.9	5158.1	4760.9	3826.4	2492.9	1729.0
600m	5954.4	5582.1	5141.4	4242.8	3028.7	2151.5
408m	6355.9	6030.4	5534.0	4655.0	3586.7	2589.2

(4)降水

1)降水的分布特征

保护区处于中纬度亚热带湿润季风气候区,每年 3 月开始,西南季风逐渐加强,暖湿气流明显活跃,降水日益增多,故 1—6 月,温、水基本上同步上升。其中,3—4 月,因受华南静止锋的影响,降水量在 400～470mm,占全年降水量的 21%～25%;5—6 月,因受锋面雨带(梅雨锋)的影响,阴雨多,降水量大,为全年降水量最大的时期,降水量可达 570～760mm,占全年降水量的 33%～36%;7—9 月,由于受副热带高压的控制,气流单一,以晴热少雨天气为主,主要降水来自短时热对流及热带气旋的降水云系,降水量在 300～500mm,占全年降水量的 19%～25%;10 月至翌年 2 月,受冷空气影响,暖湿气流逐渐南退,气温下降,降水减少,降水量多徘徊在 320～440mm,占全年的 17%～23%。故全年降水量多以 6 月为最大,此后逐月减少,直至 11 月前后达最小,全年降水量呈单峰形变化。详见表 1-10。

表 1-10 保护区与周边站点各月和年平均降水量

单位:mm

站点	1月	2月	3月	4月	5月	6月	7月	8月	9月	10月	11月	12月	全年
双溪口(保护区)	88.6	127.6	212.4	240.3	245.8	339.4	165.8	125.8	109.5	68.9	84.5	65.3	1873.9
廿八都	92.3	116.9	210.4	230.1	239.7	330.6	162.4	119.7	85.4	65.4	83.2	59.4	1795.5
保安	98.6	129.8	220.5	245.9	258.2	337.6	145.8	120.3	120.8	69.8	88.7	64.1	1900.1
江山	87.1	113.8	202.3	230.1	235.8	326.7	159.1	117.4	85.4	60.4	81.3	54.4	1753.8

①降水量水平分布

保护区双溪口站年平均降水量约为 1873.9mm。保护区内年平均降水量自北向南逐渐增加,可达 1900～2200mm;年平均降水日数自北向南由 175d 增加到 190d 左右,在浙江省内属较高水平。受丘陵山地等影响,降水水平与垂直差异都较明显,季节分配不均,干、湿季明显,年际变化大。

从表中可以看出,保护区月平均降水量差别很大。3—6 月降水集中,且分布不均,尤以 6—7 月差值最大，受地形雨的影响，各地降水量在某些年份最大可差 1.2 倍左右。冬季(12 月至翌年 2 月)降水量分布较为均匀。

②平均降水量季节分布

保护区降水按季节分布极不均匀：秋、冬季少，分别占全年降水量的 14.0% 和 15.0%；春季最多，达 698.5mm，占全年降水量的 37.3%；夏季次之，达 631.0mm，占全年降水量的 33.7%。因此，保护区秋、冬季易发干旱；春、夏季易出现洪涝。详见表 1-11。

表 1-11　保护区平均降水季节分布

春季		夏季		秋季		冬季		全年
降水量/mm	占比/%	降水量/mm	占比/%	降水量/mm	占比/%	降水量/mm	占比/%	降水量/mm
698.5	37.3	631.0	33.7	262.9	14.0	281.5	15.0	1873.9

降水量的年际变化非常大，从现有的观测资料来看，保护区内年降水量极大值均在 2350mm 以上，其中，以海拔 600m 的岭头为最大，达 3034.1mm，出现在 1975 年。年降水量极小值则在 1200mm 左右，最大年降水量是最小年降水量的 2.5 倍左右。

③降水量垂直分布

保护区降水量因地形、海拔变化而有所不同：海拔 200m 以上，每上升 100m，年平均降水量增加 80mm 左右。保护区海拔 100m 左右的地区，年平均降水量为 1600mm 左右；海拔 200m 左右的地区，年平均降水量为 1806mm；海拔 300m 左右的地区，年平均降水量为 1886mm；海拔 800m 以上的地区，年平均降水量高达 2300～2400mm。

2)降水强度及降水日数

降水日数是指日降水量≥0.1mm 的天数。

周边站点及保护区双溪口站的观测资料表明(见表 1-12)，保护区高海拔地区历年平均降水日数可达 181d 左右，周边开阔的山地一带降水日数也可达 175d。从季节分布来看，降水日数在春季最多，达 60d 左右；夏季 43～49d；秋季最少，为 29～32d；冬季 41～44d。夏季降水日数小于春季，但降水量却与春季接近，说明保护区内夏季降水往往雨势强大且降水日集中，多以暴雨的形势出现，其间夏季风盛行，同时受地形及梅雨锋、热带气旋等大型降水系统影响，致使暴雨较为集中。

表 1-12　保护区与周边站点各月和年平均降水日数

单位：d

站点	1 月	2 月	3 月	4 月	5 月	6 月	7 月	8 月	9 月	10 月	11 月	12 月	全年
双溪口(保护区)	14	15	21	19	21	19	15	15	11	10	9	12	181
廿八都	15	16	20	18	20	17	13	13	11	9	9	10	171
保安	15	15	19	19	20	17	13	11	11	9	10	12	171
江山	14	15	19	18	17	17	12	12	9	9	9	9	160

3)相对湿度

保护区内植被覆盖率高，树木繁盛，终年空气湿度大，空气中负氧离子含量高，区内年相对湿度在81%～85%。从季节分布来看，上半年雨水较多，所以相对湿度一般在82%上下，下半年则多在79%左右，其中，以梅雨季的6月最高(85%)，10月最低，但也都在75%以上。详见表1-13。

表1-13 保护区与周边站点相对湿度变化

单位：%

站点	1月	2月	3月	4月	5月	6月	7月	8月	9月	10月	11月	12月	全年
双溪口(保护区)	83	85	83	82	85	85	78	78	80	79	82	84	82
峡口	78	80	81	80	80	79	72	73	77	74	76	75	77

4)湿润指数

湿润指数用于表示水分收支，采用降水量与同期蒸发量之比来表征一地的干湿状况。当湿润指数=1.0时，表示降水量与蒸发量相等，水分收支平衡；当湿润指数>1.0时，表示降水量已大于蒸发量，水分有余；当湿润指数<1.0时，表示蒸发量超过天然降水，出现了水分不足的现象。每年7—9月，受副热带高压控制，高温少雨，蒸发量很大，保护区的湿润指数以这一时期湿润指数为基准。

保护区位于江山市东南部，属夏秋湿润区。随着高度上升、雨水增多、温度下降，湿润指数将随之加大，然而，由于地形地物、森林植被、朝向迎风等的差异，即使是同一高度，湿润指数也不尽相同。

(5)风

通过对比分析保护区内双溪口站与江山站的风向、风速，发现双溪口站处风速较小，年平均风速不到1m/s，多盛行西南风。这是因为双溪口站处于保护区森林谷地的小空地中，周边树木茂盛且参差不齐，对气流摩擦作用显著，使得下部受气流的冲击较森林顶部减弱。为了更好地反映保护区风向、风速情况，特将双溪口站与周边站点的资料拟合，测算出保护区年内最多风向为东北风，占31%；在不考虑静风的条件下，保护区夏季多盛行南到西南风，其频率在25%～39%。详见表1-14。

表1-14 保护区各月和年最大风向、风速、频率

月份	1月	2月	3月	4月	5月	6月	7月	8月	9月	10月	11月	12月	全年
风向	NE	NE	NE	C、NE	C、NE	C、S	C、SW	C、SW	NE	C、NE	NE	NE	NE
风速/(m/s)	2.1	1.9	2.0	1.8	1.7	1.9	1.7	1.9	2.1	1.9	2.0	2.1	1.9
风向频率/%	36	39	34	31	28	25	27	25	32	35	32	30	31

3.气候特点

(1)兼具大陆和海洋性气候特征

从气温年较差指标分析，保护区大陆度值为58，临近大陆性气候与海洋性气候的分界标准值(50)，而偏大陆性气候；气温日较差指标则显示保护区气温日较差为8.2℃，同样处于大陆性气候与还行性气候的分界线(10℃)附近，而偏大陆性气候。以平均气温日较差为衡量指标，以月平均气温日较差10℃为划分完全大陆性气候和盛夏尚有海洋性气候的分界指标，保护区盛夏雨季(6—8 月)的月平均气温日较差分别为7.6℃、8.5℃和 8.7℃(均<10℃)。通过上述计算，保护区全年的月平均气温日较差为 8.2℃(<10℃)，盛夏雨季(6—8 月)的月平均气温日较差<10℃，这表明保护区兼具大陆性和海洋性气候特征，尤以海洋性气候特征更为突出。

(2)季风气候特征明显

保护区受季风环流的影响显著，冬、夏季风交替明显，四季冷暖干湿分明。4 月，夏季风登陆，此时从北方来的冷空气仍有较强的南侵势力，故冷暖气流交汇频繁，常在保护区形成静止锋，成云致雨机会增多。春末夏初时期，静止锋徘徊，雨日与降水量明显增加，大雨与暴雨增多，空气暖湿，多阴雨，称梅雨季节。梅雨过后，太平洋副热带高压西伸北抬，并控制保护区，区内气流单一，成云降水较少，多晴天，多为强光照天气，此时称伏旱。秋季，北方冷空气开始南下，南方暖湿空气被抬升，常造成降水。冷空气退后，仍以晴天为主，秋高气爽。冬季，蒙古冷高压加强，剧烈的偏北风盛行。此时在变性冷高压控制下，常为晴冷干燥天气。

(3)山地小气候特征显著

受山地地形因素的影响，保护区内小气候特征明显。山区热状态的多样性，配合着山区较丰富的降水和一定的光照。从河谷平坂到丘陵山地，具有暖、温、凉、冷等气温变化。夏、秋期间，并具半干燥、半湿润、湿润等干湿差异。即使是同一高度，也还会因坡向、坡度、山峰、山谷、山垄、盆地、山塘、水库等不同，而有小气候或局地气候的差异。立体气候就为众多的生物提供了更为适宜的，甚至最优的生境条件。

1.1.5 水文

1. 水系

保护区内有钱塘江水系上游的一级支流江山港的支流——周村溪。

江山港为钱塘江上游的一级支流，全长 134km，发源于张村乡南部浙、闽交界的苏州岭(海拔 1171m)，由西南向东穿行于山地丘陵之中。其属雨源型河流，具有源短流急、降水年际年内分配不均、洪枯变化大的特点。其在江山境内长 105km、流域面积 1704km^2，比降 3.79‰，贯穿市境中部，流经江山市的 13 个乡镇后进入衢州市衢江区，其支流分别为东积溪、内坑溪、梅溪、东家岭溪、周村溪、白水湾溪、达河溪、长台溪、广渡溪、王坛溪、三卿口溪、凤林小溪、卅二都溪、游溪、棠坂溪、洋桥小溪、横渡溪、三桥溪、大桥头溪、赵家溪、百廿称溪、新村小溪、龙溪、青阳殿溪、四都溪、路头溪、傅竹街溪、东坑溪、小峦口溪。

周村溪，旧称小源溪。其发源于江山市南境浙闽交界的狮子岭北坡；北流至交溪口，汇源出雪岭底，东南流至安民关，受东北面来水；北流经周村，至岩坑口；西接白水洋来水，至岩坑口，又西受木栅栏来水，至白水湾口，与定村溪汇合，注入大峦口溪。全长 25km，流域面积 123.1km^2。起点徐福年海拔 850m，终点白水湾口 290m，落差 560m。周村河段宽 30m，岸边较为开阔平坦，有少量河谷平地。其是一条小支流众多、集雨面积较大的大山区溪流。

2. 地下水

江山地质构造复杂，断裂纵横，地层出露广泛。地下水分松散岩类孔隙潜水、红层孔隙裂隙水、碳酸盐类裂隙溶洞水、基岩裂隙水四类。保护区地下水主要为基岩裂隙水，区内因山势陡峻，地形切割强烈，风化裂隙和构造裂隙发育，地下水排泄条件良好，水位埋藏深，年变幅大，泉点出露少，流量小，一般皆少于0.05L/s。

3.水资源利用

保护区利用的水资源主要有两类。

(1)农村生产生活用水

保护区内居民生活饮用水来源于保护区地表径流。水源充足，污染较少，地表径流水质达到饮用水Ⅰ类标准，区内居民采用分散式供水。

(2)蓄能发电用水

保护区内坡陡流急，水力资源较强，紧邻保护区下游建有峡口水库和白水坑水库。白水坑水库位于峡口镇白水坑口村附近的江山港干流，是以发电、防洪为主，结合灌溉等综合开发利用的大(二)型水库，坝址以上集中面积330km^2，多年平均径流量4.74×10^{8}m^3，总库容2.48×10^{8}m^3。峡口水库位于江山港上游峡口镇以上2km峡东村内峡里自然村，是一座以灌溉、防洪为主，结合发电、防洪等综合利用的中型水库，坝址以上集水面积399.3km^2，多年平均径流量5.30×10^{8}m^3，总库容0.634×10^{8}m^3。因峡口水库和白水坑水库上游无污染企业，只有少数零星家庭式的种植和养殖生产，且常住人口稀少，只有约600人，是当前江山市水质最优良的第二大饮用水源地，目前供水人口近20万人。

1.1.6 土壤

保护区海拔360～1500m，受中亚热带的季风气候影响，雨量充沛，气候温凉，为山地黄壤的形成创造了条件。区内出露地层为侏罗系熔结凝灰岩、前震旦系陈蔡群片麻岩，并有较多的斑岩体(脉)侵入。岩石种类主要有凝灰岩、花岗岩、砂岩、粗晶花岗岩、花岗斑岩、石英砂岩、流纹质凝灰岩等。以上母岩风化体以残坡积物分布于山体的不同部位，它们受地形、气候、植物、动物和人类生产活动的影响，形成了不同类型的土壤。

1.黄壤土类

黄壤分布在海拔600m以上的山地中，是保护区的主要土壤资源。母质以凝灰岩、花岗岩、片麻岩和砂页岩等风化体为主。黄壤土类是中亚热带高温多湿的气候条件下经过长久风化、强淋洗、富铝化过程形成的土壤。自然植被以针阔叶混交林为主，部分为灌丛。由于土壤中铁的氧化物水化，并以针铁矿、褐铁矿和多水氧化铁的形态存在，即铁的氢氧化物脱水程度低，氧化铁水化度高，所以土壤发黄，而呈黄色或黄棕色。土壤呈酸性反应，pH值5.0～6.0，略高于红壤，质地常因母质的不同而不同，一般为中壤土至轻黏土。

2.红壤土类

红壤分布在保护区海拔600m以下的山地中。它是在高温、多湿、季风等条件下，经过强风化、强淋洗红壤化为主导的成土过程形成的土壤。它的母质为各种岩石的风化壳，加上湿热的气候条件，岩石矿物强烈风化，经历着深刻的脱硅富铝过程，致使硅和盐基遭到淋失，铁铝氧化物相对积累，土中的次生矿物——高岭土、铁铝氧化物明显聚积，黏粒的SiO_2/R_2O_3较低，呈酸性，有机质含量低，土壤腐殖质以富里酸为主，土质较差，阳离子代换量和盐基饱和度均较低，所以这类土壤具有红、黏、酸、瘦的特征。

3. 水稻土土类

水稻土主要分布在保护区内的山垄中，是因人类在土地上长期灌水、耕作、施肥等而发展起来的土壤。在干湿交替的作用下，这类土壤中的物质还原、淋溶和氧化淀积，并在水分的作用下，形成水稻土的特有土体构型。它的主要发生层有耕作层(A)、犁底层(AP)、渚育层(W)、潜育层(G)、母质层(C)等，即形成 A-AP-W-C 或 A-AP-W-G 或 A-AP-W-E 型剖面形态。

4. 潮土类

潮土主要分布在保护区内的周村溪沿岸，其面积极少。因溪流比降大，溪床狭，流速快，沉积物的质地粗，分选性亦差，常见砂砾、泥混杂，土层浅薄。由于潮土所处地势较低，又濒临流坑、河床，易受季节性地下水升降的影响，土壤干湿交替、氧化还原的反应频繁进行，土壤中铁、锰淀积，出现渚育化锈纹、锈斑和结核。此外，土壤常年受水浸渍，还原势较强，形成潜育化，出现青灰现象。潮土在形成过程中，受地下水和人为耕作的双重影响，所以叫半水土。全土层一般深厚，常达 1m 左右。剖面中母质层次性常被保留，层次分明，但各层的质地、色泽较为均一，中下部常受间歇性的渍水作用，土体中常有铁锰锈纹、锈斑和结核出现。土壤结构松散，通透性好，但有机质含量和矿物养分含量较低，呈 ABC 构型，发生中性或微酸性反应。

1.2 自然资源概况

1.2.1 植被概况

保护区内地带性植物群落为典型的中亚热带常绿阔叶林，以木荷、甜槠为主要建群种。保护区虽有近千米的高差，但由于受历史上人类活动的影响，区内植被的垂直分布特征不甚明显，仅香果树林和米心水青冈林表现出高海拔植被的特色。在水平分布方面，则更表现出地形、地貌、人类活动等综合因素的影响。以常绿阔叶林为例，坡度较缓、土层较厚处以甜槠林、木荷林分布最广；坡度陡、土壤瘠薄处则以乌冈栎林为主；而人工栽培形成的毛竹林和杉木林则广泛分布于坡度较缓、土层深厚、离村庄较近的区域。

1.2.2 野生动植物概况

1. 野生植物

保护区是浙江省植物资源最丰富的地区之一。目前已确认保护区范围内共有野生及常见栽培高等植物 231 科 812 属 1743 种(包括种下分类单位，下同)。

维管植物 165 科 667 属 1398 种，分别占全省维管植物科的 70.8%、属的 45.7%、种的 28.7%，占全国维管植物科的 54.8%、属的 19.6%、种的 4.5%。其中，蕨类植物 28 科 60 属 128 种；裸子植物 6 科 13 属 16 种；被子植物 131 科 594 属 1254 种，包括双子叶植物 113 科 477 属 1009 种，单子叶植物 18 科 117 属 245 种；苔藓植物 29 目 66 科 145 属 345 种，包括藓类植物 14 目 42 科 104 属 250 种，苔类植物 14 目 23 科 40 属 94 种，角苔1 目1

科1属1种。

保护区内共有珍稀濒危及重点保护植物115种，其中，国家重点保护野生植物28种（国家一级重点保护野生植物有南方红豆杉 *Taxus wallichiana* var. *mairei*，国家二级重点保护野生植物有伯乐树 *Bretschneidera sinensis*、蛇足石杉 *Huperzia serrata*、榧树 *Torreya grandis*、榉树 *Zelkova schneideriana*、金荞麦 *Fagopyrum dibotrys*、六角莲 *Dysosma pleiantha*、短萼黄连 *Coptis chinensis* var. *brevisepala*、鹅掌楸 *Liriodendron chinense*、凹叶厚朴 *Magnolia officinalis* subsp. *biloba*、樟 *Cinnamomum camphora*、野大豆 *Glycine soja*、花榈木 *Ormosia henryi*、毛红椿 *Toona ciliate* var. *pubescens*、香果树 *Emmenopterys henryi* 等27种）；浙江省重点保护野生植物有三枝九叶草 *Epimedium sagittatum*、野含笑 *Michelia skinneriana*、三叶崖爬藤 *Tetrastigma hemsleyanum*、红淡比 *Cleyera japonica*、银钟花 *Halesia macgregorii*、华重楼 *Paris polyphylla* var. *chinensis* 等9种；其他珍稀濒危植物78种。

2. 野生动物

保护区内有丰富的动物资源，珍稀物种众多，资源量丰富，是生物多样性丰富的地区之一。保护区野生动物地理区系属于东洋界华中区的东南部丘陵平原亚区，在动物区系成分上，既有大量东洋界动物种群，也有古北界动物种群，具有明显的过渡性特征。

保护区内有野生动物50目342科2687种。其中，兽类8目23科63种，鸟类15目46科151种，爬行类2目9科30属40种，两栖类2目8科20属28种，鱼类3目10科33属48种，昆虫20目246科1428属2357种。

保护区珍稀濒危及保护野生动物资源丰富。其中，国家一级重点保护野生动物10种，为黑麂 *Muntiacus crinifrons*、穿山甲 *Manis pentadactyla*、小灵猫 *Viverricula indica*、豺 *Cuon alpinus*、金猫 *Pardofelis temminckii*、云豹 *Neofelis nebulosa*、金钱豹 *Panthera pardus*、白颈长尾雉 *Syrmaticus ellioti*、黄腹角雉 *Tragopan caboti*、中华秋沙鸭 *Mergus squamatus*；国家二级重点保护野生动物37种，分别为藏酋猴 *Macaca thibetana*、猕猴 *Macaca mulatta*、黑熊 *Ursus thibetanus*、中华鬣羚 *Capricornis milneedwardsii*、豹猫 *Prionailurus bengalensis*、毛冠鹿 *Elaphodus cephalophus*、狼 *Canis lupus*、赤狐 *Vulpes vulpes*、貉 *Nyctereutes procyonoides*、黄喉貂 *Martes flavigula*、勺鸡 *Pucrasia macrolopha*、白鹇 *Lophura nycthemera*、白眉山鹧鸪 *Arborophila gingica*、小天鹅 *Cygnus columbianus*、褐翅鸦鹃 *Centropus sinensis*、林雕 *Ictinaetus malaiensis*、凤头蜂鹰 *Pernis ptilorhynchus*、黑冠鹃隼 *Aviceda leuphotes*、赤腹鹰 *Accipiter soloensis*、蛇雕 *Spilornis cheela*、松雀鹰 *Accipiter virgatus*、黑鸢 *Milvus migrans*、领角鸮 *Otus lettia*、斑头鸺鹠 *Glaucidium cuculoides*、红隼 *Falco tinnunculus*、燕隼 *Falco subbuteo*、仙八色鸫 *Pitta nympha*、蓝喉蜂虎 *Merops viridis*、白胸翡翠 *Halcyon smyrnensis*、短尾鸦雀 *Neosuthora davidiana*、画眉 *Garrulax canorus*、红嘴相思鸟 *Leiothrix lutea*、平胸龟 *Platysternon megacephalum*、乌龟 *Mauremys reevesii*、中国瘰螈 *Paramesotriton chinensis*、金裳凤蝶 *Troide aeacus*、阳彩臂金龟 *Cheirotonus jansani*；另有浙江省重点保护野生动物40种、中国特有种51种。

1.2.3 旅游资源概况

保护区坐落于浙闽边境历史文化名镇——廿八都镇境内仙霞关东面。保护区与周边有 5 主类 14 小类 19 个旅游资源，包括金衢第一高峰——大龙岗、秀丽的火山颈山体综合景观、连绵苍翠的阔叶林景观、清澈的周村溪、种类众多的动植物，以及中共江浦县委旧址。这里的旅游资源不算丰富且等级不高，但整体上山清水秀，林海莽莽，民风淳朴，空气清新，适合开展自然教育、红色教育、森林康养和登高览胜等生态旅游项目。

1.3 社会经济概况

据 2020 年统计数据，保护区内有户籍人口 80 户 206 人，其中常住人口 58 人。核心保护区内有户籍人口 11 户 16 人，其中常住人口 7 人。

1.3.1 经济概况

1. 乡镇

保护区涉及江山市廿八都镇和张村乡。

廿八都镇地处江山市西南端、闽浙赣三省交界处，公路交通运输非常便利，生态旅游资源极为丰富，为国家 AAAAA 级旅游景区。辖区总面积 186.94km^2，辖 9 个行政村，130 个自然村，户籍人口 11032 人，其中常住人口 5506 人。2020 年农村常住居民人均可支配收入 25511 元。

张村乡位于江山市东南部，是典型的山区乡，自然、生态环境俱佳，是浙江省级生态示范乡。辖区总面积 274.92km^2，辖 11 个行政村，149 个村民小组，户籍人口 10665 人，其中常住人口 6909 人。2020 年农村常住居民人均可支配收入 20798 元。

2. 社区

保护区周边社区为山区村，山多地少。85%以上社区居民已外出工作生活；常住居民多为留守人员，经济来源主要为生态公益林补偿金和社会养老金。社区主要产业为茶叶种植、猕猴桃种植、箬竹叶种植、土蜂养殖等农林业。

1.3.2 文化卫生概况

保护区内居民文化水平普遍较低，所处的 2 个行政村各设有 1 处村级卫生室，无文化教育和卫生机构，文化卫生主要依靠乡镇。

廿八都镇有 1 所廿八都镇小学。该校共有 3.5×10^4 m^2，在编教师 25 人，学生 520 人左右。该校环境优美，教学质量高，可满足全镇学生的教学需求。廿八都镇医疗条件尚可。廿八都镇卫生院是廿八都镇规模最大的医疗中心，占地面积 1720m^2，医疗设备较先进，配备齐全，院内人员有 45 人。

张村乡仅有 1 所小学，为张村小学。全乡医疗条件较差，群众就医困难，缺乏妇幼卫生保健机构。

1.4 保护区的保护价值与主要保护对象

1.4.1 保护价值

保护区内地带性植被常绿阔叶林面积大且保存良好，孕育着丰富的野生动植物资源，其中包括数量较多的黑麂、黄腹角雉、白颈长尾雉等华中区特有种，也是华东地区少数有大型食肉目动物分布的区域。保护区保护价值高，突出表现在以下几方面。

1. 珍稀濒危物种多，种群结构合理

保护区内分布着列入《濒危野生动植物种国际贸易公约》(简称 CITES)的国家一级重点保护野生物种黑麂、穿山甲、白颈长尾雉、黄腹角雉、中华秋沙鸭、南方红豆杉等世界性珍稀濒危物种 6 种。保护区内共分布国家重点保护野生动物 47 种(其中国家一级重点保护野生动物 10 种，国家二级重点保护野生动物 37 种)，国家重点保护野生植物 28 种(其中国家一级重点保护野生植物 1 种，国家二级重点保护野生植物 27 种)，分别占浙江省国家重点保护野生动物、植物总数的 22.6%、25.2%。保护区是主要保护对象黑麂的适宜栖息地，区内黑麂资源丰富、种群稳定，是两个黑麂分布中心之一的遂昌中心的最重要组成部分。

2. 生物多样性丰富，物种典型性强

保护区内植被多样，物种丰富，区系复杂，是南北物种交汇区，在生物地理学和生物系统学上具有全国性代表意义。历经多年科考，保护区共记录了高等植物 231 科 812 属 1743 种、陆生脊椎动物 27 目 86 科 282 种、昆虫 20 目 246 科 2357 种，分别占全省高等植物、陆生脊椎动物、昆虫总种数的 30.0%、35.7%和 24.7%，表明保护区丰富的生物多样性。所记录的兽类中，东洋界种 48 种，占 76%；古北界种 15 种，占 24%。鸟类中，东洋界种 85 种，占56.29%；古北界种 47 种，占 31.12%；广布种 19 种，占 12.59%。在动物区系上，表现出以东洋界种为主、南北类型相混杂和过渡的华中区典型特征。

3. 生境极其重要，自然度高

保护区地处浙闽赣交界山地，连接武夷山脉、洞宫山脉和浙江腹地，是武夷山脉延伸入浙的咽喉处。保护区保存大面积完整的中亚热带常绿阔叶林，孕育着丰富的生物物种，是黑麂、黑熊等众多珍稀濒危物种的重要栖息地，在武夷山生物多样性保护优先区域中具有极其重要的作用，被认为是陆地生物多样性保护关键地区。在自然性方面，保护区内有天然林 6132.56hm^2，占保护区森林面积的 93.1%，生境自然度非常高。总体上讲，保护区森林生态系统受到少量人类干扰，但核心区保持良好的自然状态，在我国东部丘陵平原地区极其少见。

4. 在生态、遗传、经济等方面具有极高的研究价值

保护区天然植被保存良好，珍稀濒危物种众多，在生态、遗传、经济等方面具有极高研究价值。黑麂被誉为“堪与大熊猫媲美的中国特有动物”，因染色体数目稀少且雌雄各异(雌性 8 条、雄性 9 条)而奇特，是研究哺乳动物染色体演化的天然实验动物。伯乐树被誉为“植物中的龙凤”，为第三纪古热带植物区系的孑遗种，在系统发育上较为孤立，是研究被子植物系统发育和植物区系、植物地理等的关键物种。大面积保存完整的以甜槠

十木荷林为代表的天然次生常绿阔叶林在华东地区较少见，是研究典型地带性植被群落生态的良好基地，为近自然营造林技术提供科学借鉴。保护区内分布着珍贵用材树种 29 种、观赏植物 908 种、药用植物 1035 种、食用植物 346 种等丰富的资源植物，为资源合理开发利用提供优良素材。

5. 经济和社会价值良好

保护区地处钱塘江水系江山港源头，是金衢盆地西南生态屏障的重要组成部分，也是浙江省级重要饮用水源地，具有涵养水源、固碳释氧、保障国土安全等巨大的生态作用。大龙岗被誉为“金衢第一峰”，具有较高的知名度，可结合自然资源，适当开展自然体验、自然教育、自然认知等生态旅游活动。因此，保护区具有良好的经济和社会价值。

1.4.2 主要保护对象

1. 黑麂

黑麂（*Muntiacus crinifrons*），也称乌獐、红头麂、蓬头麂，为中国特有种，典型的亚热带山地森林动物，国家一级重点保护野生动物，CITES 附录Ⅰ物种，《世界自然保护联盟濒危物种红色名录》（简称《IUCN 红色名录》）易危（VU）物种。

黑麂现存种群分布范围非常狭小，主要栖息地在浙江、安徽两省，少量分布于江西、福建的浙闽赣皖交界山区。根据黑麂的分布密度，全国可分为两个分布中心：一是浙皖分布中心，包括九华山和黄山区域，东至浙江天目山，南至浙江开化石耳山一带；二是浙西南的遂昌分布中心，包括九龙山、仙霞岭、牛头山和白云山山区一带。

根据浙江师范大学对黑麂不同地理种群间遗传多样性及栖息地片段化对黑麂种群基因流的研究，黑麂种群浙皖分布中心和遂昌分布中心已完全片段化，两个中心的黑麂已出现明显的遗传分化，基本无基因交流。保护区黑麂资源丰富，临近遂昌九龙山国家级自然保护区，是黑麂遂昌分布中心的主要组成部分之一。

2. 黑熊

黑熊（*Ursus thibetanus*），国家二级重点保护野生动物，《IUCN 红色名录》易危（VU）物种，《中国生物多样性红色名录——脊椎动物卷》易危（VU）物种，是目前保护区仅存的大型食肉目动物。黑熊的存在对维持区域生态系统的完整和稳定有不可替代的作用。

根据资料记载，浙江省内黑熊主要分布于浙西和浙西南，2000 年左右全省黑熊数量为 60 只，20 多年来，仅在开化、遂昌、江山和常山等四地有黑熊影像记录。大量的林地被破坏，适宜栖息地破碎化严重，对大型食肉目兽类黑熊来说无疑是致命的打击，使它们的食物供给得不到满足，从而影响种群的繁殖；同时，一些不法分子在利益的驱动下非法盗猎也是黑熊种群数量不断减少的原因。

黑熊种群在浙江乃至华东地区岌岌可危，加强黑熊保护势在必行。

3. 黄腹角雉

黄腹角雉（*Tragopan caboti*），国家一级重点保护野生动物，《IUCN 红色名录》易危（VU）物种，《中国生物多样性红色名录——脊椎动物卷》濒危（EN）物种，CITES 附录Ⅰ物种。

其在国内分布在福建(武夷山)、江西南部、浙江西部及南部(乌岩岭)、广东北部(八宝山)。

保护区共有23个位点的红外相机记录到黄腹角雉。黄腹角雉在保护区内活动范围较广,集中分布的区域有大龙岗、枫树凹、白确际、洪岩顶等中高海拔区域。保护区内黄腹角雉分布集中,是黄腹角雉的重要分布区。

4. 藏酋猴

藏酋猴(*Macaca thibetana*),国家二级重点保护野生动物,《IUCN红色名录》近危(NT)物种,《中国生物多样性红色名录——脊椎动物卷》易危(VU)物种。

保护区内有16个位点的红外相机记录到藏酋猴活动影像,主要见于田塘岩、吴家蓬等高山的山地常绿阔叶林及常绿落叶阔叶混交林。保护区也是浙江省目前红外相机记录藏酋猴活动最集中的区域。

第2章 植 被

2.1 植被分类系统

2.1.1 分类原则

植被类型是某一个地点的环境条件与生物条件的综合代表。任何植被类型都是其对气候与土壤等环境条件适应的产物，也就是说，与某一特定的植被类型相对应的是一种特定的环境条件，具有相同的植被状况的空间上的两点往往具有相近的环境条件。因此，植被类型不仅反映了某一地点的生物组成状况，而且反映了其土壤、气候等非生物条件。本书中的保护区的植被分类主要依据《中国植被》《中国生态系统》的植被分类思想，采用植物群落学—生态学原则，即主要以植物群落优势种(间或采用标志种)、生态外貌、生态地理和动态演替等特征为分类的依据，力求利用所有能够利用的信息，使分类趋近自然分类。

2.1.2 分类单位①

1. 植被型组

植被型组为保护区植被分类系统的最高级单位。凡是建群种生活型相近且群落形态外貌相似的植物群落，联合为植被型组，如针叶林、阔叶林、竹林等。保护区内共有7个植被型组。

2. 植被型

植被型是本分类系统高级单位。在植被型组内，把建群种生活型相同或相似，同时对水、热、土壤条件生态关系一致的植物群落联合为植被型，如暖性针叶林、落叶阔叶林、常绿阔叶林等。保护区内共有13个植被型。

3. 群系/群系组

群系/群系组是本分类系统中的基本分类单位。凡是建群种或共建种相同的植物群落，联合为群系(组)，如黄山松林、香果树林、毛竹林等。保护区内共有46个群系(组)。

---

① 根据保护区植被的实际情况，结合《中国植被》分类方法，采用三级分类体系。

2.2 调查研究方法

2.2.1 卫片判读

1. 保护区区域覆盖的遥感数据

(1)测绘部门提供公布的DOM数据:分辨率0.5m,获取时间不详。

(2)国家林业局公布的ZY-3数据:全色分辨率2.1m,多光谱分辨率5.8m,时间为2018年10月29日。

(3)国家林业局公布的GF-1数据:全色分辨率2m,多光谱分辨率4m,时间为2017年4月29日。

(4)Google数据:空间分辨率0.5m,时间分别为2018年1月29日、2018年10月29日。

2. 处理软件

PCI Geomatics、Erdas Imagine、eCognition Developer、ArcMap。

3. 处理方法

Google和测绘部门的数据具有高空间分辨率,但光谱信息不足;GF-1和ZY-3数据虽然空间分辨率只有2m左右,但是具有近红外波段数据,不仅数据量较小,降低了光谱响应变异,而且更适合遥感分类操作;它们的另一缺点是细节信息不足。因此,我们在工作中将不同分辨率的影像进行了融合应用。

在植被区划的前期工作中,首先利用PCI Geomatics的PanSharp方法进行融合处理,并用Erdas Imagine进行数据预处理。然后,采用eCognition进行多尺度分割。分割尺度的确定方法为:采用从大到小的原则,逼近最优分割尺度,从而使得分割群落边界与实际情况更为接近。

基于分割得到的图斑,叠加0.5m的遥感影像,采用冬季和夏、秋季不同季节数据对比的方式,进一步区分落叶阔叶林和常绿阔叶林。

对于竹林、无植被、针叶林等在高空间分辨率遥感数据上容易区分的类型,则采用人工参与核对的方式。

4. 最终成果

基于上述操作,最终得到图斑1588个,在ArcMap里进行后期处理,并按照从上到下、从左到右的顺序进行编号,提供给外业人员调查核对,并对群落类型进行登记。

2.2.2 外业调查及计算

本次调查采用线路踏查和样地调查相结合的方法。

1. 线路调查

根据现有的资料和由当地林业部门专业人员提供的信息,确定多条调查线路,进行穿越式踏查。在线路调查中,沿线初步辨认和记录植物群落类型,然后经比较分析,确定典型调查测定对象,设立标准样地,进行测定。

2. 标准样地调查

在初步勘察的基础上,根据植被、地形等情况,选取有代表性的区域进行群落学样地调查。乔木样地面积 400m²,每个样地均匀分成 4 个(10m×10m)样方进行乔木层调查，在每个样方的右下角分别再划出 5m×5m 的小样方进行灌木层调查，划出 2m×2m 的小样方进行草本层调查。

调查中，对乔木层的乔木(胸径大于 5cm)进行逐株调查，主要记录种名、高度、胸径、株数、郁闭度；灌木层主要记录种名、株数、平均高度及盖度；草本层的草本主要记录种名、平均高度及盖度。同时调查灌木层小样方内的层间植物种类。

调查数据输入后，利用重要值计算各层的优势种，继而确定植被类型。各层重要值的计算公式如下。

①乔木层重要值

$$\text{重要值}=\frac{\text{相对密度}+\text{相对显著度}+\text{相对频度}}{3}$$

②灌木层、草本层重要值

$$\text{重要值}=\frac{\text{相对密度}+\text{相对优势度}+\text{相对频度}}{3}$$

2.3 植物群落结构

根据调查，保护区内的植被可划分为 7 个植被型组、13 个植被型、14 个植被亚型、46 个群系(组),其中人工栽培植被有 10 个群系(组)。详见表 2-1。

表 2-1 保护区植被类型

植被型组	植被型	植被亚型	群系(组)
针叶林	温性针叶林	温性常绿针叶林	柳杉林*
			黄山松林
	暖性针叶林	暖性常绿针叶林	杉木林*
			马尾松林
针阔叶混交林	温性针阔叶混交林	山地温性针阔叶混交林	柳杉针阔叶混交林
			黄山松针阔叶混交林
	暖性针阔叶混交林	山地暖性针阔叶混交林	杉木针阔叶混交林
			马尾松针阔叶混交林
阔叶林	落叶阔叶林	亚热带山地落叶阔叶林	拟赤杨林
			多脉鹅耳枥林
			朴树林
			南酸枣林
			缺萼枫香林
			枫香林
			檵木林
			香果树林
			米心水青冈林
			毛红椿林
			榉树林
		湿地落叶阔叶林	枫杨林
			银叶柳林

续表

植被型组	植被型	植被亚型	群系(组)
阔叶林	常绿落叶阔叶混交林	亚热带落叶常绿阔叶混交林	拟赤杨落叶常绿阔叶混交林
			缺萼枫香落叶常绿阔叶混交林
		亚热带常绿落叶阔叶混交林	甜槠常绿落叶阔叶混交林
			青冈常绿落叶阔叶混交林
			木荷常绿落叶阔叶混交林
	常绿阔叶林	亚热带山地常绿阔叶林	米槠林
			甜槠林
			青冈林
			木荷林
		硬叶矮曲林	乌冈栎林
竹林	暖性竹林	散生竹林	毛竹林*
			雷竹林*
			早园竹林*
灌丛	落叶阔叶灌丛	亚热带山地落叶阔叶灌丛	圆锥绣球灌丛
	常绿灌丛	亚热带山地丘陵常绿阔叶灌丛	猴头杜鹃群落
草丛	旱生草丛	山地丘陵草丛	白茅群系
			鸭嘴草群系
			五节芒草丛
			芒群系
			芭蕉群系
其他栽培植被	木本栽培植被		板栗林*
			油茶灌丛*
			茶灌丛*
			苗圃*
	草本栽培植被		大田作物植被*

注："*"表示栽培植被。

2.3.1 针叶林

2.3.1.1 温性针叶林

1. 柳杉林 Form. *Cryptomeria japonica* var. *sinensis*

柳杉林见于高滩村平福坑等地，海拔700～1000m，人工起源，土壤为黄壤、红壤，土层厚，面积约28.35hm²。群落外貌呈深绿色，林木生长整齐，林冠团伞形，枝下高较低。乔木层以柳杉 *Cryptomeria japonica* var. *sinensis* 占绝对优势，平均高8m，平均胸径9.2cm，郁闭度0.7；伴生种无或偶见黄山松、杉木、蓝果树 *Nyssa sinensis*、拟赤杨 *Alniphyllum fortunei* 等。灌木层发育较差，平均高0.6m，盖度40%；以中国绣球 *Hydrangea chinensis* 稍占优势，平均高1m，盖度20%；伴生种有阔叶箬竹、圆锥绣球

Hydrangea paniculata、杉木、尖连蕊茶 *Camellia cuspidata*、木莓 *Rubus swinhoei*、毛花连蕊茶 *Camellia fraterna*、木荷等。草本层发育也较差，平均高 0.2m，盖度 15%；以求米草 *Oplismenus undulatifolius* 稍占优势，平均高 0.1m，盖度 10%；伴生种有蕨、芒 *Miscanthus sinensis*、日南薹草 *Carex nachiana*、截鳞薹草 *Carex truncatigluma*、悬铃木叶苎麻 *Boehmeria tricuspis*、金毛耳草 *Hedyotis chrysotricha*、狗脊 *Woodwardia japonica*、金星蕨 *Parathelypteris glanduligera*、油点草 *Tricyrtis chinensis*、杏香兔儿风 *Ainsliaea fragrans* 等。层间植物有鸡矢藤 *Paederia scandens*、寒莓 *Rubus buergeri*、南五味子、中华猕猴桃等。

2. 黄山松林 Form. *Pinus taiwanensis*

黄山松林见于保护区内海拔 600m 以上的山脊线上，多呈带状分布。土壤为黄壤，土层较薄，群落面积约 279.74hm²。其群落结构主要有：

(1)黄山松—杜鹃—芒萁群丛

群落外貌呈墨绿色。乔木层以黄山松占主要优势，但较矮粗，分布较稀疏，平均高 7m，平均胸径 13.2m，郁闭度 0.5；主要伴生种有木荷、甜槠、多穗石栎 *Lithocarpus litseifolius*、薯豆、虎皮楠 *Daphniphyllum oldhamii* 等。灌木层长势良好，盖度好，平均高 1m，盖度 70%；以杜鹃占优势，平均高 1m，盖度 30%；主要伴生种有白花满山红 *Rhododendron mariesii* f. *albescens*、赤楠、杭子梢 *Campylotropis macrocarpa*、鹿角杜鹃 *Rhododendron ellipticum*、矩形叶鼠刺 *Itea omeiensis*、毛果南烛 *Lyonia ovalifolia* var. *hebecarpa*、郁香野茉莉 *Styrax odoratissimus* 等；更新层植物有乌冈栎 *Quercus phillyreoides*、多穗石栎、木荷、甜槠、豹皮樟 *Listea coreana* var. *sinensis* 等。草本层种类极少，盖度较高，平均高 0.4m，盖度 60%；以里白 *Diplopterygium glaucum*、芒萁 *Dicranopteris pedata* 占优势，平均高 0.3m，盖度 50%；伴生种有芒、金毛耳草等。层间植物有土茯苓 *Smilax glabra*、菝葜等。

(2)黄山松+杉木—杜鹃—芒萁群丛

观测点在张村乡高滩村，坐标 118°38′34.44″E、28°18′53.60″N，海拔 1206m。乔木层以黄山松、杉木占主要优势，其中黄山松平均高 7m，平均胸径 13cm，平均冠幅 2m×2m，郁闭度 0.4，偶见杉木，杉木平均高 8m，平均胸径 12cm，平均冠幅 2m×2m，郁闭度 0.3；伴生种有甜槠、木荷、多穗石栎等。灌木层以杜鹃 *Rlododandron simsil* 占优势，平均高 1m，盖度 10%；伴生种有赤楠 *Syzygium buxifolium*、窄基红褐柃、毛果南烛、南烛 *Vaccinium bracteadcm*、胡枝子 *Lespedeza bicolor*、矩形叶鼠刺、檵木等。草本层以芒萁占优势，平均高 0.5m，盖度 10%；伴生种有芒、金毛耳草、山类芦、里白等。层间植物有土茯苓、小果菝葜 *Smilax daindiance*、耳叶鸡矢藤 *Paederia canaler*、长序鸡屎藤等。

2.3.1.2 暖性针叶林

1. 杉木林 Form. *Cunninghamia lanceolata*

杉木林广布于保护区内缓坡地带，群落面积约 617.29hm²，是区内面积最大的针叶林群落。群落外貌呈深绿色，林木生长整齐，林冠呈狭卵形。土壤有红壤、黄壤。乔木层主要以杉木占绝对优势，平均高 16m，平均胸径 20.4cm，郁闭度 0.7；伴生种有毛叶山桐子 *Idesia polycarpa* var. *vestita*、毛红椿 *Toona ciliata* var. *pubescens*、蓝果树、山合欢等。灌木层发育较差，平均高1m，盖度20%～30%；以泡箬竹 *Indocalamus lacunosus* 稍占优势，平均高1.2m，盖度30%；伴生种有毛红椿、杉木、尖连蕊茶、木莓、油桐 *Vernicia fordii* 等。草本层发育略好，平均高0.2m，盖度30%；以求米草稍占优势，平均高0.3m，盖度20%；伴生种丰富，有出蕊四轮香 *Hanceola exserta*、大叶苎麻 *Boehmeria longispica*、日南薹草、油点草、杏香兔儿风、阔鳞鳞毛蕨 *Dryopteris championii*、金星蕨等。层间植物有短药野木瓜 *Stauntonia leucantha*、黄独 *Dioscorea bulbifera* 等。

在一些地段有杉木、柳杉共占优势的群落类型。观测点在高滩村，坐标118°38′34.22″E、28°18′58.41″N，海拔1186m。群落外貌呈深绿色，林相整齐，树体高大，林冠圆锥形。乔木层以柳杉、杉木占主要优势，其中柳杉高8～12m，胸径11～20cm，平均冠幅3m×3m，郁闭度0.3，杉木高8～12m，胸径10～18cm，平均冠幅3m×2m，郁闭度0.3；主要伴生种有山胡椒 *Lindera glauca*、黄檀 *Dalbergia hupeana* 等。灌木层以窄基红褐柃略占优势，平均高0.8m，盖度8%；主要伴生种有楤木 *Aralia hupehensis*、蓬蘽 *Rubus hirsutus*、高粱泡、青灰叶下珠 *Phyllanthus glaucus*、小果蔷薇 *Rosa cymosa*、红果山胡椒 *Lindera erythrocarpa*、小构树、赛山梅 *Styrax confusus* 等。草本层以芒萁略占优势，平均高0.4m，盖度10%；主要伴生种有黑足鳞毛蕨、褐果薹草 *Carex brunnea*、边缘鳞盖蕨 *Microlepia marginata*、红毛过路黄、阔鳞鳞毛蕨、同形鳞毛蕨 *Dryopteris uniformis*、三穗薹草、井栏边草 *Pteris multifida*、变异鳞毛蕨 *Dryopteris varia*、江南卷柏、金星蕨、淡竹叶 *Lophatherum gracile*、七星莲等。层间植物有大芽南蛇藤、紫藤 *Wisteria sinensis*、鄂西清风藤、海金沙 *Lygodium japonicum*、牯岭蛇葡萄、南五味子 *Kadsura longipedunculata*、三叶木通 *Akebia trifoliata* 等。

2. 马尾松林 Form. *Pinus massoniana*

马尾松林分布于廿八都镇周村村的交溪口、徐罗、野猪浆，张村乡高滩村、老佛岩村等地，片状分布在海拔370～751m的山坡、山脊上，面积约31.42hm^2。群落外貌呈黄绿色、深绿色，林木生长整齐，林冠呈卵球形，枝下高较高。土壤红壤或黄壤，土层较厚。根据群落结构、发育程度不同，其主要有以下类型。

(1)马尾松—檵木—芒萁群丛(代表马尾松林群落结构)

该群丛见于野猪浆半坑的山坡上。乔木层以马尾松占主要优势，平均高6～9m，胸径8.3～17cm，郁闭度0.5～0.6；主要伴生种有杉木、木荷、甜槠等。灌木层生长茂盛，平均高1m，盖度60%；以檵木、山矾 *Symplocos caudata* 占优势，平均高1.2m，盖度40%；伴生种有厚皮香、杜鹃、赤楠、短尾越橘、乌药、华女贞 *Ligustrum lianum* 等；更新层植物有甜槠、杉木、多穗石栎、乌冈栎、木荷、虎皮楠、细叶香桂、短柄枹栎 *Quercus serrata* var. *brevipetiolata* 等。草本层种类较少，生长茂盛，平均高0.2m，盖度95%；以芒萁占绝对优势，平均高0.2m，盖度90%；伴生种有芒、长唇羊耳蒜 *Liparis pauliana*、蕨、淡竹叶等。层间植物有土茯苓、菝葜等。

(2)马尾松—短柄枹栎—芒萁群丛(代表马尾松幼林群落结构)

该群丛见于野猪浆凹坪，海拔766m。群落外貌较稀疏，黄绿色，林冠不整齐，为砍伐后封育形成。土壤为黄壤、红壤，土层较薄。乔木层以马尾松略占优势，平均高5m，平均胸径5cm，平均冠幅(2m×2m)～(4m×3m)，郁闭度0.4～0.6；伴生种有短柄枹栎、杉木、杨梅、木荷、拟赤杨、山鸡椒、冬青等。灌木层生长茂盛，平均高1.5m，盖度70%；以短柄枹栎占优势，平均高 2m，盖度 40%；伴生种有水竹 *Phyllostachys heteroclada*、矩形叶鼠刺、檵木、石斑木、郁香野茉莉等；更新层植物有野漆 *Toxicodendron succedaneum*、板栗、杉木、马尾松等。草本层种类较少，生长茂盛，平均高 0.3m，盖度 90%；以芒萁占绝对优势，平均高 0.3m，盖度 80%；伴生种有芒、蕨、狗脊、金毛耳草等。层间植物有东南葡萄、大芽南蛇藤 *Celastrus gemmatus*、南五味子等。

(3)马尾松＋杉木—窄基红褐柃—褐果薹草群丛(代表松杉混交的群落结构)

观测点在高滩村，坐标 118°40′9.64″E、28°17′47.10″N，海拔 664m。乔木层以马尾松、杉木占优势，其中马尾松平均高 8m，平均胸径 15cm，平均冠幅 3m×2m，郁闭度 0.4，杉木平均高 7.5m，平均胸径 14cm，平均冠幅 3m×3m，郁闭度 0.3；伴生种主要有豹皮樟、枫香、青冈、山胡椒、毛八角枫 *Alangium kurzii* 等。灌木层以窄基红褐柃稍占优势，平均高 1.2m，盖度 6%；伴生种主要有山矾、乌药 *Lindera aggregata*、豆腐柴 *Premna microphylla*、周毛悬钩子、大青、杜鹃、山莓等。草本层以褐果薹草占优势，平均高 0.4m，盖度 10%；伴生种有金星蕨、黑足鳞毛蕨、阔鳞鳞毛蕨、鼠尾草、淡竹叶、金毛耳草等。层间植物主要有缘脉菝葜、牯岭蛇葡萄、网络崖豆藤 *Millettia reticalata*、紫藤等。

2.3.2 针阔叶混交林

2.3.2.1 温性针阔叶混交林

1. 柳杉针阔叶混交林 Form. *Cryptomeria fortunei*, broad leaved mixed

群落见于张村乡高滩村，分布在海拔 980～1161m 的山坡上，土层深厚，面积约 0.92hm²。观测点在高滩村，坐标 118°38′43.12″E、28°18′59.23″N，海拔 1121m。乔木层以柳杉、拟赤杨、毛竹等占主要优势，其中柳杉平均高 6m，平均胸径 11cm，平均冠幅 3m×3m，郁闭度 0.5；伴生种较少，偶见黄山松、青冈、木荷等。灌木层发育较差，以中国绣球略占优势，平均高 1m，盖度 15%；主要伴生种有阔叶箬竹、茶、木荷、窄基红褐柃、山矾等。草本层以芒占优势，平均高 0.6m，盖度 10%；主要伴生种有求米草、芒萁、金星蕨、杏香兔儿风、金毛耳草等。层间植物主要有中华猕猴桃、南五味子、鸡矢藤、钝药野木瓜等。

2. 黄山松针阔叶混交林 Form. *Pinus taiwanensis*, broad leaved mixed

群落见于廿八都镇周村村、张村乡高滩村，分布在海拔 569～1469m 的上坡、山脊上，群落面积约 101.09hm²。其有以下群落结构。

(1)黄山松＋甜槠—阔叶箬竹—山类芦群丛

观测点在高滩村，坐标 118°39′43.36″E、28°18′02.83″N，海拔 977m。乔木层以黄山松、甜槠占主要优势，其中黄山松平均高 7.5m，平均胸径 13.3cm，平均冠幅 2m×2m，郁闭度 0.3，甜槠平均高 8m，平均胸径 20.1cm，平均冠幅 5m×4m，郁闭度 0.4；主要伴生种有木蜡树、多穗石栎、木荷、青冈、马银花、山矾等。灌木层以阔叶箬竹占主要优势，平均高 1m，盖度 13%；伴生种有檵木、杜鹃、赤楠、山橿、红果山胡椒、江南越橘、石斑木、窄基红褐柃等。草本层以山类芦占优，平均高 0.8m，盖度 10%；主要伴生种有芒萁、芒、里白、蕨、金毛耳草等。层间植物有土茯苓、小果菝葜等。

(2)木荷＋黄山松—阔叶箬竹—芒群丛

观测点在高滩村,坐标 118°38′11.57″E、28°18′2.02″N,海拔 1374m。乔木层以黄山松、木荷占主要优势,其中黄山松平均高 7m,平均胸径 12cm,平均冠幅 2m×2m,郁闭度 0.3,木荷平均高 8m,平均胸径 18cm,平均冠幅 3.5m×3.5m,郁闭度 0.3;主要伴生种有木蜡树、多穗石栎、甜槠、青冈、马银花、山矾等。灌木层以阔叶箬竹占主要优势,平均高 0.9m,盖度 10%;伴生种有檵木、杜鹃、赤楠、山橿、红果山胡椒、石斑木、窄基红褐柃、栀子等。草本层以芒占优,平均高 0.8m,盖度 10%;主要伴生种有芒萁、山类芦、里白、蕨、金毛耳草等。层间植物有土茯苓、小果菝葜、流苏子、羊角藤等。

(3)黄山松＋毛竹—檵木—蕨群丛

观测点坐标 118°38′43.95″E、28°18′57.10″N,海拔 1123m。群落外貌呈翠青色,杂有墨绿色、黄绿色,林相较差,多有倒伏。乔木层黄山松、毛竹占优势,其中毛竹平均高 13m,平均胸径 18cm,平均冠幅 3m×3m,郁闭度 0.4,黄山松平均高 11m,平均胸径 12cm,平均冠幅 3m×2m,郁闭度 0.3;伴生种有杉木、山合欢、钟花樱、豹皮樟、短柄枹栎、乌冈栎等。灌木层以檵木略占优势,平均高 1m,盖度 10%;伴生种有江南越橘、杜鹃、中华石楠、楤木、石斑木、南烛、豆腐柴、栀子、中华绣线菊、大青等。草本层以蕨占优势,平均高 0.5m,盖度 5%;伴生种有褐果薹草、阔鳞鳞毛蕨、野青茅、黑足鳞毛蕨、狗脊、芒萁、山类芦、狭叶香港远志、淡竹叶、金星蕨等。层间植物有紫藤、木防己、蛇葡萄、土茯苓、羊角藤等。

2.3.2.2 暖性针阔叶混交林

1. 杉木针阔叶混交林 Form. *Cunninghamia lanceolata*, broad leaved mixed

该群落广泛分布在廿八都镇乡林场、周村村,张村乡高滩村、老佛岩村等地,见于海拔 366～1340m 的山坡上,土层肥厚,群落面积约 654.27hm^2。其有以下群落结构。

(1)杉木＋拟赤杨—茶＋青榨槭—里白群丛

该群落多见于周村、大库等地的杉木采伐迹地上,是杉木林采伐后向阔叶林演替的过渡阶段,也是杉木针阔叶混交林中最常见的群落结构。现以设于周村村大库坑的样地为例,示其群落结构。

样地设于大库坑,海拔 609m,坐标 118°34′28.51″E、28°19′57.35″N,坡度 20°,坡位下坡,坡向北坡,土壤为凝灰岩坡积发育形成的红壤、黄壤,土层厚。乔木层平均高 8cm,平均胸径 8.2cm,郁闭度 0.6;以杉木和拟赤杨共占优势,其中杉木平均高 10m,平均胸径 11.7cm,平均冠幅 3m×3m,郁闭度 0.3,拟赤杨平均高 11m,平均胸径 7.9cm,平均冠幅 3m×4m,郁闭度 0.4;伴生种有南酸枣、青榨槭 *Acer davidii*、木荷、红楠、青冈、毛叶山桐子、浙江柿 *Diospyros glaucifolia*、迎春樱、山合欢、紫果槭 *Acer cordatum*、光叶毛果枳椇、盐肤木 12 种。灌木层平均高 1.5m,盖度 60%;以茶 *Camellia sinensis* 占优势,平均高 0.8m,盖度 40%,此外,青榨槭也占重要地位;伴生种有隔药柃 *Eurya muricata*、白背叶楤木 *Aralia stipulata*、矩形叶鼠刺、中国旌节花、细枝柃 *Eurya loquaiana*、中华石楠、蜡莲绣球 *Hydrangea rosthornii*、长叶鼠李 *Rhamnus crenata*、马银花 *Rhododendron ovatum*、长柄山蚂蝗 *Hylodesmum podocarpum* 10 种;更新层植物有木荷、红果钓樟 *Lindera erythrocarpa*、红楠、油茶 *Camellia oleifera*、豹皮樟、浙江柿、盐肤木、紫果槭、虎皮楠9种。草本层平均高0.2m,盖度60%;以里白占优势,平均高0.6m,盖度30%,其次翠云草 *Selaginella uncinata*、江南卷柏 *Selaginella moellendorffii* 也占有一定优势;伴生种有红毛过路黄 *Lysimachia rufopilosa*、求米草、狗脊、麦冬、柔枝莠竹 *Microstegium vimineum*、栗褐薹草 *Carex brunnea*、美丽复叶耳蕨 *Arachniodes amoena*、淡竹叶、小花鸢尾、金星蕨、芒萁、狭叶香港远志 *Polygala hongkongensis* var. *stenophylla*、紫花堇菜、蛇足石杉 *Huperzia serrata* 14种。层间植物有牯岭蛇葡萄 *Ampelopsis brevipedunculata* var. *kulingensis*、藤葡蟠 *Broussonetia kaempferi* var. *australis*、东南茜草等。

杉木+拟赤杨混交林乔木层重要值见表2-2。

表2-2 杉木+拟赤杨混交林乔木层重要值

植物	层次	株数	相对密度	平均胸径/cm	胸高断面积/cm^2	相对显著度	频度	相对频度	重要值
杉木	T	22	34.38	10.70	583.82	30.97	100.00	16.00	27.11
拟赤杨	T	23	35.94	7.90	247.57	13.13	100.00	16.00	21.69
南酸枣	T	3	4.69	10.20	258.64	13.72	75.00	12.00	10.14
青榨槭	T	4	6.25	8.60	237.73	12.61	50.00	8.00	8.95
木荷	T	2	3.13	5.25	43.28	2.30	50.00	8.00	4.47
红楠	T	1	1.56	13.60	145.19	7.70	25.00	4.00	4.42
青冈	T	2	3.13	5.00	39.25	2.08	50.00	8.00	4.40
毛叶山桐子	T	1	1.56	9.10	130.26	6.91	25.00	4.00	4.16
浙江柿	T	1	1.56	8.90	62.18	3.30	25.00	4.00	2.95
迎春樱	T	1	1.56	7.20	40.69	2.16	25.00	4.00	2.57
山合欢	T	1	1.56	6.80	36.30	1.93	25.00	4.00	2.50
紫果槭	T	1	1.56	5.20	21.23	1.13	25.00	4.00	2.23
光叶毛果枳椇	T	1	1.56	5.00	19.63	1.04	25.00	4.00	2.20
盐肤木	T	1	1.56	5.00	19.63	1.04	25.00	4.00	2.20
总计		64	100.00		1885.39	100.00	625.00	100.00	100.00

注:T表示乔木层。下同。

(2)杉木+板栗—茶—五节芒群系

观测点坐标118°36′58.50″E、28°20′09.04″N,海拔416m。乔木层为杉木、板栗2种,其中杉木高6~8m,胸径10~15cm,平均冠幅2.5m×2.5m,郁闭度0.5,板栗高13~15m,胸径16~23cm,冠幅7m×8m,郁闭度0.5。灌木层偶见茶、棕榈等。草本层以五节芒占优势,平均高0.7m,盖度10%;伴生种有求米草、藿香蓟、白花败酱等。层间植物有鸡矢藤、东南茜草等。

(3)杉木+青冈—檵木—芒萁群系

该群落见于周村村野猪浆松坑口的山坡上,土壤为红壤、黄壤,土层瘠薄,海拔659m。群落外貌呈深绿色,林木生长矮小,分布稀疏。乔木层以杉木和青冈共占优势,其中杉木平均高5m,平均胸径7.5cm,郁闭度0.4,青冈平均高5m,平均胸径6cm,郁闭度0.3;伴生种有苦槠、马尾松等。灌木层长势良好,平均高1m,盖度65%;以檵木占优势,平均高 1m，盖度 60%；伴生种有矩形叶鼠刺、茶荚蒾 *Viburnum setigerum*、赤楠、杜鹃、乌药等；更新层植物有青冈、石栎、多穗石栎、紫果槭、木荷、苦槠等。草本层种类较少，生长茂盛，平均高 0.2m，盖度 80%；以芒萁占绝对优势，平均高 0.3m，盖度 80%；伴生种有芒、蕨、金毛耳草等。层间植物有小果菝葜、土茯苓等。

（4）杉木＋青冈—杜鹃—野青茅群丛

观测点在周村村，坐标 118°35′06.72″E、28°19′25.09″N，海拔 502m。乔木层以杉木、青冈占主要优势，其中杉木高 6～9m，胸径 5～12cm，平均冠幅 2.5m×2.5m，郁闭度0.3，青冈高 5～7m，胸径 5～8cm，平均冠幅 3m×3.5m，郁闭度 0.3；主要伴生种有马尾松、甜槠、木荷等。灌木层以杜鹃略占优势，平均高 1.2m，盖度 10%；主要伴生种有山鸡椒、赤楠、栀子、茶、山胡椒、马银花、满山红、格药柃等。草本层以疏花野青茅占主要优势，平均高0.4m，盖度 10%；主要伴生种有黑足鳞毛蕨、五节芒、芒萁等。层间植物有海金沙、羊角藤、钝药野木瓜、南五味子、小果菝葜等。

（5）杉木＋木荷—阔叶箬竹—五节芒群丛

观测点在高滩村，坐标 118°40′23.02″E、28°17′1.05″N，海拔 821m。乔木层以杉木、木荷占主要优势，其中杉木平均高 7m，平均胸径 11cm，平均冠幅 2m×2m，郁闭度 0.3，木荷平均高 8m，平均胸径 15cm，平均冠幅 3.0m×3.0m，郁闭度 0.3；主要伴生种有木蜡树、盐肤木、甜槠、青冈、马银花、山矾等。灌木层以阔叶箬竹占主要优势，平均高 0.8m，盖度 10%；伴生种有檵木、杜鹃、赤楠、山橿、六月雪、石斑木、窄基红褐柃、栀子等。草本层以五节芒占优，平均高 0.8m，盖度 10%；主要伴生种有芒萁、山类芦、里白、蕨、金毛耳草、井栏边草、江南卷柏等。层间植物有土茯苓、小果菝葜、流苏子、羊角藤、鸡矢藤等。

（6）杉木＋甜槠—窄基红褐柃—野青茅群丛

观测点在高滩村，坐标 118°40′15.65″E、28°18′59.33″N，海拔 556m。乔木层以杉木、甜槠占主要优势，其中杉木平均高 7.5m，平均胸径 12.5cm，平均冠幅 2m×2m，郁闭度 0.3，甜槠平均高 8m，平均胸径 19.5cm，平均冠幅 4m×4m，郁闭度 0.3；主要伴生种有木蜡树、木荷、青冈、马银花、山矾、拟赤杨等。灌木层以窄基红褐柃占主要优势，平均高 1.2m，盖度 8%；伴生种有檵木、杜鹃、赤楠、山橿、栀子、中国绣球、石斑木、茶等。草本层以野青茅占优势，平均高 0.4m，盖度 8%；主要伴生种有芒萁、芒、里白、蕨、金毛耳草、翠云草等。层间植物有土茯苓、小果菝葜、鸡矢藤、流苏子等。

（7）杉木＋毛竹—山莓—芒群丛

观测点坐标 118°38′57.97″E、28°19′10.90″N，海拔 989m。群落外貌呈深绿色，林相整齐，树体高大，林冠圆锥形。乔木层以毛竹、杉木占主要优势，其中毛竹高 8～13m，胸径 11～20cm，平均冠幅 3m×3m，郁闭度 0.3；杉木高 8～12m，胸径 10～18cm，平均冠幅 3m×2m，郁闭度 0.3；主要伴生种有山胡椒、黄檀等。灌木层以山莓略占优势，平均高 0.6m，盖度 10%；主要伴生种有楤木、蓬蘽、高粱泡、青灰叶下珠、小果蔷薇、窄基红褐柃、赛山梅等。草本层以芒略占优势，平均高 0.6m，盖度 10%；主要伴生种有黑足鳞毛蕨、褐果薹草、边缘鳞盖蕨、阔鳞鳞毛蕨、同形鳞毛蕨、三穗薹草、井栏边草、变异鳞毛蕨、江南卷柏、金星蕨、淡竹叶、七星莲等。层间植物有过山枫、紫藤、鄂西清风藤、海金沙、牯岭蛇葡萄、南五味子、三叶木通等。

2. 马尾松针阔叶混交林 Form. *Pinus massoniana*, broad leaved mixed

群落见于廿八都镇周村村、张村乡高滩村，分布在海拔 438～773m 的山脚、山坡上，面积约 32.32hm^2。乔木层以马尾松较占优势，阔叶树伴生种丰富，根据生境及阔叶树伴生种的不同可分为以下群系。

(1)马尾松＋拟赤杨—窄基红褐柃—芒萁群系

观测点在周村村，坐标 118°36′45.12″E、28°16′42.87″N，海拔 666m。乔木层以马尾松、拟赤杨占优势，其中马尾松平均高 7m，平均胸径 12cm，平均冠幅 2m×2m，郁闭度 0.3，拟赤杨平均高 8m，平均胸径 14cm，平均冠幅 3m×2m，郁闭度 0.3；伴生种有杉木、木荷、甜槠、青冈等。灌木层以窄基红褐柃略占优势，平均高 1.2m，盖度 10%；伴生种有山矾、南烛、栀子、石斑木、胡枝子、矩形叶鼠刺、山胡椒、木荷、青冈、拟赤杨、短柄枹栎等。草本层以芒萁占优势，平均高 0.5m，盖度 20%；伴生种有蕨、狗脊、褐果薹草、淡竹叶、求米草等。层间植物有土茯苓、小果菝葜、牯岭蛇葡萄等。

(2)马尾松＋青冈—阔叶箬竹—褐果薹草群系

观测点在高滩村，坐标 118°40′00.62″E、28°17′40.20″N，海拔 635m。乔木层以马尾松、青冈占优势，其中平均高 7.5m，平均胸径 13cm，平均冠幅 2m×2m，郁闭度 0.4，青冈平均高 4m，平均胸径 15cm，平均冠幅 3m×2m，郁闭度 0.4；伴生种有杉木、木荷、甜槠、拟赤杨等。灌木层以阔叶箬竹略占优势，平均高 0.9m，盖度 15%；伴生种有栀子、山矾、茶、窄基红褐柃、寒莓、小果蔷薇等。草本层以褐果薹草占优势，平均高 0.4m，盖度 10%；伴生种有淡竹叶、金星蕨、蕨、求米草等。层间植物有鸡矢藤、蛇葡萄、东南茜草等。

(3)马尾松＋木荷—江南越橘—芒萁群丛

观测点在周村村，坐标 118°35′45.85″E、28°19′15.41″N，海拔 507m。群落外貌呈墨绿色，林木生长密集，林冠团卵形。乔木层以马尾松、木荷占优势，其中马尾松高 5～8m，胸径 5～16cm，平均冠幅 2m×2m，郁闭度 0.4，木荷高 3～5m，胸径 8～13cm，平均冠幅 3m×2m，郁闭度 0.3；伴生种有杉木、山鸡椒、豹皮樟、石栎等。灌木层以江南越橘略占优势，平均高 1m，盖度 10%；伴生种有白檀、南烛、栀子、石斑木、美丽胡枝子、格药柃、窄基红褐柃、矩形叶鼠刺、山胡椒、木荷、乌冈栎等。草本层发育较差，以芒萁占优势，平均高 0.5m，盖度 5%；伴生种有蕨、狗脊、褐果薹草等。层间植物有土茯苓、小果菝葜等。

(4)马尾松＋甜槠—檵木—芒萁群丛

观测点在高滩村，坐标 118°40′28.80″E、28°17′54.11″N，海拔 643m。群落外貌呈暗绿色，混生绿色、黄绿色，林冠卵形或卵圆形，林木生长密集，马尾松高出树丛。乔木层以马尾松、甜槠占主要优势，其中马尾松平均高 10m，平均胸径 16cm，平均冠幅 4m×3m，郁闭度 0.4，甜槠平均高 8m，平均胸径 16cm，平均冠幅 4m×4m，郁闭度 0.3；主要伴生种有石栎、木荷、野漆、青冈、化香等。灌木层以檵木占优势，平均高 2m，盖度 15%；伴生种有毛柄连蕊茶、狗骨柴、马银花、窄基红褐柃、杜茎山、楤木、乌药、野鸦椿、矩形叶鼠刺、赤楠、石斑木、豆腐柴、秀丽野海棠、胡颓子、栀子、中国绣球、苦竹等。草本层发育较差，以芒萁占优势，平均高 0.4m，盖度 8%；伴生种有狗脊、阔鳞鳞毛蕨、黑足鳞毛蕨、红盖鳞毛蕨、山麦冬等。层间植物主要有土茯苓、香花崖豆藤 *Millettia dielsiana*、流苏子、南五味子、忍冬等。

2.3.3 阔叶林

2.3.3.1 落叶阔叶林

1. 拟赤杨林 Form. *Alniphyllum fortunei*

该群落见于廿八都镇周村村华竹坑、半坑，张村乡高滩村等地的杉木采伐迹地上，海拔 475～1308m，面积约 77.47hm²，土壤为凝灰岩坡积发育形成的红壤或黄壤，土层厚。群落外貌较杂乱，黄绿色、绿色、深绿色交互镶嵌，林冠呈现不规则伞形、卵形等。乔木层平均高 5cm，平均胸径 6.0cm，郁闭度 0.4；以拟赤杨占优势，平均高 5m，平均胸径6.7cm，平均冠幅 2m×2m，郁闭度 0.4；伴生种较少，主要有杉木、山合欢、紫果槭、枳椇、盐肤木、石栎等。灌木层平均高 1m，盖度 50%；以拟赤杨占优势，平均高 2m，盖度 45%；伴生种有阔叶箬竹、楤木、隔药柃、矩形叶鼠刺、中国旌节花、腊莲绣球、长叶鼠李等；更新层植物有枫杨、杉木、木蜡树 *Toxicodendron sylvestre*、青榨槭、木荷、盐肤木、石栎、甜槠等。草本层高 0.5～0.8m，盖度 40%～60%；优势植物有芒、博落回 *Macleaya cordata* 等，高 0.6～1.2m，盖度 50%～60%；伴生种有江南卷柏、求米草、狗脊、柔枝莠竹、淡竹叶、金星蕨、芒萁、狭叶香港远志、紫花堇菜等。层间植物有小叶猕猴桃 *Actinidia lanceolata*、藤葡蟠、牯岭蛇葡萄、茜草、金樱子等。

拟赤杨+南酸枣—箬竹—翠云草群系

观测点在周村村，坐标 118°34′24.42″E、28°19′58.57″N，海拔 646m。乔木层以拟赤杨、南酸枣占主要优势，其中拟赤杨平均高 10m，胸径 7～15cm，平均冠幅 3.5m×3.5m，郁闭度 0.4，南酸枣平均高 10m，胸径 10～13cm，平均冠幅 3.5m×4.0m，郁闭度 0.3；伴生种有青榨槭、木荷、短柄枹栎、薯豆、山乌桕、交让木等。灌木层以箬竹占主要优势，平均高 1.2m，盖度 50%；伴生种有茶、檵木、木荷、盐肤木、毛柄连蕊茶、木蜡树、紫楠、秀丽四照花等。草本层以翠云草占主要优势，平均高 0.5m，盖度 20%；伴生种有芒、套鞘薹草、蕨、黑足鳞毛蕨等。层间植物有藤葡蟠、香花崖豆藤、金樱子、菰腺忍冬等。

2. 多脉鹅耳枥林 Form. *Carpinus polyneura*

该群落见于高滩村深坑去往洪岩顶中途的陡崖上，土壤为粗骨土，土层瘠薄，海拔 700～900m，群落面积约 0.1hm²。群落外貌呈黄绿色，林木生长矮小，分枝多，林冠冠幅大而稀疏。乔木层以多脉鹅耳枥 *Carpinus polyneura* 为单优势种或绝对优势种，平均高 5m，平均胸径 8cm，郁闭度 0.4；偶见青冈、朴树、石楠等伴生。灌木层平均高 3m，盖度 85%；以多脉鹅耳枥占主要优势，平均高 3m，平均盖度 80%；伴生种有珍珠绣线菊 *Spiraea thunbergii*、算盘子、檵木、春花胡枝子 *Lespedeza dunnii*、长叶鼠李、软条七蔷薇 *Rosa henryi* 等；更新层种类有青冈、臭椿、紫弹树、杭州榆、石楠 *Photinia serratifolia* 等。草本层发育良好，平均高 0.3m，盖度 60%；以山类芦 *Neyraudia montana* 占优势，平均高 30cm，盖度 40%；伴生种丰富，有野雉尾 *Onychium japonicum*、金挖耳 *Carpesium divaricatum*、中华沙参、野茼蒿 *Crassocephalum crepidioides*、北京铁角蕨 *Asplenium pekinense*、旱蕨 *Cheilanthes nitidula*、圆叶景天 *Sedum makinoi*、庐山瓦韦 *Lepisorus lewisii*、京畿鳞毛蕨 *Dryopteris kinkiensis*、黑足鳞毛蕨 *Dryopteris fuscipe*、狭叶香港远志等。层间植物有毛脉显柱南蛇藤 *Celastrus stylosus* var. *puberulus*、乌蔹莓 *Cayratia japonica* 等。

3. 朴树林 Form. *Celtis sinensis*

该群落见于廿八都镇周村村，分布在678～935m的陡坡上，面积约5.28hm²。观测点在周村村，坐标118°37′27.65″E、28°16′42.70″N，海拔732m。乔木层以南酸枣与朴树占主要优势，南酸枣平均高10m，胸径10～20cm，平均冠幅5m×6m，郁闭度0.3，朴树平均高8m，胸径7～17m，平均冠幅4m×3m，郁闭度0.3；伴生种主要有红楠、杨梅、木荷、拟赤杨、枳椇等。灌木层以檵木占主要优势，平均高4m，盖度50%；伴生种主要有中华绣线菊、茶荚蒾、豹皮樟、肉花卫矛、杭州榆、红果山胡椒等。草本层以五节芒占优势，平均高1.3m，盖度20%；主要伴生种有龙须草、黑足鳞毛蕨、江南卷柏、褐果薹草、野青茅、中华薹草等。层间植物主要有南五味子、过山枫、大血藤、中华猕猴桃、鄂西清风藤、香花崖豆藤、络石等。

4. 南酸枣林 Form. *Choerospondias axillaris*

该群落见于廿八都镇周村村、张村乡高滩村深坑的山脚和中下坡，海拔500～880m，土壤为黄壤、红壤，群落面积1.67hm²。群落外貌呈黄绿色、绿色，林木冠幅大。乔木层可分为两层：上层以南酸枣占绝对优势，平均高12m，平均胸径20cm，郁闭度0.5；伴生种未见。下层以南酸枣稍占优势，平均高6m，平均胸径7cm，郁闭度0.6；伴生种丰富，有盐肤木、青冈、檵木、黄檀、球核荚蒾 *Viburnum propinquum*、异色泡花树 *Meliosma myriantha* var. *discolor*、矩形叶鼠刺、杨梅、紫果槭等。灌木层发育良好，平均高1.5m，盖度75%；以檵木占优势，平均高1.6m，盖度70%；伴生种有球核荚蒾、寒莓、大青、珍珠绣线菊、马银花、窄基红褐柃 *Eurya rubiginosa* var. *attenuata*、石楠、浙江红山茶、卵叶石岩枫 *Mallotus repandus* var. *chrysocarpus* 等；更新层有青冈、野漆、朴树、油桐等。草本层较稀疏，平均高0.2m，盖度35%；以山类芦占优势，平均高0.3m，盖度30%；伴生种有石荠苎、爵床 *Justicia procumbens*、微糙三脉紫菀、五节芒、庐山瓦韦、淡竹叶等。层间植物有薜荔、抱石莲 *Lemmaphyllum drymoglossoides*、络石、香花鸡血藤 *Callerya dielsiana* 等。

5. 缺萼枫香林 Form. *Liquidambar acalycina*

群落见于张村乡高滩村，分布在海拔709～783m的中坡、上坡、山坳中，面积约0.88hm²。观测点坐标118°40′00.93″E、28°16′51.25″N，海拔783m。群落外貌呈黄绿色，林相整齐。乔木层仅缺萼枫香1种，平均高8m，平均胸径13cm，平均冠幅5m×5m，郁闭度0.6。灌木层以阔叶箬竹占优势，平均高1m，盖度30%；伴生种有宁波溲疏、木蜡树、木莓、楤木、檵木、野鸦椿、紫金牛、大青、杜鹃、毛柄连蕊茶等。草本层发育良好，以三脉紫菀占优势，平均高0.5m，盖度10%；伴生种有假蹄盖蕨、黑足鳞毛蕨、褐果薹草、叶下珠、江南卷柏、井栏边草、血见愁等。层间植物有香花崖豆藤、络石、南五味子、乌蔹莓、东南茜草、何首乌、菝葜、中华猕猴桃等。

6. 枫香林 Form. *Liquidambar formosana*

群落见于廿八都镇周村村，分布在海拔418～483m的中下坡、山坳中，生境较湿润，群落面积约0.31hm²。观测点在周村村，坐标118°37′2.39″E、28°20′13.78″N，海拔453m。乔木层以枫香、杉木占主要优势，其中枫香平均高8m，平均胸径13cm，平均冠幅5m×5m，郁闭度0.6，杉木平均高7m，平均胸径13cm，平均冠幅3m×3m，郁闭度0.3；伴生种有甜槠、木荷、青冈、山合欢、南酸枣等。灌木层以苦竹占优势，平均高 1.3m，盖度 10%；伴生种有毛柄连蕊茶、山莓、杜鹃、紫金牛、六月雪、茶等。草本层以褐果薹草占优势，平均高 0.5m，盖度 10%；伴生种有长梗黄精、淡竹叶、求米草、井栏边草、藿香蓟、阔鳞鳞毛蕨、黑足鳞毛蕨、山麦冬等。层间植物有海金沙、大血藤、过山枫、南五味子、中华常春藤、网络崖豆藤、络石等。

7. 檵木林 Form. *Loropetalum chinense*

群落见于廿八都镇周村村，分布在海拔 467～507m 的陡坡上，生境干旱，群落面积约 0.10hm^2。观测点在周村村，坐标 118°35′30.73″E、28°19′4.35″N，海拔 521m。乔木层以檵木占主要优势，平均高 3m，平均胸径 10cm，平均冠幅 3m×3m，郁闭度 0.6；主要伴生种有青冈、拟赤杨、枫香、木荷、甜槠、盐肤木等。灌木层以檵木占主要优势，平均高 1m，盖度 20%；伴生种有杜鹃、窄基红褐柃、阔叶箬竹、楤木、蜡莲绣球、长叶冻绿、矩形叶鼠刺等。草本层以芒占主要优势，平均高 0.8m，盖度 10%；伴生种有求米草、江南卷柏、伏地卷柏、狗脊、紫萁、金星蕨、长萼堇菜等。层间植物有中华猕猴桃、木防己、牯岭蛇葡萄、东南茜草、鸡矢藤等。

8. 香果树林 Form. *Emmenopterys henryi*

该群落仅见于周村村里东坑村的大中坑，群落面积约 0.05hm^2，坐标 118°38′15.89″E、28°19′02.26″N，海拔 1043m，坡度 30°，坡位上坡，坡向西坡，土壤为凝灰岩坡积形成的黄壤，土层厚、疏松，含小砾石多。群落外貌呈绿色，林木生长茂盛，树冠广卵形、冠幅大，郁闭度高。乔木层可分为两层。上层平均高 12m，平均胸径 12cm，郁闭度 0.6；以香果树占主要优势，平均高 12m，平均胸径 11.8cm，平均冠幅 5m×6m，郁闭度 0.6；伴生种有青榨槭、缺萼枫香 *Liquidambar acalycina*、化香树 *Platycarya strobilacea*、钟花樱、杉木、红楠、橉木 *Padus buergeriana* 7 种。下层平均高 6m，平均胸径 7.4cm，郁闭度 0.5，以香果树占主要优势，平均高 7m，平均胸径 7.5cm，平均冠幅 4m×5m，郁闭度 0.5；伴生种有青榨槭、化香树、水马桑、红果钓樟、木荷、黄山木兰、浙江山梅花 *Philadelphus zhejiangensis*、杉木、甜槠 11 种。灌木层平均高 1.1m，盖度 60%；以华箬竹 *Sasa sinica* 占主要优势，平均高 0.6m，盖度 40%；伴生种有宜昌荚蒾、宁波溲疏 *Deutzia ningpoensis*、木莓、太平莓 *Rubus pacificus*、浙江山梅花、华女贞、隔药柃、日本紫珠 *Callicarpa japonica*、山橿 *Lindera reflexa*、长柄山蚂蝗、浙江红山茶、中华绣线菊 *Spiraea chinensis* 12 种；更新层植物有豹皮樟、香果树、青榨槭、杉木、木荷、红楠、钟花樱 7 种。草本层种类丰富，但盖度低，平均高 0.2m，盖度 20%；以悬铃木叶苎麻占优势，平均高 0.3m，盖度 10%，求米草也占有一定的优势；伴生种有江南卷柏、短尖薹草 *Carex brevicuspis*、异穗卷柏 *Selaginella heterostachys*、栗褐薹草、溪边蹄盖蕨 *Athyrium deltoidofrons*、淡竹叶、日南薹草、长尾复叶耳蕨 *Arachniodes simplicior*、紫萁、大叶苎麻、肥肉草 *Fordiophyton faberi*、黑鳞耳蕨 *Polystichum makinoi*、全缘灯台莲 *Arisaema sikokianum*、山冷水花 *Pilea japonica*、疏羽凸轴蕨 *Metathelypteris laxa*、缩茎韩信草 *Scutellaria indica* var. *subacaulis*、血见愁 *Teucrium viscidum*、四叶葎 *Galium bungei*、截鳞薹草 19 种。层间植物有南五味子、刺葡萄、鄂西清风藤 *Sabia campanulata* subsp.

ritchieae、珍珠莲、中华猕猴桃等。

香果树林乔木层重要值见表 2-3。

表 2-3 香果树林乔木层重要值

植物	层次	株数	相对密度	平均胸径/cm	胸高断面积/cm^2	相对显著度	频度	相对频度	重要值
香果树	T1	26	74.29	11.79	4094.52	72.82	100.00	40.00	62.37
青榨槭	T1	5	14.29	13.66	746.13	13.27	50.00	20.00	15.85
缺萼枫香	T1	1	2.86	15.30	367.54	6.54	25.00	10.00	6.46
化香树	T1	1	2.86	14.50	165.05	2.94	25.00	10.00	5.26
华中樱	T1	1	2.86	12.60	124.63	2.22	25.00	10.00	5.02
杉木	T1	1	2.86	12.60	124.63	2.22	25.00	10.00	5.02
T1 小计		35	100.00		5622.49	100.00	250.00	100.00	100.00
红楠	T2	1	2.13	10.50	86.55	3.62	25.00	5.56	3.77
檵木	T2	1	2.13	10.30	83.28	3.48	25.00	5.56	3.72
香果树	T2	29	61.70	7.27	1657.89	69.37	100.00	22.22	51.10
青榨槭	T2	3	6.38	7.73	150.42	6.29	50.00	11.11	7.92
水马桑	T2	4	8.51	9.07	132.36	5.53	25.00	5.56	6.54
化香树	T2	2	4.26	7.45	91.95	3.85	50.00	11.11	6.40
红果山胡椒	T2	2	4.26	5.85	53.73	2.25	50.00	11.11	5.87
木荷	T2	1	2.13	7.20	40.69	1.70	25.00	5.56	3.13
黄山玉兰	T2	1	2.13	6.20	30.18	1.26	25.00	5.56	2.98
浙江山梅花	T2	1	2.13	5.50	23.75	0.99	25.00	5.56	2.89
杉木	T2	1	2.13	5.00	19.63	0.82	25.00	5.56	2.84
甜槠	T2	1	2.13	5.00	19.63	0.82	25.00	5.56	2.84
T2 小计		47	100.00		2390.06	100.00	450.00	100.00	100.00

注：T1 表示乔木层第一层，T2 表示乔木层第二层。下同。

9. 米心水青冈林 Form. *Fagus engleriana*

该群落见于高滩村龙井坑龙井瀑布上方，海拔 850m，土壤为黄壤，土层厚。群落外貌呈黄绿色、绿色，并夹杂深绿色，林木高大，林冠呈卵形，枝下高较高。乔木层以米心水青冈 *Fagusengleriana* 稍占优势，平均高 22m，平均胸径 31cm，郁闭度 0.5；伴生种有薯豆、拟赤杨、秀丽四照花、甜槠、杉木等。灌木层发育良好，平均高 1m，盖度 70%；以鹿角杜鹃和阔叶箬竹共占优势，其中鹿角杜鹃平均高 1m，盖度 30%，阔叶箬竹平均高 0.8m，盖度 40%；伴生种有江南越橘 *Vaccinium mandarinorum*、窄基红褐柃、马银花、野桐、野漆、薄叶山矾 *Symplocos anomala*、老鼠矢 *Symplocos stellaris*、乌药、矩形叶鼠刺等；更新层植物有红楠、木荷、山鸡椒、青冈、三峡槭 *Acer wilsonii* 等。草本层种类较少，但发育较好，平均高 0.2m，盖度 40%；以狗脊占优势，平均高 0.4m，盖度 30%；伴生种有截鳞薹草、华东瘤足蕨 *Plagiogyria japonica*、淡竹叶等。层间植物有异叶蛇葡萄 *Ampelopsis humulifolia* var. *heterophylla*、疏花鸡矢藤 *Paederia laxiflora* 等。

10. 毛红椿林 Form. *Toona ciliata* var. *pubescens*

毛红椿—泡箬竹—日南薹草群丛

该群落仅见于周村村龙头村华竹坑，坐标 118°36′05.41″E、28°16′33.77″N，海拔 793m，坡度 10°，坡位下坡，坡向南坡，土壤为凝灰岩洪积形成的黄壤，土层厚，含砾石较多。群落外貌呈绿色、黄绿色，林木生长略整齐，林冠广卵形，枝下高较高。乔木层可分为两层：上层平均高 14m，平均胸径 15.5cm，郁闭度 0.6；以毛红椿占主要优势，平均高 17m，平均胸径 14.7cm，冠幅 12m×13m，郁闭度 0.5；伴生种有蓝果树、光叶毛果枳椇、异色泡花树、浙闽樱 4 种。下层平均高 7m，平均胸径 6.6cm，郁闭度 0.5；以毛红椿较占优势，平均高 6m，平均胸径 5.5cm，平均冠幅 3m×3m，郁闭度 0.3；伴生种有紫弹树、青冈、木荷、东南石栎、红果钓樟、红楠 6 种。灌木层盖度高，但种类较少，平均高 1m，盖度 60%；以泡箬竹占绝对优势，平均高 1.3m，盖度 50%；伴生种有毛花连蕊茶、山橿、豆腐柴 3 种；更新层植物有毛红椿、多穗石栎、青冈、三尖杉、异色泡花树、短柄枹栎、木荷 7 种。草本层发育较差，平均高 0.3m，盖度 20%；以日南薹草较占优势，平均高 0.3m，盖度 10%；伴生种有短尖薹草、宽翅水玉簪、求米草、出蕊四轮香、大叶苎麻、斜方复叶耳蕨 *Arachniodes amabilis*、华东安蕨 7 种。层间植物有香花鸡血藤、鄂西清风藤、三叶木通、南五味子、大血藤等。

毛红椿林乔木层重要值见表 2-4。

表 2-4 毛红椿林乔木层重要值

植物	层次	株数	相对密度	平均胸径/cm	胸高断面积/cm²	相对显著度	频度	相对频度	重要值
毛红椿	T1	28	75.68	17.60	1523.21	59.58	100.00	40.00	58.42
蓝果树	T1	3	8.11	15.60	575.76	22.52	50.00	20.00	16.88
光叶毛果枳椇	T1	2	5.41	11.40	204.10	7.98	50.00	20.00	11.13
异色泡花树	T1	3	8.11	12.30	118.76	4.65	25.00	10.00	7.58
浙闽樱	T1	1	2.70	13.10	134.71	5.27	25.00	10.00	5.99
T1 小计		37	100.00		2556.54	100.00	250.00	100.00	100.00
毛红椿	T2	11	44.00	5.50	72.64	12.94	75.00	27.27	28.07
黄果朴	T2	8	32.00	6.40	134.20	23.90	50.00	18.18	24.69
青冈	T2	2	8.00	8.20	111.23	19.81	50.00	18.18	15.33
木荷	T2	1	4.00	7.43	136.32	24.27	25.00	9.09	12.46
东南石栎	T2	1	4.00	8.20	52.78	9.40	25.00	9.09	7.50
红果山胡椒	T2	1	4.00	6.50	33.17	5.91	25.00	9.09	6.33
红楠	T2	1	4.00	5.20	21.23	3.78	25.00	9.09	5.62
T2 小计		25	100.00		561.57	100.00	275.00	100.00	100.00

11. 榉树林 Form. *Zelkova schneideriana*

该群落见于高滩村龙井坑的下坑，海拔 680m，坡位下坡，坡度 70°，土壤为粗骨土，土层瘠薄。群落外貌呈黄绿色、黄色，林木较矮粗，林冠宽卵形。乔木层平均高 5m，郁闭度

0.5;以榉树占主要优势,平均高 6m,胸径 6cm,郁闭度 0.4;伴生种有紫楠、石楠、黄檀、棕榈、青冈、鸡桑 *Morus australis* 等。灌木层生长茂盛,平均高 2m,盖度 50%,以榉树占优势,平均高 3m,盖度 30%;伴生种有毛花连蕊茶、蔓芝、长叶鼠李、吊石苣苔等;更新层植物有黄檀、青冈、石楠等。草本层发育良好,平均高 0.2m,盖度 50%;以山类芦占优势,平均高 3m,盖度 30%;伴生种丰富,有长尾复叶耳蕨、江南卷柏、玉山针蔺 *Trichophorum subcapitatum*、河岸泡果荠 *Cochlearia rivulorum*、缩茎韩信草、三脉紫菀 *Aster ageratoides*、倒挂铁角蕨 *Asplenium normale*、穿孔薹草 *Carex foraminata*、圆叶景天、庐山香科科 *Teucrium pernyi* 等。层间植物有抱石莲、香花鸡血藤、珍珠莲等。

12. 枫杨林 Form. *Pterocarya stenoptera*

群落见于廿八都镇周村村,分布在海拔 357~432m 的溪谷中,群落面积约 2.77hm²。观测点在周村村,坐标 118°36′29.03″E、28°20′35.33″N,海拔 383m。乔木层仅枫杨 1 种,平均高 10m,平均胸径 18cm,平均冠幅 8m×8m,郁闭度 0.5。灌木层以蜡莲绣球占优势,平均高 1.5m,盖度 15%;伴生种有茶、六月雪、天仙果、南天竹、檵木、山莓、蓬蘽等。草本层以五节芒占优势,平均高 1.1m,盖度 10%;伴生种有长鬃蓼、丛枝蓼、金星蕨、褐果薹草、凹头苋、牛膝等。层间植物有鸡矢藤、东南茜草、钝药野木瓜、木防己等。

13. 银叶柳林 Form. *Salix chienii*

该群落见于周村村的交溪口、和平、徐罗等地的河谷中,海拔 424m,土壤为清水沙。群落条带状分布在河滩沿岸,外貌呈银灰色,林冠卵形。乔木层较矮粗,以银叶柳占优势,树高 5~7m,胸径 8~21cm,郁闭度 0.5;伴生种有枫杨 *Pterocarya stenoptera*、野鸦椿、拟赤杨、山乌桕、枫香、紫弹树、长梗柳等。灌木层平均高 1m,盖度 40%;以银叶柳占优势,平均高 2m,盖度 30%;伴生种较丰富,有水团花 *Adina pilulifera*、算盘子、高粱泡 *Rubus lambertianus*、枫杨、醉鱼草、长梗柳、大叶白纸扇 *Mussaenda shikokiana*、小蜡 *Ligustrum sinense*、阔叶箬竹等。草本层发育较好,平均高 0.2m,盖度 40%;以条穗薹草 *Carex nemostachys* 占优势,平均高 0.3m,盖度 20%;伴生种有芒、显脉香茶菜 *Isodon nervosus*、无辣蓼 *Polygonum pubescens*、五节芒、石菖蒲、渐尖毛蕨 *Cyclosorus acuminatus*、紫麻、牛膝、野菊等。层间植物有网络崖豆藤、薯蓣等。

2.3.3.2 常绿落叶阔叶混交林

1. 拟赤杨落叶常绿阔叶混交林 Form. *Alniphyllum fortunei*, evergreen broad leaved mixed

群落分布在廿八都镇周村村、张村乡高滩村等地,见于海拔 526~1046m 山坳、沟谷中,生境湿润,面积约 35.21hm²。观测点在周村村,坐标 118°34′03.13″E、28°19′41.44″N,海拔 963m。乔木层以拟赤杨、青冈占主要优势,其中拟赤杨平均高 8m,平均胸径 11cm,平均冠幅 3m×3m,郁闭度 0.3;青冈平均高 7m,平均胸径 10cm,冠幅 3m×3m,郁闭度 0.3;伴生种有青榨槭、木荷、短柄枹栎、薯豆、山乌桕、交让木等。灌木层以箬竹占主要优势,平均高 1.1m,盖度 15%;伴生种有茶、檵木、木荷、盐肤木、毛柄连蕊茶、木蜡树、紫楠、秀丽四照花、栀子、窄基红褐柃等。草本层以芒占主要优势,平均高 0.8m,盖度 10%;伴生种有翠云草、江南卷柏、套鞘薹草、蕨、黑足鳞毛蕨等。层间植物有流苏子、香花崖豆藤、金樱子、菰腺忍冬等。

2. 缺萼枫香落叶常绿阔叶混交林 Form. *Liquidambar acalycina*, evergreen broad leaved mixed

群落见于廿八都镇周村村，分布在海拔790～839m的中上坡，群落面积约0.32hm²。观测点在周村村，坐标118°36′02.77″E、28°16′07.95″N，海拔839m。乔木层分为两层：上层为缺萼枫香，平均高8m，平均胸径13cm，平均冠幅5m×5m，郁闭度0.6；下层为青冈，平均高5m，平均胸径10cm，平均冠幅4m×3m，郁闭度0.3；伴生种有毛八角枫、山合欢、迎春樱等。灌木层以阔叶箬竹占优势，平均高0.8m，盖度15%；伴生种有毛柄连蕊茶、山莓、杜鹃、紫金牛、六月雪、苦竹等。草本层以褐果薹草占优势，平均高0.5m，盖度10%；伴生种有多花黄精、淡竹叶、赤车、阔鳞鳞毛蕨、黑足鳞毛蕨、山麦冬等。层间植物有大血藤、大芽南蛇藤、南五味子、中华常春藤、香花崖豆藤等。

3. 甜槠常绿落叶阔叶混交林 Form. *Castanopsis eyrei*, deciduous broad leaved mixed

群落分布在廿八都镇周村村，海拔500～718m的中上坡，面积约3.08hm²。观测点在周村村，坐标118°34′43.15″E、28°19′54.06″N，海拔565m。乔木层以甜槠、山乌桕占主要优势，其中甜槠高8～10m，胸径25～30cm，平均冠幅5m×6m，郁闭度0.4，山乌桕高7～8m，胸径8～12cm，平均冠幅3m×4m，郁闭度0.5；伴生种有木荷、木蜡树、南酸枣、青冈等。灌木层以光叶山矾占主要优势，高3～4m，盖度20%；伴生种有毛柄连蕊茶、格药柃、箬竹、马银花、小叶青冈、矩叶鼠刺、紫果槭、杜茎山等。草本层以里白占主要优势，平均高0.8m，盖度60%；伴生种有三穗薹草、迷人鳞毛蕨、深绿卷柏等。层间植物主要有紫花络石、清风藤、缘脉菝葜、流苏子等。

4. 青冈常绿落叶阔叶混交林 Form. *Cyclobalanopsis glauca*, deciduous broad leaved mixed

该群落见于廿八都镇周村村、张村乡高滩村等地，分布在473～1047m的山坡、陡坡上，群落面积约54.09hm²。其有以下群落结构。

(1)青冈+山乌桕—鹿角杜鹃—野青茅群系

观测点在周村村，坐标118°37′02.88″E、28°19′27.99″N，海拔458m。乔木层以山乌桕、青冈占主要优势，其中山乌桕高6～8m，胸径5～10cm，平均冠幅2.5m×4m，郁闭度0.4，青冈高5～7m，胸径5～8cm，平均冠幅3m×3.5m，郁闭度0.5；主要伴生种有石栎、拟赤杨、马尾松、杉木、甜槠、木荷等。灌木层以鹿角杜鹃占主要优势，平均高1.3m，盖度15%；主要伴生种有山鸡椒、赤楠、矩叶鼠刺、山胡椒、马银花、满山红、格药柃等。草本层以野青茅占主要优势，平均高0.6m，盖度10%；主要伴生种有黑足鳞毛蕨、五节芒、芒萁等。层间植物有羊角藤、钝药野木瓜、南五味子等。

(2)青冈+南酸枣—檵木—狗脊群系

观测点在周村村，坐标118°37′28.62″E、28°19′29.92″N，海拔583m。乔木层以青冈、南酸枣占主要优势，其中青冈高5～7m，胸径5～12cm，平均冠幅3m×3m，郁闭度0.5，南酸枣高7～11m，胸径8～20cm，平均冠幅4m×7m，郁闭度0.4；伴生种有马尾松、甜槠、木荷、山乌桕、木蜡树、枫香、杉木等。灌木层以檵木占优势，高2～4m，盖度30%；伴生种有箬竹、马银花、鹿角杜鹃、杜茎山、矩叶鼠刺、格药柃、盐肤木、山莓、栀子、乌药、秀丽野海棠、中华绣线菊等。草本层以狗脊占主要优势，平均高0.6m，盖度10%；伴生种有江南卷柏、山类芦等。层间植物有流苏子、疏花鸡矢藤、忍冬、土茯苓等。

5. 木荷常绿落叶阔叶混交林 Form. *Schima superba*, deciduous broad leaved mixed

该群落分布在廿八都镇周村村、张村乡高滩村等地，见于海拔 746～1461m 的山坡上，面积约 544.69hm^2，是区内群落面积最大的混交林。

(1)木荷＋拟赤杨—秀丽四照花—里白群丛

该群落见于周村村野猪浆、龙头村、高滩村龙井坑等地，海拔 500～900m，土壤为红壤、黄壤，土层一般较厚，含小碎石较多。群落外貌呈深绿色、墨绿色、黄绿色镶嵌分布，林木一般较高大，林相整齐，林冠呈团伞形，卵状椭圆形。乔木层平均高 15m，平均胸径 25cm，郁闭度 0.7，以木荷和拟赤杨共占优势，其中木荷平均高 17.5m，平均胸径 27.0cm，冠幅 8m×9m，郁闭度 0.4；拟赤杨平均高 20m，平均胸径 19cm，冠幅 8m×9m，郁闭度 0.3；伴生种有华杜英 *Elaeocarpus chinensis*、薯豆、红楠、秀丽四照花、甜槠、山合欢、伯乐树等。灌木层平均高 1.3m，盖度 50%，以秀丽四照花较占优势，平均高 2m，盖度 40%；伴生种有檵木、矩形叶鼠刺、鹿角杜鹃、球核荚蒾、毛冬青 *Ilex pubescens*、大罗伞树 *Ardisia hanceana*、江南越橘等；更新层植物有甜槠、树参、拟赤杨、青冈、红楠、黄檀、紫果槭、多穗石栎、盐肤木、三峡槭等。草本层发育良好，平均高 0.4m，盖度 60%，以里白较占优势，平均高 0.7m，盖度 40%；伴生种有江南卷柏、芒萁、芒、淡竹叶、黑足鳞毛蕨、狗脊、疏花野青茅 *Deyeuxia effusiflora*、截鳞薹草、华泽兰 *Eupatorium chinense* 等。层间植物有香花鸡血藤、玉叶金花 *Mussaenda pubescens*、钩藤、菝葜、暗色菝葜 *Smilax lanceifolia* var. *opaca*、长叶猕猴桃、东南葡萄等。

(2)木荷＋山乌桕—光叶山矾—里白群丛

观测点在周村村，坐标 118°35′25.69″E、28°20′9.55″N，海拔 627m。乔木层以木荷、山乌桕占主要优势，其中木荷高 7～8m，胸径 18～26cm，平均冠幅 5m×5m，郁闭度 0.4，山乌桕高 7～8m，胸径 8～12cm，平均冠幅 3m×4m，郁闭度 0.3；伴生种有甜槠、木蜡树、南酸枣、青冈等。灌木层以光叶山矾占主要优势，高 3～4m，盖度 10%；伴生种有毛柄连蕊茶、格药柃、箬竹、马银花、小叶青冈、矩叶鼠刺、紫果槭、杜茎山、杜鹃等。草本层以里白占主要优势，平均高 0.6m，盖度 40%；伴生种有三穗薹草、迷人鳞毛蕨、深绿卷柏、野青茅、淡竹叶等。层间植物主要有紫藤、清风藤、缘脉菝葜、流苏子等。

2.3.3.3 常绿阔叶林

1. 米槠林 Form. *Castanopsis carlesii*

群落分布在廿八都镇周村村，见于海拔 430～522m 的山坡上，面积约 1.35hm^2。观测点在周村村，坐标 118°35′48.34″E、28°20′21.92″N，海拔 459m。乔木层以米槠占优势，平均高 8m，平均胸径 30cm，平均冠幅 10m×10m，郁闭度 0.7；伴生种有青冈、木荷等。灌木层以格药柃占优势，平均高 1.2m，盖度 10%；伴生种有箬竹、窄基红褐柃、狗骨柴、黄绒润楠、檵木、朱砂根等。草本层以中华薹草略占优势，平均高 0.4m，盖度 5%；伴生种主要有黑足鳞毛蕨、野青茅等。层间植物有珍珠莲、羊角藤、中华常春藤、中华猕猴桃、流苏子等。

2. 甜槠林 Form. *Castanopsis eyrei*

甜槠林主要分布在廿八都镇乡林场、杨梅坪村，周村村野猪浆、徐罗、龙头，张村乡高滩村龙井坑、老佛岩村等地，多以零星斑块状分布在海拔 361～998m 的村口、陡坡及山顶上，面积约 989.97hm²。群落外貌呈墨绿色，林木高大，生长整齐，林冠多呈卵状椭圆形、椭圆形，枝下高较高。以高峰为例，示其群落结构。

(1)甜槠＋木荷—阔叶箬竹—芒萁群系

样地位于高丰野猪浆猕猴保护区，坐标 118°36′22.09″E、28°17′44.56″N，海拔 750m，坡度 50°，坡位上坡，坡向西北坡，土壤为花岗岩坡积形成的黄壤，土层厚。乔木层可分为两层：上层仅甜槠 1 种，平均高 15m，平均胸径 40.2cm，平均冠幅 12m×13m，郁闭度 0.5；下层平均高 7m，郁闭度 0.6，以木荷占优势，平均高 7m，平均胸径 8cm，平均冠幅 2m×3m，郁闭度 0.4，其次甜槠(24.24)也占一定的优势。伴生种有多穗石栎、石栎、薯豆、鹿角杜鹃、马银花、野漆、杨梅、小叶白辛树 *Pterostyrax corymbosus*、黄山松、山矾、华杜英 11 种。灌木层发育良好，平均高 1m，盖度 40%；以阔叶箬竹占主要优势，平均高 1m，盖度 15%；伴生种有鹿角杜鹃、窄基红褐柃、短尾越橘、矩形叶鼠刺、赤楠、杜鹃、江南越橘、山橿、石斑木 9 种；更新层植物有木荷、甜槠、乌冈栎、石栎、多穗石栎、青冈、红楠、油茶8 种。草本层发育良好，但种类较少，平均高 0.3m，盖度 70%；以芒萁占主要优势，平均高0.2m，盖度 40%；伴生种有芒、里白、淡竹叶、蕨 4 种。层间植物有暗色菝葜、土茯苓、缘脉菝葜 *Smilax nervomarginata* 等。

甜槠林乔木层重要值见表 2-5。

表 2-5　甜槠林乔木层重要值

植物	层次	株数	相对密度	平均胸径/cm	胸高断面积/cm²	相对显著度	频度	相对频度	重要值
甜槠	T1	40	100.00	40.20	5303.13	100.00	75.00	100.00	100.00
T1 小计		4	100.00		5303.13	100.00	75.00	100.00	100.00
木荷	T2	18	36.00	7.57	1671.15	30.62	100.00	17.39	28.00
甜槠	T2	11	22.00	7.93	1819.21	33.34	100.00	17.39	24.24
多穗石栎	T2	4	8.00	3.00	702.16	12.87	50.00	8.70	9.85
石栎	T2	3	6.00	4.33	319.42	5.85	50.00	8.70	6.85
薯豆	T2	2	4.00	2.50	308.20	5.65	50.00	8.70	6.11
鹿角杜鹃	T2	3	6.00	4.47	134.20	2.46	50.00	8.70	5.72
马银花	T2	2	4.00	5.90	55.42	1.02	25.00	4.35	3.12
野漆	T2	2	4.00	5.60	49.49	0.91	25.00	4.35	3.08
杨梅	T2	1	2.00	13.50	143.07	2.62	25.00	4.35	2.99
小叶白辛树	T2	1	2.00	0.00	88.31	1.62	25.00	4.35	2.66
黄山松	T2	1	2.00	10.20	81.67	1.50	25.00	4.35	2.61
山矾	T2	1	2.00	9.00	63.59	1.17	25.00	4.35	2.50
华杜英	T2	1	2.00	5.20	21.23	0.39	25.00	4.35	2.25
T2 小计		50	100.00		5457.12	100.00	575.00	100.00	100.00

(2)甜槠＋青冈—箬竹—山类芦群系

观测点坐标118°34′40.09″E、28°19′54.57″N,海拔538m。乔木层以甜槠、青冈占主要优势,其中甜槠高8～10m,胸径15～25cm,平均冠幅5m×6m,郁闭度0.6,青冈高6～7m,胸径5～9cm,平均冠幅3m×3.5m,郁闭度0.4;伴生种有木荷、南酸枣、山乌桕、紫果槭等。灌木层以箬竹优势,平均高1.2m,盖度50%;伴生种有檵木、杜鹃、豹皮樟、毛柄连蕊茶、木蜡树、杜茎山、马银花、红楠、笔罗子等。草本层以山类芦占主要优势,盖度10%;伴生种有龙须草、阔鳞鳞毛蕨等。层间植物有紫花络石、羊角藤、野葛、香花崖豆藤等。

(3)甜槠—窄基红褐柃—五节芒群丛

观测点周村村,坐标118°36′38.79″E、28°17′5.24″N,海拔606m。群落外貌呈暗绿色,树体高大挺拔,树冠团状起伏。乔木层仅甜槠1种,平均高18m,平均胸径30cm,平均冠幅10m×10m,郁闭度0.7。灌木层以窄基红褐柃略占优势,平均高度1m,盖度8%;伴生种有马银花、乌药、石斑木、杜鹃、阔叶箬竹、南烛、山矾、赤楠、茶等。草本层以五节芒占主要优势,平均高0.8m,盖度10%;主要伴生种有大狗尾草、江南卷柏、狗脊、黑足鳞毛蕨等。层间植物主要有小果菝葜、鸡矢藤等。

(4)甜槠＋乌冈栎—乌冈栎—山类芦群丛

观测点在高滩村,坐标118°40′50.85″E、28°18′11.29″N,海拔923m。乔木层以甜槠、乌冈栎占主要优势,其中甜槠平均高6m,平均胸径13cm,平均冠幅4m×4m,郁闭度0.3,乌冈栎平均高4m,平均胸径8cm,平均冠幅3m×3m,郁闭度0.2;伴生种主要有木荷、青冈等。灌木层以乌冈栎占优势,平均高2m,盖度30%;伴生种主要有盐肤木、马银花、杜鹃、秀丽野海棠、紫金牛、矩叶鼠刺、楤木、毛果南烛、赤楠等。草本层以山类芦占绝对优势,平均高0.3m,盖度60%;伴生种有淡竹叶、三穗薹草、柔枝莠竹、褐果薹草、金毛耳草、芒等。层间植物主要有木防己、流苏子、忍冬、牯岭蛇葡萄等。

3.青冈林 Form. *Cyclobalanopsis glauca*

青冈林见于廿八都镇乡林场、杨梅坪村、周村村野猪浆、张村乡高滩村深坑、老佛岩村等地的山坡上,海拔368～800m,土壤为红壤、黄壤或粗骨土,土层薄,生境较干旱,面积约1345.24hm²,是区内面积第二大的常绿阔叶林。其群落结构较单一,主要有以下类型。

(1)青冈—青冈—淡竹叶群丛

群落外貌呈暗绿色,林相较杂乱,林木较低矮,多分枝,分层不明显。乔木层平均高5m,郁闭度0.4～0.5;以青冈占优势,平均高5m,平均胸径7cm,冠幅2m×2m,郁闭度0.4左右;伴生种较少,有木荷、石栎、石楠、尾叶冬青 *Ilex wilsonii* 等。灌木层生长茂盛,平均高1m,盖度50%～80%;以青冈占优势,平均高2m,盖度50%～60%;伴生种有阔叶箬竹、赤楠、黄瑞木 *Adinandra millettii*、杜鹃、满山红 *Rhododendron mariesii*、鹿角杜鹃、白马骨、马银花、毛果南烛等;更新层有杨梅、紫果槭、石楠、木荷等。草本层较稀疏,平均高0.2m,盖度20%～30%;以淡竹叶占优势,平均高0.15m,盖度5%～10%;伴生种有山类芦、芒、金毛耳草、狗脊、三穗薹草 *Carex tristachya* 等。层间植物有鸡矢藤、忍冬、南五味子等。

(2)青冈＋乌冈栎—青冈—山类芦群丛

观测点在高滩村,坐标118°39′41.01″E、28°19′30.09″N,海拔823m。乔木层以青冈、乌冈栎占主要优势,其中青冈平均高7m,平均胸径13cm,平均冠幅3.5m×3.5m,郁闭度

0.3,乌冈栎平均高4m,平均胸径10cm,平均冠幅3m×3m,郁闭度0.2;伴生种主要有甜槠、木蜡树、青冈等。灌木层以青冈占优势,平均高2m,盖度30%;伴生种主要有盐肤木、马银花、杜鹃、矩叶鼠刺、赤楠、窄基红褐柃、乌冈栎等。草本层以山类芦占绝对优势,平均高0.3m,盖度60%;伴生种有淡竹叶、褐果薹草、柔枝莠竹、中华薹草、金毛耳草、芒等。层间植物主要有木防己、流苏子、忍冬、小果菝葜等。

4. 木荷林 Form. *Schima superba*

木荷林见于保护区内人类活动较少的区域,在廿八都镇乡林场、杨梅坪村、周村村,张村乡高滩村、老佛岩村等地的海拔439~1396m的山坡上均有分布,土层一般深厚,群落面积约2572.00hm^2,是区内面积最大的常绿阔叶林。群落外貌呈深绿色,林木高大,分枝少。现以设于双溪口的样地为例,示其群落结构。

(1)木荷+秀丽四照花—秀丽四照花—里白群丛

样地位于龙井坑的下坑,海拔810m,坡向东南,坡位中坡,土壤黄壤,土层厚。乔木层可分为两层。上层平均高17m,郁闭度0.5;以木荷占优势,平均高18.5m,平均胸径27.0cm,冠幅8m×9m,郁闭度0.4;伴生种有7种,为拟赤杨、红楠、秀丽四照花、甜槠、厚叶冬青 *Ilex elmerrilliana*、薯豆、山合欢。下层平均高7m,郁闭度0.4;以秀丽四照花占主要优势,平均高7m,平均胸径7cm,冠幅3m×4m,郁闭度0.3;其次檵木也占有一定优势;伴生种有17种,为马银花、木荷、红楠、青冈、虎皮楠、豹皮樟、杉木、树参、光叶毛果枳椇、紫果槭、硬斗石栎 *Lithocarpus hancei*、鹿角杜鹃、野漆、四川山矾 *Symplocos setchuensis*、浙江樟、矩形叶鼠刺、球核荚蒾。灌木层平均高1m,盖度60%;以秀丽四照花稍占优势,平均高1m,盖度25%;伴生种丰富,有22种,为矩形叶鼠刺、杜鹃、江南越橘、光叶石楠、花椒簕 *Zanthoxylum scandens*、鹿角杜鹃、周毛悬钩子、毛冬青、棕脉花楸 *Sorbus dunnii*、大罗伞树、短尾越橘、红枝柴 *Meliosma oldhamii*、石楠、豹皮樟、栀子、矩叶卫矛 *Euonymus nitidus*、矮茎紫金牛 *Ardisia brevicaulis*、八角枫 *Alangium chinense*、三花冬青 *Ilex triflora*、乌饭树、中国旌节花等;更新层植物有14种,为青冈、拟赤杨、红楠、黄檀、杨桐 *Cleyera japonica*、朴树、厚叶冬青、树参、多穗石栎、尾叶冬青、甜槠、盐肤木、紫果槭、三峡槭。草本层发育良好,平均高0.4m,盖度40%;以里白较占优势,平均高0.7m,盖度30%;芒萁也占有一定地位;伴生种有10种,为淡竹叶、黑足鳞毛蕨、江南卷柏、狗脊、疏花野青茅、芒、截鳞薹草、密叶薹草 *Carex maubertiana*、华泽兰、日南薹草。层间植物有菝葜、香花鸡血藤、暗色菝葜、三叶木通、中华栝楼 *Trichosanthes rosthornii*、缘脉菝葜等。

木荷林乔木层重要值见表2-6。

表2-6 木荷林乔木层重要值

植物	层次	株数	相对密度	平均胸径/cm	胸高断面积/cm^2	相对显著度	频度	相对频度	重要值
木荷	T1	8	40.00	27.01	5368.55	55.81	100.00	28.57	41.46
拟赤杨	T1	3	15.00	24.33	1890.70	19.65	50.00	14.29	16.31
秀丽四照花	T1	3	15.00	14.20	480.70	5.00	50.00	14.29	11.43
红楠	T1	2	10.00	21.05	734.14	7.63	50.00	14.29	10.64
甜槠	T1	1	5.00	23.00	415.27	4.32	25.00	7.14	5.49

续表

植物	层次	株数	相对密度	平均胸径/cm	胸高断面积/cm^2	相对显著度	频度	相对频度	重要值
厚叶冬青	T1	1	5.00	20.40	326.69	3.40	25.00	7.14	5.18
薯豆	T1	1	5.00	17.00	226.87	2.36	25.00	7.14	4.83
山合欢	T1	1	5.00	15.00	176.63	1.84	25.00	7.14	4.66
T1 小计		20	100.00		9619.55	100.00	350.00	100.00	100.00
秀丽四照花	T2	6	15.38	7.12	249.67	9.68	50.00	6.90	10.65
檵木	T2	3	7.69	11.60	324.68	12.59	75.00	10.34	10.21
马银花	T2	4	10.26	6.09	153.15	5.94	75.00	10.34	8.85
木荷	T2	3	7.69	10.53	278.64	10.81	50.00	6.90	8.46
红楠	T2	4	10.26	7.35	175.49	6.81	50.00	6.90	7.99
青冈	T2	2	5.13	10.50	188.18	7.30	50.00	6.90	6.44
虎皮楠	T2	2	5.13	10.25	169.22	6.56	50.00	6.90	6.20
豹皮樟	T2	2	5.13	9.05	128.62	4.99	50.00	6.90	5.67
杉木	T2	2	5.13	11.40	207.11	8.03	25.00	3.45	5.54
光叶毛果枳椇	T2	1	2.56	14.00	153.86	5.97	25.00	3.45	3.99
树参	T2	2	5.13	7.45	87.61	3.40	25.00	3.45	3.99
紫果槭	T2	1	2.56	10.20	81.67	3.17	25.00	3.45	3.06
硬斗石栎	T2	1	2.56	10.10	80.08	3.11	25.00	3.45	3.04
鹿角杜鹃	T2	1	2.56	9.60	72.35	2.81	25.00	3.45	2.94
野漆	T2	1	2.56	9.50	70.85	2.75	25.00	3.45	2.92
四川山矾	T2	1	2.56	9.00	63.59	2.47	25.00	3.45	2.83
浙江樟	T2	1	2.56	8.10	51.50	2.00	25.00	3.45	2.67
矩形叶鼠刺	T2	1	2.56	5.40	22.89	0.89	25.00	3.45	2.30
球核荚蒾	T2	1	2.56	5.00	19.63	0.76	25.00	3.45	2.26
T2 小计		39	100.00		2578.79	100.00	725.00	100.00	100.00

(2)木荷＋青冈—阔叶箬竹—山类芦群丛

观测点在高滩村，坐标 118°38′34.67″E、28°19′08.33″N，海拔 1185m。乔木层以木荷、青冈占主要优势，其中木荷平均高 9m，平均胸径 15cm，平均冠幅 5m×5m，郁闭度 0.4，青冈平均高 7m，平均胸径 8cm，平均冠幅 3m×3m，郁闭度 0.4；伴生种有甜槠、南酸枣、山乌桕、紫果槭等。灌木层以阔叶箬竹优势，平均高 1.2m，盖度 15%；伴生种有檵木、杜鹃、豹皮樟、毛柄连蕊茶、木蜡树、杜茎山、马银花、红楠、笔罗子、栀子、赤楠、山橿等。草本层以山类芦占主要优势，盖度 10%；伴生种有玉山针蔺、阔鳞鳞毛蕨等。层间植物有紫花络石、羊角藤、野葛、香花崖豆藤等。

(3)木荷＋乌冈栎—乌冈栎—山类芦群丛

观测点在高滩村，坐标 118°40′02.64″E、28°16′47.98″N，海拔 807m。乔木层以木荷、乌冈栎占主要优势，其中木荷平均高 5m，平均胸径 11cm，平均冠幅 4m×4m，郁闭度0.3，乌冈栎平均高 4m，平均胸径 8cm，平均冠幅 2m×2m，郁闭度 0.2；伴生种主要有石楠、虎皮楠、青冈等。灌木层以乌冈栎占优势，平均高 2m，盖度 40%；伴生种主要有盐肤木、马银花、杜鹃、秀丽野海棠、紫金牛、矩叶鼠刺、楤木、毛果南烛、赤楠等。草本层以山类芦占绝对优势，平均高 0.3m，盖度 60%；伴生种有淡竹叶、三穗薹草、柔枝莠竹、褐果薹草、金毛耳草、芒等。层间植物主要有粉背五味子、玉叶金花、忍冬、牯岭蛇葡萄等。

5. 乌冈栎林 Form. *Quercus phillyreoides*

该群落见于保护区内的陡坡上，海拔 740m，土壤为粗骨土，土层瘠薄。群落外貌呈墨绿色，林木粗矮，林冠较大。乔木层以乌冈栎占主要优势，平均高 5m，平均胸径 8cm，郁闭度 0.5；伴生种少，有石楠、虎皮楠等。灌木层平均高 2m，盖度 60%；以乌冈栎占优势，平均高 2m，盖度 40%；伴生种有丰富，有盐肤木、马银花、白花满山红、秀丽野海棠 *Bredia amoena*、大罗伞树、矩形叶鼠刺、棘茎楤木、毛果南烛、野桐、赤楠、红紫珠 *Callicarpa rubella* 等；更新层植物有虎皮楠、石楠、浙江新木姜子等。草本层发育较好，但种类较少，平均高 0.2m，盖度 75%；以山类芦占绝对优势，平均高 0.3m，盖度 70%；伴生种有淡竹叶、三穗薹草、柔枝莠竹、五岭龙胆 *Gentiana davidii*、金毛耳草、芒等。层间植物有小构树 *Broussonetia kazinoki*、粉背五味子、玉叶金花、忍冬等。

2.3.4 竹林

1. 毛竹林 Form. *Phyllostachys heterocycla* ‘Pubescens’

毛竹林广布于保护区内原村庄附近山坡，海拔 1300m 以下，土层深厚，人为影响明显，群落面积约 495.87hm^2。群落外貌呈青绿色，竹冠狭卵形或狭椭圆形，立竹修长。

(1)毛竹—木荷—芒群丛

样地位于周村村野猪浆凹坪，坐标 118°36′52.93″E、28°18′03.03″N，海拔 656m，坡度 35°，坡位中坡，坡向北坡，土壤为花岗岩坡积形成的黄壤。乔木层以毛竹占绝对优势，平均高 9m，平均胸径 7.8cm，冠幅 2m×2m，郁闭度 0.7；伴生种偶见杉木、凹叶厚朴等。灌木层受人类活动的影响，发育较差，平均高 0.5m，盖度 30%，以木荷稍占优势，平均高 0.6m，盖度 8%；掌叶覆盆子也占有一定的优势；伴生种丰富，有 19 种，为矩形叶鼠刺、短柄枹栎、乌药、山莓、檵木、寒莓、东南悬钩子 *Rubus tsangorus*、窄基红褐柃、秤星树 *Ilex asprella*、杭子梢、石斑木、阔叶箬竹、栀子、鹿角杜鹃、毛冬青、木莓、秃红紫珠 *Callicarpa rubella* var. *subglabra*、宜昌荚蒾、周毛悬钩子；更新层植物有山鸡椒、甜槠、青冈、三峡槭等 4 种。草本层发育良好，平均高 0.3m，盖度 80%；以芒占优势，平均高0.4m，盖度 30%；芒萁也占有一定的优势；伴生种有金毛耳草、淡竹叶、蕨、狗脊、乌蕨 *Odontosoria chinensis*、蔓茎堇菜 *Viola diffusa* 6 种。层间植物有大芽南蛇藤、鸡矢藤、缘脉菝葜、团花牛奶菜 *Marsdenia glomerata* 等。

(2)毛竹＋青冈—鹿角杜鹃—芒萁群丛

观测点在周村村，坐标 118°35′24.03″E、28°19′51.61″N，海拔 446m。乔木层以毛竹、青冈占主要优势，其中毛竹高 6～10m，胸径 5～13cm，平均冠幅 2.5m×2.5m，郁闭度 0.4，青冈高 5～7m，胸径 5～8cm，平均冠幅 3m×3.5m，郁闭度 0.3；主要伴生种有马尾松、杉木、甜槠、木荷等。灌木层以鹿角杜鹃略占优势，平均高 1.3m，盖度 8%；主要伴生种有山鸡椒、赤楠、栀子、石楠、山胡椒、马银花、满山红、格药柃等。草本层以芒萁占主要优势,平均高 0.5m,盖度 10%;主要伴生种有黑足鳞毛蕨、五节芒、野青茅等。层间植物有羊角藤、钝药野木瓜、南五味子、小果菝葜等。

2. 雷竹林 Form. *Phyllostachys praecox* 'Prevernalis'

群落见于廿八都镇周村村,分布在海拔 489～583m 村旁,面积约 1.06hm²。观测点在周村村,坐标 118°34′02.50″E、28°18′27.38″N,海拔 530m。群落分为两层:上层以雷竹占优势,平均高 4m,盖度 70%;伴生种少,偶见山橿、山鸡椒等;下层以阔叶箬竹略占优势,平均高 0.5m,盖度 15%,伴生种有阔叶箬竹、茶、楤木、胡颓子、木蜡树等。草本层发育较差,平均高 0.2m,盖度 10%,伴生种有五节芒、大狗尾草、升马唐、垂序商陆、阔鳞鳞毛蕨等。层间植物有乌蔹莓、爬山虎、紫藤、牯岭蛇葡萄、木防己等。

3. 早园竹林 Form. *Phyllostachys propinqua*

群落分布在廿八都镇周村村,见于海拔 450～470m 的村旁,面积约 26hm²,人工起源。观测点在周村村,坐标 118°34′46.21″E、28°18′59.25″N,海拔 492m。群落分为两层:上层以早园竹占优势,平均高 4.5m,盖度 70%,伴生种少,偶见檫木、山鸡椒等;下层以茶略占优势,平均高 0.5m,盖度 15%,伴生种有阔叶箬竹、楤木、胡颓子、木蜡树、蜡莲绣球等。草本层发育较差,平均高 0.2m,盖度 10%,有五节芒、大狗尾草、升马唐、垂序商陆、阔鳞鳞毛蕨等。层间植物有海金沙、乌蔹莓、异叶爬山虎、紫藤、木防己等。

2.3.5 灌丛

1. 圆锥绣球灌丛 Form. *Hydrangea paniculata*

该群落见于高滩村平福坑的抛荒地上,海拔 900～1000m,土壤为水稻土,土层厚而湿润,群落面积约 0.05hm²。群落呈带状、斑块状分布在抛荒地上,外貌呈绿色、粉绿色。灌木层平均高 0.8m,盖度 60%;以圆锥绣球占绝对优势,平均高 1m,盖度 60%;伴生种有蓬藟、高粱泡、闪光红山茶 *Camellia luccidissima*、中国绣球、地菍、楤木等。草本层生长茂盛,平均高 0.3m,盖度 80%;以芒占主要优势,平均高 0.3m,盖度 70%;伴生种有蕨、泽珍珠菜 *Lysimachia candida*、白花败酱、石荠苎、小飞蓬 *Conyza canadensis*、楮头红 *Sarcopyramis nepalensis* 等。层间植物有鸡矢藤、金樱子、灯笼草 *Clinopodium polycephalum*、折冠牛皮消 *Cynanchum auriculatum* 等。

2. 猴头杜鹃群落 Form. *Rhododendron simiarum*

该群落见于高滩村龙井坑龙门瀑布上方,海拔 860m,土壤为黄壤,土层较薄,苔藓层厚。群落外貌呈深绿色,杂有灰黄色光泽,以猴头杜鹃 *Rhododendron simiarum* 占绝对优势,平均高 5m,平均胸径 8cm,郁闭度 0.6;伴生种有木荷、甜槠、薯豆、山鸡椒等。灌木层较茂盛,平均高 2m,盖度 60%;以猴头杜鹃占优势平均高 2m,盖度 40%;伴生种有三峡槭、乌冈栎、薄叶山矾、赤楠、虎皮楠等。草本层较稀疏,平均高 0.2m,盖度 30%;以山类芦稍占优势,平均高 0.3m,盖度 40%;伴生种有芒、日南薹草、截鳞薹草等。层间植物有土茯苓、疏花鸡矢藤等。

2.3.6 草丛

1. 白茅群落 Form. *Imperata cylindrica*

群落见于张村乡高滩村，分布在海拔1020～1025m的山坡上，面积约0.03hm²。观测点坐标118°38′58.59″E、28°19′07.82″N，海拔1011m。群落以白茅占绝对优势，平均高0.8m，盖度100%。群落周围偶见茶、山莓等灌木和求米草、浙江獐牙菜、鸭嘴草、芒等草本。层间植物有鸡矢藤等。

2. 鸭嘴草群落 Form. *Ischaemum aristatum* var. *glaucum*

群落见于张村乡高滩村海拔1010～1029m的山坡上、荒田中，生境较湿润，面积约0.4hm²。观测点坐标118°38′57.73″E、28°19′07.80″N，海拔1016m。群落以鸭嘴草占绝对优势，平均高0.8m，盖度100%。群落周围偶见茶、山莓、山鸡椒、短柄枹栎等灌木和求米草、浙江獐牙菜、芒、白茅、大狗尾草、江南卷柏等草本。层间植物有鸡矢藤、木防己、流苏子等。

3. 五节芒群系 Form. *Miscanthus floridulus*

该群落广布于保护区内的毛竹、杉木采伐迹地或抛荒地，海拔400～800m，土壤为红壤、黄壤，土层厚。群落外貌呈绿色、黄绿色，较整齐。其以五节芒占绝对优势，平均高0.6～1.3m，盖度60%～100%；伴生种在群落内较少，在群落外围有山莓、掌叶覆盆子、盐肤木、蓬蘽、高粱泡等灌木和博落回、爵床、长鬃蓼 *Polygonum longisetum*、小花荠苧 *Mosla cavaleriei* 等草本。层间植物较少，偶见玉叶金花、小叶猕猴桃、鸡矢藤、土茯苓等。

4. 芒群系 Form. *Miscanthus sinensis*

群落见于张村乡高滩村，分布在海拔1014～1028m的上坡、山脊，面积约0.33hm²。观测点在高滩村，坐标118°38′59.02″E、28°19′08.26″N，海拔1006m。群落以芒占绝对优势，平均高1m，盖度100%。群落周围偶见茶、山莓、山鸡椒等灌木和求米草、浙江獐牙菜、鸭嘴草、白茅、大狗尾草等草本。层间植物有鸡矢藤、木防己等。

5. 芭蕉群系 Form. *Musa basjoo*

群落分布张村乡高滩村，见于海拔607～610m的山脚、沟谷地带，面积约0.09hm²。观测点坐标118°40′13.86″E、28°17′47.83″N，海拔635m。群落整体呈绿色，树形高大笔直。芭蕉平均高4m，盖度70%。群落中偶见灌木茶、格药柃、六月雪、山莓等。其他草本还有江南卷柏、伏地卷柏、求米草、白花败酱、鸭跖草、藿香蓟等。层间植物有鸡矢藤、流苏子、土茯苓等。

2.3.7 其他栽培植被

2.3.7.1 木本栽培植被

1. 板栗林 Form. *Castanea mollissima*

群落分布在廿八都镇周村村、张村乡高滩村等地，见于海拔424～738m的山坡上，人工栽培起源，群落面积约1.73hm²。观测点在高滩村，坐标118°40′08.91″E、28°17′38.35″N，海拔 659m。乔木层仅板栗 1 种，平均高 7m，平均胸径 23.5cm，平均冠幅 4m×5m，郁闭度 0.8。草本层主要有藿香蓟、石荠苧、车前草、藿香蓟、柔枝莠竹、芒、丛枝蓼、求米草等。层间植物主要有鸡矢藤、野葛、络石、乌蔹莓等。

2. 油茶灌丛 Form. *Camellia oleifera*

油茶灌丛见于周村村野猪浆、飞连排的山坡上，为人工起源，但经营强度较弱，海拔 390～669m，面积约 4.07hm²，土壤为红壤、黄壤，土层厚。群落外貌呈深绿色、有光泽，林木较瘦高，林冠倒卵形。灌木层以油茶占绝对优势，平均高 2.5m，盖度 60%；伴生种有杉木、短柄枹栎、长叶鼠李、山莓、长叶鼠李等；偶见大杉木散生其中。草本层生长茂盛，平均高 0.3m，盖度 80%；以五节芒占优势，平均高 0.6m，盖度 70%；伴生种有蕨、芒萁、芒、华泽兰、荩草 *Arthraxon hispidus* 等。层间植物有长叶猕猴桃、周毛悬钩子、俞藤 *Yua thomsonii*、牯岭勾儿茶 *Berchemia kulingensis* 等。

3. 茶灌丛 Form. *Camellia sinensis*

茶灌丛见于廿八都镇周村村交溪口、野猪浆，张村乡高滩村洪岩顶等地，多见于村庄附近的缓坡上，海拔 381～854m，土壤为红壤、黄壤，土层较厚，面积约 15.81hm²。群落外貌呈暗绿色，条带状分布。灌木层以茶占绝对优势，平均高 1m，盖度 80%；伴生种有盐肤木、山莓、掌叶覆盆子、杉木、短柄枹栎、小槐花 *Desmodium caudatum*、长柄山蚂蝗等。草本层生长茂盛，平均高 0.2m，盖度 50%～80%；以蕨、芒萁等占优势，平均高 0.3m，盖度 40%～60%；伴生种有升马唐 *Digitaria ciliaris*、牛筋草 *Eleusine indica*、博落回、马松子 *Melochia corchorifolia*、华泽兰、阔鳞鳞毛蕨等。层间植物有牯岭勾儿茶、野葛、两型豆 *Amphicarpaea edgeworthii*、俞藤等。

4. 苗圃

群落分布在廿八都镇周村村海拔 410～460m 的村旁、农田中，面积约 0.3hm²。其以鸡爪槭、北美圆柏占优势，平均高 2m，盖度 70%；伴生种有山莓、蓬蘽、茶、六月雪、木犀等。草本层以狗尾草占主要优势，平均高 0.6m，盖度 15%；伴生种主要有长鬃蓼、升马唐、求米草、小花蓼、芒萁、金星蕨、井栏边草等。层间植物有鸡矢藤、木防己、土茯苓等。

2.3.7.2 草本栽培植被

大田作物植被

群落分布在张村乡高滩村、廿八都镇周村村等地的农田中，海拔 370～1127m，面积约 16.56hm²。其中栽培芋、土豆、青菜、茄子、玉米等作物(随四季而变)。

2.4 植被演替浅析

根据兆赖之、陈征海等对浙江阔叶林次生演替规律的研究，得出浙江阔叶林植被演替序列。据此，我们推测保护区植被演替的大体过程是：由草本植物先侵入次生裸地(一年生草本阶段、多年生草本阶段)→灌木植物侵入草本群落(草灌丛阶段)→针叶树种及先锋阔叶树种也逐渐侵入草本群落中，逐渐形成针叶林或落叶阔叶林(先锋树种阶段)→

常绿树种逐渐侵入，形成常绿落叶阔叶混交林（过渡阶段）→随着森林郁闭度增高，落叶树种更新不如常绿树种，因而逐渐被常绿树种所替代，最终形成常绿阔叶林（顶级群落阶段）。

草本阶段：草本建群种或优势种是那些通常具喜光、耐旱、耐贫瘠的特性，生命力顽强，种源丰富且易传播或无性繁殖能力极强的种类。一年生草本如荠苎属、野生紫苏、博落回、小蓬草、一年蓬等；多年生草本如五节芒、白茅、芒萁、山类芦等。草本植物的侵入改善了生境，为木本植物的侵入定居创造了条件。

木本阶段：木本植物的侵入过程，首先是一些喜阳树种侵入，如盐肤木、胡枝子、山莓、掌叶覆盆子、中国绣球、檵木等；继而是阳性且耐旱瘠的针叶、阔叶树种侵入，如马尾松、黄山松、拟赤杨、南酸枣、短柄枹栎、枫香等；随着林分郁闭度的增高，生境湿度提高，一些耐阴或喜阴的常绿阔叶树逐渐侵入、定居，如木荷、甜槠、乌冈栎、红楠等；最终形成中亚热带常绿阔叶林。

采用以空间序列代替时间序列的研究方法，研究杉木林砍伐后的次生演替进程，我们发现保护区的植被演替有如下过程：首先侵入的是一年生草本植物，如博落回、小花荠苎、野紫苏、蓼属等（半坑观测点）；接着是多年生草本侵入，如白茅、五节芒等，并各自形成群落（华竹坑观测点）；再是盐肤木、拟赤杨、枫香等落叶树种侵入，形成如盐肤木灌丛或拟赤杨落叶阔叶林幼林等（半坑观测点和华竹坑观测点）；随着幼林的发育、成熟，群落形成拟赤杨林、香果树林等落叶阔叶林（华竹坑观测点和里东坑观测点）；再是甜槠、木荷、红楠等常绿树种等侵入，形成木荷、拟赤杨常绿落叶阔叶混交林（龙井坑观测点）；最后拟赤杨、枫香等退出演替进程，形成以甜槠林、木荷林等为代表的亚热带地带性常绿阔叶林。

2.5 植被现状及特征

2.5.1 植被类型丰富，地带性较明显

保护区地形地貌复杂，水系丰富，气候条件多变，土壤、温度、水分、光照等各种生态因子在小尺度下有机结合，形成了丰富的生境，孕育了多样的植被类型。通过调查，保护区内植被有 7 个植被型组、12 个植被型、46 个群系，地带性群落为典型的中亚热带常绿阔叶林，以木荷、甜槠为主要建群种。

江山仙霞岭独特的气候资源，为亚热带常绿阔叶林生长创造了“黄金条件”，至今仍旧保持着大面积稀有的、典型的、原生的中亚热带常绿阔叶林地带性植被。这里的常绿阔叶林属于典型的甜槠＋木荷林，群落结构复杂，优势种非常明显，稀有种极其丰富，仍然保持着生态系统原真性和完整性。特别是龙井坑、野猪浆等地的木荷林、甜槠林已封育近 50 年，树高 15～18m，胸径 20～50cm，是仙霞岭主峰周边保存最完整、最典型、最古老的中亚热带常绿阔叶林。与周边保护区相比，区内的常绿阔叶林也是面积最大、在保护区中占比最高的植被类型（见表 2-7）。

表 2-7 保护区与周边保护区的常绿阔叶林现状比较

保护区	坐标	降水量/mm	平均气温/℃	保护区面积/hm²	常绿阔叶林面积/hm²	占比/%	主要建群种
仙霞岭	118°33′42″～118°41′5″E、28°15′26″～28°21′11″N	1650	15	7084.56	4400.27	62.11	青冈、甜槠、木荷、乌冈栎
古田山	118°03′59″～118°11′01″E、29°10′32″～29°17′43″N	1963.7	16.3	8107.1	4778.89	58.95	甜槠、青冈、木荷
九龙山	118°48′～118°55′E、28°14′～28°24′N	1650	15	5525	1989	36.00	甜槠、青冈、木荷、乌冈栎、红楠
铜钹山	118°12′11″～118°21′36″E、28°03′30″～28°10′33″N	1626.9	17.9	10800	2400	22.22	青冈、木荷、苦槠、米槠

2.5.2 拥有多类型的珍稀及特色植被

保护区内分布 4 种珍稀植被和 1 种特色植被。其中，分布于龙井坑的榉树群落和猴头杜鹃群落、分布于高丰龙头村的毛红椿群落、分布于里东坑的香果树群落属于珍稀植被；分布于洪岩顶的多脉鹅耳枥群落为保护区内的特色植被。

经过长期的演化，保护区孕育了非常丰富的物种，也孕育了独特的动物、植物区系。目前已经有伯乐树、黑熊、黑麂、仙霞岭大戟等众多濒危的、特有的物种被发现，需要我们去研究和保护，更有许多从未见过的新物种等待我们去发现和认知。

2.5.3 植被分布受地形、地貌及人类活动的影响较强烈

保护区虽然有近千米的高差，但由于受历史上人类活动的影响，区内植被的垂直分布特征不甚明显；在水平分布上，则更表现出地形、地貌、人类活动等综合因素的影响。详见前文。

2.6 植被资源及其保护利用

2.6.1 保持水土，涵养水源

森林通过树冠对降水的截流、枯枝落叶层对降水动能的缓冲、森林土壤对地表径流的分流及渗透等作用对森林内的水土起保持作用。保护区的土层以中层、薄层居多，其中山坡上部平缓处和山坡下部冲积处土层较深厚。土质疏松，以中、轻壤质为主，有机质含量较高。如果没有植被保护，容易引起水土流失。

保护区不但是钱塘江的重要源头之一，而且是江山市的最重要饮用水源地。保护区茂盛的植被，对涵养水源、调节地表径流、净化水质等方面起着至关重要的作用。

2.6.2 保护植被，保育种质

保护区中保存有 115 种珍稀濒危植物。这些珍稀濒危植物分布区狭窄，个体数量稀

少，大多星散生长于各类群落中，仅有少数种类能作为优势种或次优势种形成特定群落，如毛红椿林、香果树林、猴头杜鹃灌丛等。

保护区内拥有丰富的动物资源，生活着黄腹角雉、黑熊、五步蛇、白颈长尾雉、黑麂、崇安髭蟾等珍稀动物。这些动物的栖息、游憩、觅食或多或少要依赖茂盛的植被。如龙井坑峭壁林立，人类活动少，植被茂盛，是两栖爬行类动物生活的天堂；高海拔阔叶林中的四照花、中华猕猴桃、青冈、白栎、短柄枹栎等是为黑麂提供丰富的食物资源。

通过对保护区常绿阔叶林的研究，我们不仅可以看到目前这里有多少物种，而且可以看到这些物种在过去、现在和将来会有怎样的变化，研究它们的生物多样性及其动态、生态系统功能、对全球气候变化的响应。这里不仅是水源的源头，也是华东地区物种多样性和特有性的一个重要聚集地。保护植被即是保育种质。

2.6.3　储存碳源，净化空气

森林具有吸收二氧化碳、释放氧气、杀菌除尘、净化空气、降低噪音等作用。按 $10^4 m^2$ 乔木林一年可以吸收 8.09t 二氧化碳、0.1t 二氧化硫，吸附 22.94t 粉尘，释放 5.91t 氧气，以及 $10^4 m^2$ 竹林一年可以吸收 13.48t 二氧化碳、0.1t 二氧化硫，吸附 10.11t 粉尘，释放 9.84t 氧气计算，保护区森林植被一年至少可以吸收二氧化碳 57113.2t，吸收二氧化硫 682.0t，吸附粉尘 151851.7t，释放氧气 41720.3t，其生态效益显著。

此外，保护区内拥有近百种芳香植物，这些芳香植物挥发出来的苯甲醇、芳樟醇等萜烯类物质，能杀死有害微生物，增加空气中的负氧离子，起到净化空气的作用。

2.6.4　美化环境，调节身心

保护区拥有丰富的景观植被资源，三季有花，四季有景，交织分布。根据观赏部位不同，保护区植被可分为：①观叶植被，如榉树林、米心水青冈林、枫香林等，秋霜过后，层林尽染，色彩鲜艳。②观花植被，如芭蕉群系、圆锥绣球灌丛、猴头杜鹃矮林、香果树林等，它们自然组合，是天然的花境。③观型植被，如地带性的甜槠林，大树华盖，株株冠形圆润饱满，观赏效果极好。

2.7　保护区植被类型名录

一、针叶林

（一）温性针叶林

1. 温性常绿针叶林

（1）柳杉林 Form. *Cryptomeria japonica* var. *sinensis* *

（2）黄山松林 Form. *Pinus taiwanensis*

（二）暖性针叶林

2. 暖性常绿针叶林

（3）杉木林 Form. *Cunninghamia lanceolata* *

注：“*”表示栽培植被。

(4)马尾松林 Form. *Pinus massoniana*

二、针阔叶混交林

(三)温性针阔叶混交林

3. 山地温性针阔叶混交林

(5)柳杉针阔叶混交林 Form. *Cryptomeria fortunei*, broad leaved mixed

(6)黄山松针阔叶混交林 Form. *Pinus taiwanensis*, broad leaved mixed

(四)暖性针阔叶混交林

4. 山地暖性针阔叶混交林

(7)杉木针阔叶混交林 Form. *Cunninghamia lanceolata*, broad leaved mixed

(8)马尾松针阔叶混交林 Form. *Pinus massoniana*, broad leaved mixed

三、阔叶林

(五)落叶阔叶林

5. 亚热带山地落叶阔叶林

(9)拟赤杨林 Form. *Alniphyllum fortunei*

(10)多脉鹅耳枥林 Form. *Carpinus polyneura*

(11)朴树林 Form. *Celtis sinensis*

(12)南酸枣林 Form. *Choerospondias axillaris*

(13)缺萼枫香林 Form. *Liquidambar acalycina*

(14)枫香林 Form. *Liquidambar formosana*

(15)檵木林 Form. *Loropetalum chinense*

(16)香果树林 Form. *Emmenopterys henryi*

(17)米心水青冈林 Form. *Fagus engleriana*

(18)毛红椿林 Form. *Toona ciliata* var. *pubescens*

(19)榉树林 Form. *Zelkova schneideriana*

6. 湿地落叶阔叶林

(20)枫杨林 Form. *Pterocarya stenoptera*

(21)银叶柳林 Form. *Salix chienii*

(六)常绿落叶阔叶混交林

7. 亚热带落叶常绿阔叶混交林

(22)拟赤杨落叶常绿阔叶混交林 Form. *Alniphyllum fortunei*, evergreen broad leaved mixed

(23)缺萼枫香落叶常绿阔叶混交林 Form. *Liquidambar acalycina*, evergreen broad leaved mixed

8. 亚热带常绿落叶阔叶混交林

(24)甜槠常绿落叶阔叶混交林 Form. *Castanopsis eyrei*, deciduous broad leaved mixed

(25)青冈常绿落叶阔叶混交林 Form. *Cyclobalanopsis glauca*, deciduous broad leaved mixed

(26)木荷常绿落叶阔叶混交林 Form. *Schima superba*, deciduous broad leaved mixed

(七)常绿阔叶林

9. 亚热带山地常绿阔叶林

(27)米槠林 Form. *Castanopsis carlesii*

(28)甜槠林 Form. *Castanopsis eyrei*

(29)青冈林 Form. *Cyclobalanopsis glauca*

(30)木荷林 Form. *Schima superba*

10. 硬叶矮曲林

(31)乌冈栎林 Form. *Quercus phillyreoides*

四、竹林

(八)暖性竹林

11. 散生竹林

(32)毛竹林 Form. *Phyllostachys heterocycla* 'Pubescens'*

(33)雷竹林 Form. *Phyllostachys praecox* 'Prevernalis'*

(34)早园竹林 Form. *Phyllostachys propinqua**

五、灌丛

(九)落叶阔叶灌丛

12. 亚热带山地落叶阔叶灌丛

(35)圆锥绣球灌丛 Form. *Hydrangea paniculata*

(十)常绿灌丛

13. 亚热带山地丘陵常绿阔叶灌丛

(36)猴头杜鹃群落 Form. *Rhododendron simiarum*

六、草丛

(十一)旱生草丛

14. 山地丘陵草丛

(37)白茅群系 Form. *Imperata cylindrica*

(38)鸭嘴草群系 Form. *Ischaemum aristatum* var. *glaucum*

(39)五节芒草丛 Form. *Miscanthus floridulus*

(40)芒群系 Form. *Miscanthus sinensis*

(41)芭蕉群系 Form. *Musa basjoo*

七、其他栽培植被

(十二)木本栽培植被

(42)板栗林 Form. *Castanea mollissima**

(43)油茶灌丛 Form. *Camellia oleifera**

(44)茶灌丛 Form. *Camellia sinensis**

(45)苗圃*

(十三)草本栽培植被

(46)大田作物植被*

第3章 植 物

3.1 调查研究方法

3.1.1 野外考察及采集

保护区高等植物资源考察于2017年1月—2020年5月进行。调查采用了经典的样线调查法，为了在短促的时间内较好地完成调查工作，在调查路线的安排上，我们既考虑全面性，即各个区域、各种生境（如山沟、村旁、溪边、山腰、山谷等）尽量调查到，又注意重点性，即对龙井坑、洪岩顶等原生植被保存良好的地段及其他条件优越的生境进行仔细调查。

野外实地踏查，对常见的种类直接记录，并利用照相机进行拍摄；对于疑难种类，通过卫星准确定位，记录海拔、生境、植株高度及冠幅、其他特征，并采集标本，拍摄照片；对于国家、浙江省重点保护野生植物，通过卫星准确定位，详细记录重点保护野生植物记录表。

本次调查共采集高等植物标本1652号，拍摄植物照片3万余张，所有标本暂存放于浙江农林大学植物标本室（ZJFC）。

3.1.2 标本鉴定

标本鉴定主要依据《中国植物志》、*Flora of China*、《中国苔藓志》、*Moss Flora of China*、《浙江植物志》《浙江种子植物检索鉴定手册》以及近年来发表的分类学论文，借助显微镜、解剖镜等工具，根据营养体、孢子、花、果等的形态特征进行。若遇疑难种，请教相关专家帮忙鉴定。

3.1.3 数据整理及分析

调查工作结束后，及时对采集的标本进行鉴定，对野外调查资料进行整理，将它们录入电脑保存，并根据鉴定的结果，对植物科属、区系、资源等进行分析。

3.2 植物物种组成

通过多次集中野外调查及有关资料的收集与整理，目前已确认保护区范围内共有野生及常见栽培高等植物 231 科 812 属 1743 种。其中，苔藓植物 29 目 66 科 145 属 345 种(藓类植物 14 目 42 科 104 属 250 种，苔类植物 14 目 23 科 40 属 94 种，角苔 1 目 1 科 1 属 1 种)，蕨类植物 28 科 60 属 128 种，裸子植物 6 科 13 属 16 种，被子植物 131 科 594 属 1254 种(双子叶植物 113 科 477 属 1009 种，单子叶植物 18 科 117 属 245 种(详见表 3-1)。保护区高等植物科、属、种分别占全省高等植物科的74.3%、属的 46.3%、种的 30.0%，占全国高等植物科的 50.1%、属的 20.0%、种的 5.1%。由此可见，保护区是浙江省植物资源最丰富的地区之一。

表 3-1 保护区高等植物统计

<table>
<tr><th colspan="3" rowspan="2">类群</th><th colspan="3">科</th><th colspan="3">属</th><th colspan="3">种</th></tr>
<tr><th>保护区</th><th>浙江</th><th>全国</th><th>保护区</th><th>浙江</th><th>全国</th><th>保护区</th><th>浙江</th><th>全国</th></tr>
<tr><td colspan="3">苔藓植物</td><td>66</td><td>78</td><td>160</td><td>145</td><td>295</td><td>632</td><td>345</td><td>943</td><td>3357</td></tr>
<tr><td colspan="3">蕨类植物</td><td>28</td><td>49</td><td>63</td><td>60</td><td>116</td><td>231</td><td>128</td><td>543</td><td>2549</td></tr>
<tr><td rowspan="3">种子植物</td><td colspan="2">裸子植物</td><td>6</td><td>9</td><td>11</td><td>13</td><td>34</td><td>41</td><td>16</td><td>59</td><td>237</td></tr>
<tr><td rowspan="2">被子植物</td><td>双子叶植物</td><td>113</td><td>149</td><td>189</td><td>477</td><td>993</td><td>2439</td><td>1009</td><td>3254</td><td>22832</td></tr>
<tr><td>单子叶植物</td><td>18</td><td>26</td><td>38</td><td>117</td><td>317</td><td>697</td><td>245</td><td>1017</td><td>5524</td></tr>
<tr><td colspan="3">总计</td><td>231</td><td>311</td><td>461</td><td>812</td><td>1755</td><td>4040</td><td>1743</td><td>5816</td><td>34499</td></tr>
</table>

注：文中科、属的划定主要参考《浙江植物志》和《中国植物志》；浙江苔藓植物、蕨类植物科、属、种的划定参考《浙江植物志》及相关论文，种子植物的划定参考《浙江种子植物检索鉴定手册》；全国苔藓植物、蕨类植物、裸子植物、被子植物科、属、种的划定参考《中国植物志》《中国苔藓志》。

保护区内共有珍稀濒危植物 115 种。其中，国家重点保护野生植物 28 种(国家一级重点保护野生植物有南方红豆杉 1 种，国家二级重点保护野生植物有蛇足石杉、六角莲、金荞麦、凹叶厚朴、樟、短萼黄连、伯乐树、野大豆、花榈木、毛红椿、香果树等 27 种)；浙江省重点保护野生植物有三枝九叶草、野含笑、三叶崖爬藤、红淡比、银钟花、华重楼等 9 种；其他珍稀濒危植物有 78 种。

3.3 苔藓植物

3.3.1 苔藓植物多样性

1. 科、属、种的组成

2017—2019 年，我们在保护区共采集苔藓植物标本 1031 号，共鉴定苔藓植物 29 目 66 科 145 属 345 种，其中包括藓类植物 14 目 42 科 104 属 250 种，苔类植物 14 目 23 科 40 属 94 种，角苔 1 目 1 科 1 属 1 种(见表 3-2)。

表 3-2 保护区苔藓植物科、属、种统计

门类	序号	科名	属数	种数
藓类植物门 Bryophyta				
泥炭藓目 Sphagnales	1	泥炭藓科 Sphagnaceae	1	2
金发藓目 Polytrichopsida	2	金发藓科 Polytrichaceae	4	14
短颈藓目 Diphysciales	3	短颈藓科 Diphysciaceae	1	1
葫芦藓目 Funariales	4	葫芦藓科 Funariaceae	2	4
紫萼藓目 Grimmiales	5	缩叶藓科 Ptychomitriaceae	1	3
	6	紫萼藓科 Grimmiaceae	3	4
曲尾藓目 Dicranales	7	牛毛藓科 Ditrichaceae	2	2
	8	小烛藓科 Bruchiaceae	1	1
	9	小曲尾藓科 Dicranellaceae	1	6
	10	曲背藓科 Oncophoraceae	1	2
	11	曲尾藓科 Dicranaceae	1	3
	12	白发藓科 Leucobryaceae	3	15
	13	凤尾藓科 Fissidentaceae	1	9
丛藓目 Poaatales	14	丛藓科 Pottiaceae	10	21
虎尾藓目 Hedwigiales	15	虎尾藓科 Hedwigiaceae	1	1
珠藓目 Bartramiales	16	珠藓科 Bartramiaceae	2	9
真藓目 Bryales	17	真藓科 Bryaceae	2	6
	18	提灯藓科 Mniaceae	4	12
木灵藓目 Orthotrichales	19	木灵藓科 Orthotrichales	4	6
树灰藓目 Hypnodendrales	20	卷柏藓科 Racopilaceae	1	1
油藓目 Hookeriales	21	孔雀藓科 Hypopterygiaceae	1	1
	22	小黄藓科 Daltoniaceae	1	3
	23	油藓科 Hookeriaceae	1	1
灰藓目 Hypnales	24	棉藓科 Plagiotheciaceae	2	8
	25	薄罗藓科 Leskeaceae	3	4
	26	羽藓科 Thuidiaceae	3	7
	27	异枝藓科 Heterocladiaceae	1	1
	28	异齿藓科 Regmatodontaceae	1	1
	29	青藓科 Brachytheciaceae	7	22
	30	蔓藓科 Meteoriaceae	11	19
	31	灰藓科 Hypnaceae	5	15
	32	金灰藓科 Pylaisiaceae	2	4
	33	毛锦藓科 Pylaisiadelphaceae	3	7
	34	锦藓科 Sematophyllaceae	2	3
	35	塔藓科 Hylocomiaceae	2	5
	36	绢藓科 Entodontaceae	1	10
	37	隐蒴藓科 Cryphaeaceae	1	1
	38	白齿藓科 Leucodontaceae	1	1
	39	蕨藓科 Pterobryaceae	2	2
	40	平藓科 Neckeraceae	4	6
	41	船叶藓科 Lembophyllaceae	1	1
	42	牛舌藓科 Anomodontaceae	3	6

续表

门类	序号	科名	属数	种数
苔类植物门 Marchntiophyta				
裸蒴苔目 Haplomitriales	43	裸蒴苔科 Haplomitriaceae	1	1
地钱目 marchantiales	44	疣冠苔科 Aytoniaceae	2	2
	45	蛇苔科 Concephalaceae	1	2
	46	地钱科 Marchantiaceae	1	3
	47	毛地钱科 Dumortieraceae	1	1
带叶苔目 pallaviciniales	48	带叶苔科 Pallaviciniaceae	1	2
叶苔目 Jungermanniales	49	叶苔科 Jungermanniaceae	4	6
	50	护蒴苔科 Calypogeiaceae	1	6
挺叶苔目 Lophoziales	51	挺叶苔科 Anastrophyllaceae	1	2
	52	大萼苔科 Cephaloziaceae	2	6
	53	拟大萼苔科 Cephaloziellaceae	2	2
	54	折叶苔科 Scapaniaceae	2	7
绒苔目 Trichocoleales	55	绒苔科 Trichocoleaceae	1	1
指叶苔目 Lepidoziales	56	指叶苔科 Lepidoziales	3	7
复叉苔目 Lepicoleales	57	剪叶苔科 Herbertaceae	1	2
齿萼苔目 Lophocoleales	58	羽苔科 Plagiochilaceae	1	5
	59	齿萼苔科 Lophocoleaceae	2	8
光萼苔目 Porealles	60	光萼苔科 Porellaceae	1	3
扁萼苔目 Radulaes	61	扁萼苔科 Radulaceae	1	6
毛耳苔目 Jubulales	62	耳叶苔科 Frullaniaceae	1	7
	63	细鳞苔科 Lejeuneaceae	7	10
绿片苔目 Aneurales	64	绿片苔科 Aneuraceae	2	3
叉苔目 Metzgeriales	65	叉苔科 Metzgeriaceae	1	2
角苔门 Anthocerotophyta				
短角苔目 Notothyladales	66	短角苔科 Notothyladaceae	1	1
总计			145	345

2. 优势科

在组成植物区系中，有些科的种类丰富，因此，在群落中具有绝对优势的地位、对建群起到重要作用的科称为优势科(dominant families)。对优势科、属的统计分析有助于我们了解区系的性质、多样性丰富程度及与相关区系的关系。另外，要想确定一个区系的优势科/优势属，必须先确定一个恰当的数量标准。

通过对保护区的苔藓植物各个科的种数以及所占比例进行统计，将科下种数≥10 的科定义为优势科(结果见表 3-3)。

苔藓植物的优势科分别为金发藓科 Polytrichaceae、白发藓科 Leucobryaceae、丛藓科 Pottiaceae、提灯藓科 Mniaceae、青藓科 Brachytheciaceae、蔓藓科 Meteoriaceae、灰藓科 Hypnaceae、绢藓科 Entodontaceae 和细鳞苔科 Lejeuneaceae。其中，苔类植物仅细鳞苔科 1 科，其余 8 科均为藓类植物。这些以温带、热带和亚热带成分为主的优势科构成了保护区苔藓植物的优势科主体，具有鲜明的温带和亚热带交汇的特色，这一结果与保护区地处亚热带的地理位置相符。另外，这 9 个优势科虽然仅占保护区苔藓植物总科数的13.64%，但包含52属138种，分别占保护区苔藓植物总属、种数的35.86%、40.00%，也体现了这些科的优势地位。

表3-3 保护区苔藓植物优势科统计

序号	科	属		种	
		属数	占比/%	种数	占比/%
1	金发藓科 Polytrichaceae	4	2.76	14	4.06
2	白发藓科 Leucobryaceae	3	2.07	15	4.35
3	丛藓科 Pottiaceae	10	6.9	21	6.09
4	提灯藓科 Mniaceae	4	2.76	12	3.48
5	青藓科 Brachytheciaceae	7	4.83	22	6.38
6	蔓藓科 Meteoriaceae	11	7.59	19	5.51
7	灰藓科 Hypnaceae	5	3.45	15	4.35
8	绢藓科 Entodontaceae	1	0.69	10	2.90
9	细鳞苔科 Lejeuneaceae	7	0.48	10	2.90
总计		52	35.86	138	40.00

3.优势属

对保护区苔藓植物145属的属内种数进行统计分析(属的组成见表3-4)，其中有2属的属内种数≥10，占保护区苔藓植物总属数的比例为1.38%；而绝大部分的属为少种属(即属内种数<5)，其中单种属比例高，包含68属，占保护区苔藓植物总属数的比例为46.90%；而种的结构整体分布不均，该结果体现了保护区苔藓植物物种的组成既丰富又复杂。

表3-4 保护区苔藓植物属的组成统计

属内种数	属		种	
	属数	占比/%	种数	占比/%
≥10种	2	1.38	21	6.09
5～9种	16	11.03	103	29.86
2～4种	58	40.00	153	44.35
1种	68	46.90	68	19.71
总计	145	100.00	345	100.00

属分类单位没有科大，无论是地理学还是分类学都认为属是最能说明植物属种起源、演化、分布的自然群。经统计，保护区苔藓植物中，属内种数≥10的属为优势属，分别是青藓属 *Brachythecium* 和绢藓属 *Entodon*，苔类植物和角苔植物均没有出现单属下属内种数≥10的情况。虽然这2个属仅占保护区苔藓植物总属数的1.38%，但属下种数占保护区苔藓植物总种数的6.09%。另外，分析可知优势属和优势科有一定的相似性，保护区的2个优势属均在优势科内，分属青藓科 Brachytheciaceae 和绢藓科 Entodontaceae。从地理区系来看，这2个属植物的分布也以温带、热带和亚热带成分为主，又一次与保护区的地理位置、气候条件相符(结果见表3-5)。

表 3-5 保护区苔藓植物优势属统计

序号	属	种	
		种数	占比/%
1	青藓属 *Brachythecium*	11	3.19
2	绢藓属 *Entodon*	10	2.90
总计		21	6.09

4. 单种科、属类型

单种科、单种属的出现可以反映苔藓植物进化的两个相反的方向：一是新产生的科或属，其属、种可能尚未完成分化；另一个是有的科、属已不再适合当地的生存环境，其属、种已经在该地区大量消失，但仍有少量种类残留。

保护区的单种科有 15 个，占保护区苔藓植物总科数的 22.73%(见图 3-1)，其中包括 11 个藓纲、3 个苔纲和 1 个角苔纲。具体科分别为短颈藓科 Diphysciaceae、小烛藓科 Bruchiaceae、虎尾藓科 Hedwigiaceae、卷柏藓科 Racopilaceae、孔雀藓科 Hypopterygiaceae、油藓科 Hookeriaceae、异枝藓科 Heterocladiaceae、异齿藓科 Regmatodontaceae、隐蒴藓科 Cryphaeaceae、白齿藓科 Leucodontaceae、船叶藓科 Lembophyllaceae、裸蒴苔科 Haplomitriaceae、毛地钱科 Dumortieraceae、绒苔科 Trichocoleaceae、短角苔科 Notothyladaceae。

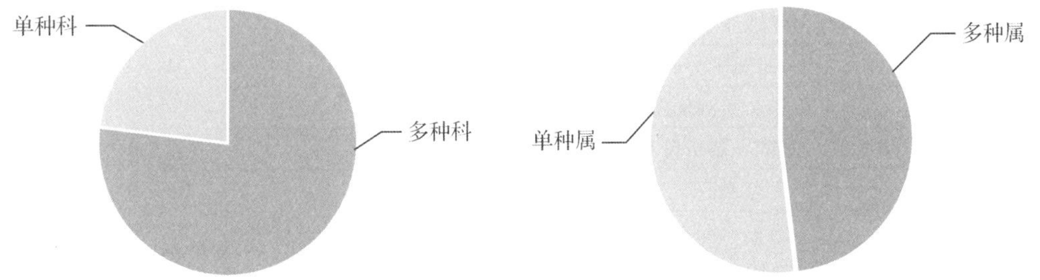

图 3-1 保护区苔藓植物单种科、单种属的占比

保护区的单种属为 68 属，占保护区苔藓植物总属数的 46.90%，将近占总属数的一半，其中包括 49 个藓纲、18 个苔纲和 1 个角苔纲。其中包括金发藓属 *Polytrichum*、短颈藓属 *Diphyscium*、长齿藓属 *Niphotrichum*、无尖藓属 *Codriophorus*、石缝藓属 *Saelania*、长蒴藓属 *Trematodon*、丛本藓属 *Anoectangium*、纽藓属 *Tortella*、虎尾藓属 *Hedwigia*、大叶藓属 *Rhodobryum*、疣灯藓属 *Trachycystis*、直叶藓属 *Macrocoma*、油藓属 *Hookeria*、细柳藓属 *Platydictya*、鹤嘴藓属 *Pelekium*、裸蒴苔属 *Haplomitrium*、管口苔属 *Solenostoma* 等。

一个地区的植物区系组成中，科的形成比较久远、稳定，因此可以反映一个地区历史的环境状况，其成分的变化是比较缓慢的；属的组成情况则反映了一个地区现代的地质、环境状况，其成分的变化相对于科来说是比较快的，所以属的区系性质的变化能够反映一个地区的环境的变化情况。保护区有单种科 15 个，占保护区苔藓植物总科数的 22.73%，反映了保护区的苔藓植物存在历史残存情况和地质年代属性，说明保护区部分科是起源古老的种类，也可能存在一定的环境因素造成的单种科现象；仅含 1 种的属占保护区苔藓植物总属数的 46.90%，说明保护区地质、环境可能遭到了一定程度的破坏，使得单种属的比例增加，若长此以往，会导致某些单种属消失。而部分科属本就所含种数较小，所以受到影响使其数量减少的可能性较小。

3.3.2 区系分析

1. 区系地理成分

研究一个地区的植物区系组成，对研究该地区植物生命的起源演化与其地质、气候、植被特征之间的关系具有重要作用。因为苔藓植物和种子植物的分布存在联系，因此本书中的苔类植物区系参照《中国种子植物属的分布区类型》的标准进行划分，将保护区的苔藓植物种的区系地理成分划分为 13 个类型(见表 3-6)。

表 3-6 保护区苔藓植物种区系地理成分分析

序号	分布区类型	苔类	藓类	角苔类	种数	占比/%
1	世界广布	8	15	1	24	—
2	泛热带分布	4	15	0	19	5.92
3	热带亚洲至热带美洲间断分布	3	5	0	8	2.49
4	旧世界热带分布	1	0	0	1	0.31
5	热带亚洲至热带非洲分布	0	3	0	3	0.93
6	热带亚洲至热带大洋洲分布	4	12	0	16	4.98
7	热带亚洲分布	13	42	0	55	17.13
8	北温带分布	23	54	0	77	23.99
9	东亚和北美洲间断分布	3	6	0	9	2.80
10	旧世界温带分布	2	5	0	7	2.18
11	东亚分布	27	63	0	90	28.04
12	温带亚洲分布	4	19	0	23	7.17
13	中国特有分布	2	11	0	13	4.05
总计		94	250	0	345	100.00

注：因为世界广布种分布范围较大，生长环境无特殊性，因此在区系分析中无法体现某一地区的植物区系特性，因此在统计各区系地理成分占比时不计入总数。

(1)世界广布

保护区有世界广布种 24 种，其中藓类植物 15 种，苔类植物 8 种，角苔类植物 1 种。以拟金发藓 *Polytrichastrum alpinum*、金发藓 *Polytrichum commune*、葫芦藓 *Funaria hygrometrica*、鳞叶凤尾藓 *Fissidens taxifolius*、扭口藓 *Barbula unguiculata*、小石藓 *Weissia controversa*、虎尾藓 *Hedwigia ciliata*、真藓 *Bryum argenteum*、大羽藓 *Thuidium cymbifolium*、地钱 *Marchantia polymorpha*、毛地钱 *Dumortiera hirsuta*、黄角苔 *Phaeoceros laevis* 等种为代表种。

(2)泛热带分布

保护区有泛热带分布种 19 种，其中苔类植物 4 种，藓类植物 15 种。以小金发藓 *Pogonatum aloides*、狭叶葫芦藓 *Funaria attenuata*、石缝藓 *Saelania glaucescens*、桧叶

白发藓 *Leucobryum juniperoideum*、卷叶凤尾藓 *Fissidens dubius*、反纽藓 *Timmiella anomala*、比拉真藓 *Bryum billarderi*、尖叶油藓 *Hookeria acutifolia*、绒叶青藓 *Brachythecium velutinum*、尖叶耳叶苔 *Frullania apiculata*、褐冠鳞苔 *Lopholejeunea subfusca*、尖叶薄鳞苔 *Leptolejeunea elliptica* 等种为代表种。

(3)热带亚洲至热带美洲间断分布

保护区有热带亚洲至热带美洲间断分布种8种,其中苔类3种,藓类5种。其包括刺边小金发藓褐色亚种 *Pogonatum cirratum* subsp. *fuscatum*、狭叶白发藓 *Leucobryum bowringii*、扭叶藓 *Trachypus bicolor*、新丝藓 *Neodicladiella pendula*、羊角藓 *Herpetineuron toccoae*、爪哇裸蒴苔 *Haplomitrium blumii*、刺叶羽苔 *Plagiochila sciophila* 和叉苔 *Metzgeria furcata*。

(4)旧世界热带分布

保护区旧世界热带分布种仅1种,即皱萼苔 *Ptychanthus striatus*。

(5)热带亚洲至热带非洲分布

保护区热带亚洲至热带非洲分布种仅3种,均为藓类植物,分别为南亚火藓 *Schlotheimia grevilleana*、橙色锦藓 *Sematophyllum phoeniceum*、刀叶树平藓 *Homaliodendron scalpellifolium*。

(6)热带亚洲至热带大洋洲分布

保护区有热带亚洲至热带大洋洲分布种16种,其中苔类植物4种,藓类植物12种。硬叶小金发藓 *Pogonatum neesii*、南亚小曲尾藓 *Dicranella coarctata*、节茎曲柄藓 *Campylopus umbellatus*、细叶泽藓 *Philonotis thwaitesii*、薄壁卷柏藓 *Racopilum cuspidigerum*、大麻羽藓 *Claopodium assurgens*、拟草藓 *Pseudoleskeopsis zippelii*、灰气藓 *Aerobryopsis wallichii*、蔓藓 *Meteorium polytrichum*、四齿异萼苔 *Heteroscyphus argutus*、爪哇扁萼苔 *Radula javanica*、粗茎唇鳞苔 *Cheilolejeunea trapezia* 等为代表种。

(7)热带亚洲分布

保护区有热带亚洲分布种55种,其中苔类植物13种,藓类植物42种。暖地泥炭藓拟柔叶亚种 *Sphagnum junghuhnianum* subsp. *pseudomolle*、暖地小金发藓 *Pogonatum fastigiatum*、二形凤尾藓 *Fissidens geminiflorus*、暖地大叶藓 *Rhodobryum giganteum*、粗枝蔓藓 *Metrorium subpolytrichum*、大灰藓 *Hypnum plumaeforme*、小牛舌藓 *Anomodon minor*、深绿鞭苔 *Bazzania semiopaceae*、细指苔 *Kurzia gonyotricha*、毛边光萼苔 *Porellaperrottetiana* 和南亚顶鳞苔 *Acrolejeunea sandvicensis* 等为主要代表种。

(8)北温带分布

保护区有北温带分布种77种,其中苔类植物23种,藓类植物54种。狭叶仙鹤藓 *Atrichum angustatum*、立碗藓 *Physcomitrium sphaericum*、黄牛毛藓 *Ditrichum pallidum*、白发藓 *Leucobryum glaucum*、直叶泽藓 *Philonotis marchica*、匐灯藓 *Plagiomnium cuspidatum*、丝瓜藓 *Pohlia elongata*、牛舌藓 *Anomodon viticulosus*、狭叶苔 *Liochlaena lanceolata*、刺叶护蒴苔 *Calypogeia arguta*、绒苔 *Trichocolea tomentella*、掌状片叶苔 *Riccardia palmata* 等为主要代表种。

(9)东亚和北美洲间断分布

保护区东亚和北美洲间断分布种仅9种，其中3种为苔类植物，6种为藓类植物。扭叶小金发藓 *Pogonatum contortum*、毛尖紫萼藓 *Grimmia pilifera*、小扭口藓 *Barbula indica*、圆条棉藓阔叶变种 *Plagiothecium cavifolium* var.、凸尖鳞叶藓 *Taxiphyllum cuspidifolium*、亚美绢藓 *Entodon sullivantii*、双齿护蒴苔 *Calypogeia tosana*、尖瓣折叶苔 *Diplophyllum apiculatum*、宽片叶苔 *Riccardia latifrons* 为代表种。

(10)旧世界温带分布

保护区有旧世界温带分布种7种，包括苔类植物2种，藓类植物7种。卷叶曲背藓 *Oncophorus crispifolius*、珠状泽藓 *Philonotis bartramioides*、扁平棉藓 *Plagiothecium neckeroideum*、垂蒴棉藓 *Plagiothecium nemorale*、阔叶棉藓 *Plagiothecium platyphyllum*、全缘褶萼苔 *Plicanthus birmensis*、钟瓣耳叶苔 *Frullania parvistipula* 为主要代表种。

(11)温带亚洲分布

保护区有温带亚洲分布种90种，其中苔类植物27种，藓类植物63种。拟尖叶泥炭藓 *Sphagnum acutifolioides*、南京凤尾藓 *Fissidens teysmannianus*、黑对齿藓 *Didymodon nigrescens*、密叶美喙藓 *Eurhynchium savatieri*、狭叶长喙藓 *Rhynchostegium fauriei*、东亚金灰藓 *Pylaisia brotheri*、东亚毛灰藓 *Homomallium connexum*、贴生毛灰藓 *Homomallium japonico-adnatum*、尖叶拟船叶藓 *Dolichomitriopsis diversiformis*、拳叶苔 *Nowellia curvifolia*、盔瓣耳叶苔 *Frullania muscicola*、列胞耳叶苔 *Frullania moniliata* 等为代表种。

(12)东亚分布

保护区有东亚分布种23种，其中苔类植物4种，藓类植物19种。东亚小金发藓 *Pogonatum inflexum*、东亚短颈藓 *Diphyscium fulvifolium*、东亚小石藓 *Weissia exserta*、东亚泽藓 *Philonotis turneriana*、日本细喙藓 *Rhynchostegiella japonica*、东亚蔓藓 *Meteorium atrovariegatum*、东亚灰藓 *Hypnum fauriei*、东亚指叶苔 *Lepidozia fauriana*、日本光萼苔 *Porella japonica*、东亚扁萼苔 *Radula oyamensis*、日本扁萼苔 *Radula japonica*、日本细鳞苔 *Lejeunea japonica* 等为主要代表种。

(13)中国特有分布

保护区有中国特有分布种13种，包括2种苔类植物，11种藓类植物。其包括疏叶小曲尾藓 *Dicranella divaricatula*、细叶小曲尾藓 *Dicranella micro-divariata*、卷叶毛口藓 *Trichostomum hattorianum*、芽孢扭口藓 *Barbula propagulifera*、厚角黄藓宽沿海变种 *Distichophyllum collenchymatosum* var. *pseudosinense*、中华拟无毛藓 *Juratzkaeella sinensis*、多枝青藓 *Brachythecium fasciculirameum*、密枝青藓 *Brachythecium amnicola*、斜枝青藓 *Brachythecium campylothallum*、长叶扭叶藓 *Trachypus longifolius*、长帽绢藓 *Entodon dolichocucullatus*、细茎被蒴苔 *Nardia leptocaulia* 和柯氏合叶苔 *Scapania koponenii*。

2. 特点分析

保护区苔藓植物区系类型丰富，共有13个类型。从地理层面分析，占主导的是亚洲成分。其中，东亚分布占28.04%，在这13个类型中占据最高的分布比例，这与该地区位于中国东部偏南，与日本隔海相望的地理位置完全符合，因此其中国—日本（属东亚成分）的成分占比相对较高，反映出该地区与日本区系和喜马拉雅区系（属东亚成分）之间有着密切的联系。从气候类型分析，主要是温带成分，其中温带分布（第8～12项）占64.17%，高达一半以上；但热带成分（第2～7项）也有31.77%的比例，达到1/3的比例。这反映了保护区苔藓植物区系受温带成分影响较大，热带成分相较于温带成分影响较小，以及主要以温带成分和热带成分交汇、由北向南以温带向热带过渡的特点，这也与保护区地处我国亚热带季风气候区相一致。

3.3.3 药用苔藓植物资源

在德国，苔藓提取液已经作为商品在市场上销售，用于治疗动物真菌感染。在我国民间，许多药用的苔藓早已用于治疗人类疾病。目前，在云南、四川等地，一些苔藓植物仍然作为中草药在民间使用。中国本草类古籍中曾记载了金发藓 *Polytrichum commune* 和暖地大叶藓 *Rhodobryum roseum* 具有"败热散毒，治骨热""壮元阳，强腰肾"等的功效。近代各地方药志，如《云南中草药选》《长白山植物药志》《浙江药用植物志》等对此亦有记载。随着具有重要药用价值的次生物质在苔藓中被发现和分离，以及药理、临床应用等工作的开展，苔藓植物的药用价值日益受到人们的重视。

在保护区发现31种已经明确具有药用价值的苔藓植物，隶属于20科24属。据文献报道，浙江省共有药用苔藓植物67种，保护区发现的苔藓药用苔藓植物占46%，接近一半，可见保护区药用苔藓植物资源十分丰富。

除以下罗列的31种外，有零星药用价值报道但没有详细功效记录的、在保护区内也有分布的、具有潜在药用价值的苔藓植物还有日本光萼苔 *Porella japonica*、毛尖紫萼藓 *Grimmia pilifera*、卷叶凤尾藓 *Fissidens dubius*、立碗藓 *Physcomitrium sphaericum*、虎尾藓 *Hedwigia ciliata*、卵叶青藓 *Brachythecium rutabulum* 等。

1. 列胞耳叶苔 *Frullania moniliata* (Reinw., Blume & Nees) Mont.（耳叶苔科 Frullaniaceae）

常生于山地林内树干和背阴石壁。全草入药，味淡、微苦，性凉，有清心、明目、补肾等功效，可治目赤肿痛等。

2. 蛇苔 *Conocephalum conicum* (L.) Dumort.（蛇苔科 Concephalaceae）

多生于潮湿的溪边石上或土坡上。全草入药，味甘、辛，性寒，有解毒消肿、镇痛生肌之功效，主治疔疮、背痈、无名肿毒、毒蛇咬伤、烫伤。

3. 石地钱 *Reboulia hemisphaerica* (L.) Raddi.（疣冠苔科 Aytoniaceae）

多生于沟边、林下土面、润湿岩面。全草入药，微涩，性凉，有消肿镇痛的功效，用于治外伤出血、跌打肿痛。

4. 地钱 *Marchantia polymorpha* L.（地钱科 Marchantiaceae）

多生于阴湿的土坡和覆薄土的岩石上，或住宅天井及井旁泥土上。全草入药，味淡，性寒，主治烫伤、刀伤、疮痈肿毒、蛇毒咬伤、肝炎以及结核病等。

5. 拟尖叶泥炭藓 *Sphagnum acutifolioides* Warnst.（泥炭藓科 Sphagnaceae）

多生于阴湿山坡草地或沼泽地带。全草入药，味淡、甘，性凉，有清热、明目、止血等功效，用于退云翳、治皮肤病、防止蚊虫叮咬、止急性出血及止痒等。民间用其来治风湿、

关节炎，消毒后可作纱布的代用品和外科上的吸收剂。

6. 暖地泥炭藓拟柔叶亚种 *Sphagnum junghuhnianum* subsp. *pseudomolle* (Warnst.) H. Suzuki(泥炭藓科 Sphagnaceae)

功效同拟尖叶泥炭藓(注：泥炭藓属植物均含相似活性成分，并有相似功效)。

7. 黄牛毛藓 *Ditrichum pallidum* (Hedw.) Hamp(牛毛藓科 Ditrichaceae)

生于山地土坡或石壁上。全草入药，味淡，性凉，有镇静、清热凉血、化瘀生肌的功效，用于治小儿惊风、刀伤、咯血、吐血、跌打损伤、外伤出血等。

8. 棕色曲尾藓 *Dicranum fuscescens* Turner(曲尾藓科 Dicranaceae)

生于林下或林边树干基部、腐木、岩面薄土上。全草入药，对淋巴细胞白血病和神经胶质瘤等有抑制作用。

9. 梨蒴曲柄藓 *Campylopus pyriformis* (Schultz) Brid.(白发藓科 Leucobryaceae)

全草入药，味辛，性温，用于治老年虚咳、跌打损伤、风湿麻木等。

10. 葫芦藓 *Funaria hygrometrica* Hedw.(葫芦藓目 Funariales)

多生于田边地角或房前屋后富含氮肥的土壤上，多见于火烧迹地，也常见于林缘、路边及土壁上。全草入药，味辛、涩，性平，有舒筋活血、祛风镇痛、止血等功效，用于治鼻窦炎、痨伤吐血、跌打损伤、关节炎等。

11. 真藓(银叶真藓)*Bryum argenteum* Hedw.(真藓科 Bryaceae)

生于阳光充足的岩面、土坡、沟谷、林地焚烧后的树桩、城镇老房屋顶及阴沟边缘等处。全草入药，味涩，性凉，有清热解毒的功效，用于治细菌性痢疾，与葫芦藓合用治鼻窦炎有特效。

12. 暖地大叶藓 *Rhodobryum giganteum* (Schwägr.) Paris(真藓科 Bryaceae)

常生于溪边碎石间和潮湿林地。全草入药，味辛、苦，性平，主治神经衰弱、目赤肿痛。

13. 小石藓 *Weissia controversa* Hedw.(丛藓科 Pottiaceae)

生于药用全草，鲜用，味淡，性平，具有清热解毒的功能，用于治急慢性鼻炎、鼻窦炎。

14. 尖叶匐灯藓(湿地匐灯藓、缘边走灯藓)*Plagiomnium acutum* (Lindb.) T. J. Kop.(提灯藓科 Mniaceae)

生于阴湿岩石、土表或腐木上。全草入药，味淡，性凉，具有止血功能，治鼻衄、崩漏。

15. 匐灯藓 *Plagiomnium cuspidatum* (Hedw.) T. J. Kop.(提灯藓科 Mniaceae)

药用全草，味淡，性凉，具有止血的功能，用于治鼻衄、崩漏等，另对淋巴细胞白血病、神经胶质瘤等有一定的抑制作用。

16. 梨蒴珠藓 *Bartramia pomiformis* Hedw.(珠藓科 Bartramiaceae)

多生于潮湿岩面或土壤。全草入药，对淋巴细胞白血病、神经胶质瘤等有治疗作用。

17. 直叶珠藓 *Bartramia ithyphylla* Brid.(珠藓科 Bartramiaceae)

具有镇静安神的功能，用于治心慌心烦、癫痫、中风不语等。

18. 泽藓(溪泽藓)*Philonotis fontana* (Hedw.) Brid.(珠藓科 Bartramiaceae)

药用全草，味淡，性凉，具有清热解毒的功能，用于治疮疖、扁桃体炎、喉炎、上呼吸道炎症等。

19. 毛扭藓 *Aerobryidium filamentosum* (Hook.) M. Fleisch.(蔓藓科 Meteoriaceae)

药用全草，味淡，性凉，具有清热消炎的功能，用于治烧伤。

20. 小蔓藓 *Meteoriella soluta* (Mitt.) S. Okamura(塔藓科 Hylocomiaceae)

药用全草,味淡,性平,具有止血消炎的功能,用于治外伤出血、胃肠出血、咯血等。

21. 新丝藓(多疣悬藓)*Neodicladiella pendula* (Sull.) W. R. Buck(蔓藓科 Meteoriaceae)

具有消热的功能,外敷治痈肿。

22. 狭叶小羽藓 *Haplocladium angustifolium* (Hampe & Müll. Hal.) Broth.(羽藓科 Thuidiaceae)

生于背阴湿润的草丛下的具土岩面、腐木或树干基部,主要垂直分布在低海拔至近1000m 的林边。全草入药,味微涩,性凉,用于治疗扁桃体炎、尿路感染、乳腺炎、丹毒、疥肿、肺炎、膀胱炎、中耳炎和产后感染等。全草用乙醇提取青苔素,制成注射剂,功效同青霉素。

23. 细叶小羽藓 *Haplocladium microphyllum* (Hedw.) Broth.(羽藓科 Thuidiaceae)

功效同狭叶小羽藓。

24. 大羽藓 *Thuidium cymbifolium* (Dozy & Molk.) Dozy & Molk.(羽藓科 Thuidiaceae)

多生于阴湿处石面、腐殖土、腐木或倒木上,常大片生长。全草入药,味淡,性凉,有清热、解毒、生肌等功效,可治疗水火烫伤,并对肺炎球菌有抑制作用。

25. 短肋羽藓 *Thuidium kanedae* Sakurai(羽藓科 Thuidiaceae)

习生于阴湿处石上、林地或倒木上。能有效抑制金黄色葡萄球菌、痢疾杆菌、大肠杆菌和枯草杆菌。

26. 大灰藓(多形灰藓、羽枝灰藓)*Hypnum plumaeforme* Wilson(灰藓科 Hypnaceae)

生于阔叶林、针阔叶混交林中腐木、树干、树基、岩面薄土、土壤、草地、砂土及黏土上。全草入药,味甘,性凉,可治烧伤、鼻衄、咯血。

27. 鳞叶藓 *Taxiphyllum taxirameum* (Mitt) M. Fleisch(灰藓科 Hypnaceae)

多生于针阔叶混交林下土上和岩面,也见于树干或腐木上。味淡,性凉,有止血消炎的功能,用于治外伤出血。

28. 东亚小金发藓(小金发藓)*Pogonatum inflexum* (Lindb.) Sande Lac.(金发藓科 Polytrichales)

喜温暖湿润林地和路边阴湿土坡,或成片着生。全草入药,味辛,性温,有镇静安身的功效,用于治心悸、神经衰弱等,还可用于治疗心血管疾病等。

29. 疣小金发藓 *Pogonatum urnigerum* (Hedw.) P. Beauv.(金发藓科 Polytrichales)

喜生于较干燥、强阳光林地或石壁上。功效同东亚小金发藓。

30. 金发藓 *Polytrichum commune* Hedw.(金发藓科 Polytrichales)

多生于野外阴湿土坡、森林沼泽或草丛中。全年可收,收后洗净、晒干。味苦,性凉,具有败毒、凉血、收敛、止血、补虚、通便等功能,用于治久热不退、盗汗、肺结核、便血、崩漏、毒痈、疮疖、跌打损伤、刀伤出血、子宫脱垂、便秘等症,对白血病、神经胶质瘤等有治疗作用。

31. 扭叶小金发藓 *Pogonatum contortum* (Brid) Lesq.(金发藓科 Polytrichales)

用于治疗背疽和疮毒溃疡。

3.3.4 珍稀濒危苔藓植物及浙江省新记录

在对保护区的苔藓植物进行采集及鉴定的过程中，我们发现了 8 种浙江省新记录种、1 种国家重点保护野生植物、1 种《IUCN 红色名录》中易危物种。

1. 国家重点保护野生植物

1 种，即桧叶白发藓 *Leucobryum juniperoideum* ((Brid.) Müll. Hal.。

2.《IUCN 红色名录》物种

1 种，为无毛拳叶苔 *Nowellia aciliata* (P. C. Chen & P. C. Wu) Mizut.。

3. 浙江省新记录种

8 种，包括苔类植物新记录 2 种，分别是暗色蛇苔 *Conocephalum salebrosum* Szweyk. 与爪哇裸蒴苔 *Haplomitrium blumii* (Nees) R. M. Schust.；藓类植物新记录 6 种，分别是密枝青藓 *Conocephalum salebrosum* Szweyk.、平叶梳藓 *Ctenidium homalophyllum* Broth. & Yasuda ex Ihsiba、日本细喙藓 *Rhynchostegiella japonica* Dixon & Thér.、细柳藓 *Platydictya jungermannioides* (Brid.) H. A. Crum、史贝小曲尾藓 *Dicranella schreberiana* (Hedw.) Hilf. ex H. A Crum & L. E. Anderson 和芽孢扭口藓 *Barbula propagulifera* (X. J. Li & M. X. Zhang) Redf. & B. C. Tan。

3.3.5 苔藓植物垂直分布格局

通过分析保护区苔藓植物多样性沿海拔梯度的变化，以海拔 100m 为单位区间，比较每个区间内采集的苔藓植物物种数量，结果显示，苔藓植物物种多样性随海拔梯度变化大体表现出简单的单峰分布类型，即随着海拔的升高，种的分布趋势先增加后降低(见图 3-2)。其中，海拔 500～700m 处有着最高的物种丰富度，在这区间内，平均 100m 海拔梯度范围内能采集到将近 100 种，接近总种数的 30%，可见在海拔 500～700m 的梯度上苔藓植物是十分丰富的，也说明这个海拔的水热条件、土壤、植被类型最适合苔藓植物生长。

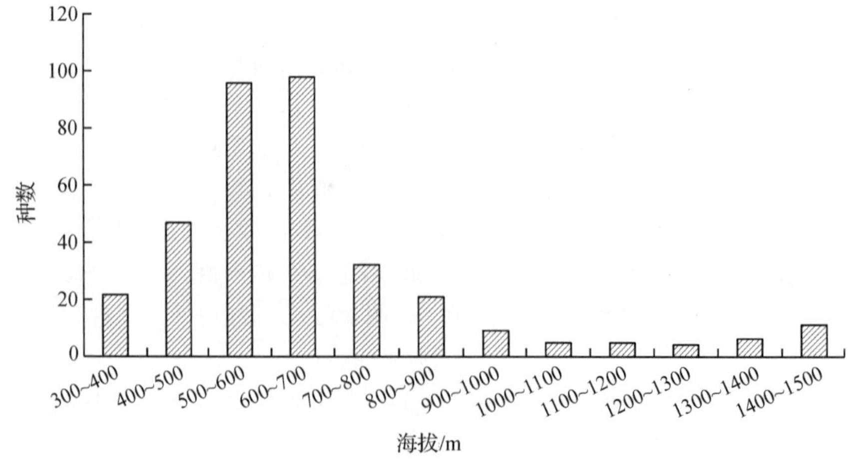

图 3-2 保护区不同海拔区间苔藓植物物种数

3.4 蕨类植物

3.4.1 蕨类植物多样性

通过对保护区的系统调查、标本采集与鉴定、文献资料查阅，发现保护区内共有蕨类植物 28 科 60 属 128 种，分别占浙江省蕨类植物科、属、种总数的57.1%、51.7%、23.6%，占全国蕨类植物科、属、种总数的 44.4%、26.0%、5.0%。其中有 18 科仅含 1 属，33 属仅含 1 种，分别占保护区蕨类植物科、属总数的 64.3%、55.0%。

1. 科的组成

保护区共有蕨类植物 28 科，各科所含属、种数见表 3-7。

含 10 种以上的科有鳞毛蕨科(4 属 24 种)、金星蕨科(8 属 15 种)、水龙骨科(9 属 15 种) 3 科；含 6～10 种的科有蹄盖蕨科(5 属 10 种)、卷柏科(1 属 9 种)、铁角蕨科(1 属 8 种)、凤尾蕨科(1 属 6 种)4 科。以上 7 科共含 29 属 87 种，分别占保护区蕨类植物科、属、种总数的 25.0%、48.3%和 68.0%。上述 7 科不仅在属、种数量上占优势，且在个体数量上也占优势，是保护区蕨类植物区系的主体成分，其中所含的种类多数是保护区森林植被草本层中最为常见或优势的类群。

含 2～5 种的科有碗蕨科、中国蕨科、瘤足蕨科、石杉科、里白科、石松科、膜蕨科、乌毛蕨科 8 科，共计 18 属 28 种，分别占保护区蕨类植物科、属、种总数的 28.6%、30.0%、21.9%。

其余 13 科各含 1 属 1 种，分别占保护区蕨类植物科、属、种总数的 46.4%、21.7%、10.1%。

表 3-7　保护区蕨类植物科所含属、种统计

序号	中文名	拉丁名	属		种	
			属数	占比/%	种数	占比/%
1	石杉科	Huperziaceae	2	3.3	3	2.3
2	石松科	Lycopodiaceae	3	5.0	3	2.3
3	卷柏科	Selaginellaceae	1	1.7	9	7.0
4	阴地蕨科	ldyindijueke	1	1.7	1	0.8
5	紫萁科	Osmundaceae	1	1.7	1	0.8
6	瘤足蕨科	Plagiogyriaceae	1	1.7	4	3.1
7	里白科	Gleicheniaceae	2	3.3	3	2.3
8	海金沙科	Lygodiaceae	1	1.7	1	0.8
9	膜蕨科	Hymenophyllaceae	3	5.0	3	2.3
10	碗蕨科	Dennstaedtiaceae	2	3.3	5	3.9
11	姬蕨科	Hypolepidaceae	1	1.7	1	0.8
12	鳞始蕨科	Lindsaeaceae	1	1.7	1	0.8
13	蕨科	Pteridiaceae	1	1.7	1	0.8

续表

序号	中文名	拉丁名	属		种	
			属数	占比/%	种数	占比/%
14	凤尾蕨科	Pteridaceae	1	1.7	6	4.7
15	中国蕨科	Sinopteridaceae	4	6.6	5	3.9
16	铁线蕨科	Adiantaceae	1	1.7	1	0.8
17	裸子蕨科	Hemionitidaceae	1	1.7	1	0.8
18	书带蕨科	Vittariaceae	1	1.7	1	0.8
19	蹄盖蕨科	Athyriaceae	5	8.3	10	7.8
20	金星蕨科	Thelypteridaceae	8	13.3	15	11.7
21	铁角蕨科	Aspleniaceae	1	1.7	8	6.3
22	球子蕨科	Onocleaceae	1	1.7	1	0.8
23	乌毛蕨科	Blechnaceae	1	1.7	2	1.5
24	鳞毛蕨科	Dryopteridaceae	4	6.6	24	18.8
25	三叉蕨科	Aspidiaceae	1	1.7	1	0.8
26	舌蕨科	Elaphoglossaceae	1	1.7	1	0.8
27	骨碎补科	Davalliaceae	1	1.7	1	0.8
28	水龙骨科	Polypodiaceae	9	15.0	15	11.7
总计			60	100.0	128	100.0

2.属的组成

保护区共有蕨类植物 60 属,各属所含种数详见表 3-8。

所含种数较多的属(≥4 种)依次是鳞毛蕨属(14 种)、卷柏属(9 种)、铁角蕨属(8 种)、复叶耳蕨属(6 种)、凤尾蕨属(6 种)、瘤足蕨属(4 种)、蹄盖蕨属(4 种),共计 7 属 51 种,分别占保护区蕨类植物属、种总数的 11.7%和 39.8%。

含 2～3 种的属有 20 属,常见的属有假瘤蕨属(3 种)、鳞盖蕨属(3 种)、凸轴蕨(3 种)、瓦韦属(3 种)、耳蕨属(2 种)、贯众属(2 种)、金星蕨属(2 种)、毛蕨属(2 种)、石杉属(2 种)等,共计 44 种,分别占蕨类植物属、种总数的 33.3%、34.4%。

仅含 1 种的属最为丰富,共有 33 属,分别占保护区蕨类植物属、种总数的 55.0%、25.8%,主要有海金沙属、旱蕨属、姬蕨属、荚果蕨属、蕨属、肋毛蕨属、蕗蕨属、卵果蕨属、马尾杉属、芒萁属、膜蕨属、舌蕨属、石蕨属、石松属、书带蕨属等。

表 3-8 保护区蕨类植物属所含种数统计

序号	中文名	拉丁名	种数	序号	中文名	拉丁名	种数
1	石杉属	*Huperzia*	2	7	假蹄盖蕨属	*Athyriopsis*	2
2	马尾杉属	*Phlegmariurus*	1	8	双盖蕨属	*Diplazium*	1
3	藤石松属	*Lycopodiastrum*	1	9	短肠蕨属	*Allantodia*	2
4	垂穗石松属	*Palhinhaea*	1	10	毛蕨属	*Cyclosorus*	2
5	石松属	*Lycopodium*	1	11	茯蕨属	*Leptogramma*	2
6	卷柏属	*Selaginella*	9	12	针毛蕨属	*Macrothelypteris*	1

续表

序号	中文名	拉丁名	种数	序号	中文名	拉丁名	种数
13	阴地蕨属	*Botrychium*	1	37	凸轴蕨属	*Metathelypteris*	3
14	紫萁属	*Osmunda*	1	38	金星蕨属	*Parathelypteris*	2
15	瘤足蕨属	*Plagiogyria*	4	39	卵果蕨属	*Phegopteris*	1
16	芒萁属	*Dicranopteris*	1	40	假毛蕨属	*Pseudocyclosorus*	2
17	里白属	*Hicriopteris*	2	41	紫柄蕨属	*Pseudophegopteris*	2
18	海金沙属	*Lygodium*	1	42	铁角蕨属	*Asplenium*	8
19	蕗蕨属	*Mecodium*	1	43	荚果蕨属	*Matteuccia*	1
20	膜蕨属	*Hymenophyllum*	1	44	狗脊属	*Woodwardia*	2
21	团扇蕨属	*Gonocormus*	1	45	复叶耳蕨属	*Arachniodes*	6
22	碗蕨属	*Dennstaedtia*	2	46	贯众属	*Cyrtomium*	2
23	鳞盖蕨属	*Microlepia*	3	47	鳞毛蕨属	*Dryopteris*	14
24	姬蕨属	*Hypolepis*	1	48	耳蕨属	*Polystichum*	2
25	乌蕨属	*Stenoloma*	1	49	肋毛蕨属	*Ctenitis*	1
26	蕨属	*Pteridium*	1	50	舌蕨属	*Elaphoglossum*	1
27	凤尾蕨属	*Pteris*	6	51	阴石蕨属	*Humata*	1
28	粉背蕨属	*Aleuritopteris*	1	52	骨牌蕨属	*Lepidogrammitis*	2
29	碎米蕨属	*Cheilosoria*	1	53	星蕨属	*Microsorum*	1
30	旱蕨属	*Pellaea*	1	54	瓦韦属	*Lepisorus*	3
31	金粉蕨属	*Onychium*	2	55	线蕨属	*Colysis*	1
32	铁线蕨属	*Adiantum*	1	56	盾蕨属	*Neolepisorus*	1
33	凤了蕨属	*Coniogramme*	1	57	水龙骨属	*Polypodiodes*	1
34	书带蕨属	*Vittaria*	1	58	石蕨属	*Saxiglossum*	1
35	蹄盖蕨属	*Athyrium*	4	59	石韦属	*Pyrrosia*	2
36	安蕨属	*Anisocampium*	1	60	假瘤蕨属	*Phymatopteris*	3
总计							128

3.4.2 区系分析

1.科的区系

蕨类植物科的区系地理成分类型划分与种子植物科的划分(根据《种子植物分布区类型及其起源和分化》)基本一致,保护区28科可划分为5个类型(见表3-9)。以泛热带分布种和世界广布种占绝对优势。

保护区共有世界广布科11科,占保护区蕨类植物总科数的39.3%,代表科有卷柏科、紫萁科、蕨科、中国蕨科、铁线蕨科、蹄盖蕨科、铁角蕨科等。保护区有泛热带分布科13科,占总科数的46.4%,代表科有海金沙科、膜蕨科、碗蕨科、姬蕨科、鳞始蕨科、凤尾蕨科、裸子蕨科、书带蕨科、金星蕨科、乌毛蕨科等。保护区热带亚洲至热带美洲间断分布科仅舌蕨科1科。保护区热带亚洲分布科有骨碎补科1科。保护区北温带分布科有阴地蕨科和球子蕨科2科。

表 3-9 保护区蕨类植物科、属区系地理成分分析

序号	分布区类型	科		属	
		科数	占比/%	属数	占比/%
1	世界广布	11	—	15	—
2	泛热带分布	13	76.5	20	44.4
3	热带亚洲至热带美洲间断分布	1	5.9	1	2.2
4	旧世界热带分布	—	—	5	11.1
5	热带亚洲至热带大洋洲分布	—	—	1	2.2
6	热带亚洲至热带非洲分布	—	—	5	11.1
7	热带亚洲分布	1	5.9	2	4.4
8	北温带分布	2	11.8	4	8.9
9	东亚分布	—	—	7	15.6
总计		28	100.0	60	100.0

注:世界广布类型不参与占比计算,下同。

2.属的区系

保护区有蕨类植物60属,可划分为9个分布区类型,由表3-9可知,泛热带分布、世界广布及东亚分布类型共同组成了保护区蕨类植物区系的主体。

保护区有世界广布属15属,占保护区蕨类植物总属数的25.0%,主要有石杉属、石松属、粉背蕨属、旱蕨属、铁线蕨属、狗脊属、鳞毛蕨属、耳蕨属、舌蕨属、石韦属等。

热带成分(类型2～7)共计34属,占总属数的56.7%。其中,泛热带成分属有20属,占热带成分属(下同)的58.8%,主要有马尾杉属、海金沙属、蕗蕨属、碗蕨属、姬蕨属、碎米蕨属、金粉蕨属、短肠蕨属、毛蕨属、金星蕨属、假毛蕨属、复叶耳蕨属、肋毛蕨属等;旧世界热带分布属有芒萁属、团扇蕨属、鳞盖蕨属、阴石蕨属、线蕨属5属,占14.7%;热带亚洲至热带非洲分布属有茯蕨属、贯众属、星蕨属、瓦韦属、盾蕨属5属,占14.7%;热带亚洲分布属有安蕨属和藤石松属2属;热带亚洲至热带大洋洲分布属仅针毛蕨属1属;热带亚洲至热带美洲间断分布属仅双盖蕨属1属。

温带分布(类型8～9)共计11属,占总属数的18.3%。其中,东亚分布属有7属,占温带分布属(下同)的63.6%,代表属有假蹄盖蕨属、凸轴蕨属、紫柄蕨属、骨牌蕨属、水龙骨属等;北温带分布属有荚果蕨属、卵果蕨属、紫萁属、阴地蕨属4属,占36.4%。

3.种的区系

保护区产128种蕨类植物,可以归入8个类型(见表3-10)。其中,世界广布种有蛇足石杉、铁角蕨、蕨3种,占总种数的2.3%。

热带成分共35种,占总种数(除去世界分布,下同)的28.0%。其中包括5种分布区类型,以热带亚洲分布种为主,有石松、乌蕨、刺齿半边旗、野雉尾金粉蕨、单叶双盖蕨、江南星蕨等26种;泛热带分布种有紫萁、海金沙、姬蕨3种;热带亚洲至热带大洋洲分布种有刺头复叶耳蕨、毛轴假蹄盖蕨、倒挂铁角蕨3种;旧世界热带分布种有蜈蚣草、团扇蕨2种;热带亚洲至热带美洲间断分布种仅垂穗石松1种。

温带成分占绝对优势,占总种数的62.4%,仅东亚分布1种分布区类型。东亚分布

种共有78种，包括东亚广布成分，如卷柏、阴地蕨、芒萁、金星蕨、疏羽凸轴蕨、延羽卵果蕨、贯众、瓦韦、金鸡脚假瘤蕨等；中国—日本分布的有井栏边草、凤丫蕨、虎尾铁角蕨、狗脊、庐山石韦；中国—喜马拉雅分布的有宝华山瓦韦。

中国特有分布种有12种，占总种数的9.6%。其中，华东特有分布有中间茯蕨、武夷山凸轴蕨2种；华东—华中—西南特有分布有四川石杉1种；华东—华南—西南特有分布有湿生蹄盖蕨、小叶茯蕨、庐山瓦韦3种；华东—华南—华中特有分布有宜昌鳞毛蕨1种；中国广布有5种，代表种有翠云草、抱石莲、庐山石韦等。

表3-10 保护区蕨类植物种区系地理成分分析

序号	分布区类型	种数	占比/%
1	世界广布	3	—
2	泛热带分布	3	2.4
3	热带亚洲至热带美洲间断分布	1	0.8
4	旧世界热带分布	2	1.6
5	热带亚洲至热带大洋洲分布	3	2.4
6	热带亚洲分布	26	20.8
7	东亚分布	78	62.4
8	中国特有分布	12	9.6
总计		128	100.0

4.特点分析

保护区蕨类植物种类较为丰富，共有28科60属128种。从科和属的分布区类型上看，保护区蕨类植物以热带成分为主，这是因为我国的西南地区是亚洲乃至世界蕨类植物区系的多样性中心，蕨类植物区系具有明显的热带亲缘特点。但是，在这些热带分布的科、属中，严格限于热带分布的科、属却极少，特别是在属水平上，大多数都是由热带扩散到亚热带(少数可达温带)分布的属，如凤尾蕨属、金星蕨属、毛蕨属、碗蕨属、蕗蕨属等；此外，在这些热带、亚热带分布属中，只有少数甚至个别种可分布到保护区，如海金沙属(45/10/1，世界种数/中国种数/保护区种数，下同)、碗蕨属(80/10/2)、石韦属(70/40/2)、毛蕨属(200/100/2)等。从种的分布区类型上看，区系成分以东亚分布为主，热带亚洲分布居第二，温带成分占比显著高于热带成分，中国特有分布种占比较高(占9.6%)。

3.5 种子植物

3.5.1 种子植物多样性

保护区种子植物共有1270种，隶属于137科607属，其中栽培植物92种。由于栽培植物不能反映一个地区的自然区系特征，故在科、属的大小统计和地理成分分析时，均予以剔除。剔除栽培植物后，保护区共有野生种子植物128科550属1178种，其中裸子植物4科5属6种，双子叶植物107科435属940种，单子叶植物17科110属232种。

1.科的组成

保护区共有野生种子植物128科，根据各科所包含的种类多少，划分成5个等级，分别是大科(≥50种)、较大科(20～49种)、中等科(10～19种)、寡种科(2～9种)、单种科(1种)，详见表3-11。

表3-11 保护区野生种子植物科的组成统计

级别	科		属		种	
	科数	占比/%	属数	占比/%	种数	占比/%
大科(≥50种)	5	3.9	146	26.5	330	28.0
较大科(20～49种)	9	7.1	100	18.2	234	19.9
中等科(10～19种)	18	14.0	97	17.6	257	21.8
寡种科(2～9种)	71	55.5	182	33.1	332	28.2
单种科(1种)	25	19.5	25	4.5	25	2.1
总计	128	100.0	550	100.0	1178	100.0

种类≥50种的大科仅5个，占保护区野生种子植物总科数的3.9%。它们依次是禾本科(46属81种)、菊科(43属76种)、蔷薇科(17属72种)、莎草科(11属51种)、豆科(29属50种)，它们都是世界性的大科，也是世界广布的科。

较大科有9个，占保护区野生种子植物总科数的7.1%，其属、种分别占保护区野生种子植物总属、种数的18.2%和19.9%。它们是唇形科(19属37种)、百合科(16属33种)、茜草科(20属32种)、兰科(18属26种)、壳斗科(6属23种)、樟科(6属22种)、冬青科(1属21种)、大戟科(8属20种)、山茶科(6属20种)，其中壳斗科、冬青科、山茶科等是保护区森林植被的重要组成成分。

中等科有18科，占保护区野生种子植物总科数的14.0%。以木本植物为主的科有桑科(5属17种)、杜鹃花科(4属14种)、卫矛科(3属14种)、忍冬科(3属13种)、鼠李科(4属11种)、木兰科(7属10种)、榆科(5属10种)、山矾科(1属10种)等，以草本植物为主的科有蓼科(6属18种)、伞形科(11属17种)、玄参科(9属17种)、毛茛科(7属16种)、堇菜科(1属15种)、报春花科(3属11种)等。

上述32科虽只占保护区野生种子植物总科数的25.0%，但所含属、种数却分别占保护区保护区野生种子植物总属、种数的62.3%、69.7%。它们是保护区森林植被的主要成分，其中一些成分是保护区森林植物群落的建群种或优势种，对保护区森林生态系统的构成等，都具有十分重要的作用。

寡种科和单种科十分丰富，分别有71科和25科，占保护区野生种子植物总科数的55.5%和19.5%。它们所含的属、种数亦较丰富，有207属357种，分别占保护区野生种子植物总属、种数的37.6%和30.3%。寡种科的代表科有石竹科(6属9种)、天南星科(4属9种)、桔梗科(6属8种)、金缕梅科(5属，8种)、罂粟科(3属8种)、安息香科(4属7种)、景天科(1属7种)、薯蓣科(1属7种)、防己科(6属6种)、小檗科(5属6种)、紫金牛科(4属6种)、旋花科(4属6种)、茄科(4属6种)、苋科(3属5种)、漆树科(3属5种)、鸭跖草科(2属5种)、八角枫科(1属4种)、爵床科(3属3种)、楝科(2属3种)、柿科(1属3种)、三白草科(2属2种)、省沽油科(2属2种)、松科(1属2种)、藜科(1属2种)、酢浆草科(1属2种)、败酱科(1属2种)等。单种科常见的有柏科、三尖杉科、胡椒科、杨梅科、铁青树科、蛇菰科、商陆科、番杏科、伯乐树科、小二仙草科、列当科、棕榈科、浮萍科、百部科、水玉簪科等。

2.属的组成

保护区共有野生种子植物550属,根据各属所包含的种类多少,划分为5个等级,分别是大属(≥20种)、较大属(10～19种)、中等属(6～9种)、寡种属(2～5种)、单种属(1种),详见表3-12。

表3-12 保护区野生种子植物属的组成统计

级别	属		种	
	属数	占比/%	种数	占比/%
大属(≥20种)	3	0.5	79	6.7
较大属(10～19种)	4	0.7	46	3.9
中等属(6～9种)	25	4.6	175	14.9
寡种属(2～5种)	206	37.5	566	48.0
单种属(1种)	312	56.7	312	26.5
总计	550	100.0	1178	100.0

保护区野生种子植物属中,大属仅3属,占保护区野生种子植物总属数的0.5%,即悬钩子属(29种)、薹草属(29种)、冬青属(21种)。较大属有4属,共有46种,分别是堇菜属(15种)、蓼属(11种)、山矾属(10种)、菝葜属(10种)。中等属有25属,共有175种,占总属、种数的4.6%、14.9%,代表属有榕属(9种)、珍珠菜属(9种)、紫珠属(9种)、槭属(8种)、猕猴桃属(8种)、山茶属(8种)、柯属(7种)、石楠属(7种)、柃木属(7种)、荚蒾属(7种)、紫菀属(7种)、薯蓣属(7种)、胡枝子属(6种)、杜鹃属(6种)、越橘属(6种)、鼠尾草属(6种)、刚竹属(6种)等。以上所述各属在保护区内较为常见,它们所含的种类多数为森林植被的伴生成分,只有少数种类可成为优势种,如柯属、薹草属、山矾属、青冈属等属中的一些种类。

寡种属、单种属极为丰富,分别有206属和312属,占保护区野生种子植物总属数的37.5%和56.7%;两者所含的种数达878种,占总种数的74.5%。寡科属常见的有青冈属(5种)、苎麻属(5种)、木姜子属(5种)、润楠属(5种)、樱属(5种)、蔷薇属(5种)、绣线菊属(5种)、花椒属(5种)、南蛇藤属(5种)、蛇葡萄属(5种)、金丝桃属(5种)、胡颓子属(5种)、香茶菜属(5种)、忍冬属(5种)、鼠麴草属(5种)、狗尾草属(5种)、飘拂草属(5种)、柳属(4种)、锥属(4种)、榆属(4种)、清风藤属(4种)、鼠李属(4种)、箬竹属(4种)、黄芩属(3种)、茄属(3种)、枫香树属(2种)、龙芽草属(2种)、蛇莓属(2种)、桂樱属(2种)等,它们中的多数种类为保护区森林植被的常见种,一些种类则可成为森林群落的建群成分。单种属中亦不乏此类成分,如常见的雷公藤属、野鸦椿属、山香圆属、崖爬藤属、俞藤属、猴欢喜属、田麻属、黄麻属、扁担杆属、刺蒴麻属、梵天花属、梧桐属、马松子属、杨桐属、红淡比属、木荷属、山拐枣属、柞木属、旌节花属、瑞香属、荛花属、紫薇属、蓝果树属、野牡丹属、小二仙草属、树参属等。单种属中真正的单种属有伯乐树属、大血藤属、袋果草属、鹅肠菜属、风龙属、蕺菜属、泥胡菜属、青钱柳属、香果树属、血水草属等。

3.5.2 区系分析

根据吴征镒(1991、2006)对中国种子植物属分布区类型的划分标准,将保护区野生种子植物550属进行分布区类型划分,结果如表3-13所示。

表3-13 保护区野生种子植物属区系地理成分分析

序号	分布区类型	保护区		浙江	
		属数	占比/%	属数	占比/%
1	世界广布	53	—	83	—
2	泛热带分布	105	21.1	198	17.0
3	热带亚洲至热带美洲间断分布	10	2.1	59	5.1
4	旧世界热带分布	30	6.0	86	7.4
5	热带亚洲至热带大洋洲分布	22	4.5	61	5.2
6	热带亚洲至热带非洲分布	16	3.2	48	4.1
7	热带亚洲分布	48	9.7	107	9.2
8	北温带分布	93	18.7	190	16.3
9	东亚和北美洲间断分布	45	9.1	97	8.3
10	旧世界温带分布	26	5.2	73	6.3
11	温带亚洲分布	7	1.4	16	1.4
12	地中海、西亚至中亚分布	0	0.0	26	2.2
13	中亚分布	0	0.0	2	0.2
14	东亚分布	84	16.9	157	13.4
15	中国特有分布	11	2.2	48	4.1
总计		550	100.0	1251	100.0

由表3-13可知,在15个分布区类型中,除了缺乏地中海、西亚至中亚分布及中亚分布类型外,其他13个分布区类型在保护区均有代表,地理成分具有明显的多样性。这说明在属级水平上,保护区种子植物区系在区系地理、区系发生上与世界各地植物区系有着广泛的、不同程度的联系。其中,北温带分布、东亚分布、泛热带分布的属占了保护区总属数的一半以上,与东亚和北美洲间断分布一起构成了保护区种子植物属区系的主体。

保护区共有世界广布属53属,占保护区野生种子植物属总数的9.6%。这些属绝大多为草本植物,常见的如蓼属、酸模属、藜属、苋属、商陆属、繁缕属、毛茛属、碎米荠属、独行菜属、蔊菜属、酢浆草属、老鹳草属、堇菜属、龙胆属、鼠尾草属、狸藻属、牛膝菊属、马唐属、早熟禾属、薹草属、沼兰属等,只有悬钩子属、槐属、鼠李属、铁线莲属等少数属为木本属。

保护区有泛热带分布属105属,占保护区野生种子植物各类热带成分(类型2~7,下同)属数的45.5%。常见属有飘拂草属、球柱草属、草沙蚕属、鼠尾粟属、狗尾草属、囊颖草属、甘蔗属、雀稗属、黍属、求米草属、鸭嘴草属、柳叶箬属、白茅属、糙叶树属、朴属、山黄麻属、野黍属、狗牙根属、臂形草属、斑鸠菊属等。

保护区有热带亚洲分布属48属,占各类热带成分属数的20.8%。这一分布类型的许多属是保护区森林植被的重要组成成分,如青冈属、构属、楠属、赤车属、蛇莓属、葛属、山茶属、南五味子属、山胡椒属、木荷属、鸡矢藤属等。

保护区有旧世界热带分布属30属，占各类热带成分属数的13.0%，多为灌木或草本，主要有海桐花属、合欢属、山黑豆属、楝属、野桐属、乌蔹莓属、扁担杆属、八角枫属、蒲桃属、酸藤子属、杜茎山属、娃儿藤属、厚壳树属、香茶菜属、爵床属、茜树属、玉叶金花属、乌口树属等。

保护区有热带亚洲至热带大洋洲分布属22属，占各类热带成分属数的9.5%，主要有臭椿属、香椿属、崖爬藤属、荛花属、紫薇属、野牡丹属、小二仙草属、念珠藤属、通泉草属、旋蒴苣苔属、杜根藤属、新耳草属、栝楼属、淡竹叶属、百部属等。

保护区有热带亚洲至热带非洲分布属16属，占各类热带成分属数的6.9%，主要有大豆属、杨桐属、常春藤属、铁仔属、豆腐柴属、观音草属、水团花属、狗骨柴属、赤爬属、野茼蒿属、鱼眼草属、荩草属等。

保护区有热带亚洲至热带美洲间断分布属10属，占各类热带成分属数的4.3%，如木姜子属、红豆属、苦树属、山香圆属、泡花树属、雀梅藤属、猴欢喜属、柃木属等，多为森林群落中的常见乔、灌木。

保护区有北温带成分属93属，占保护区野生种子植物各类温带成分(类型8～14，下同)属数的36.5%。木本植物多为落叶树种，如杨属、桦木属、栗属、水青冈属、栎属、榆属、桑属、山梅花属、樱属、绣线菊属、盐肤木属、槭属；草本植物常见属有细辛属、无心菜属、卷耳属、漆姑草属、紫堇属、荠属、景天属、龙芽草属等。

保护区有东亚分布属84属，占各类温带成分属数的32.9%，主要有野木瓜属、鬼臼属、南天竹属、风龙属、博落回属、岩荠属、溲疏属、冠盖藤属、钻地风属、蜡瓣花属、檵木属、石斑木属、红果树属、鸡眼草属、油桐属、南酸枣属、雷公藤属、野鸦椿属、枳椇属、俞藤属、田麻属、梧桐属、猕猴桃属、山桐子属、旌节花属、野海棠属、五加属、刺楸属、桃叶珊瑚属、四照花属、青荚叶属、假婆婆纳属、白辛树属、蓬莱葛属、双蝴蝶属、斑种草属、紫苏属、地海椒属、龙珠属、泡桐属等，集中了保护区的大部分木质藤本植物。

保护区有东亚和北美洲间断分布属45属，占各类温带成分属数的17.6%，常见属有十大功劳属、木兰属、八角属、鹅掌楸属、五味子属、落新妇属、绣球属、鼠刺属、枫香树属、石楠属、两型豆属、土圞儿属、香槐属、山蚂蝗属、肥皂荚属、长柄山蚂蝗属、胡枝子属、紫藤属、漆属、爬山虎属、红淡比属、蓝果树属、楤木属等。

保护区有旧世界温带分布属26属，占各类温带成分属数的10.2%，主要有梨属、草木犀属、山靛属、瑞香属、水芹属、前胡属、窃衣属、女贞属、筋骨草属、香薷属、小野芝麻属、野芝麻属、益母草属、沙参属、菊属、稻槎菜属、麻花头属、绵枣儿属、萱草属等，以草本植物为主。

保护区温带亚洲分布属有虎杖属、孩儿参属、杭子梢属、附地菜属、马兰属、山牛蒡属、大油芒属7属。

保护区有中国特有分布属11属，占保护区野生种子植物总属数(不包括世界分布属，下同)的2.2%。它们是青钱柳属、大血藤属、血水草属、伯乐树属、半枫荷属、山拐枣属、秦岭藤属、车前紫草属、四轮香属、报春苣苔属、香果树属。

保护区的热带成分类型(类型2～7)共计231属，占总属数的47.5%；温带成分类型(类型8～14)共有255属，占总属数的52.5%；温带成分属略多于热带成分属。

3.5.3 种子植物区系特点

1. 植物种类丰富

保护区有野生种子植物 128 科 550 属 1178 种，其中裸子植物4 科5 属 6 种；被子植物 124 科 545 属 1172 种(双子叶植物 107 科 435 属 940 种，单子叶植物 17 科 110 属 232 种)。从表 3-14 可以看出，保护区野生种子植物数量与乌岩岭、大盘山自然保护区接近，但较天目山、清凉峰、古田山、凤阳山等自然保护区少，考虑到保护区总面积较小，却拥有如此丰富的种子植物资源，可见保护区植物之丰富。

表 3-14 保护区与周边自然保护区野生种子植物比较

自然保护区	面积/km^2	科	属	种
仙霞岭	70.85	128	550	1178
大盘山	45.58	128	532	1046
天目山	42.84	143	711	1590
凤阳山	151.71	164	666	1464
乌岩岭	188.61	134	578	1197
清凉峰	112.52	144	687	1469
古田山	81.07	155	689	1500

2. 区系起源古老，孑遗植物多

自三叠纪末期以来，保护区基本保持着温暖湿润的气候，受第四纪冰川的影响不大，因而残留着一大批系统演化上原始的科、属及古老孑遗植物。在现代植物区系中，属于第三纪古老植物和第三纪以前的孑遗植物较多。裸子植物中属第三纪古老植物的有松科、杉科、柏科及榧树属、三尖杉属、红豆杉属等。被子植物中离生多心皮类的木兰科是公认的最古老、最原始的类群，保护区有 7 属 10 种，其中黄山木兰等是我国特有的第三纪孑遗植物；与该科接近的原始科还有木通科、防己科、小檗科、毛茛科等。被子植物中的葇荑花序类是一类比较复杂的类群，起源古老，大多数科起源于白垩纪，第三纪时植物分化较大，不少种类特征相当进化，如桦木科、杨柳科、榆科、胡桃科、壳斗科、桑科、三白草科等在保护区均不乏代表。其他在白垩纪已出现的科有樟科、金缕梅科、卫矛科、鼠李科等。在第三纪出现的科有八角枫科、山茶科、旌节花科、安息香科等，它们至近代进一步发展。一些在系统分类学上位置孤立、形态上特殊的单型属或小型属，是起源于第三纪甚至更早的古老孑遗植物，如蕺菜属、青钱柳属、大血藤属、香果树属、透骨草属、青皮木属、蓝果树属、天葵属、三白草属、轮环藤属、木通属等，它们大都是第三纪古热带植物区系的残遗，其中包含的孑遗植物如青钱柳、大血藤、糙叶树、蓝果树等都是起源于第三纪或更早的白垩纪的古老种类。以上几方面可充分证明保护区植物区系起源的古老性，也表明保护区是我国第三纪植物的“避难所”之一。

3. 特有、珍稀濒危植物多

保护区植物区系中包含了不少特有类群。在属级水平上，中国特有分布属有 11 属，其中单种特有属有青钱柳属、血水草属、伯乐树属、报春苣苔属、香果树属等，少种特有属（2～5种）有四轮香属、半枫荷属等。在种级水平上，中国特有分布种有486种，其中仅限于华东分布的特有种有华东唐松草、浙江新木姜子、浙闽新木姜子、浙江山梅花、腺蜡瓣花、灰白蜡瓣花、迎春樱桃、光果悬钩子、武夷悬钩子、菱叶葡萄、短毛椴、长叶猕猴桃、毛柄连蕊茶、闪光红山茶、福参、秀丽四照花、浙江青荚叶、长梗过路黄、浙皖粗筒苣苔、台湾赤瓟、华箬竹等45种，仅限于浙江分布的特有种有显脉野木瓜、天台小檗、淡黄绿凤仙花、云和假糙苏、近头状薹草、天目山薹草、浙南菝葜等10种。

此外，保护区还分布众多的国家和浙江省重点保护野生植物，以及其他珍稀濒危植物，共有115种（详见下文）。

4. 区系成分复杂多样，具有较明显的过渡现象

保护区植物区系成分复杂多样，除了缺乏地中海、西亚至中亚分布及中亚分布类型外，其他13个分布区类型在保护区均有其代表，说明保护区植物区系在地理、区系发生上与世界各地植物区系有着广泛的、不同程度的联系。

在属级水平上，由北温带分布、东亚分布、泛热带分布、东亚和北美洲间断分布一起构成了保护区区系的主体，热带成分的属以泛热带分布和热带亚洲分布为主，温带成分的属以北温带分布、东亚分布、东亚和北美洲间断分布为主。温带成分的属多于热带成分的属，表现出较为明显的温带区系特征，这与保护区整体海拔较高有关；同时热带成分也占有较高的比重，这说明保护区是处于温带和亚热带的交汇区，植物区系具有较明显的过渡性质。

5. 与相邻保护区的关系

（1）物种丰富度比较

将保护区的物种丰富度与周边的7个自然保护区进行比较。考虑到植物种数与自然保护区面积呈显著指数相关，为减小面积因素对物种丰富度的影响，故采用Gleason指数（D）。公式如下：

$$D=S/\ln A$$

式中：A为自然保护区的面积；S为自然保护区物种数。

计算保护区与周边自然保护区的Gleason指数（见表3-15），保护区的Gleason指数达326.5，仅次于天目山（423.16）与古田山（341.27）自然保护区，显著高于其他区域，可见保护区物种之丰富。

表3-15 保护区与周边自然保护区野生种子植物物种丰富度比较

自然保护区	仙霞岭	乌岩岭	凤阳山	大盘山	九龙山	古田山	清凉峰	天目山
物种数	1178	1197	1464	1046	1274	1500	1469	1590
面积/km^2	70.85	188.61	151.71	45.58	55.25	81.07	112.52	42.84
D	326.5	228.45	291.52	273.86	317.56	341.27	311.02	423.16

（2）分布区类型比较

为进一步了解本保护区的植物区系在全省植物区系中的地位，认识其区系性质以及与全省其他7个自然保护区植物区系之间的亲疏程度，将保护区与其他7个自然保护区

的分布区类型进行比较分析，结果见表3-16。

表3-16 保护区与周边自然保护区野生种子植物属的区系成分比较

自然保护区	项目	热带成分属	温带成分属	中国特有分布属	R/T
仙霞岭	数量	231	255	11	0.91
	占比/%	46.5	51.3	2.3	0.91
乌岩岭	数量	257	261	12	0.98
	占比/%	48.5	49.2	2.3	0.98
凤阳山	数量	278	313	20	0.89
	占比/%	45.5	51.2	3.3	0.89
大盘山	数量	190	282	10	0.67
	占比/%	39.4	58.5	2.1	0.67
九龙山	数量	240	279	15	0.86
	占比/%	44.9	52.2	2.8	0.86
古田山	数量	261	309	15	0.84
	占比/%	44.6	52.8	2.6	0.84
清凉峰	数量	258	354	19	0.73
	占比/%	40.9	56.1	3.0	0.73
天目山	数量	230	398	21	0.57
	占比/%	35.4	61.3	3.2	0.57

分析表3-16，可知保护区的热带成分属与温带成分属的比值（R/T）与九龙山、凤阳山、古田山自然保护区较为接近，高于浙北的天目山自然保护区，低于浙南及浙西南的乌岩岭自然保护区。这与保护区处于中间的纬度，海拔相对较高、地形地貌复杂等密切相关。从特有属的比值上看，本保护区与乌岩岭、大盘山自然保护区较为接近，而低于天目山、凤阳山、清凉峰等自然保护区。

3.6 珍稀濒危植物

3.6.1 物种组成

珍稀濒危野生植物是保护区的重要保护对象。保护区内重点保护及珍稀濒危物种十分丰富。依据《国家重点保护野生植物名录》（2021）、《浙江省重点保护野生植物名录（第一批）》《中国生物多样性红色名录——高等植物卷》《濒危野生动植物种国际贸易公约》（简称CITES）等资料统计，保护区内有珍稀濒危植物115种，隶属于50科91属（详见表3-17），占保护区高等植物种类的6.6%。其中，藓类植物1科1属1种；蕨类植物1科2属3种；裸子植物2科3属3种；被子植物46科85属108种。

保护区中，国家级重点保护野生植物共有28种，其中国家一级重点保护野生植物1种，国家二级重点保护野生植物27种。浙江省重点保护野生植物有9种。《中国生物多样性红色名录——高等植物卷》列为近危（NT）及以上等级的物种有54种，其中濒危（EN）4种，易危（VU）21种，近危（NT）29种。CITES列入附录Ⅱ的物种有29种，其中兰科植物26种。

表 3-17 保护区珍稀濒危植物

序号	中文名	拉丁名	保护级别	《中国生物多样性红色名录——高等植物卷》	CITES	中国特有种	其他珍稀濒危
1	桧叶白发藓	*Leucobryum juniperoideum*	国家二级	无危(LC)			
2	蛇足石杉	*Huperzia serrata*	国家二级	濒危(EN)			
3	四川石杉	*Huperzia sutchueniana*	国家二级	近危(NT)			
4	柳杉叶马尾杉	*Phlegmariurus cryptomerianus*	国家二级	近危(NT)			
5	黄山松	*Pinus taiwanensis*		无危(LC)		√	其他
6	南方红豆杉	*Taxus wallichiana* var. *mairei*	国家一级	易危(VU)	附录Ⅱ		
7	榧树	*Torreya grandis*	国家二级	无危(LC)			
8	青钱柳	*Cyclocarya paliurus*		无危(LC)			其他
9	多脉鹅耳枥	*Carpinus polyneura*		无危(LC)			其他
10	榉树	*Zelkova schneideriana*	国家二级	近危(NT)			
11	闽北冷水花	*Pilea verrucosa* var. *fujianensis*		易危(VU)			
12	鲜黄马兜铃	*Aristolochia hyperxantha*		未评估(NE)			其他
13	福建细辛	*Asarum fukienense*		无危(LC)			其他
14	金荞麦	*Fagopyrum dibotrys*	国家二级	无危(LC)			
15	孩儿参	*Pseudostellaria heterophylla*	省重点	无危(LC)		√	
16	短萼黄连	*Coptis chinensis* var. *brevisepala*	国家二级	濒危(EN)			
17	尖叶唐松草	*Thalictrum acutifolium*		近危(NT)			
18	华东唐松草	*Thalictrum fortunei*		近危(NT)			
19	显脉野木瓜	*Stauntonia conspicua*		无危(LC)			其他
20	六角莲	*Dysosma pleiantha*	国家二级	近危(NT)			
21	八角莲	*Dysosma versipellis*	国家二级	易危(VU)			
22	三枝九叶草	*Epimedium sagittatum*	省重点	近危(NT)		√	
23	鹅掌楸	*Liriodendron chinense*	国家二级	无危(LC)			
24	黄山木兰	*Magnolia cylindrica*		无危(LC)			其他
25	凹叶厚朴	*Magnolia officinalis* subsp. *biloba*	国家二级	无危(LC)			
26	乳源木莲	*Manglietia yuyuanensis*		无危(LC)			其他
27	深山含笑	*Michelia maudiae*		无危(LC)			其他
28	野含笑	*Michelia skinneriana*	省重点	无危(LC)		√	
29	华南桂	*Cinnamomum austrosinense*		无危(LC)			其他
30	浙江樟	*Cinnamomum japonicum*		易危(VU)			
31	云和新木姜子	*Neolitsea aurata* var. *paraciculata*		无危(LC)			其他
32	血水草	*Eomecon chionantha*		无危(LC)			其他
33	河岸泡果荠	*Cochlearia rivulorum*		无危(LC)			其他
34	伯乐树	*Bretschneidera sinensis*	国家二级	近危(NT)			
35	腺蜡瓣花	*Corylopsis glandulifera*		近危(NT)			
36	细柄半枫荷	*Semiliquidambar chingii*		未评估(NE)			其他
37	迎春樱桃	*Cerasus discoidea*		近危(NT)			
38	铅山悬钩子	*Rubus tsangii* var. *yanshanensis*		无危(LC)			其他
39	黄檀	*Dalbergia hupeana*		近危(NT)	附录Ⅱ		
40	香港黄檀	*Dalbergia millettii*		无危(LC)	附录Ⅱ		
41	中南鱼藤	*Derris fordii*	省重点	无危(LC)			

续表

序号	中文名	拉丁名	保护级别	《中国生物多样性红色名录——高等植物卷》	CITES	中国特有种	其他珍稀濒危
42	野大豆	*Glycine soja*	国家二级	无危(LC)			
43	春花胡枝子	*Lespedeza dunnii*		近危(NT)			
44	花榈木	*Ormosia henryi*	国家二级	易危(VU)			
45	山绿豆	*Vigna minima*	省重点	无危(LC)			
46	野豇豆	*Vigna vexillata*	省重点	无危(LC)			
47	朵花椒	*Zanthoxylum molle*		易危(VU)			
48	毛红椿	*Toona ciliate* var. *pubescens*	国家二级	易危(VU)			
49	仙霞岭大戟	*Euphorbia xianxialingensis*		未评估(NE)			新种
50	绒毛锐尖山香圆	*Turpinia arguta* var. *pubescens*		无危(LC)			其他
51	阔叶槭	*Acer amplum*		近危(NT)			
52	淡黄绿凤仙花	*Impatiens chloroxantha*		无危(LC)			其他
53	阔萼凤仙花	*Impatiens platysepala*		未评估(NE)			其他
54	两色冻绿	*Rhamnus crenata* var. *discolor*		近危(NT)			
55	三叶崖爬藤	*Tetrastigma hemsleyanum*	省重点	无危(LC)		√	
56	软枣猕猴桃	*Actinidia arguta*	国家二级	无危(LC)			
57	中华猕猴桃	*Actinidia chinensis*	国家二级	无危(LC)			
58	长叶猕猴桃	*Actinidia hemsleyana*		易危(VU)			
59	小叶猕猴桃	*Actinidia lanceolata*		易危(VU)			
60	安息香猕猴桃	*Actinidia styracifolia*		易危(VU)			
61	对萼猕猴桃	*Actinidia valvata*		近危(NT)			
62	浙江红山茶	*Camellia chekiangoleosa*		无危(LC)			其他
63	红淡比	*Cleyera japonica*	省重点	无危(LC)			
64	亮毛堇菜	*Viola lucens*		濒危(EN)			
65	吴茱萸五加	*Gamblea ciliata* var. *evodiifolia*		易危(VU)			
66	福参	*Angelica morii*		近危(NT)			
67	浙江青荚叶	*Helwingia zhejiangensis*		无危(LC)			其他
68	银钟花	*Halesia macgregorii*	省重点	近危(NT)		√	
69	浙赣车前紫草	*Sinojohnstonia chekiangensis*		无危(LC)			其他
70	出蕊四轮香	*Hanceola exserta*		近危(NT)			
71	高野山龙头草	*Meehania montis-koyae*		未评估(NE)			其他
72	云和假糙苏	*Paraphlomis lancidentata*		近危(NT)			
73	浙皖丹参	*Salvia sinica*		无危(LC)			其他
74	广西地海椒	*Archiphysalis kwangsiensis*		易危(VU)			
75	天目地黄	*Rehmannia chingii*		易危(VU)			
76	羽裂唇柱苣苔	*Primulina pinnatifida*		无危(LC)			其他
77	香果树	*Emmenopterys henryi*	国家二级	近危(NT)			
78	尖萼乌口树	*Tarenna acutisepala*		无危(LC)			其他
79	光叶三脉紫菀	*Aster ageratoides* var. *leiophyllus*		无危(LC)			其他
80	九龙山紫菀	*Aster jiulongshanensis*		未评估(NE)			其他
81	南方兔儿伞	*Syneilesis australis*		数据缺乏(DD)			其他
82	华箬竹	*Sasa sinica*		近危(NT)			

续表

序号	中文名	拉丁名	保护级别	《中国生物多样性红色名录——高等植物卷》	CITES	中国特有种	其他珍稀濒危
83	近头状薹草	*Carex subcapitata*		无危(LC)			其他
84	天目山薹草	*Carex tianmushanica*		近危(NT)			
85	长苞谷精草	*Eriocaulon decemflorum*		易危(VU)			
86	华重楼	*Paris polyphylla* var. *chinensis*	国家二级	易危(VU)			
87	多花黄精	*Polygonatum cyrtonema*		近危(NT)			
88	浙南菝葜	*Smilax austrozhejiangensis*		无危(LC)			其他
89	细柄薯蓣	*Dioscorea tenuipes*		易危(VU)			
90	无柱兰	*Amitostigma gracile*		无危(LC)	附录Ⅱ		
91	金线兰	*Anoectochilus roxburghii*	国家二级	濒危(EN)	附录Ⅱ		
92	广东石豆兰	*Bulbophyllum kwangtungense*		无危(LC)	附录Ⅱ		
93	虾脊兰	*Calanthe discolor*		无危(LC)	附录Ⅱ		
94	钩距虾脊兰	*Calanthe graciliflora*		近危(NT)	附录Ⅱ		
95	蕙兰	*Cymbidium faberi*	国家二级	无危(LC)	附录Ⅱ		
96	多花兰	*Cymbidium floribundum*	国家二级	易危(VU)	附录Ⅱ		
97	春兰	*Cymbidium goeringii*	国家二级	易危(VU)	附录Ⅱ		
98	寒兰	*Cymbidium kanran*	国家二级	易危(VU)	附录Ⅱ		
99	细茎石斛	*Dendrobium moniliforme*	国家二级	未评估(NE)	附录Ⅱ		
100	单叶厚唇兰	*Epigeneium fargesii*		无危(LC)	附录Ⅱ		
101	黄松盆距兰	*Gastrochilus japonicus*		易危(VU)	附录Ⅱ		
102	大花斑叶兰	*Goodyera biflora*		近危(NT)	附录Ⅱ		
103	小斑叶兰	*Goodyera repens*		无危(LC)	附录Ⅱ		
104	斑叶兰	*Goodyera schlechtendaliana*		近危(NT)	附录Ⅱ		
105	见血青	*Liparis nervosa*		无危(LC)	附录Ⅱ		
106	长唇羊耳蒜	*Liparis pauliana*		无危(LC)	附录Ⅱ		
107	小沼兰	*Malaxis microtatantha*		近危(NT)	附录Ⅱ		
108	小叶鸢尾兰	*Oberonia japonica*		无危(LC)	附录Ⅱ		
109	细叶石仙桃	*Pholidota cantonensis*		无危(LC)	附录Ⅱ		
110	舌唇兰	*Platanthera japonica*		无危(LC)	附录Ⅱ		
111	小舌唇兰	*Platanthera minor*		无危(LC)	附录Ⅱ		
112	台湾独蒜兰	*Pleione formosana*	国家二级	易危(VU)	附录Ⅱ		
113	香港绶草	*Spiranthes hongkongensis*		未评估(NE)	附录Ⅱ		
114	带唇兰	*Tainia dunnii*		近危(NT)	附录Ⅱ		
115	小花蜻蜓兰	*Tulotis ussuriensis*		近危(NT)	附录Ⅱ		

3.6.2 国家重点保护野生植物

保护区内共发现国家重点保护野生植物 28 种，隶属于 15 科 22 属，占保护区珍稀濒危植物总种数的 24.3%，详见表 3-17。其中，国家一级重点保护野生植物有南方红豆杉 1 种；国家二级重点保护野生植物有榧树、榉树、金荞麦、凹叶厚朴、鹅掌楸、花榈木、毛红椿、野大豆、香果树、伯乐树等 27 种。

国家重点保护野生植物中，中国特有种7种；被《中国生物多样性红色名录——高等植物卷》评估为近危(NT)及以上的有6种，其中易危(VU)3种，近危(NT)3种。

1. 国家一级重点保护野生植物

南方红豆杉 *Taxus wallichiana* Zucc. var. *mairei* (Lemé. et H. Lév.) L. K. Fu et Nan Li

红豆杉科红豆杉属植物。中国特有种，《中国生物多样性红色名录——高等植物卷》评估为易危(VU)等级。材质优良，是室内装饰、高级家具和工艺雕刻的上等用材；树姿古朴，枝叶浓密，为庭院绿化的优良树种；树皮含紫杉醇，是珍贵的药用植物。由于雌雄异株，雄多雌少，生长十分缓慢，加之人为采集和利用，资源日益稀少。

主要见于和平、高峰、大库、龙井坑等地，散生于海拔500～1200m的山坡、沟谷阔叶林中。本次调查发现最大的植株位于和平村路旁，高约20m，胸径达1m以上。

2. 国家二级重点保护野生植物

(1)桧叶白发藓 *Leucobryum juniperoideum* ((Brid.) Müll. Hal.

白发藓科白发藓属植物。叶片饱满，质地细腻，群落美观，是目前使用最广泛的观赏苔藓。

见于雪岭、洪岩顶、大龙岗等地，生于山坡林下、树干上或岩石上。

(2)蛇足石杉 *Huperzia serrata* (Thunb.) Trev.

石杉科石杉属多年生草本。重要的药用植物，全草入药，中药名“千层塔”，有清热解毒、生肌止血、散瘀消肿的功效。临床研究表明，该种的提取物对精神分裂症及老年记忆性功能减退有改善作用。本种分布虽广，但其自繁能力较弱，个体零星分布，植株矮小，生长缓慢，人工繁殖困难，目前药用仅靠采集野生植株，资源趋于枯竭。

见于半坑、洪岩顶、大中坑等地，生于海拔700～1200m的山坡针叶林或阔叶林下。

(3)四川石杉 *Huperzia sutchueniana* (Hert.) Ching

石杉科石杉属多年生草本。中国特有种，《中国生物多样性红色名录——高等植物卷》评估为近危(NT)。叶螺旋状排列，密生，披针形，孢子囊生于孢子叶的叶腋，两端露出，肾形，黄色，具有观赏价值。全草药用，具散瘀消肿、止血生肌、消炎解毒、麻醉镇痛之效，治烫伤、无名肿痛、跌打损伤等。临床研究表明，本种具有胆碱酯酶抑制作用，可治重症肌无力。

见于周村、洪岩顶、龙井坑等地，生于海拔800～1200m的林下阴湿处。

(4)柳杉叶马尾杉 *Phlegmariurus cryptomerianus* (Maxim.) Ching ex L. B. Zhang et H. S. Kung

石杉科马尾杉属多年生草本。《中国生物多样性红色名录——高等植物卷》评估为近危(NT)。茎簇生，成熟时枝似柳叶略下垂，叶螺旋状排列，孢子囊肾形，黄色，具有观赏价值。全草入药，有活络祛瘀、清热解毒、解表透疹的功效；可作为石杉碱甲的提取药源，用于治疗阿尔兹海默症。

见于龙井坑、库坑等地，生于海拔500～800m的岩石上或苔藓丛中。

(5)榧树 *Torreya grandis* Fort. ex Lindl.

红豆杉科红豆杉属常绿小乔木或灌木。中国特有的珍稀树种和第三纪孑遗植物，对研究植物区系地理有科学价值。木材纹理直、结构细，有弹性和香气，不开裂，经久耐用，是建筑、造船、家具的优良用材。

主要见于岭头、安民关，零星散生于竹林下。

(6)榉树 *Zelkova schneideriana* Hand.-Mazz.

榆科榉树属落叶乔木。中国特有种，近危物种。木材纹理美观、有光泽，材质强韧、有弹性，耐水湿，是优良珍贵的用材树种，可供造船、桥梁、建筑等用；抗风能力强，有防风、净化空气的作用，是城乡绿化的优良树种。由于资源的过度利用，成年野生植株已十分稀少。

见于洪岩顶、深坑、龙井坑等地，生于海拔 500～700m 的溪沟边或山坡土层较贫瘠的疏林中。龙井坑发现小片群落，群落内植株多为胸径 10cm 以下的小树。

(7)金荞麦 *Fagopyrum dibotrys* (D. Don) Hara

蓼科荞麦属多年生草本，别名野荞麦。金荞麦是一种营养丰富并具有重要药用价值的资源植物。其作为药用植物在我国民间沿用已久，近年来的研究表明金荞麦根的提取物能明显抑制癌细胞。

见于徐罗、高峰、和平、里东坑等地，多生于路边草丛和溪沟边。

(8)短萼黄连 *Coptis chinensis* Franch. var. *brevisepala* W. T. Wang et Hsiao

毛茛科黄连属多年生草本。我国特有的珍贵药用植物，是传统的中药材，其根状茎入药，具有清热燥湿、泻火解毒之功效，常用于治疗湿热内蒸、泄泻痢疾等，且具有抗癌、抗放射及促进细胞代谢等作用。由于长期利用，采挖过度，加上生长环境的破坏及本身生长缓慢，资源渐趋枯竭。

见于棋盘山、龙井坑、大龙岗，生于海拔 900～1200m 的沟谷溪边或山坡阴湿处。

(9)六角莲 *Dysosma pleiantha* (Hance) Woodson

小檗科八角莲属多年生草本。中国特有种，《中国生物多样性红色名录——高等植物卷》评估为近危(NT)。本种叶片奇特，花色艳丽，可作花境、阴湿林下地被，也可盆栽供观赏；根状茎供药用，有祛瘀解毒的功效，治跌打损伤、关节酸痛、毒蛇咬伤等，近年来发现其含有鬼臼毒素等抗肿瘤的成分。

见于石子排、华竹坑、洪岩顶等，生于海拔 700～900m 的山坡阔叶林下。

(10)八角莲 *Dysosma versipellis* (Hance) M. Cheng ex Ying

小檗科鬼臼属多年生草本。《中国生物多样性红色名录——高等植物卷》评估为易危(VU)物种。叶片奇特，花色艳丽，可作花境、阴湿林下地被，也可盆栽供观赏；根状茎供药用，治跌打损伤、半身不遂、关节酸痛、毒蛇咬伤等。

见于雪岭，生于海拔 500～800m 山坡林下、溪旁阴湿处。

(11)鹅掌楸 *Liriodendron chinense* (Hemsl.) Sarg.

木兰科鹅掌楸属落叶乔木，易危种。中国特有种，是古老残存的孑遗植物，它和北美鹅掌楸是东亚和北美洲间断分布的对应种，对研究东亚和北美植物关系及起源、变迁等具有重要价值。它既是珍贵的用材树种，也是优良的园林观赏树。分布于我国华东、华中、西南地区，野生种群已十分稀少。

见于大中坑、石子排等地，数量稀少，零星散生于海拔 700～900m 的山谷阔叶林中。

(12)凹叶厚朴 *Magnolia officinalis* Rehd. et Wils. subsp. *biloba* (Rehd. et Wils.) Law

木兰科木兰属落叶乔木。我国特有的古老树种，是木兰科中比较原始的种类，对研究木兰科系统发育有重要的学术价值。其树皮、花、种子均可入药，尤以树皮为著名的珍贵中药材“厚朴”。花色洁白、有清香，叶大姿美，可作园林观赏植物。

见于龙井坑、松坑口、大中坑、华竹坑、半坑、猕猴保护小区、石子排、毛竹岗、大蓬、洪岩顶等地，生于海拔 500～1200m 山坡阔叶林中。本种分布较为广泛，几乎遍及保护区各地，大树资源较为稀少，已发现胸径最大的 1 株为 22cm，高 9m。

(13)伯乐树 *Bretschneidera sinensis* Hemsl.

伯乐树科伯乐树属单种属植物。《中国生物多样性红色名录——高等植物卷》评估为近危(NT)等级。第三纪古热带植物区系的孑遗种，在系统发育上较为孤立，对研究被子植物系统发育和植物区系、植物地理等有科学价值。分布于长江流域及其以南各省份，由于破坏较为严重，加之结实少，更新困难，野生资源已非常稀少。

伯乐树在保护区内分布十分广泛，主要见于龙井坑、大南坑、松坑口、毛竹岗、大中坑、华竹坑、大凹里、半坑、石子排、猕猴保护小区等地，生于海拔 500～1000m 的山谷溪边或山坡下部常绿阔叶林、常绿落叶阔叶混交林中。本种在华东地区仅见于福建、江西和浙江三省，在浙江主要分布于仙霞岭山脉及其以南各地山区。本保护区是浙江省目前已知伯乐树最集中的分布区，也是伯乐树在我国分布北缘发现的最大种群之一。

(14)野大豆 *Glycine soja* Sieb. et Zucc.

蝶形花科大豆属一年生缠绕草本。本种与大豆是近缘种，具抗病、抗寒、耐碱等多种优良性状，在保存种质资源和大豆育种上具有重要的利用价值，且营养价值高，是优良的饲料和常用的药用植物。

见于和平、高峰、大蓬、徐罗、东坑口等地，生于路边草地或山坡荒地。

(15)花榈木 *Ormosia henryi* Prain

蝶形花科红豆树属常绿乔木。中国特有种，《中国生物多样性红色名录——高等植物卷》评估为易危(VU)等级。其大树心材质坚重，结构细致，花纹美丽，是优质的用材树种；枝、叶可供药用，能稳定中枢神经系统，使人振奋、精神焕发；树形优美，是亚热带地区优良的观赏树种。

见于松坑口、东坑口等地，零星散生于山坡杂木林或马尾松林中，资源稀少，多为小树。

(16)毛红椿 *Toona ciliata* Roem. var. *pubescens* (Franch.) Hand.-Mazz.

楝科香椿属落叶乔木。本种是我国特有的珍贵速生树种，素有“中国桃花心木”之称，《中国生物多样性红色名录——高等植物卷》评估为易危(VU)等级。木材结构细，纹理直，花纹美观，可供建筑、高级家具等用。零星分布于华东、华中、华南及西南，由于其干形通直和木材性能优良，大树屡遭砍伐，资源总量稀少。

见于华竹坑、半坑等地，生于 600～800m 的沟谷阔叶林中。在华竹坑保存一小片群落，树高 8～17m，胸径 6～22cm。

(17)软枣猕猴桃 *Actinidia arguta* (Sieb. et Zucc) Planch. ex Miq.

猕猴桃科猕猴桃属落叶藤本。果实富含维生素、氨基酸和微量元素，果形“迷你”，果面光滑无毛，种子小，非常适合鲜食和加工成整果罐头、果脯等，且具有清热解毒、利湿、补虚的功效。可作公园、庭院垂直绿化美化树种。

产于洪岩顶、大龙岗，生于海拔 600～1500m 的山坡疏林中或林缘。

(18)中华猕猴桃 *Actinidia chinensis* Planch.

猕猴桃科猕猴桃属落叶藤本。本种口感甜酸、可口,风味较好。果实除鲜食外,也可以加工成各种食品和饮料,如果酱、果汁、罐头、果脯、果酒、果冻等,具有丰富的营养价值,是高级滋补营养品。民间常用根、根皮入药,具有活血化瘀、清热解毒、利湿的作用。

保护区内广布,生于600～800m的沟谷阔叶林中。

(19)香果树 *Emmenopterys henryi* Oliv.

茜草科香果树属落叶大乔木。我国特有的单种属植物,《中国生物多样性红色名录——高等植物卷》评估为近危(NT)等级。本种对研究茜草科分类系统及植物地理具有一定的学术价值;其树姿优美,花形奇特,为珍贵园林观赏树种,被誉为"中国森林中最美丽动人的树"。

见于挑米坑、石子排、大蓬、大中坑等地海拔600～1000m的沟谷地带的阔叶林中,数量较少。调查实测78株,胸径大于5cm的有67株。其中最大的1株高达28m,胸径达42.1cm,位于大中坑,海拔1050m。

(20)华重楼(七叶一枝花)*Paris polyphylla* Smith var. *chinensis* (Franch.) Hara

百合科重楼属多年生草本。中国特有种,《中国生物多样性红色名录——高等植物卷》评估为易危(VU)等级。重要的中药材,根状茎含多种甾体、皂苷、酚类、氨基酸及生物碱等物质,具清热解毒、消肿镇痛、止咳化痰等功效,并有抗肿瘤的作用,常用于治疗各种炎症、毒蛇毒虫咬伤、白喉、疮疡肿毒、股癣及小儿痰热惊风等。

见于龙井坑、高峰等地,生于阴湿的沟谷阔叶林下,野生资源较为稀少。

(21)金线兰 *Anoectochilus roxburghii* (Wall.) Lindl.

兰科开唇兰属多年生草本。《中国生物多样性红色名录——高等植物卷》评估为濒危(EN)等级。株形小巧,叶美花雅,适作盆栽供观赏;全株可供药用,具清热凉血、祛风利湿、解毒、镇痛、镇咳等功效。

见于高峰等地,生于阴湿的沟谷阔叶林下,野生资源较为稀少。

(22)蕙兰 *Cymbidium faberi* Rolfe

兰科兰属多年生草本。本种株形优雅,花香扑鼻,系著名花卉,适作观花地被、花境、盆栽、切花。中国栽培最久和最普及的兰花之一,古代常称之为"蕙"。

见于龙井坑、大龙岗等地,生于海拔400～1000m的林下阴湿透光处。

(23)多花兰 *Cymbidium floribundum* Lindl.

兰科兰属多年生草本。《中国生物多样性红色名录——高等植物卷》评估为易危(VU)等级。本种假鳞茎及根入药,具养心安神、利水消肿之效,用于治疗心悸、劳伤身痛、跌打损伤、肾炎水肿;外用治淋巴结核。因其株丛丰茂,叶质稍厚且具柔润光泽,着花繁密,花色红艳,抗逆性强,易于栽培等,所以野生种群常常遭采挖。

见于洪岩顶、龙井坑等地,生于林缘或溪边有覆土的岩石上。

(24)春兰 *Cymbidium goeringii* (Rchb. f.) Rchb. f.

兰科兰属多年生草本。《中国生物多样性红色名录——高等植物卷》评估为易危(VU)等级。四大国兰之一,春兰驯化、栽培历史最为悠久,由于春兰自然杂交及长期人工栽培选育等,出现较多的变异类型,品种繁多,在园艺上应用广泛,具有很高的观赏价值;民间以根入药,用以治疗妇女湿热白带、跌打损伤。

见于保护区各地,生于山坡林下或沟谷边阴湿处。

(25)寒兰 *Cymbidium kanran* Makino

兰科兰属多年生草本。《中国生物多样性红色名录——高等植物卷》评估为易危(VU)等级。本种作为四大国兰之一,花朵优美,常有浓烈香气,具有极高的观赏价值,在园艺上应用广泛。由于人为过度采挖,自然繁殖系数低和生态环境遭到了严重破坏等原因,野生寒兰资源不断减少。

见于洪岩顶、猕猴保护小区等地,生于山坡林下腐殖质丰富之处。

(26)细茎石斛 *Dendrobium moniliforme* (L.) Sw.

兰科石斛属多年生草本。茎可入药,有益胃生津、滋阴清热之功效,用于治疗热病伤津、痨伤咯血、口干烦渴、病后虚热、食欲不振;其形态清秀,花朵雅致,可盆栽供观赏。因人为采挖,资源趋竭。

见于雪岭,附生于海拔 200～500m 的树干或岩石上。

(27)台湾独蒜兰 *Pleione formosana* Hayata

兰科独蒜兰属多年生草本。中国特有种,《中国生物多样性红色名录——高等植物卷》评估为易危(VU)等级。全株药用,具清热解毒、消肿散结之功效;花大形奇,花色艳丽,成片盛开时尤为醒目,可作阴湿岩面美化,也可盆栽供观赏。

见于库坑、雪岭、洪岩顶、龙井坑等地,生于海拔 600～1000m 的林下或林缘腐殖质丰富的土壤和岩石上。

3.6.3 浙江省重点保护野生植物

保护区共有浙江省重点保护野生植物 9 种,它们是孩儿参、三枝九叶草、野含笑、中南鱼藤、山绿豆、野豇豆、三叶崖爬藤、红淡比、银钟花,占保护区珍稀濒危植物总种数的 7.8%,详见表 3-17。

浙江省重点保护野生植物中,中国特有种有 5 种;被《中国生物多样性红色名录——高等植物卷》评估为近危(NT)及以上等级的物种有 2 种,皆为近危(NT)等级。

(1)孩儿参 *Pseudostellaria heterophylla* (Miq.) Pax

石竹科孩儿参属多年生草本。重要的药用植物,中药名"太子参",块根供药用,有健脾、补气、益血、生津等功效,临床常用于治疗脾虚体倦、食欲不振、病后虚弱、气阴不足、自汗、口渴、肺燥干咳等症,民间常作为强壮滋补品,可作为人参乃至西洋参的代用品。

见于大中坑,生于山坡疏林下或沟谷林下阴湿处。

(2)三枝九叶草(箭叶淫羊藿)*Epimedium sagittatum* (Sieb. et Zucc.) Maxim.

小檗科淫羊藿属多年生草本。中国特有种,《中国生物多样性红色名录——高等植物卷》评估为近危(NT)等级。全草入药,干燥的根状茎名"仙灵脾",干燥的地上部分名"淫羊藿",具补肾壮阳、祛风除湿之功效。由于其重要的药用价值,野生植株被过度采挖,资源已十分稀少。

见于华竹坑,生于沟谷溪边。

(3)野含笑 *Michelia skinneriana* Dunn

木兰科含笑属常绿乔木。中国特有种。花淡黄色,有清香,可作庭院绿化树种。零星分布于江西、福建、湖南、广东、广西等局部山区,分布区较为狭窄,资源总量稀少。

见于雪岭,生于海拔 800m 以下的山谷山坡阔叶林中。

(4)中南鱼藤 *Derris fordii* Oliv.

豆科鱼藤属木质藤本。中国特有植物。根和茎可供药用,用于治疗蛇虫咬伤、皮肤红肿热痛、丹毒、疥疮等,最新研究发现其所含的鱼藤素具有抗肿瘤作用;根具有杀虫作用,农业上用于防治棉花、果树、蔬菜、烟草、桑、茶等的害虫。

见于高蓬,生于沟边岩石缝隙中。

(5)山绿豆 *Vigna minima* (Roxb.) Ohwi et Ohashi

豆科豇豆属缠绕草本。豇豆属遗传育种的重要种质资源,种子中含有丰富的蛋白质、脂肪酸、B族维生素、钙、镁、钾、铁和硒等营养元素,亦可作牧草和绿肥。

见于高峰大坑,生于路边草丛中。

(6)野豇豆 *Vigna vexillata* (Linn.) Rich.

豆科豇豆属缠绕藤本。豇豆属遗传育种的重要种质资源,也可供药用,具有清热解毒、消肿镇痛、利咽喉的功效。

见于高峰大坑、兰头等地,生于路边草丛中。

(7)三叶崖爬藤(三叶青)*Tetrastigma hemsleyanum* Diels et Gilg

葡萄科崖爬藤属常绿草质藤本。中国特有种。全草药用,块根药用价值更高,具有凉血、解毒、祛风化痰之功效。因最新研究发现本种块根对肿瘤有特殊疗效,导致该种野生资源被大量采挖。

见于挑米坑、华竹坑、半坑、交溪口等地,生于阴湿的岩石上或阔叶林林下、林缘。

(8)红淡比(杨桐)*Cleyera japonica* Thunb.

山茶科红淡比属常绿小乔木。日本传统的敬神祭祖的材料,每年在日本的总需求量超过3亿束。由于市场需求量巨大,野生资源被大量破坏。

见于华竹坑、龙井坑等地,生于山坡阔叶林中。

(9)银钟花 *Halesia macgregorii* Chun

安息香科银钟花属落叶小乔木。我国特有的古老孑遗植物,《中国生物多样性红色名录——高等植物卷》评估为近危(NT)等级。银钟花属植物间断分布于东亚和北美,对研究东亚和美洲大陆的变迁、植物区系的联系等均有重要学术价值。银钟花花洁白芳香,树姿优美,是优良的庭院绿化观赏树种。

见于半坑、龙井坑、华竹坑等地,生于海拔700～900m的沟谷、山坡阔叶林中,呈零星散生状态。

3.6.4 其他珍稀濒危植物

保护区内珍稀濒危植物十分丰富,除上述重点保护野生植物外,尚有78种珍稀濒危植物,其中中国特有种51种,占其他珍稀濒危植物种数的65.4%。

《中国生物多样性红色名录——高等植物卷》评估为近危(NT)及以上等级的物种有34种。其中,濒危(EN)物种有亮毛堇菜1种;易危(VU)物种有闽北冷水花、浙江樟、朵花椒、长叶猕猴桃、小叶猕猴桃、安息香猕猴桃、吴茱萸五加、天目地黄、长苞谷精草、细柄薯蓣等12种;近危(NT)物种有尖叶唐松草、华东唐松草、腺蜡瓣花、迎春樱桃、黄檀、春花胡枝子、两色冻绿、对萼猕猴桃、福参、华箬竹、天目山薹草、多花黄精、钩距虾脊兰、大花斑叶兰等21种。

列入 CITES 附录Ⅱ的物种有 21 种，其中豆科黄檀属 2 种，兰科 14 属 19 种。

此外，还有 31 种珍稀濒危植物，虽然被《中国生物多样性红色名录——高等植物卷》评估为无危(LC)、数据缺乏(DD)或未评估(NE)，但它们中大多数种类分布区狭窄，在浙江省内乃至国内均较为罕见，资源总量稀少，亟须被重视和保护。如仙霞岭大戟、九龙山紫菀等是新近发表的新种，保护区是其模式产地；淡黄绿凤仙花、浙南菝葜、近头状薹草、显脉野木瓜等是浙江特有种；绒毛锐尖山香圆、尖萼乌口树、铅山悬钩子等是新近发现于本保护区的浙江新记录植物；安息香猕猴桃是主产于仙霞岭山脉的猕猴桃属种质资源，资源十分稀少；细柄半枫荷在浙江有记载但产地不详，本保护区是该种在浙江首次确认的产地等。

3.6.5 保护现状与建议

保护区珍稀濒危植物十分丰富，共有 115 种，占保护区维管植物种数的 8.2%。在水平分布上，珍稀濒危植物主要集中在半坑、华竹坑、石子排、大中坑、挑米坑、猕猴保护小区、深坑、龙井坑等区域。在垂直分布上，珍稀濒危植物主要集中分布在海拔 600～1200m 的范围内，在大中坑、华竹坑等地少数珍稀濒危植物呈聚群分布，形成稀有的群落类型，如香果树林、毛红椿林。珍稀濒危植物集中分布的地区沟谷深切，峰峦叠嶂，人迹罕至，水热条件良好，适宜珍稀濒危植物生产和繁衍。根据保护区珍稀濒危植物的上述分布特点，提出以下几点保护建议。

(1)保护区是浙江省伯乐树最为集中的分布区，种群数量达 1000 余株，是全省最大的伯乐树种群分布地。伯乐树主要集中分布于大中坑、毛竹岗、洪岩顶、华竹坑、半坑、石子排等地，应对这些区域的伯乐树母树进行重点监测保护，研究其生物学和生态学特征，重点探究其在该区域的环境影响因子关系，并以此成果为指导，科学开展种群繁育保护。

(2)保护区珍稀濒危植物集中分布区主要是高峰石子排、半坑—华竹坑—挑米坑、猕猴保护小区、大中坑等海拔 600～1200m 的区域。这些集中分布区是保护区珍稀濒危植物保护的核心区域，特别是高峰石子排和半坑—华竹坑—挑米坑区域，应建立定位监测站点，重点监测这些地段的珍稀濒危植物。

(3)加强资源调查，进一步评估各种珍稀濒危植物的种群情况，确定优先保护序列。并进行长期监测与研究，以掌握珍稀濒危植物资源的动态，逐步建立资源管理数据库和信息系统，为珍稀濒危植物资源的保护提供科学依据。

(4)珍稀濒危植物保护是为了更好、更持续地开发与利用。珍稀濒危植物是重要的植物资源，应积极开展繁育方法和技术的研究，进行人工繁殖和迁地保护，扩大种群规模，为进一步开发利用和研究提供物质基础。

3.7 资源植物

3.7.1 珍贵树种

保护区野生珍贵用材树种较为丰富，列入《浙江省珍贵树种资源发展纲要》的珍贵树种共有 29 种，隶属于 17 科 23 属。其中，优先推荐发展的珍贵树种有南方红豆杉、榧树、亮叶桦、榉树、浙江樟、毛红椿、香椿、黄檀 8 种,各树种特性介绍参见表 3-18;一般推荐、鼓励发展的珍贵树种有甜槠、乌冈栎、紫楠、豹皮樟、大叶冬青、小果冬青、蓝果树、浙江柿、香果树、厚皮香等 21 种。

表 3-18 保护区浙江省优先推荐发展的珍贵树种

中文名	拉丁名	特性简述
南方红豆杉	*Taxus wallichiana* var. *mairei*	中国特有珍贵用材树种,适作丘陵山地混交造林、林下补植树种;树体高大,树干挺直,四季葱茏,入秋假种皮肉质鲜红色,格外鲜艳,适作园林绿化;根皮、树皮、枝、叶可提取抗癌药物紫杉醇;白垩纪孑遗树种。心边材区别甚明显,木材边材淡黄褐色,心材红褐色,后转深而带紫色。纹理直,结构细,具弹性,干缩性小,耐腐朽,强度、硬度、冲击韧性中,刨面花纹美丽,有光泽及香气,为高档家具、雕刻、细木工、管乐器、室内装修、铅笔杆、尺、玩具、机模、高级地板及胶合板等优良用材
榧树	*Torreya grandis*	中国特有珍贵用材、果用经济树种,适作丘陵山地混交造林、林下补植树种;树干高耸挺拔,树姿优美,枝叶繁茂,是良好的园林绿化树种,能适应有硫化物、烟尘污染的工矿区;优良用材树种;种质资源,可作嫁接香榧之砧木;假种皮可提取芳香油;种子可食或榨油。边材白色,心材黄白。纹理直,硬度适中,有弹性,不反翘,不开裂,是船舶、建筑、家具等的优良用材
亮叶桦	*Betula luminifera*	珍贵用材树种,适于海拔 300~1400m 中低山地营造混交林;秋色叶树种,干形通直,适作山区道路、村庄、森林公园等绿化观赏树;树皮可提取芳香油,或制栲胶,也可药用。心边材区别略明显,心材红褐色,边材浅红褐色。无特殊气味,有光泽,纹理通直,结构细致、均匀,硬度、强度中,冲击韧性高,有弹性,切面光滑,花纹美丽,易干燥,不翘不裂,防腐处理容易;油漆后光亮性好,可供作装饰单板、地板、家具、纺织器材、文具、军工用材、结构用材、细木工用材和造纸原料
榉树	*Zelkova schneideriana*	中国特有珍贵用材树种,是山地丘陵及平原四旁的优良绿化树种;春、秋色叶树种,树体雄伟,树干通直,冠大荫浓,枝细叶美,适作城镇公园、庭院观赏树或作桩景材料;纤维植物。心边材区别明显,边材黄褐色,心材浅栗褐色带黄或红褐色。木材无特殊气味,纹理直,美观有光泽,结构细致,坚硬有弹性,少伸缩,不易翘裂,抗压力强,耐水湿,耐腐,刨面光滑,油漆光亮度好,胶黏性能好。用途极广,可作高档家具、室内装饰、纺织器材、乐器、船舰、桥梁、建筑、车辆、文体用品等珍贵用材
浙江樟	*Cinnamomum chekiangense*	中国特有珍贵用材树种,适作丘陵山地混交造林、林下补植。树干端直,树形美观,绿叶浓荫,经冬不凋,是庭院、四旁绿化的理想观赏树种;树皮可代桂皮。木材坚实致密,纹理直,加工性能好,刨面光滑,胶黏及油漆性能良好,耐腐耐水湿,是建筑、家具、造船、车辆等优良用材

续表

中文名	拉丁名	特性简述
毛红椿	*Toona ciliata* var. *pubescens*	中国特有用材树种，适作山地混交造林树种；秋色叶树种，树冠舒展，干形通直，适作风景区、庭院、公园栽植观赏。木材赤褐色，结构细，纹理直，花纹美观，可供建筑、测量、雕刻、高级家具等用材
香椿	*Toona sinensis*	中国特有珍贵用材树种，有中国的"桃花心木"之美誉。树冠球形，树干通直，枝叶繁茂，适作四旁绿化树种；嫩芽、嫩叶可食；树皮、果药用。木材红褐色，结构细密，纹理美观，富弹性和光泽，具特殊香味，木材物理性能良好，耐水湿，不翘不裂，是高档家具、室内装饰、车船、文化用品制造和造纸原料
黄檀	*Dalbergia hupeana*	木材黄白色或淡黄褐色，无特殊气味和滋味。结构细，质硬重，加工较难，刨面光滑。耐强力冲撞，耐磨损，富有弹性，材色美观，油漆、胶黏性良好，可制作各种负重力及拉力强的用具和器具，如车轴、滑轮、工具柄、运动器械、雕刻及其他细木工等。是紫胶虫的寄生植物之一，紫胶用途广泛。根具根瘤菌，能提高土壤肥力

3.7.2 观赏植物

观赏植物资源是指那些适用于城市绿化、美化环境，有观赏价值的各种植物，也包括能工巧匠精心选育、加工修剪及雕琢而成的，具有观叶、观茎、观果，奇形异态的各种植物。

保护区的野生观赏植物资源丰富，经调查统计，具有较高观赏价值的野生植物共 908 种，隶属于 147 科 495 属，占保护区总种数的 65.0%。这些野生观赏植物具有广泛的园林用途。将保护区野生观赏植物根据其在园林中的用途及主要方式进行分类，分成行道树、庭荫树、园景树、绿篱植物、垂直绿化植物、盆栽和盆景植物、花坛和花境植物、地被植物共 8 大类。结果见表 3-19。

表 3-19 保护区观赏植物分类统计

类别	行道树	庭荫树	园景树	绿篱植物	垂直绿化植物	盆栽和盆景植物	花坛和花境植物	地被植物	总计
数量	29	66	118	29	118	255	181	112	908
占比/%	3.2	7.3	13.0	3.2	13.0	28.1	19.9	12.3	100.0

1. 行道树

行道树是植在路侧及分车带的树木的总称。行道树通常树姿幽美，枝叶茂盛，树性健壮，性耐修剪，主要作用是为车辆和行人遮阴，减少路面辐射和反光，降温，防风，滞尘，减噪，美化街景。保护区共有 29 种，如枫杨、樟、合欢、香槐、苦楝、山乌桕、木油桐、冬青、秃瓣杜英、梧桐等。

2. 庭荫树

庭荫树又称绿荫树，冠大荫浓、树形挺拔，可植于庭院或公园中以取其荫，为人遮阴纳凉的树种。保护区共有66种，如柯、紫弹树、朴树、榔榆、天仙果、凹叶厚朴、山胡椒、凤凰润楠、绒毛润楠、紫楠、刺叶桂樱、石楠、朵椒、香椿、盐肤木、异色泡花树、红柴枝、笔罗子等。

3. 园景树

园景树指具有较高观赏价值，在园林绿地中能独自构成景致的树木，具有树形优美、花多或大而美丽、叶形秀丽、叶色美丽、果实鲜艳等特征。保护区共有118种，如短柄枹栎、糙叶树、兴山榆、杭州榆、红果榆、榉树、桑、鸡桑、华桑、黄山木兰、红毒茴、鹅掌楸、乳源木莲、深山含笑、乌药、红果山胡椒、红楠、浙江新木姜子、伯乐树、宁波溲疏、迎春樱桃、光叶石楠、枸骨、紫薇、青荚叶等。

4. 绿篱植物

绿篱植物指利用树木密植代替篱笆、栏杆和围墙的一种绿化形式，主要起隔离、围护和装饰作用。理想的绿篱应是萌发力强，耐修剪且愈伤力强，耐粗放管理，病虫害少，若有美丽之彩叶或花果则更佳。保护区共有29种，主要有钩刺雀梅藤、刺藤子、雀梅藤、短柱茶、毛柄连蕊茶、茶、尖萼毛柃、微毛柃、细枝柃、格药柃、细齿叶柃、窄基红褐柃、巴东胡颓子、宜昌胡颓子、胡颓子、牛奶子、小蜡、醉鱼草、栀子等。

5. 垂直绿化植物

垂直绿化植物指茎蔓细长、不能直立生长、攀附支持物向上生长的植物。此类植物在美化建筑立面、高架桥、棚架等方面有其独特之处。保护区共有118种，主要有大血藤、显脉野木瓜、钝药野木瓜、木防己、轮环藤、南五味子、粉背五味子、香花崖豆藤、网络崖豆藤、中南鱼藤、常春油麻藤、紫藤、大芽南蛇藤、鄂西清风藤、牯岭蛇葡萄、异叶爬山虎等。

6. 盆栽和盆景植物

盆栽和盆景植物包括可用花盆栽培观赏、制作树桩盆景及用于盆景点缀的野生植物。盆栽植物以耐阴的多年生草本和灌木为主。树桩盆景材料主要选用生长缓慢、枝密叶小、干形古朴苍劲、耐修剪、易造型的树木。盆栽草本点缀植物则选用适应性强、生气期长、植矮叶细及姿态优美者。保护区共有255种，主要有蛇足石杉、四川石杉、柳杉叶马尾杉、石松、布朗卷柏、深绿卷柏、细叶卷柏、江南卷柏、伏地卷柏、团扇蕨、边缘鳞盖蕨、六角莲、黄堇、小花黄堇、垂盆草、大果落新妇、元宝草、密腺小连翘、戟叶堇菜、深圆齿堇菜、紫花堇菜、长萼堇菜、三角叶堇菜、前胡、变豆菜、普通鹿蹄草、扁枝越橘、九管血、益母草、小鱼仙草、韩信草、圆苞山罗花、天目地黄、长梗黄精、小叶鸢尾兰、舌唇兰、小舌唇兰、小花蜻蜓兰、香港绶草等。

7. 花坛和花境植物

花坛植物指植株低矮、花色艳丽、枝叶茂盛，生长健壮，易于露地栽培，并能形成整体观赏效果的草花；花境植物通常指具有较高观赏价值的宿根、球根花卉或小型灌木等。保护区共有181种，如庐山楼梯草、山冷水花、冷水花、齿叶矮冷水花、粗齿冷水花、闽北冷水花、金线草、金荞麦、火炭母、酸模叶蓼、小花蓼、还亮草、天台小檗、窄斑叶珊瑚、鹿蹄草、鼠尾草、翅柄鼠尾草、地蚕、血见愁、紫萼蝴蝶草、九头狮子草、华麻花头、加拿大一枝黄花、南方兔儿伞、夜香牛等。

8. 地被植物

地被植物指可用于草坪、路侧、林下、公园坡地、岩园及墙面等处绿化美化的植物。根据植物习性不同，可分为木本地被和草本地被。保护区共有 112 种，有粉背蕨、单叶双盖蕨、小叶茯蕨、北京铁角蕨、圆盖阴石蕨、中间骨牌蕨、抱石莲、庐山瓦韦、凹叶景天、圆叶景天、藓状景天、冠盖藤、柔毛钻地风、龙芽草、红毛过路黄、细梗络石、络石、活血丹、石菖蒲、禾叶山麦冬、阔叶山麦冬等。

3.7.3 药用植物

保护区拥有十分丰富的药用植物资源，共有 175 科 576 属 1035 种野生药用植物，占保护区植物总种数的 74.0%，包括常用的中药材原植物和具一定药用功效的民间草药。其中，《中华人民共和国药典(2020 年版)》所收录的原植物有 131 种，隶属于 64 科 116 属，主要有草珊瑚、车前、臭椿、垂盆草、垂穗石松、垂序商陆、大戟、大血藤、淡竹叶、灯心草、地锦草、吊石苣苔、冬青、杜虹花、短萼黄连、多花黄精、榧树、风龙、风轮菜、枫香树、杠板归、藁本、钩藤、枸骨、菰腺忍冬、过路黄、孩儿参、海金沙、合欢、虎杖、华中五味子、华重楼、活血丹、积雪草、蕺菜等；被《浙江省中药炮制规范(2015 年版)》所收录的原植物有 194 种，隶属于 77 科 151 属，主要有草木犀、茶、楤木、大萼香茶菜、大戟、大落新妇、大叶冬青、淡竹叶、灯心草、滴水珠、地耳草、地锦草、地菍、点腺过路黄、对萼猕猴桃、多花黄精、甘菊、钩藤、狗脊、枸骨、构棘、菰腺忍冬、鬼针草、过路黄、海州常山、蔊菜、何首乌、红毒茴、胡颓子、虎耳草、虎掌、华桑、华双蝴蝶、华中五味子、华重楼、华紫珠、黄独、黄山松、鸡桑、鸡眼草、棘茎楤木等。

根据中草药有关文献，结合民间常用中草药的特性，将保护区 1035 种药用植物归为解表药、清热药、泻下药、祛风除湿药、利水渗湿药、温里药、理气药、消导药、止血药、安神药、活血化瘀药、解毒杀虫止痒药等共 19 类，各自的种数及比例见表 3-20。

表 3-20 保护区药用植物的药用功效分类

类型	种数	占比/%	类型	种数	占比/%
解表药	33	3.2	止血药	86	8.3
清热药	208	20.1	补益药	80	7.7
泻下药	7	0.7	收涩药	31	3.0
祛风除湿药	93	9.0	安神药	16	1.6
利水渗湿药	54	5.2	活血化瘀药	156	15.1
温里药	6	0.6	化痰止咳平喘药	85	8.2
理气药	51	4.9	平肝息风药	8	0.8
消导药	52	5.0	解毒杀虫止痒药	57	5.5
驱虫药	5	0.5	开窍药	2	0.2
芳香化湿药	5	0.5	总计	1035	100.0

1. 解表药

凡以发散表邪、解除表证为主要作用的药物，称解表药。本类药物多为辛散发表，有促使肌体发汗或微发汗、使表邪随汗出而解的作用。保护区中本类药物共计 33 种，如杭子梢、小槐花、菱叶鹿藿、大叶冬青、异叶茴芹、杜茎山、聚花过路黄、福建过路黄、日本紫珠、紫花香薷、薄荷、小花荠苎、浙皖粗筒苣苔、九头狮子草、菰腺忍冬、荚蒾、东风菜、秋鼠麹草、加拿大一枝黄花、一枝黄花、山牛蒡等。

2. 清热药

凡药性寒凉、以清解里热为主要作用、主治里热证的药物，称清热药。本类药物是保护区药用植物中资源最为丰富的一类，共有 208 种，主要有狭叶小羽藓、毛扭藓、新丝藓、大灰藓、鳞叶藓、小蔓藓、地钱、毛地钱、布朗卷柏、紫萁、华东瘤足蕨、姬蕨、乌蕨、半边旗、毛轴碎米蕨、野雉尾金粉蕨、假蹄盖蕨、华中蹄盖蕨、单叶双盖蕨、镰片假毛蕨、刺头复叶耳蕨、长尾复叶耳蕨、黑足鳞毛蕨、两色鳞毛蕨、变异鳞毛蕨、黑鳞耳蕨、对马耳蕨、抱石莲、瓦韦、恩氏假瘤蕨、三尖杉、蕺菜、三白草、板栗、榉树、犁头草、紫花地丁、庐山堇菜、三角叶堇菜、蓝果树、楮头红、牛泷草、积雪草、马银花、扁枝越橘、朱砂根、点地梅、浙江柿、四川山矾、华素馨、小蜡、五岭龙胆、獐牙菜、浙江獐牙菜、菟丝子、马蹄金、厚壳树、紫背金盘、活血丹、香茶菜、大萼香茶菜、显脉香茶菜、夏枯草、庐山香科科等。

3. 泻下药

凡能引起腹泻，或润滑大肠、促进排便的药物，称为泻下药。保护区中本类药物共有 7 种，有决明、山乌桕、白木乌桕、光叶毛果枳椇、刺鼠李等。

4. 祛风除湿药

凡能祛除风湿、以治疗风湿痹证为主要功效的药物，称为祛风除湿药。本类药物能祛除留着于肌肉、经络、筋骨的风湿，有些药兼有散寒、活血、通经、舒筋、止痛或补肝肾、强筋骨等作用，适用于治疗风湿痹痛的肢体疼痛、关节不利、筋脉拘挛等症。保护区中本类药物共计 93 种，如藤石松、垂穗石松、刺齿凤尾蕨、华南毛蕨、圆盖阴石蕨、马尾松、榧树、旱柳、糙叶树、楮、石楠、小果蔷薇、野蔷薇、山莓、空心泡、中华绣线菊、珍珠绣线菊、香槐、庭藤、尖叶长柄山蚂蝗、山绿豆、算盘子、盐肤木、袋果草、小蓬草、豨莶、南方兔儿伞、棕叶狗尾草、穹隆薹草、阿穆尔莎草等。

5. 利水渗湿药

凡以渗利水湿、通利小便为主要功效的药物，称利水渗湿药。本类药物适用于治疗水湿停蓄体内所致的水肿、胀满、小便不利，以及湿邪为患或湿热所致的淋浊、湿痹、湿温、腹泻、黄疸、痰饮、疮疹等。保护区中本类药物共计 54 种，如芒萁、海金沙、延羽卵果蕨、华南舌蕨、桑、鸡桑、山冷水花、雾水葛、山木通、天葵、碎米荠、北美独行菜、匙叶茅膏菜、垂盆草、宁波溲疏、蜡莲绣球、海金子、光叶石楠、假地豆、鸡眼草、胡枝子、美丽胡枝子、朵椒等。

6. 温里药

凡以温里祛寒、治疗里寒证为主要作用的药物，称为温里药。本类药物具有温里散寒、回阳救逆、温经止痛等作用，主要适用于治疗脘腹冷痛、呕吐泄泻、舌淡苔白、畏寒肢冷、汗出神疲和四肢厥逆等。保护区中本类药物共计 6 种，分别是水蓼、华南桂、巴东胡颓子、附地菜、香果树、琴叶紫菀。

7. 理气药

凡以疏理气机、治疗气滞或气逆为主要作用的药物，称理气药。本类药物由于性能的不同，有理气健脾、疏肝解郁、理气宽胸等功效，分别适用于治疗脾胃气滞证、肝气郁滞证及肺气壅滞证，部分药物还有燥湿化痰、温肾散寒等功效，多用于治疗咳嗽痰多、肾阳不足、下元虚冷之症。保护区中本类药物共计 51 种，如粗齿冷水花、管花马兜铃、单叶铁线莲、轮环藤、乳源木莲、深山含笑、浙江樟、香桂、乌药、红果山胡椒、山胡椒、豹皮樟、山鸡椒、宽叶下田菊、五节芒、大油芒、中华薹草、异型莎草、具芒碎米莎草、香附子、藠头、薤白等。

8. 消导药

凡以消食导滞、促进消化、治疗饮食积滞为主要作用的药物，称为消导药。本类药物除能消化饮食、导行积滞、行气消胀外，兼有健运脾胃、增进食欲之功效，主要适用于治疗脘腹胀满、嗳腐吞酸、恶心呕吐、不思饮食、大便失常、脾胃虚弱、纳谷不佳、消化不良等。保护区中本类药物共计 52 种，主要有短柄枹栎、朴树、构棘、条叶榕、糯米团、马兜铃、叶下珠、蜜柑草、野鸦椿、青榨槭、牯岭凤仙花、刺葡萄、猴欢喜、中华猕猴桃、安息香猕猴桃、尖连蕊茶、茶、马兰、显子草、毛果珍珠茅、星花灯心草等。

9. 驱虫药

凡以驱除或杀灭人体寄生虫为主要作用的药物，称为驱虫药。本类药物对人体内的寄生虫，特别是肠道寄生虫虫体有杀灭或麻痹作用，再促使其排出体外，用于治疗蛔虫病、蛲虫病、绦虫病、钩虫病、姜片虫病等多种肠道寄生虫病。保护区中本类药物共计 5 种，它们是镰羽贯众、阔鳞鳞毛蕨、同形鳞毛蕨、南方红豆杉、云实。

10. 芳香化湿药

凡气味芳香、以化湿运脾为主要作用的药用，称为芳香化湿药。本类药物主要适用于治疗湿浊内阻、脾为湿困、运化失常所致的呕吐泛酸、大便溏薄、食少体倦、舌苔白腻等。保护区中本类药物共有 5 种，为野含笑、粉团蔷薇、星宿菜、石香薷、泽兰。

11. 止血药

凡以制止体内外出血为主要作用的药物，称为止血药。本类药物根据性有寒、温、散、敛之异，分别具有凉血止血、温经止血、化瘀止血、收敛止血之功效，故可分为凉血止血药、温经止血药、化瘀止血药、收敛止血药四类，主要适用于治疗内外出血病症，如咯血、衄血、吐血、便血、尿血、崩漏、紫癜以及外伤出血等。保护区中本类药物共计 86 种，如华东膜蕨、蕗蕨、傅氏凤尾蕨、井栏边草、栗柄金粉蕨、长江蹄盖蕨、金星蕨、倒挂铁角蕨、东方荚果蕨、江南星蕨、盾蕨、元宝草、堇菜、北江荛花、牛奶子、紫薇、地菍、红马蹄草、水芹、变豆菜、光叶山矾、山矾、华双蝴蝶、琉璃草、青绿薹草、萱草、无柱兰、见血青等。

12. 补益药

凡能补充人体气血、改善脏腑功能、增强体质、提高抗病能力、消除虚证的药物，称为补益药。本类药物能补虚扶弱、扶正祛邪，根据各种药物的功效及主治证候的不同，可分为补气药、补阳药、补血药及补阴药四类，主治神疲乏力、少气懒言、饮食减少等众多虚证。保护区中本类药物共计 80 种，如列胞耳叶苔、珠芽狗脊、中间骨牌蕨、华东野核桃、木姜叶柯、天仙果、异叶榕、桑寄生、棱枝槲寄生、华中五味子、矩叶鼠刺、粗叶悬钩子、插田泡、茅莓、锈毛莓、石灰花楸、香花崖豆藤、网络崖豆藤、野大豆、金灯藤、南丹参、地蚕、天目地黄、短刺虎刺、羊角藤、半边月、中华沙参、金钱豹、羊乳、蓝花参等。

13. 收涩药

凡以收涩为主要作用的药物，称为收涩药。本类药物根据功效不同，可分为固表止汗药、敛肺止咳药、涩肠止泻药、涩精止遗药和固崩止带药，分别具有固表止汗、敛肺止咳、涩肠止泻、固精缩尿、固崩止带等收敛固脱作用，适用于治疗久病体虚、正气不固、脏腑功能衰退所致的自汗、盗汗、久咳虚喘、久痢久泻、遗精、滑精、遗尿、尿频、崩带不止等滑脱不禁之症。保护区中本类药物共计31种，如青冈、小叶青冈、米心水青冈、青叶苎麻、悬铃叶苎麻、绒毛润楠、托叶龙芽草、龙芽草、刺叶桂樱、软条七蔷薇、掌叶覆盆子、臭椿、铁苋菜、野桐、冬青等。

14. 安神药

凡以安定神志为主要作用、用于治疗神志失常的药物，称安神药。本类药物主要用于治疗心神不宁、失眠多梦、惊风、癫痫、目赤肿痛、头晕目眩等。保护区中本类药物共计16种，为黄牛毛藓、虎尾藓、梨蒴珠藓、暖地大叶藓、蕨、弯曲碎米荠、蜡瓣花、合欢、山槐、狭叶香港远志、夜香牛等。

15. 活血化瘀药

凡以通畅血行、消除瘀血为主要作用的药物，称活血化瘀药。本类药物通过活血化瘀作用，又分别具有行血、散瘀、通经、活络、续伤、利痹、定痛、消肿散结、破血消瘀等功效，可分为活血止痛药、活血调经药、活血疗伤药和破血消瘀药四类。本类药物应用范围很广，适用于治疗一切瘀血阻滞之症，如胸、腹、头痛，半身不遂、肢体麻木，关节痹痛日久，跌打损伤、瘀肿疼痛、痈肿疮疡等。保护区中本类药物共计156种，如葫芦藓、石地钱、蛇苔、柳杉叶马尾杉、石松、卷柏、边缘鳞盖蕨、凤尾蕨、扇叶铁线蕨、凤丫蕨、线蕨、赤车、冷水花、三角形冷水花、尼泊尔蓼、丛枝蓼、红柳叶牛膝、雀舌草、木通、三叶木通、大血藤、钝药野木瓜、尾叶那藤、秤钩风、南五味子、粉背五味子、豺皮樟、云山八角枫、轮叶蒲桃、秀丽野海棠、鸭儿芹、毛果珍珠花、黄背越橘、江南越橘、大罗伞树、柳叶箬、紫萼、绵枣儿、细柄薯蓣、虾脊兰、钩距虾脊兰、单叶厚唇兰等。

16. 化痰止咳平喘药

凡以祛痰或消痰为主要作用的药物，称化痰药；以制止或减轻咳嗽和喘息为主要作用的药物，称止咳平喘药。由于化痰药多兼能止咳，而止咳平喘药也多兼有化痰作用，故将它们合为一类，即化痰止咳平喘药。本类药物主要用于治疗痰多咳嗽气喘之症，如气喘咳嗽、呼吸困难，咯痰不爽，痰饮眩悸等。保护区中本类药物共计85种，如粉背蕨、北京铁角蕨、长叶铁角蕨、山蒟、枫杨、紫弹树、齿叶矮冷水花、尾花细辛、金荞麦、虎杖、无心菜、小二仙草、吴茱萸五加、紫花前胡、天胡荽、前胡、薄片变豆菜、灯台树、鹿角杜鹃、满山红、九管血、华山矾、苦竹、荩草、牛毛毡、水蜈蚣、一把伞南星、天南星、全缘灯台莲、灯台莲等。

17. 平肝息风药

凡以平肝潜阳、息风止痉为主要作用，主治肝阳上亢或肝风内动病症的药物，称平肝息风药。本类药物主要用于治疗心神不宁、失眠多梦、惊风、癫痫、目赤肿痛、头晕目眩等。保护区中本类药物共有8种，它们是虎尾铁角蕨、火炭母、田麻、薄叶山矾、金疮小草、钩藤等。

18. 解毒杀虫止痒药

凡以解毒疗疮、攻毒杀虫、燥湿止痒为主要作用的药物，称为解毒杀虫止痒药。本类药物以外用为主，兼可内服，主要适用于治疗疥癣、湿疹、痈疮疔毒、麻风、梅毒、毒蛇咬伤等。保护区中本类药物共计57种，有黄山松、柳杉、刺柏、银叶柳、青钱柳、化香树、杭州榆、大叶苎麻、酸模叶蓼、酸模、羊蹄、藜、漆姑草、毛茛、华东唐松草、山橿、石荠苎、流苏子、天名精、大狗尾草、皱叶狗尾草、褐果薹草、百部、蕙兰等。

19. 开窍药

凡以开窍醒神为主要作用、主要用于治疗闭证神昏的药物，称开窍药。本类药物具开启闭塞之窍机、通关开窍、启闭回苏、醒脑复神、开窍醒神之效，用于治中风昏厥、惊风、癫痫、中恶、中暑等窍闭神昏之患。保护区中本类药物有斑茅、石菖蒲2种。

3.7.4 食用植物

1. 野菜资源

野菜是我国饮食文化的重要组成部分，且营养学研究表明，野菜中维生素成分多，营养价值高，因此日益受到人们的青睐。

保护区拥有较丰富的野菜资源，共79科216属346种，拥有一年四季均可采收和食用的种质资源。根据食用部位不同，野菜资源可分为叶菜类、茎菜类、花菜类、果菜类、根菜类五类，详见表3-21。

表3-21 保护区野菜资源分类统计

类别	叶菜类	茎菜类	花菜类	果菜类	根菜类	总计
种数	225	33	35	19	34	346
占比/%	65.1	9.5	10.1	5.5	9.8	100.0

(1)叶菜类

叶菜类指主要以带叶幼芽、幼苗、嫩叶、叶柄作菜食用的种类。保护区中此类野菜种类最多，共有225种，占野菜总数的65.1%，采集季节多为春季。主要有阴地蕨、紫萁、蕨、凤丫蕨、假蹄盖蕨、东方荚果蕨、银叶柳、旱柳、南川柳、天仙果、簇生卷耳、球序卷耳、漆姑草、雀舌草、无瓣繁缕、繁缕、木通、三叶木通、鹰爪枫、三枝九叶草、木防己、粉背五味子、野鸦椿、异色泡花树、鄂西清风藤、乌蔹莓、戟叶堇菜、楤木、树参、细柱五加、鸭儿芹、水芹、前胡、獐牙菜、大青、裸花水竹叶、肖菝葜、尖叶菝葜、菝葜、小果菝葜等。

(2)茎菜类

茎菜类指主要以地上嫩茎作菜食用的种类。保护区中共有33种，占野菜总数的9.5%。主要有山冷水花、粗齿冷水花、虎杖、酸模、羊蹄、凹头苋、芒、斑茅、油点草、江南山梗菜、粟米草等。

(3)花菜类

花菜类指主要以花瓣、花朵或花序作菜食用的种类。保护区中共有35种，占野菜总数的10.1%。主要有金樱子、野蔷薇、粉团蔷薇、合欢、决明、庭藤、宁波木蓝、长总梗木蓝、胡枝子、美丽胡枝子、女贞、小蜡、木犀、菟丝子、金灯藤、台湾泡桐、栀子、菰腺忍冬、忍冬、野菊、棕榈、紫萼、蘘荷、蕙兰等。

(4)果菜类

果菜类指主要以果实、肉质果序梗或种子作菜食用的种类。保护区中有19种，占野菜总数的5.5%。主要有苦槠、米心水青冈、水青冈、白栎、兴山榆、杭州榆、榔榆、红果榆、柘、桑、鸡桑、花椒簕、青花椒等。

(5)根菜类

根菜类指主要以地下部分，如根、根皮、块根、肉质根、块茎、鳞茎、球茎及根状茎等作菜食用的种类。保护区中有34种，占野菜总数的9.8%。主要有棘茎楤木、折冠牛皮消、打碗花、地蚕、天目地黄、短刺虎刺、虎刺、中华沙参、宝铎草、萱草、野百合、药百合、阔叶山麦冬、山麦冬、长梗黄精、黄独、薯蓣、山姜、广东石豆兰等。

不少野菜可有2种以上器官可供食用。如条叶榕的根与茎均可食用；金樱子既可食用花瓣，也可食用其嫩芽及果实；菟丝子可食用嫩茎、花序；野菊则嫩茎、叶、花等均可食用。

2.野果资源

野生果树的果实营养丰富，风味独特，除鲜食外，还可速冻或制成果汁、饮料、果酱、果脯等。

保护区蕴藏的野生果树资源十分丰富，据调查统计达134种之多，隶属于33科51属。现按果实类型不同，列举主要种类。

(1)聚花果类

构棘、柘、天仙果、异叶榕、珍珠莲、变叶榕、秀丽四照花等。

(2)聚合果类

小果蔷薇、软条七蔷薇、金樱子、野蔷薇、腺毛莓、粗叶悬钩子、周毛悬钩子、寒莓、掌叶覆盆子、山莓、插田泡、湖南悬钩子、白叶莓、灰毛泡、武夷悬钩子、高粱泡、太平莓、茅莓、锈毛莓、空心泡、棕红悬钩子、红腺悬钩子等。

(3)核果类

钟花樱桃、迎春樱桃、麦李、浙闽樱桃、南酸枣、钩刺雀梅藤、刺藤子、雀梅藤、中华杜英、杜英、秃瓣杜英、日本杜英、巴东胡颓子、蔓胡颓子、荚蒾、宜昌荚蒾等。

(4)浆果类

毛葡萄、东南葡萄、刺葡萄、红叶葡萄、葛藟葡萄、菱叶葡萄、软枣猕猴桃、异色猕猴桃、中华猕猴桃、毛花猕猴桃、长叶猕猴桃、黄背越橘、扁枝越橘、江南越橘、刺毛越橘、浙江柿、野柿、延平柿、龙葵等。

(5)梨果类

湖北海棠、中华石楠、厚叶中华石楠、垂丝石楠、伞花石楠、豆梨、石斑木、棕脉花楸等。

(6)坚果类

茅栗、米槠、甜槠、苦槠、钩锥、米心水青冈等。

(7)其他

南方红豆杉、榧树、紫麻、火炭母、杠板归、野大豆、梧桐、中华栝楼等。

在上述野果资源中,悬钩子属、猕猴桃属、葡萄属、木通科、越橘属等科属植物的果可直接食用,它们大多具有较高开发价值。

3.7.5 纤维植物

纤维植物资源是指植物体内含有大量纤维组织的一类植物。纤维广泛存在于维管植物中,一般木本植物纤维含量可以占到植物体的40%~55%,禾本科植物的茎秆纤维含量在35%左右,有些种类可高达50%以上。纤维或纤维植物可直接利用,如编织绳索、草帽、麻袋、草席、筐、箩等等;植物的茎和木材,可用于建筑房屋、架桥、家具;纤维也可作为纺织和造纸的原材料。

据调查统计,保护区重要的纤维植物有180种。从种类上看,以禾本科、榆科、桑科、荨麻科、豆科、大戟科居多。主要的乔木种类有马尾松、黄山松、柳杉、杉木、响叶杨、枫杨、亮叶桦、米心水青冈、兴山榆、榔榆等;竹类和棕榈类有毛竹、刚竹、棕榈等;灌木和亚灌木有天仙果、异叶榕、胡枝子、中华胡枝子、扁担杆、毛瑞香、结香、细叶水团花、茜树等;木质藤本有大血藤、羊角藤、忍冬、紫藤、南五味子等;草本有苦参、五节芒、芒、野灯心草、小花鸢尾等;草质藤本有葎草、薯莨等。

3.7.6 油脂植物

油脂植物的果实、种子或块根中含有丰富的油脂,可食用或供工业用。

据调查统计,保护区油脂含量较高的植物有224种,主要集中在松科、木兰科、樟科、芸香科、大戟科、漆树科、山茶科、唇形科、葫芦科、菊科等科。常见的山胡椒、南五味子、山鸡椒、乌药、乌桕等乔、灌木的种子含油量高达30%以上;益母草、紫苏、苍耳、鬼针草等草本植物的种子含油量在20%~40%;马尾松、黄山松、湿地松、刺柏等裸子植物种子的含油量也高达20%以上。

3.7.7 色素植物

色素作为染料广泛用于纺织、印染、橡胶、塑料、食品、饮料等行业。在相当长的一段时间里,化工合成染料由于原料易得,生产成本低廉,品种众多,所以一直占据主要位置。近年来,大量的研究证明,很多合成染料有致癌作用,对人体危害巨大。植物色素是天然染料的来源,如叶绿素、花青素、类胡萝卜素等,具有许多优点,不污染环境,对人体无害,属安全食用色素。

保护区重要的色素植物有124种,如楮、紫茉莉、垂序商陆、南天竹、山鸡椒、红楠、海金子、毛葡萄、东南葡萄、赤楠、轮叶蒲桃、地菍、楮头红、金剑草、茜草、荚蒾等。其中楮、柘、金樱子、中华石楠、红楠、荚蒾等果均具有红色素,可作食用色素;南烛、江南越橘、短尾越橘等植物果中含蔓越橘色素,可用于饮料、酒的着色;栀子的果、野菊的花、黄芩属植物的根都含有黄色素,是天然的食品添加剂;葡萄属植物的果含有葡萄紫色素;茜草的根含有黄红色素,用铝盐作媒染剂可染成红色等。

3.7.8 芳香植物

芳香植物是一类含有挥发性香味物质的植物。这类香味物质常以“油”的状态存在于植物的油腺或腺毛中，通称为芳香油。有的芳香油存在于芳香植物的各个部分，也有只存在于植物的茎皮、枝、叶、花、果、种子及根部的，通常含量较低，常在1%以下。

保护区重要的芳香植物有108种，主要集中在樟科、芸香科、伞形科、唇形科、百合科、菊科等。常见的种类有马尾松、乌药、山胡椒、红果山胡椒、山橿、枫香、朵椒、竹叶椒、楤木、细柱五加、吴茱萸五加、紫花前胡、小鱼仙草、石荠苧、紫苏、蕙兰、多花兰、春兰等。

芳香植物具有多种多样的用途。如芳香植物挥发出来的苯甲醇、芳樟醇等物质，能杀死有害微生物，净化空气；芳香类物质能通过人的嗅觉通路作用于中枢神经系统，调控和平衡自主神经系统，从而产生镇定、放松、愉悦或高兴的效果；芳香植物能增加空气中的负氧离子含量。

3.7.9 鞣质植物

鞣质也称单宁，广泛存在于植物中，是植物细胞液的主要组成成分之一。鞣质在印染、纺织、制革等工业中应用广泛。种子植物普遍含有鞣质，不少科、属的植物鞣质含量丰富，是提取鞣质的重要原料来源。

保护区富含鞣质的种类有48种，主要有黄山松、柳杉、杉木、南方红豆杉、杨梅、青钱柳、小叶青冈、多脉青冈、虎杖、羊蹄、樟、杨梅叶蚊母树、野鸦椿、青榨槭、笔罗子、厚皮香、杜鹃、鳢肠、菝葜等。曾经被利用的有化香树和壳斗科植物的果、蔷薇科植物的红根、马尾松等松属植物的树皮、杨梅的树皮和根、盐肤木的虫瘿等。

3.7.10 树脂植物

树脂是植物体内含有的一种胶体状物质，是由高分子化合物组成的复杂混合物。它常存在于植物的根、茎、叶、果实、种子的树脂细胞、树脂道、乳管、瘤及其他储藏器官中，在经受人为或自然机械损伤后，便会从体内分泌出来。树脂广泛用于造纸、纺织、酿造、制漆、皮革、橡胶、医药、食品工业等，是一种重要的植物资源。

据调查统计，保护区富含树脂的野生植物主要有湿地松、马尾松、缺萼枫香、野漆、紫花络石、络石等10种。其中马尾松、黄山松是我国采脂、提炼松香和松节油的重要树种之一；枫香、缺萼枫香的树干含枫香脂、类苏合香脂，可代替苏合香用；紫花络石藤枝含树脂8.6%，茎皮含树脂21.1%，叶含树脂13.8%。

3.8 保护与利用建议

20世纪以来是人类社会发展最快的时期，同时也经历着全球人口膨胀、粮食短缺、能源消耗、资源枯竭、环境退化、生态平衡失调等危机。这些危机的发生，归根结底，无一不与植物资源的合理开发和保护有着密切的联系。

植物资源是人类发展中不可缺少的重要资源。植物作为生态系统中的主体，对改善生态环境、维持生态平衡起着重要的作用。植物资源能够按物种自身的繁育特点和生长速率源源不断地进行自我更新和繁殖扩大，成为取之不尽、用之不竭的自然资源。植物资源虽然具有再生性的特点，但是如果过度利用，将导致资源的不可逆转的消耗，因此只有正确处理好野生植物资源保护与合理利用的关系，才能实现野生植物的可持续发展。作为自然保护区，其资源开发利用必须围绕保护这个主题，即通过科学合理利用植物资源，带动周边社区的经济发展，提高居民的生活水平，并处理好与周边社区的关系，从而降低保护压力。根据保护区植物资源现状，对资源的利用提出以下几点建议。

(1)以保护为基础，科学利用。保护好资源是开发利用的根本，而永续利用是资源保护的目的。在保护好资源的前提下，科学合理地进行开发，方能达到自然资源充分为人类服务的目的。在开发利用的过程中，建议尽量少或不直接采挖野生植物资源，可通过采集种子或插条，就近选择适宜的立地条件进行人工繁殖。

资源植物常常具有多种用途。如野百合，即可用于观赏，又可供食用和药用；南酸枣可作为绿化观赏植物，也是食用植物、药用植物和鞣质植物。因此，充分挖掘和利用资源植物的多用性的特点，提高资源植物开发利用的效益和减少资源植物的消耗。

(2)建立繁育基地，形成特色产业。开发植物资源不能追求数量，必须因地制宜，综合规划，力求高质量并创出特色，从而获得经济效益、社会效益和生态效益的统一，实现可持续发展。可根据保护区本身的特点，在周边选择合适的位置建立珍贵树木、野菜、乡土树种等基地，以珍贵苗木和野菜为主要特色。栽培时尽量采用生态立体配置，乔灌草搭配，以充分有效利用土地资源；种类选择可考虑口感优良的或有地方特色的植物，如三脉紫菀、大青、伯乐树、香果树等。开发利用应当以市场为导向，只有资源与市场紧密结合，资源优势才能转化为经济优势。因此，应经常进行珍贵树种、野菜的国内外市场的调查，并建立预测数据库，对市场的需求进行科学预测，指导资源的开发利用。

(3)积极宣传、普及资源保护意识。积极宣传资源保护的重要意义，通过各种途径加强宣传教育，普及植物科普知识。如目前的中小学生的授课老师本身缺乏植物学实践知识，很少带学生去野外认识植物、采标本，因此保护区可以利用假期时间，组织开展自然教育类的夏令营活动，宣传植物学知识，采集制作植物标本，激发学生的兴趣，培养学生的自然保护意识。又如保护区内有多达900余种药用植物，可作为中医药类高校或科研机构的实习基地，普及中医药文化知识。

3.9 保护区植物名录

一、藓类植物门 Bryophyta

1. 泥炭藓科 Sphagnaceae

拟尖叶泥炭藓 *Sphagnum acutifolioides* Warnst.

暖地泥炭藓拟柔叶亚种 *Sphagnum junghuhnianum* Dozy & Molk. subsp. *pseudomolle* (Warnst.) H. Suzuki

2. 金发藓科 Polytrichaceae

狭叶仙鹤藓 *Atrichum angustatum* (Brid.) Bruch & Schimp.、

小胞仙鹤藓 *Atriclum rhystophyllum* (Müll. Hal.) Paris

小仙鹤藓 *Atrichum crispulum* Schimp. ex Besch.

卷叶仙鹤藓 *Atrichum crispum* (James) Sull.

拟金发藓 *Polytrichastrum alpinum* (Hedw.) G. L. Sm.

台湾拟金发藓(台湾金发藓)*Polytrichastrum formosum* (Hedw.) G. L. Sm.

金发藓 *Polytrichum commune* Hedw.

刺边小金发藓褐色亚种 *Pogonatum cirratum* (Sw.) Brid. subsp. *fuscatum* (Mitt.) Hyvönen

东亚小金发藓(小金发藓)*Pogonatum inflexum* (Lindb.) Sande Lac.

扭叶小金发藓 *Pogonatum contortum* (Brid) Lesq.

暖地小金发藓(多枝小金发藓)*Pogonatum fastigiatum* Mitt.

小金发藓 *Pogonatum aloides* (Hedw.) P. Beauv.

硬叶小金发藓(爪哇小金发藓、小叶小金发藓)*Pogonatum neesii* (Müll. Hal.) Dozy

疣小金发藓 *Pogonatum urnigerum* (Hedw.) P. Beauv.

3. 短颈藓科 Diphysciaceae

东亚短颈藓 *Diphyscium fulvifolium* Mitt.

4. 葫芦藓科 Funariaceae

葫芦藓 *Funaria hygrometrica* Hedw.

狭叶葫芦藓 *Funaria attenuata* (Dicks.) Lindb.

红蒴立碗藓 *Physcomitrium eurystomum* Sendtn.

立碗藓 *Physcomitrium sphaericum* (Ludw.) Fürnr.

5. 缩叶藓科 Ptychomitriaceae

齿边缩叶藓 *Ptychomitrium dentatum* (Mitt.) A. Jaeger

威氏缩叶藓 *Ptychomitrium wilsonii* Sull. & Lesq.

狭叶缩叶藓 *Ptychomitrium linearifolium* Reimers

6. 紫萼藓科 Grimmiaceae

东亚长齿藓 *Niphotrichum japonicum* (Dozy & Molk.) Bednarek-Ochyra & Ochyra

黄无尖藓 *Codriophorus anomodontoides* (Cardot) Bednarek-Ochyra & Ochyra

毛尖紫萼藓 *Grimmia pilifera* P. Beauv.

直叶紫萼藓 *Grimmia elatior* Bruch ex Bals. & De Not.

7. 牛毛藓科 Ditrichaceae

黄牛毛藓 *Ditrichum pallidum* (Hedw.) Hamp

石缝藓 *Saelania glaucescens* (Hedw.) Broth.

8. 小烛藓科 Bruchiaceae

长蒴藓 *Trematodon longicollis* Michx.

9. 小曲尾藓科 Dicranellaceae

短颈小曲尾藓 *Dicranella cerviculata* (Hedw.) Schimp.

多形小曲尾藓 *Dicranella heteromalla* (Hedw.) Schimp.

南亚小曲尾藓 *Dicranella coarctata* (Müll. Hal.) Bosch & sande Lac.

疏叶小曲尾藓 *Dicranella divaricatula* Besch.

细叶小曲尾藓 *Dicranella micro-divariata* (Müll. Hal.) Paris.

史贝小曲尾藓 *Dicranella schreberiana* (Hedw.) Hilf. ex H. A Crum & L. E. Anderson

10. 曲背藓科 Oncophoraceae

卷叶曲背藓 *Oncophorus crispifolius* (Mitt.) Lindb.

曲背藓 *Oncophorus wahlenbergii* Brid.

11. 曲尾藓科 Dicranaceae

曲尾藓 *Dicranum scoparium* Hedw.

日本曲尾藓(东亚曲尾藓)*Dicranum japonicum* Mitt.

棕色曲尾藓 *Dicranum fuscescens* Turner

12. 白发藓科 Leucobryaceae

白发藓 *Leucobryum glaucum* (Hedw.) Aöngström

粗叶白发藓 *Leucobryum boninense* Sull. & Lesq.

爪哇白发藓 *Leucobryum javense* ((Brid.) Mitt.

桧叶白发藓 *Leucobryum juniperoideum* ((Brid.) Müll. Hal.

绿色白发藓 *Leucobryum chlorophyllosum* Müll. Hal.

狭叶白发藓 *Leucobryum bowringii* Mitt.

疣叶白发藓 *Leucobryum scabrum* Sande Lac.

青毛藓 *Dicranodontium denudatum* (Brid.) E. Britton ex Williams

长叶青毛藓 *Dicranotontium didymodon* (Griff.) Paris

梨蒴曲柄藓 *Campylopus pyriformis* (Schultz) Brid.

黄曲柄藓 *Campylopus schmidii* (Müll. Hal.) A. Jaeger

节茎曲柄藓 *Campylopus umbellatus* (Arnott.) Paris

毛叶曲柄藓 *Campylopus ericoides* (Griff.) A. Jaeger

中华曲柄藓 *Campylopus sinensis* (Müll. Hal) J.-P. Frahm

长叶曲柄藓 *Campylopus atrovirens* De Not.

13. 凤尾藓科 Fissidentaceae

大凤尾藓(日本凤尾藓)*Fissidens nobilis* Griff.

二形凤尾藓 *Fissidens geminiflorus* Dozy & Molk.

卷叶凤尾藓 *Fissidens dubius* P. Beauv.

黄叶凤尾藓 *Fissidens crispulus* Brid.

鳞叶凤尾藓(尖叶凤尾藓)*Fissidens taxifolius* Hedw.

裸萼凤尾藓 *Fissidens gymnogynus* Besch.

南京凤尾藓 *Fissidens teysmannianus* Dozy & Molk.

曲肋凤尾藓 *Fissidens oblongifolius* Hook. f. & Wilson

内卷凤尾藓 *Fissidens involutus* Wilson ex Mitt.

14. 丛藓科 Pottiaceae

丛本藓 *Anoectangium aestivum* (Hedw.) Mitt.

短叶对齿藓 *Didymodon tectorus* (Müll. Hal.) Saito

黑对齿藓 *Didymodon nigrescens* (Mitt.) Saito

尖叶对齿藓 *Didymodon constrictus* (Mitt.) Saito

土生对齿藓 *Didymodon vinealis* (Brid.) R. H. Zander

反纽藓 *Timmiella anomala* (Bruch & Schimp.) Limpr.

小反纽藓 *Timmiella diminuta* (Müll. Hal.) P. C. Chen

立膜藓硬叶变种 *Hymenostylium recurvirostrum* (Hedw.) Dixon var. *insigne* (Dixon) E. B. Bartram

卷叶毛口藓 *Trichostomum hattorianum* B. C. Tan & Z. Iwats.

毛口藓 *Trichostomum brachydontium* Bruch.

波边毛口藓 *Trichostomum tenuirostre*（Hook. f. & Taylor）Lindb.

细拟合睫藓 *Pseudosymblepharis duriuscula*（Mitt.）P. C. Chen

狭叶拟合睫藓 *Pseudosymblepharis angustata*（Mitt.）Hilp.

扭口藓(扭口藓尖叶变种、扭口藓长苞叶变种)*Barbula unguiculata* Hedw.

小扭口藓 *Barbula indica*（Hook.）Spreng.

芽孢扭口藓 *Barbula propagulifera*（X. J. Li & M. X. Zhang）Redf. & B. C. Tan

长叶纽藓(纽藓)*Tortella tortuosa*（Hedw.）Limpr.

花状湿地藓 *Hyophila nymaniana*（M. Fleisch.）Menzel.

卷叶湿地藓 *Hyophila involuta*（Hook.）A. Jaeger.

东亚小石藓 *Weissia exserta*（Broth.）P. C. Chen

小石藓 *Weissia controversa* Hedw.

15. 虎尾藓科 Hedwigiaceae

虎尾藓 *Hedwigia ciliata*（Hedw.）Ehrh. ex P. Beauv.

16. 珠藓科 Bartramiaceae

梨蒴珠藓 *Bartramia pomiformis* Hedw.

亮叶珠藓(挪威珠藓)*Bartramia halleriana* Hedw.

直叶珠藓 *Bartramia ithyphylla* Brid.

东亚泽藓 *Philonotis turneriana*（Schwägr.）Mitt.

泽藓(溪泽藓)*Philonotis fontana*（Hedw.）Brid.

揉叶泽藓 *Philonotis mollis*（Dozy & Molk.）Mitt.

细叶泽藓 *Philonotis thwaitesii* Mitt.

直叶泽藓 *Philonotis marchica*（Hedw.）Brid.

珠状泽藓 *Philonotis bartramioides*（Griffi.）Griff & W. R. Buck

17. 真藓科 Bryaceae

比拉真藓(球形真藓、截叶真藓)*Bryum billarderi* Schwägr

垂蒴真藓 *Bryum uliginosum*（Brid.）Bruch & Schimp.

丛生真藓 *Bryum caespiticium* Hedw.

细叶真藓 *Bryum capillare* Hedw.

真藓(银叶真藓)*Bryum argenteum* Hedw.

暖地大叶藓 *Rhodobryum giganteum*（Schwägr.）Paris

18. 提灯藓科 Mniaceae

侧枝匍灯藓 *Plagiomnium maximoviczii*（Lindb.）T. J. kop.

大叶匍灯藓 *Plagiomnium succulentum*（Mitt.）T. J. Kop.

钝叶匍灯藓 *Plagiomnium rostratum*（Schrad.）T. J. Kop.

匐灯藓 *Plagiomnium cuspidatum*（Hedw.）T. J. Kop.

尖叶匐灯藓 *Plagiomnium acutum*（Lindb.）T. J. Kop.

日本匐灯藓 *Plagiomnium japonicum*（Lindb.）T. J. Kop.

圆叶匐灯藓 *Plagiomnium vesicatum*（Besch.）T. J. Kop.

泛生丝瓜藓 *Pohlia cruda*（Hedw.）Lindb.

卵蒴丝瓜藓 *Pohlia proligera*（Kindb.）Lindb. ex Arnell

丝瓜藓 *Pohlia elongata* Hedw.

平肋提灯藓 *Mnium laevinerve* Cardot.

疣灯藓(疣胞提灯藓)*Trachycystis microphylla* (Dozy & Molk.) Lindb.

19. 木灵藓科 Orthotrichales

南亚火藓 *Schlotheimia grevilleana* Mitt.

卷叶藓 *Ulota crispa* (Hedw.) Brid.

钝叶簑藓 *Macromitrium japonicum* Dozy & Molk.

福氏蓑藓 *Macromitrium ferriei* Cardot & Thér.

长帽衰藓 *Macromitrium tosae* Besch.

细枝直叶藓 *Macrocoma sullivantii* (Müll. Hal.) Grout

20. 卷柏藓科 Racopilaceae

薄壁卷柏藓(毛尖卷柏藓)*Racopilum cuspidigerum* (Schwägr.) Ångström.

21. 孔雀藓科 Hypopterygiaceae

黄边孔雀藓 *Hypopterygium flavolimbatum* Müll. Hal.

22. 小黄藓科 Daltoniaceae

东亚黄藓 *Distichophyllum maibarae* Besch.

厚角黄藓 *Distichophyllum collenchymatosum* Cardot

厚角黄藓宽沿海变种 *Distichophyllum collenchymatosum* Cardot var. *pseudosinense* B. C. Tan & P. J. Lin

23. 油藓科 Hookeriaceae

尖叶油藓 *Hookeria acutifolia* Hook. & Grev.

24. 棉藓科 Plagiotheciaceae

扁平棉藓 *Plagiothecium neckeroideum* Bruch & Schimp.

垂蒴棉藓(丛林棉藓)*Plagiothecium nemorale* (Mitt.) A. Jaeger

阔叶棉藓 *Plagiothecium platyphyllum* Mönk.

圆条棉藓 *Plagiothecium cavifolium* (Brid.) Z. Iwats.

圆条棉藓阔叶变种 *Plagiothecium cavifolium* (Brid.) Z. Iwats. var. *fallax* (Cardot & Thér.) Z. Iwats.

直叶棉藓原变种 *Plagiothecium euryphyllum* (Cardot & Thér.) Z. Iwats.

直叶棉藓短尖变种 *Plagiothecium euryphyllum* (Cardot & Thér.) Z. Iwats. var. *brevirameum* (Cardot) Z. Iwats.

细柳藓 *Platydictya jungermannioides* (Brid.) H. A. Crum

25. 薄罗藓科 Leskeaceae

薄罗藓 *Leskea polycarpa* Erhr. ex Hedw.

大麻羽藓(斜叶麻羽藓)*Claopodium assurgens* (Sull. & Lesq.) Cardot

狭叶麻羽藓 *Claopodium aciculum* (Broth.) Broth.

拟草藓 *Pseudoleskeopsis zippelii* (Dozy & Molk.) Broth.

26. 羽藓科 Thuidiaceae

大羽藓 *Thuidium cymbifolium* (Dozy & Molk.) Dozy & Molk.

短肋羽藓 *Thuidium kanedae* Sakurai

灰羽藓 *Thuidium pristocalyx* (Müll. Hal.) A. Jaeger.

拟灰羽藓(南亚羽藓)*Thuidium glaucinoides* Broth.

细叶小羽藓 *Haplocladium microphyllum* (Hedw.) Broth.

狭叶小羽藓 *Haplocladium angustifolium* (Hampe & Müll. Hal.) Broth.

美丽鹤嘴藓 *Pelekium contortulum*（Mitt.）A. Touw

27. 异枝藓科 Heterocladiaceae

小粗疣藓 *Fauriella tenerrima* Broth.

28. 异齿藓科 Regmatodontaceae

异齿藓 *Regmatodon declinatus*（Hook.）Brid.

29. 青藓科 Brachytheciaceae

密叶美喙藓 *Eurhynchium savatieri* Schimp. ex Besch.

疏网美喙藓 *Eurhynchium laxirete* Broth.

中华拟无毛藓 *Juratzkaeella sinensis*（M. Fleisch. ex Broth.）W. R. Buck

平枝青藓 *Brachythecium helminthocladum* Broth. & Paris

多枝青藓 *Brachythecium fasciculirameum* Müll. Hal.

匐枝青藓 *Brachythecium procumbens*（Mitt.）A. Jaeger.

灰白青藓(青藓)*Brachythecium albicans*（Hedw.）Bruch & Schimp.

卵叶青藓 *Brachythecium rutabulum*（Hedw.）Bruch & Schimp.

毛尖青藓 *Brachythecium piligerum* Cardot

密枝青藓 *Brachythecium amnicola* Müll. Hal.

绒叶青藓 *Brachythecium velutinum*（Hedw.）Bruch & Schimp.

斜枝青藓 *Brachythecium campylothallum* Müll.

圆枝青藓 *Brachythecium garovaglioides* Müll.

长叶青藓 *Brachythecium rotaeanum* De Not.

日本细喙藓 *Rhynchostegiella japonica* Dixon & Thér.

淡叶长喙藓 *Rhynchostegium pallidifolium*（Mitt.）A. Jaeger

匐枝长喙藓 *Rhynchostegium serpenticaule*（Müll. Hal.）Broth.

缩叶长喙藓 *Rhynchostegium contractum* Cardot

狭叶长喙藓 *Rhynchostegium fauriei* Cardot

短枝褶藓 *Okamuraea brachydictyon*（Cardot）Nog.

长枝褶叶藓 *Okamuraea hakoniensis*（Mitt.）Broth.

褶叶藓 *Palamocladium leskeoides*（Hook.）E Britton

30. 蔓藓科 Meteoriaceae

垂藓 *Chrysocladium retrorsum*（Mitt.）M. Fleisch.

粗蔓藓 *Meteoriopsis squarrosa*（Hook. ex Harv.）M. Fleisch.

小多疣藓(多疣垂藓)*Sinskea flammea*（Mitt.）W. R. Buck

大灰气藓 *Aerobryopsis subdivergens*（Broth.）Broth.

大灰气藓长尖亚种 *Aerobryopsis subdivergens*（Broth.）Broth. subsp. *scariosa*（E. B. Bartram）Nog.

灰气藓 *Aerobryopsis wallichii*（Brid.）M. Fleisch.

扭叶灰气藓 *Aerobryopsis parisii*（Cardot）Broth.

假悬藓(莱氏假悬藓、南亚假悬藓)*Pseudobarbella levieri*（Renauld & Cardot）Nog.

粗枝蔓藓(台湾蔓藓、毛叶蔓藓)*Metrorium subpolytrichum*（Besch.）Broth.

东亚蔓藓 *Meteorium atrovariegatum* Cardot & Thér.

蔓藓(尖叶蔓藓)*Meteorium polytrichum* Dozy & Molk.

毛扭藓 *Aerobryidium filamentosum*（Hook.）M. Fleisch.

扭叶藓 *Trachypus bicolor* Reinw. & Hornsch.

小扭叶藓 *Trachypus humilis* lindb.
长叶扭叶藓 *Trachypus longifolius* Nog.
假丝带藓 *Floribundaria pseudofloribunda* M. Fleisch.
四川丝带藓 *Floribundaria setschwanica* Broth.
散生细带藓 *Trachycladiella sparsa* (Mitt.) Menzel
新丝藓(多疣悬藓) *Neodicladiella pendula* (Sull.) W. R. Buck

31. 灰藓科 Hypnaceae

皱叶粗枝藓 *Gollania ruginosa* (Mitt.) Broth.
大灰藓(多形灰藓、羽枝灰藓) *Hypnum plumaeforme* Wilson
东亚灰藓 *Hypnum fauriei* Cardot
钙生灰藓 *Hypnum calcicola* Ando.
黄灰藓 *Hypmu pallescens* (Hedw.) P. Beauv.
灰藓(柏状灰藓、欧灰藓) *Hypnum cupressiforme* Hedw.
美灰藓 *Hypnum leptothallum* (Müll. Hal.) Paris
南亚灰藓 *Hypnum oldhamii* (Mitt.) A. Jaeger
湿地灰藓 *Hypnum sakuraii* (Sakurai) Ando
钝头鳞叶藓 *Taxiphyllum arcuatum* (Besch. & Sande Lac.) S. He
鳞叶藓 *Taxiphyllum taxirameum* (Mitt) M. Fleisch
凸尖鳞叶藓 *Taxiphyllum cuspidifolium* (Cardot) Z. Iwats.
东亚拟鳞叶藓(东亚同叶藓) *Pseudotaxiphyllum pohliaecarpum* (Sull. & Lesq.) Z. Iwats.
平叶偏蒴藓 *Ectropothecium zollingeri* (Müll. Hal) A. Jaeger
卷叶偏蒴藓(许拉偏蒴藓) *Ectropothecium ohsimense* Cardot & Thér.

32. 金灰藓科 Pylaisiaceae

东亚金灰藓 *Pylaisia brotheri* Besch.
金灰藓 *Pylaisia polyantha* (Hedw.) Bruch & Schimp.
东亚毛灰藓 *Homomallium connexum* (Cardot) Broth.
贴生毛灰藓 *Homomallium japonico-adnatum* (Broth.) Broth.

33. 毛锦藓科 Pylaisiadelphaceae

暗绿毛锦藓 *Pylaisiadelpha tristoviridis* (Broth.) O. M. Afonina
短叶毛锦藓 *Pylaisiadelpha yokohamae* (Broth.) W. R. Buck
南亚同叶藓 *Isopterygium bancanum* (Sande Lac.) A. Jaeger.
赤茎小锦藓 *Brotherella erythrocaulis* (Mitt.) M. Fleisch.
垂蒴小锦藓 *Brotherella nictans* (Mitt.) Broth.
东亚小锦藓 *Brotherella fauriei* (Cardot.) Broth.
南方小锦藓 *Brotherella henonii* (Duby) M. Fleisch.

34. 锦藓科 Sematophyllaceae

矮锦藓 *Sematophyllum subhumile* (Müll. Hal) M. Fleish.
橙色锦藓 *Sematophyllum phoeniceum* (Müll. Hal.) M. Fleisch.
全缘刺疣藓 *Trichosteleum lutschianum* (Broth. & Paris) Broth.

35. 塔藓科 Hylocomiaceae

毛叶梳藓 *Ctenidium capillifolium* (Mitt.) Broth.
平叶梳藓 *Ctenidium homalophyllum* Broth. & Yasuda ex Ihsiba

柔枝梳藓 *Ctenidium andoi* N. Nishim.

梳藓 *Ctenidium molluscum* (Hedw.) Mitt.

小蔓藓 *Meteoriella soluta* (Mitt.) S. Okamura

36. 绢藓科 Entodontaceae

薄叶绢藓 *Entodon scariosus* Renauld & Cardot

钝叶绢藓 *Entodon obtusatus* Broth.

横生绢藓 *Entodon prorepens* (Mitt.) A. Jaeger.

绿叶绢藓 *Entodon viridulus* Cardot

柱蒴绢藓 *Entodon challengeri* (Paris) Carodt

深绿绢藓 *Entodon luridus* (Griff.) A. Jaeger

亚美绢藓多色变种 *Entodon sullivantii* (Müll. Hal.) Lindb. var. *versicolor* (Besch.) Mizush

亚美绢藓 *Entodon sullivantii* (Müll. Hal.) Lindb.

长柄绢藓 *Entodon macropodus* (Hedw.) Müll. Hal.

长帽绢藓 *Entodon dolichocucullatus* S. Okamura

37. 隐蒴藓科 Cryphaeaceae

毛枝藓 *Pilotrichopsis dentata* (Mitt.) Besch.

38. 白齿藓科 Leucodontaceae

中华白齿藓 *Leucodon sinensis* Thér.

39. 蕨藓科 Pterobryaceae

拟扁枝藓 *Homaliadelphus targionianus* (Mitt.) Dixon & P. de la Varde

匍枝残齿藓(中华残齿藓、中华残齿藓小叶变种、陕西残齿藓)*Forsstroemia producta* (Hornsch.) Paris

40. 平藓科 Neckeraceae

残齿藓 *Forsstroemia trichomitria* (Hedw.) Lindb.

短齿残齿藓 *Forsstroemia yezoana* (Besch.) S. Olsson

刀叶树平藓 *Homaliodendron scalpellifolium* (Mitt.) M. Fleisch.

木藓 *Thamnobryum alopecurum* (Hedw.) Nieuwl. ex Gangulee

南亚木藓 *Thamnobryum subserratum* (Hook.) Nog. & Z. Iwats.

曲枝平藓 *Neckera flexiramea* Cardot.

41. 船叶藓科 Lembophyllaceae

尖叶拟船叶藓 *Dolichomitriopsis diversiformis* (Mitt.) Nog.

42. 牛舌藓科 Anomodontaceae

尖叶牛舌藓 *Anomodon giraldii* Müll. Hal.

牛舌藓 *Anomodon viticulosus* (Hedw.) Hook. & Taylor

小牛舌藓 *Anomodon minor* (Hedw.) Lindb.

皱叶牛舌藓 *Anomodon rugelii* (Müll. Hal.) Keissl.

暗绿多枝藓 *Haplohymenium triste* (Ces.) Kindb.

羊角藓 *Herpetineuron toccoae* (Sull. & Lesq.) Cardot

二、苔类植物门 Marchntiophyta

1. 裸蒴苔科 Haplomitriaceae

爪哇裸蒴苔 *Haplomitrium blumii* (Nees) R. M. Schust.

2. 疣冠苔科 Aytoniaceae

石地钱 *Reboulia hemisphaerica* (L.) Raddi.

小孔紫背苔(紫背苔)*Plagiochasma rupestre* (Forst.) Steph.

3. 蛇苔科 Concephalaceae

暗色蛇苔 *Conocephalum salebrosum* Szweyk.

蛇苔 *Conocephalum conicum* (L.) Dumort.

4. 地钱科 Marchantiaceae

地钱 *Marchantia polymorpha* L.

地钱土生亚种 *Marchantia polyrnorpha* L. subsp. *ruderalis* Bischl. & Boisselier-Dubayle

楔瓣地钱东亚亚种 *Marchantia emarginata* subsp. *tosama* (Steph.) Bischl.

5. 毛地钱科 Dumortieraceae

毛地钱 *Dumortiera hirsuta* (Sw.) Nees

6. 带叶苔科 Pallaviciniaceae

带叶苔 *Pallavicinia lyellii* (Hook.) Gray

长刺带叶苔 *Palladicina subciliata* (Austin) Steph.

7. 叶苔科 Jungermanniaceae

矮细叶苔 *Jungermannia pumila* With.

深绿叶苔 *Jungermannia atrovirens* Dumort.

倒卵叶管口苔(倒卵叶叶苔)*Solenostoma obovatum* (Nees) C. Massal.

短萼狭叶苔 *Liochlaena subulata* (A. Evans) Schljakov

狭叶苔 *Liochlaena lanceolata* Nees.

细茎被蒴苔 *Nardia leptocaulia* C. Gao

8. 护蒴苔科 Calypogeiaceae

刺叶护蒴苔 *Calypogeia arguta* Nees & Mont. ex Nees

钝叶护蒴苔 *Calypogeia neesiana* (C. Massal. & Carest.) K. Müller ex Loeske

护蒴苔 *Calypogeia fissa* (L.) Raddi.

三角护蒴苔 *Calypogeia azurea* Stotler & Crotz

双齿护蒴苔 *Calypogeia tosana* (Steph.) Steph.

芽胞护蒴苔 *Calypogeia muelleriana* (Schiffn.) K. Müller

9. 挺叶苔科 Anastrophyllaceae

齿边褶萼苔 *Plicanthus hirtellus* (F. Weber) R. M. Schust.

全缘褶萼苔 *Plicanthus birmensis* (Steph.) R. M. Schust.

10. 大萼苔科 Cephaloziaceae

大萼苔 *Cephalozia bicuspidata* (L.) Dumort.

短瓣大萼苔 *Cephalozia macounii* (Austin) Austin

钝瓣大萼苔 *Cephalozia ambigua* C. Massal.

毛口大萼苔 *Cephalozia lacinulata* (J. B. Jack) Spruce

拳叶苔 *Nowellia curvifolia* (Dicks.) Mitt.

无毛拳叶苔 *Nowellia aciliata* (P. C. Chen & P. C. Wu) Mizut.

11. 拟大萼苔科 Cephaloziellaceae

小叶拟大萼苔 *Cephaloziella microphylla* (Steph.) Douin

弯叶筒萼苔 *Cylindrocolea recurvifolia* (Steph.) Inoue

12. 折叶苔科 Scapaniaceae

合叶苔(波瓣合叶苔) *Scanapia undulata* (L.) Dumort.

刺边合叶苔 *Scapania ciliata* Sande Lac.

粗疣合叶苔 *Scapania verrucosa* Heeg.

柯氏合叶苔 *Scapania koponenii* Potemkin

舌叶合叶苔多齿亚种(斯氏合叶苔)*Scapania ligulata* Steph. subsp. *stephanii* (K. Muller) Potemkin

细齿合叶苔(弯瓣合叶苔)*Scapania parvitexta* Steph.

尖瓣折叶苔 *Diplophyllum apiculatum* (A. Evans) Steph.

13. 绒苔科 Trichocoleaceae

绒苔 *Trichocolea tomentella* (Ehrh.) Dumort.

14. 指叶苔科 Lepidoziales

东亚鞭苔 *Bazzania praerupta* (Reinw., Blume & Nees) Trevis

卷叶鞭苔 *Bazzania yoshinagana* (Steph.) Steph. ex Yasuda

日本鞭苔 *Bazzania japonica* (Sande. Lac.) Lindb.

三裂鞭苔 *Bazzania tridens* (Reinw., Blume. & Nees) Trevis

深绿鞭苔 *Bazzania semiopaea* N. Kitag

东亚指叶苔 *Lepidozia fauriana* Steph.

细指苔 *Kurzia gonyotricha* (Sande Lac.) Grolle

15. 剪叶苔科 Herbertaceae

纤细剪叶苔 *Herbertus fragilis* (Steph.) Herzog

多枝剪叶苔 *Herbertus ramosus* (Steph.) H. A. Mill.

16. 羽苔科 Plagiochilaceae

刺叶羽苔 *Plagiochila sciophila* Nees ex Lindenb.

多齿羽苔 *Plagiochila perserrata* Herzog.

卵叶羽苔 *Plagiochila ovalifolia* Mitt.

圆头羽苔 *Plagiochila parvifolia* Lindenb.

中华羽苔 *Plagiochila chinensis* Steph.

17. 齿萼苔科 Lophocoleaceae

叉齿异萼苔 *Heteroscyphus lophocoleoides* S. Hatt.

南亚异萼苔 *Heteroscyphus zollingeri* (Gottsche) Schiffn.

平叶异萼苔 *Heteroscyphus planus* (Mitt.) Schiffn.

四齿异萼苔 *Heteroscyphus argutus* (Reinw., Bulme & Nees) Schiffn.

裂萼苔 *Chiloscyphus polyanthos* (L.) Corda

全缘裂萼苔 *Chiloscyphus integristipulus* (Steph.) J. J. Engel & R. M. Schust.

双齿裂萼苔 *Chiloscyphys latifolius* (Nees) J. J. Engel & R. M. Schust.

芽胞裂萼苔 *Chiloscyphus minor* (Nees) J. J. Engel & R. M. Schust.

18. 光萼苔科 Porellaceae

尖瓣光萼苔 *Porella acutifoila* (Lehm. & Lindb) Trevis

毛边光萼苔 *Porella perrottetiana* (Mont.) Trevis

日本光萼苔 *Porella japonica* Sande Lac.

19. 扁萼苔科 Radulaceae

大瓣扁萼苔 *Radula cavifolia* Hampe

东亚扁萼苔 *Radula oyamensis* Steph.

爪哇扁萼苔 *Radula javanica* Gottsche

尖瓣扁萼苔 *Radula apiculata* Sande Lac. ex Steph.

日本扁萼苔 *Radula japonica* Gottsche ex Steph.

芽孢扁萼苔 *Radula lindenbergiana* Gottsche ex Hartm. f.

20. 耳叶苔科 Frullaniaceae

钩瓣耳叶苔 *Frullania hamatiloba* Steph.

尖叶耳叶苔 *Frullania apiculata* (Reinw., Blume & Nees) Dumort.

盔瓣耳叶苔 *Frullania muscicola* Steph.

列胞耳叶苔 *Frullania moniliata* (Reinw., Blume & Nees) Mont.

尼泊尔耳叶苔 *Frullania nepalensis* (Spreng.) Lehm. & Lindenb.

硬叶耳叶苔 *Frullania valida* Steph.

钟瓣耳叶苔 *Frullania parvistipula* Steph.

21. 细鳞苔科 Lejeuneaceae

粗茎唇鳞苔 *Cheilolejeunea trapezia* (Nees) Kachroo & R. M. Schust.

日本细鳞苔 *Lejeunea japonica* Mitt.

弯叶细鳞苔 Lejeunea curviloba Steph.

小叶细鳞苔 Lejeunea parva (S. Hatt.) Mizut.

褐冠鳞苔 Lopholejeunea subfusca (Nees) Schiffn.

鳞叶疣鳞苔 *Cololejeunea longifolia* (Mitt.) Benedix ex Mizut.

狭叶疣鳞苔 *Cololejeunea angustifolia* (Steph.) Mizut.

尖叶薄鳞苔 *Leptolejeunea elliptica* (Lehm. & Lindenb.) Schiffn.

皱萼苔 *Ptychanthus striatus* (Lehm. & Lindenb.) Nees

南亚顶鳞苔 *Acrolejeunea sandvicensis* (Gottsche) J. Wang bis & Gradst.

22. 绿片苔科 Aneuraceae

宽片叶苔 *Riccardia latifrons* (Lindb.) Lindb

掌状片叶苔 *Riccardia palmata* (Hedw.) Carr.

绿片苔 *Aneura pinguis* (L.) Dumort.

23. 叉苔科 Metzgeriaceae

叉苔 *Metzgeria furcata* (L.) Dumort.

平叉苔 *Metzgeria conjugata* Lindb.

三、角苔门 Anthocerotophyta

短角苔科 Notothyladaceae

黄角苔 *Phaeoceros laevis* (L.) Prosk.

四、蕨类植物门 Pteridophyta

1. 石杉科 Huperziaceae

蛇足石杉 *Huperzia serrata* (Thunb. ex Murray) Trev.

四川石杉 *Huperzia sutchueniana* (Hert.) Ching

柳杉叶马尾杉 *Phlegmariurus cryptomerianus* (Maxim.) Ching ex L. B. Zhang et H. S. Kung

2. 石松科 Lycopodiaceae

藤石松 *Lycopodiastrum casuarinoides* (Spring) Holub ex Dixit

石松 *Lycopodium japonicum* Thunb. ex Murray

垂穗石松 *Palhinhaea cernua* (L.) Vasc. et Franco

3. 卷柏科 Selaginellaceae

布朗卷柏 *Selaginella braunii* Baker

深绿卷柏 *Selaginella doederleinii* Hieron.

异穗卷柏 *Selaginella heterostachys* Baker

细叶卷柏 *Selaginella labordei Hieron*. ex H. Christ

江南卷柏 *Selaginella moellendorffii* Hieron.

伏地卷柏 *Selaginella nipponica* Franch. et Sav.

疏叶卷柏 *Selaginella remotifolia* Spring

卷柏 *Selaginella tamariscina*（P. Beauv.）Spring

翠云草 *Selaginella uncinata*（Desv. ex Poir.）Spring

4. 阴地蕨科 Botrychiaceae

阴地蕨 *Botrychium ternatum*（Thunb.）Sw.

5. 紫萁科 Osmundaceae

紫萁 *Osmunda japonica* Thunb.

6. 瘤足蕨科 Plagiogyriaceae

瘤足蕨 *Plagiogyria adnata*（Bl.）Bedd.

镰叶瘤足蕨 *Plagiogyria distinctissima* Ching

倒叶瘤足蕨 *Plagiogyria dunnii* Copel.

华东瘤足蕨 *Plagiogyria japonica* Nakai

7. 里白科 Gleicheniaceae

芒萁 *Dicranopteris dichotoma*（Thunb.）Bernh.

里白 *Hicriopteris glauca*（Thunb. ex Houtt.）Ching

光里白 *Hicriopteris laevissima*（H. Christ）Ching

8. 海金沙科 Lygodiaceae

海金沙 *Lygodium japonicum*（Thunb.）Sw.

9. 膜蕨科 Hymenophyllaceae

团扇蕨 *Gonocormus minutus*（Blume）Bosch

华东膜蕨 *Hymenophyllum barbatum*（Bosch）Baker

蕗蕨 *Mecodium badium*（Hook. et Grev.）Copel.

10. 碗蕨科 Dennstaedtiaceae

细毛碗蕨 *Dennstaedtia pilosella*（Hook.）Ching

光叶碗蕨 *Dennstaedtia scabra*（Wall.）Moore var. *glabrescens*（Ching）C. Chr.

边缘鳞盖蕨 *Microlepia marginata*（Panz.）C. Chr.

二回鳞盖蕨 *Microlepia marginata*（Panz.）C. Chr. var. *bipinnata* Makino

中华鳞盖蕨 *Microlepia sinostrigosa* Ching

11. 姬蕨科 Hypolepidaceae

姬蕨 *Hypolepis punctata*（Thunb.）Mett.

12. 鳞始蕨科 Lindsaeaceae

乌蕨 *Stenoloma chusana*（L.）Ching

13. 蕨科 Pteridiaceae

蕨 *Pteridium aquilinum*（L.）Kuhn var. *latiusculum*（Desvaux）Underw. ex A. Heller

14. 凤尾蕨科 Pteridaceae

凤尾蕨 *Pteris cretica* L. var. *nervosa* (Thunb.) Ching et S. H. Wu

刺齿凤尾蕨 *Pteris dispar* Kze.

傅氏凤尾蕨 *Pteris fauriei* Hieron.

井栏边草 *Pteris multifida* Poir.

半边旗 *Pteris semipinnata* L.

蜈蚣草 *Pteris vittata* L.

15. 中国蕨科 Sinopteridaceae

粉背蕨 *Aleuritopteris pseudofarinosa* Ching et S. K. Wu

毛轴碎米蕨 *Cheilosoria chusana* (Hook.) Ching et K. H. Shing

野雉尾金粉蕨 *Onychium japonicum* (Thunb.) Kunze

栗柄金粉蕨 *Onychium japonicum* (Thunb.) Kunze var. *lucidum* (D. Don) H. Christ

旱蕨 *Pellaea nitidula* (Hook.) Baker

16. 铁线蕨科 Adiantaceae

扇叶铁线蕨 *Adiantum flabellulatum* L.

17. 裸子蕨科 Hemionitidaceae

凤丫蕨 *Coniogramme japonica* (Thunb.) Diels

18. 书带蕨科 Vittariaceae

书带蕨 *Vittaria flexuosa* Fée

19. 蹄盖蕨科 Athyriaceae

薄盖短肠蕨 *Allantodia hachijoensis* (Nakai) Ching

江南短肠蕨 *Allantodia metteniana* (Miq.) Ching

华东安蕨 *Anisocampium sheareri* (Baker) Ching

假蹄盖蕨 *Athyriopsis japonica* (Thunb.) Ching

毛轴假蹄盖蕨 *Athyriopsis petersenii* (Kunze) Ching

溪边蹄盖蕨 *Athyrium deltoidofrons* Makino

湿生蹄盖蕨 *Athyrium devolii* Ching

长江蹄盖蕨 *Athyrium iseanum* Rosenst.

华中蹄盖蕨 *Athyrium wardii* (Hook.) Makino

单叶双盖蕨 *Diplazium subsinuatum* (Wall. ex Hook. et Grev.) Tagawa

20. 金星蕨科 Thelypteridaceae

渐尖毛蕨 *Cyclosorus acuminatus* (Houtt.) Nakai

华南毛蕨 *Cyclosorus parasiticus* (L.) Farwell.

中间茯蕨 *Leptogramma intermedia* Ching ex Y. X. Lin

小叶茯蕨 *Leptogramma tottoides* H. Itô

雅致针毛蕨 *Macrothelypteris oligophlebia* (Bak.) Ching var. *elegans* (Koidz.) Ching

林下凸轴蕨 *Metathelypteris hattorii* (H. Itô) Ching

疏羽凸轴蕨 *Metathelypteris laxa* (Franch. et Sav.) Ching

武夷山凸轴蕨 *Metathelypteris wuyishanensis* Ching

金星蕨 *Parathelypteris glanduligera* (Kze.) Ching

光脚金星蕨 *Parathelypteris japonica* (Bak.) Ching

延羽卵果蕨 *Phegopteris decursivepinnata* (van Hall) Fée

镰片假毛蕨 *Pseudocyclosorus falcilobus* (Hook.) Ching

普通假毛蕨 *Pseudocyclosorus falcilobus subochthodes* (Ching) Ching

耳状紫柄蕨 *Pseudophegopteris aurita* (Hook.) Ching

紫柄蕨 *Pseudophegopteris pyrrhorachis* (Kunze) Ching

21. 铁角蕨科 Aspleniaceae

虎尾铁角蕨 *Asplenium incisum* Thunb.

倒挂铁角蕨 *Asplenium normale* Don

北京铁角蕨 *Asplenium pekinense* Hance

长叶铁角蕨 *Asplenium prolongatum* Hook.

铁角蕨 *Asplenium trichomanes* L.

三翅铁角蕨 *Asplenium tripteropus* Nakai

闽浙铁角蕨 *Asplenium wilfordii* Mett. ex Kuhn

狭翅铁角蕨 *Asplenium wrightii* Eaton ex Hook.

22. 球子蕨科 Onocleaceae

东方荚果蕨 *Matteuccia orientalis* (Hook.) Trevis.

23. 乌毛蕨科 Blechnaceae

狗脊 *Woodwardia japonica* (L. f.) Sm.

珠芽狗脊 *Woodwardia prolifera* Hook. et Arn.

24. 鳞毛蕨科 Dryopteridaceae

中华复叶耳蕨 *Arachniodes chinensis* (Rosenst.) Ching

刺头复叶耳蕨 *Arachniodes exilis* (Hance) Ching

缩羽复叶耳蕨 *Arachniodes reducta* Y. T. Hsieh et Y. P. Wu

斜方复叶耳蕨 *Arachniodes rhomboidea* (Schott) Ching

长尾复叶耳蕨 *Arachniodes simplicior* (Makino) Ohwi

美丽复叶耳蕨 *Arachniodes speciosa* (D. Don) Ching

镰羽贯众 *Cyrtomium balansae* (H. Christ) C. Chr.

贯众 *Cyrtomium fortunei* J. Sm.

阔鳞鳞毛蕨 *Dryopteris championii* (Benth.) C. Chr. ex Ching

迷人鳞毛蕨 *Dryopteris decipiens* (Hook.) Kuntze

深裂迷人鳞毛蕨 *Dryopteris decipiens* var. *diplazioides* (Christ) Ching

宜昌鳞毛蕨 *Dryopteris enneaphylla* (Baker) C. Chr.

黑足鳞毛蕨 *Dryopteris fuscipes* C. Chr.

裸果鳞毛蕨 *Dryopteris gymnosora* (Makino) C. Chr.

京鹤鳞毛蕨 *Dryopteris kinkiensis* Koidz. ex Tagawa

阔羽鳞毛蕨 *Dryopteris ryo-itoana* Sa. Kurata

两色鳞毛蕨 *Dryopteris setosa* (Thunb.) Akas.

奇羽鳞毛蕨 *Dryopteris sieboldii* (T. Moore) Kuntze

稀羽鳞毛蕨 *Dryopteris sparsa* (D. Don) Kuntze

三角鳞毛蕨 *Dryopteris subtriangularis* (C. Hope) C. Chr.

同形鳞毛蕨 *Dryopteris uniformis* (Makino) Makino

变异鳞毛蕨 *Dryopteris varia* (L.) Kuntze

黑鳞耳蕨 *Polystichum makinoi* (Tagawa) Tagawa

对马耳蕨 *Polystichum tsus-simense*（Hook.）J. Sm.

25. 三叉蕨科 Tectariaceae

阔鳞肋毛蕨 *Ctenitis maximowicziana*（Miq.）Ching

26. 舌蕨科 Elaphoglossaceae

华南舌蕨 *Elaphoglossum yoshinagae*（Yatabe）Makino

27. 骨碎补科 Davalliaceae

圆盖阴石蕨 *Humata tyermannii* T. Moore

28. 水龙骨科 Polypodiaceae

线蕨 *Colysis elliptica*（Thunb.）Ching

抱石莲 *Lepidogrammitis drymoglossoides*（Baker）Ching

中间骨牌蕨 *Lepidogrammitis intermedia* Ching

庐山瓦韦 *Lepisorus lewisii*（Baker）Ching

瓦韦 *Lepisorus thunbergianus*（Kaulf.）Ching

宝华山瓦韦 *Lepisorus tosaensis*（Makino）H. Itô

江南星蕨 *Microsorum fortunei*（T. Moore）Ching

盾蕨 *Neolepisorus ovatus* Ching

恩氏假瘤蕨 *Phymatopteris engleri*（Luerss.）Pic. Serm.

金鸡脚假瘤蕨 *Phymatopteris hastata*（Thunb.）Pic. Serm.

屋久假瘤蕨 *Phymatopteris yakushimensis*（Makino）Pic. Serm.

石韦 *Pyrrosia lingua*（Thunb.）Farw.

庐山石韦 *Pyrrosia sheareri*（Baker）Ching

日本水龙骨 *Polypodiodes niponica*（Mett.）Ching

石蕨 *Saxiglossum angustissimum*（Giesenh. ex Diels）Ching

五、裸子植物门 Gymnospermae

1. 松科 Pinaceae

雪松* *Cedrus deodara*（Roxb. ex Lamb.）G. Don

湿地松* *Pinus elliottii* Engelm.

马尾松 *Pinus massoniana* Lamb.

黄山松 *Pinus taiwanensis* Hayata

2. 杉科 Taxodiaceae

柳杉* *Cryptomeria fortunei* Hooibr. ex Otto et Dietrich

杉木* *Cunninghamia lanceolata*（Lamb.）Hook.

灰叶杉木* *Cunninghamia lanceolata*（Lamb.）Hook. ‘Glauca’

水杉* *Metasequoia glyptostroboides* Hu et W. C. Cheng

3. 柏科 Cupressaceae

日本花柏* *Chamaecyparis pisifera*（Sieb. et Zucc.）Endl.

刺柏 *Juniperus formosana* Hayata

侧柏* *Platycladus orientalis*（L.）Franco

圆柏* *Sabina chinensis*（L.）Antoine

注:“*”表示栽培植被。

4. 罗汉松科 Podocarpaceae

罗汉松* *Podocarpus macrophyllus* (Thunb.) Sweet

5. 三尖杉科 Cephalotaxaceae

三尖杉 *Cephalotaxus fortunei* Hook.

6. 红豆杉科 Taxaceae

南方红豆杉 *Taxus wallichiana* Zucc. var. *mairei* (Lemé. et H. Lév.) L. K. Fu et Nan Li

榧树 *Torreya grandis* Fortune ex Lindl.

六、被子植物门 Angiospermae

(一)双子叶植物纲 Dicotyledoneae

1. 三白草科 Saururaceae

蕺菜 *Houttuynia cordata* Thunb.

三白草 *Saururus chinensis* (Lour.) Baill.

2. 胡椒科 Piperaceae

山蒟 *Piper hancei* Maxim.

3. 金粟兰科 Chloranthaceae

宽叶金粟兰 *Chloranthus henryi* Hemsl.

及已 *Chloranthus serratus* (Thunb.) Roem. et Schult.

草珊瑚 *Sarcandra glabra* (Thunb.) Nakai

4. 杨柳科 Salicaceae

响叶杨 *Populus adenopoda* Maxim.

加杨* *Populus × canadensis* Moench

银叶柳 *Salix chienii* W. C. Cheng

长梗柳 *Salix dunnii* C. K. Schneid.

旱柳 *Salix matsudana* Koidz.

南川柳 *Salix rosthornii* Seemen

5. 杨梅科 Myricaceae

杨梅 *Myrica rubra* (Lour.) Sieb. et Zucc.

6. 胡桃科 Juglandaceae

青钱柳 *Cyclocarya paliurus* (Batal.) Iljinsk.

华东野核桃 *Juglans cathayensis* Dode var. *formosana* (Hayata) A. M. Lu et R. H. Chang

漾濞核桃* *Juglans sigillata* Dode

化香树 *Platycarya strobilacea* Sieb. et Zucc.

枫杨 *Pterocarya stenoptera* C. DC.

7. 桦木科 Betulaceae

桤木* *Alnus cremastogyne* Burkill

亮叶桦 *Betula luminifera* H. Winkl.

短尾鹅耳枥 *Carpinus londoniana* H. Winkl.

多脉鹅耳枥 *Carpinus polyneura* Franch.

雷公鹅耳枥 *Carpinus viminea* Lindl.

8. 壳斗科 Fagaceae

板栗 *Castanea mollissima* Bl.

短毛金线草 *Antenoron filiforme* (Thunb.) Rob. et Vaut. var. *neofiliforme* (Nakai) A. J. Li
金荞麦 *Fagopyrum dibotrys* (D. Don) H. Hara
何首乌 *Fallopia multiflora* (Thunb.) Haraldson
火炭母 *Polygonum chinense* L.
水蓼 *Polygonum hydropiper* L.
酸模叶蓼 *Polygonum lapathifolium* L.
长鬃蓼 *Polygonum longisetum* Bruijn
小花蓼 *Polygonum muricatum* Meisn.
尼泊尔蓼 *Polygonum nepalense* Meisn.
杠板归 *Polygonum perfoliatum* (L.) L.
丛枝蓼 *Polygonum posumbu* Buch.-Ham. ex D. Don
伏毛蓼 *Polygonum pubescens* Blume
箭叶蓼 *Polygonum sieboldii* Meisn.
黏蓼 *Polygonum viscoferum* Makino
虎杖 *Reynoutria japonica* Houtt.
酸模 *Rumex acetosa* L.
羊蹄 *Rumex japonicus* Houtt.

17. 藜科 Chenopodiaceae

藜 *Chenopodium album* L.
红心藜 *Chenopodium album* L. var. *centrorubrum* Makino
扫帚菜* *Kochia scoparia* (L.) Schrad. f. *trichophylla* (A. Voss) Stapf ex Schinz et Thellung

18. 苋科 Amaranthaceae

牛膝 *Achyranthes bidentata* Blume
红叶牛膝 *Achyranthes bidentata* Blume f. *rubra* Ho
红柳叶牛膝 *Achyranthes longifolia* (Makino) Makino f. *rubra* Ho
喜旱莲子草 *Alternanthera philoxeroides* (Mart.) Griseb.
凹头苋 *Amaranthus lividus* L.
苋* *Amaranthus tricolor* L.
鸡冠花* *Celosia cristata* L.
千日红* *Gomphrena globosa* L.

19. 紫茉莉科 Nyctaginaceae

紫茉莉* *Mirabilis jalapa* L.

20. 商陆科 Phytolaccaceae

垂序商陆 *Phytolacca americana* L.

21. 番杏科 Aizoaceae

粟米草 *Mollugo stricta* L.

22. 马齿苋科 Portulacaceae

土人参 *Talinum paniculatum* (Jacq.) Gaertn.

23. 落葵科 Basellaceae

细枝落葵薯* *Anredera cordifolia* (Tenore) Steenis
落葵* *Basella alba* L.

24. 石竹科 Caryophyllaceae

无心菜 *Arenaria serpyllifolia* L.

簇生卷耳 *Cerastium fontanum* Baumg. subsp. *vulgare*（Hartm.）Greut. et Burdet
球序卷耳 *Cerastium glomeratum* Thuill.
石竹* *Dianthus chinensis* L.
牛繁缕 *Myosoton aquaticum*（L.）Moench
孩儿参 *Pseudostellaria heterophylla*（Miq.）Pax
漆姑草 *Sagina japonica*（Sw.）Ohwi
无瓣繁缕 *Stellaria apetala* Ucria ex Roem.
繁缕 *Stellaria media*（L.）Cirillo
雀舌草 *Stellaria uliginosa* Murray

25. 毛茛科 Ranunculaceae

女萎 *Clematis apiifolia* DC.
钝齿铁线莲 *Clematis apiifolia* DC. var. *obtusidentata* Rehd. et Wils.
粗齿铁线莲 *Clematis argentilucida*（H. Lév. et Vaniot）W. T. Wang
山木通 *Clematis finetiana* H. Lév. et Vaniot
扬子铁线莲 *Clematis ganpiniana*（H. Lév. et Vaniot）Tamura
单叶铁线莲 *Clematis henryi* Oliv.
柱果铁线莲 *Clematis uncinata* Champ. ex Benth.
短萼黄连 *Coptis chinensis* Franch. var. *brevisepala* W. T. Wang et Hsiao
还亮草 *Delphinium anthriscifolium* Hance
人字果 *Dichocarpum sutchuenense*（Franch.）W. T. Wang et P. K. Hsiao
禺毛茛 *Ranunculus cantoniensis* DC.
毛茛 *Ranunculus japonicus* Thunb.
扬子毛茛 *Ranunculus sieboldii* Miq.
天葵 *Semiaquilegia adoxoides*（DC.）Makino
尖叶唐松草 *Thalictrum acutifolium*（Hand.-Mazz.）B. Boivin
华东唐松草 *Thalictrum fortunei* S. Moore

26. 木通科 Lardizabalaceae

木通 *Akebia quinata*（Houtt.）Decne.
三叶木通 *Akebia trifoliata*（Thunb.）Koidz.
鹰爪枫 *Holboellia coriacea* Diels
大血藤 *Sargentodoxa cuneata*（Oliv.）Rehd. et Wils.
显脉野木瓜 *Stauntonia conspicua* R. H. Chang
钝药野木瓜 *Stauntonia leucantha* Diels ex Y. C. Wu
尾叶那藤 *Stauntonia obovatifoliola* Hayata subsp. *urophylla*（Hand.-Mazz.）H. N. Qin

27. 小檗科 Berberidaceae

天台小檗 *Berberis lempergiana* Ahrendt
六角莲 *Dysosma pleiantha*（Hance）Woodson
八角莲 *Dysosma versipellis*（Hance）M. Cheng ex Ying
三枝九叶草 *Epimedium sagittatum*（Sieb. et Zucc.）Maxim.
阔叶十大功劳 *Mahonia bealei*（Fortune）Carrière
十大功劳* *Mahonia fortunei*（Lindl.）Fedde
南天竹 *Nandina domestica* Thunb.

28. 防己科 Menispermaceae

木防己 *Cocculus orbiculatus*（L.）DC.

轮环藤 *Cyclea racemosa* Oliv.

秤钩风 *Diploclisia affinis*（Oliv.）Diels

细圆藤 *Pericampylus glaucus*（Lam.）Merr.

风龙 *Sinomenium acutum*（Thunb.）Rehd. et E. H. Wils.

金线吊乌龟 *Stephania cephalantha* Hayata

29. 木兰科 Magnoliaceae

黄山木兰 *Magnolia cylindrica* E. H. Wilson

厚朴* *Magnolia officinalis* Rehder et E. H. Wilson

凹叶厚朴 *Magnolia officinalis* Rehder et E. H. Wilson subsp. *biloba*（Rehder et E. H. Wilson）Y. W. Law

红毒茴 *Illicium lanceolatum* A. C. Sm.

南五味子 *Kadsura longipedunculata* Finet et Gagnep.

鹅掌楸 *Liriodendron chinense*（Hemsl.）Sarg.

乳源木莲 *Manglietia yuyuanensis* Y. W. Law

深山含笑 *Michelia maudiae* Dunn

野含笑 *Michelia skinneriana* Dunn

粉背五味子 *Schisandra henryi* C. B. Clarke

华中五味子 *Schisandra sphenanthera* Rehder et E. H. Wilson

30. 樟科 Lauraceae

华南桂 *Cinnamomum austrosinense* Hung T. Chang

樟 *Cinnamomum camphora*（L.）J. Presl

浙江樟 *Cinnamomum japonicum* Siebold

香桂 *Cinnamomum subavenium* Miq.

乌药 *Lindera aggregata*（Sims）Kosterm.

红果山胡椒 *Lindera erythrocarpa* Makino

山胡椒 *Lindera glauca*（Sieb. et Zucc.）Blume

山橿 *Lindera reflexa* Hemsl.

豹皮樟 *Litsea coreana* H. Lév. var. *sinensis*（Allen）Yen C. Yang et P. H. Huang

山鸡椒 *Litsea cubeba*（Lour.）Pers.

黄丹木姜子 *Litsea elongata*（Nees）Hook. f.

石木姜子 *Litsea elongata*（Nees）Hook. f. var. *faberi*（Hemsl.）Yen C. Yang et P. H. Huang

豺皮樟 *Litsea rotundifolia* Hemsl. var. *oblongifolia*（Nees）Allen

黄绒润楠 *Machilus grijsii* Hance

薄叶润楠 *Machilus leptophylla* Hand.-Mazz.

凤凰润楠 *Machilus phoenicis* Dunn

红楠 *Machilus thunbergii* Sieb. et Zucc.

绒毛润楠 *Machilus velutina* Champ. ex Benth.

浙江新木姜子 *Neolitsea aurata*（Hayata）Koidz. var. *chekiangensis*（Nakai）Yen C. Yang et P. H. Huang

云和新木姜子 *Neolitsea aurata*（Hayata）Koidz. var. *paraciculata*（Nakai）Yen C. Yang et P. H. Huang

浙闽新木姜子 *Neolitsea aurata* (Hayata) Koidz. var. *undulatula* Yen C. Yang et P. H. Huang

紫楠 *Phoebe sheareri* (Hemsl.) Gamble

31. 罂粟科 Papaveraceae

台湾黄堇 *Corydalis balansae* Prain

阜平黄堇 *Corydalis chanetii* H. Lév.

夏天无 *Corydalis decumbens* (Thunb.) Pers.

刻叶紫堇 *Corydalis incisa* (Thunb.) Pers.

黄堇 *Corydalis pallida* (Thunb.) Pers.

小花黄堇 *Corydalis racemosa* (Thunb.) Pers.

血水草 *Eomecon chionantha* Hance

博落回 *Macleaya cordata* (Willd.) R. Br.

32. 十字花科 Brassicaceae

青菜* *Brassica chinensis* L.

雪里蕻* *Brassica juncea* (L.) Czern. et Coss. var. *multiceps* Tsen et Lee

荠 *Capsella bursa-pastoris* (L.) Medik.

弯曲碎米荠 *Cardamine flexuosa* With.

碎米荠 *Cardamine hirsuta* L.

河岸泡果荠 *Cochlearia rivulorum* (Dunn) O. E. Schulz

北美独行菜 *Lepidium virginicum* L.

萝卜* *Raphanus sativus* L.

蔊菜 *Rorippa indica* (L.) Hiern

33. 伯乐树科 Bretschneideraceae

伯乐树 *Bretschneidera sinensis* Hemsl.

34. 茅膏菜科 Droseraceae

茅膏菜 *Drosera peltata* Sm. ex Willd.

匙叶茅膏菜 *Drosera spathulata* Labill.

35. 景天科 Crassulaceae

宝石花* *Graptopetalum paraguayense* (N. E. Br.) E. Walther

东南景天 *Sedum alfredii* Hance

狭叶垂盆草 *Sedum angustifolium* Z. B. Hu et X. L. Huang

珠芽景天 *Sedum bulbiferum* Makino

凹叶景天 *Sedum emarginatum* Migo

圆叶景天 *Sedum makinoi* Maxim.

藓状景天 *Sedum polytrichoides* Hemsl.

垂盆草 *Sedum sarmentosum* Bunge

36. 虎耳草科 Saxifragaceae

大落新妇 *Astilbe grandis* Stapf ex E. H. Wils.

大果落新妇 *Astilbe macrocarpa* Knoll

绵毛金腰 *Chrysosplenium lanuginosum* Hook. f. et Thoms.

宁波溲疏 *Deutzia ningpoensis* Rehd.

中国绣球 *Hydrangea chinensis* Maxim.

圆锥绣球 *Hydrangea paniculata* Sieb.

蜡莲绣球 *Hydrangea rosthornii* Diels

矩叶鼠刺 *Itea oblonga* Hand.-Mazz.

浙江山梅花 *Philadelphus zhejiangensis* Hwang

冠盖藤 *Pileostegia viburnoides* Hook. f. et Thoms.

虎耳草 *Saxifraga stolonifera* Curtis

柔毛钻地风 *Schizophragma molle* (Rehd.) Chun

37. 海桐花科 Pittosporaceae

海金子 *Pittosporum illicioides* Makino

38. 金缕梅科 Hamamelidaceae

腺蜡瓣花 *Corylopsis glandulifera* Hemsl.

灰白蜡瓣花 *Corylopsis glandulifera* Hemsl. var. *hypoglauca* (Cheng) H. T. Chang

蜡瓣花 *Corylopsis sinensis* Hemsl.

杨梅叶蚊母树 *Distylium myricoides* Hemsl.

缺萼枫香 *Liquidambar acalycina* H. T. Chang

枫香树 *Liquidambar formosana* Hance

檵木 *Loropetalum chinense* (R. Br.) Oliv.

细柄半枫荷 *Semiliquidambar chingii* (F. P. Metcalf) H. T. Chang

39. 杜仲科 Eucommiaceae

杜仲* *Eucommia ulmoides* Oliver

40. 蔷薇科 Rosaceae

托叶龙芽草 *Agrimonia coreana* Nakai

龙芽草 *Agrimonia pilosa* Ledeb.

桃 *Amygdalus persica* L.

梅* *Armeniaca mume* Siebold

钟花樱桃 *Cerasus campanulata* (Maxim.) A. N. Vassiljeva

迎春樱桃 *Cerasus discoidea* T. T. Yu et C. L. Li

麦李 *Cerasus glandulosa* (Thunb.) Loisel.

磐安樱 *Cerasus pananensis* Z. L. Chen, W. J. Chen et X. F. Jin

浙闽樱桃 *Cerasus schneideriana* (Koehne) T. T. Yu et C. L. Li

野山楂 *Crataegus cuneata* Sieb. et Zucc.

皱果蛇莓 *Duchesnea chrysantha* (Zoll. et Moritzi) Miq.

蛇莓 *Duchesnea indica* (Andrews) Focke

枇杷* *Eriobotrya japonica* (Thunb.) Lindl.

腺叶桂樱 *Laurocerasus phaeosticta* (Hance) C. K. Schneid.

刺叶桂樱 *Laurocerasus spinulosa* (Sieb. et Zucc.) C. K. Schneid.

台湾林檎 *Malus doumeri* (Bois) A. Chev.

湖北海棠 *Malus hupehensis* (Pamp.) Rehder

橉木 *Padus buergeriana* (Miq.) T. T. Yu et T. C. Ku

灰叶稠李 *Padus grayana* (Maxim.) C. K. Schneid.

细齿稠李 *Padus obtusata* (Koehne) T. T. Yu et T. C. Ku

中华石楠 *Photinia beauverdiana* C. K. Schneid.

厚叶中华石楠 *Photinia beauverdiana* C. K. Schneid. var. *notabilis* (Schneid.) Rehd. et Wils.

红叶石楠[*] *Photinia* × *fraseri* Dress

光叶石楠 *Photinia glabra* (Thunb.) Maxim.

褐毛石楠 *Photinia hirsuta* Hand. -Mazz.

垂丝石楠 *Photinia komarovii* (H. Lév. et Vant.) L. T. Lu et C. L. Li

伞花石楠 *Photinia parvifolia* (E. Pritz.) C. K. Schneid.

石楠 *Photinia serrulata* Lindl.

三叶委陵菜 *Potentilla freyniana* Bornm.

蛇含委陵菜 *Potentilla kleiniana* Wight et Arn.

李[*] *Prunus salicina* Lindl.

豆梨 *Pyrus calleryana* Decne.

楔叶豆梨 *Pyrus koehnei* Schneid.

沙梨[*] *Pyrus pyrifolia* (Burm. f.) Nakai

石斑木 *Rhaphiolepis indica* (L.) Lindl. ex Ker

月季花[*] *Rosa chinensis* Jacq.

小果蔷薇 *Rosa cymosa* Tratt.

软条七蔷薇 *Rosa henryi* Boulenger

金樱子 *Rosa laevigata* Michx.

野蔷薇 *Rosa multiflora* Thunb.

粉团蔷薇 *Rosa multiflora* Thunb. var. *cathayensis* Rehd. et Wils.

腺毛莓 *Rubus adenophorus* Rolfe

粗叶悬钩子 *Rubus alceifolius* Poir.

周毛悬钩子 *Rubus amphidasys* Focke

寒莓 *Rubus buergeri* Miq.

掌叶覆盆子 *Rubus chingii* Hu

山莓 *Rubus corchorifolius* L. f.

插田泡 *Rubus coreanus* Miq.

弓茎悬钩子 *Rubus flosculosus* Focke

光果悬钩子 *Rubus glabricarpus* W. C. Cheng

武夷悬钩子 *Rubus glabricarpus* W. C. Cheng var. *glabratus* C. Z. Zheng et Y. Y. Fang

蓬蘽 *Rubus hirsutus* Thunb.

湖南悬钩子 *Rubus hunanensis* Hand. -Mazz.

白叶莓 *Rubus innominatus* S. Moore

蜜腺白叶莓 *Rubus innominatus* S. Moore var. *aralioides chance* Yü et L. T. Lu

灰毛泡 *Rubus irenaeus* Focke var. *innoxius* (Focke) T. T. Yu et L. T. Lu

高粱泡 *Rubus lambertianus* Ser.

太平莓 *Rubus pacificus* Hance

茅莓 *Rubus parvifolius* L.

锈毛莓 *Rubus reflexus* Ker Gawl.

空心泡 *Rubus rosifolius* Sm.

无刺空心泡 *Rubus rosifolius* Sm. var. *inermis* Z. X. Yu

棕红悬钩子 *Rubus rufus* Focke

红腺悬钩子 *Rubus sumatranus* Miq.

木莓 *Rubus swinhoei* Hance

无腺灰白毛莓 *Rubus tephrodes* Hance var. *ampliflorus* (H. Lév. et Van.) Hand.-Mazz.

三花悬钩子 *Rubus trianthus* Focke

遂昌悬钩子 *Rubus tsangii* Focke var *suichangensis* (P. L. Chiu ex L. Qian et X. F. Jin) Z. H. Chen et F. Y. Zhang

铅山悬钩子 *Rubus tsangii* Focke var. *yanshanensis* (Z. X. Yu et W. T. Ji) L. T. Lu

东南悬钩子 *Rubus tsangiorum* Hand.-Mazz.

棕脉花楸 *Sorbus dunnii* Rehder

石灰花楸 *Sorbus folgneri* (C. K. Schneid.) Rehder

绣球绣线菊 *Spiraea blumei* G. Don

中华绣线菊 *Spiraea chinensis* Maxim.

疏毛绣线菊 *Spiraea hirsuta* (Hemsl.) C. K. Schneid.

粉花绣线菊 *Spiraea japonica* L. f.

珍珠绣线菊 *Spiraea thunbergii* Siebold ex Blume

波叶红果树 *Stranvaesia davidiana* Decne. var. *undulata* (Decne.) Rehd. et Wils.

41. 豆科 Fabaceae

合萌 *Aeschynomene indica* L.

合欢 *Albizia julibrissin* Durazz.

山槐 *Albizia kalkora* (Roxb.) Prain

两型豆 *Amphicarpaea edgeworthii* Benth.

土圞儿 *Apios fortunei* Maxim.

落花生* *Arachis hypogaea* L.

紫云英* *Astragalus sinicus* L.

云实 *Caesalpinia decapetala* (Roth) Alston

春云实 *Caesalpinia vernalis* Benth.

香花崖豆藤 *Millettia dielsiana* Harms

网络崖豆藤 *Millettia reticulata* Benth.

杭子梢 *Campylotropis macrocarpa* (Bunge) Rehder

锦鸡儿* *Caragana sinica* (Buc'hoz) Rehder

豆茶决明 *Cassia nomame* (Siebold) Kitag.

决明 *Cassia tora* L.

香槐 *Cladrastis wilsonii* Takeda

农吉利 *Crotalaria sessiliflora* L.

黄檀 *Dalbergia hupeana* Hance

香港黄檀 *Dalbergia millettii* Benth.

中南鱼藤 *Derris fordii* Oliv.

小槐花 *Desmodium caudatum* (Thunb.) DC.

假地豆 *Dumasia heterocarpon* (L.) DC.

山黑豆 *Dumasia truncata* Sieb. et Zucc.

大豆* *Glycine max* (L.) Merr.

野大豆 *Glycine soja* Sieb. et Zucc.

肥皂荚 *Gymnocladus chinensis* Baill.

庭藤 *Indigofera decora* Lindl.

宁波木蓝 *Indigofera decora* Lindl. var. *cooperi* (Craib) Y. Y. Fang et C. Z. Zheng

长总梗木蓝 *Indigofera longipedunculata* Y. Y. Fang et C. Z. Zheng

长萼鸡眼草 *Kummerowia stipulacea* (Maxim.) Makino

鸡眼草 *Kummerowia striata* (Thunb.) Schindl.

扁豆* *Lablab purpureus* (L.) Sweet Hort.

胡枝子 *Lespedeza bicolor* Turcz.

中华胡枝子 *Lespedeza chinensis* G. Don

截叶铁扫帚 *Lespedeza cuneata* (Dum. Cours.) G. Don

春花胡枝子 *Lespedeza dunnii* Schindl.

铁马鞭 *Lespedeza pilosa* (Thunb.) Sieb. et Zucc.

美丽胡枝子 *Lespedeza thunbergii* (DC.) Nakai subsp. *formosa* (Vogel) H. Ohashi

草木犀 *Melilotus officinalis* (L.) Pall.

黧豆* *Mucuna pruriens* (L.) DC. var. *utilis* (Wall. ex Wight) Baker ex Burck

常春油麻藤 *Mucuna sempervirens* Hemsl.

花榈木 *Ormosia henryi* Prain

棉豆* *Phaseolus lunatus* L.

菜豆* *Phaseolus vulgaris* L.

细长柄山蚂蝗 *Podocarpium leptopus* (Benth.) Y. C. Yang et P. H. Huang

长柄山蚂蝗 *Podocarpium podocarpum* (DC.) Y. C. Yang et P. H. Huang

尖叶长柄山蚂蝗 *Podocarpium podocarpum* (DC.) Y. C. Yang et P. H. Huang var. *oxyphyllum* (DC.) Y. C. Yang et P. H. Huang

野葛 *Pueraria lobata* (Willd.) Ohwi

渐尖叶鹿藿 *Rhynchosia acuminatifolia* Makino

菱叶鹿藿 *Rhynchosia dielsii* Harms ex Diels

鹿藿 *Rhynchosia volubilis* Lour.

苦参 *Sophora flavescens* Aiton

小巢菜 *Vicia hirsuta* (L.) Gray

救荒野豌豆 *Vicia sativa* L.

四籽野豌豆 *Vicia tetrasperma* (L.) Schreb.

山绿豆 *Vigna minima* (Roxb.) Ohwi et Ohashi

豇豆* *Vigna unguiculata* (L.) Walp.

饭豇豆* *Vigna unguiculata* (L.) Walp. subsp. *cylindrica* (L.) Verd.

野豇豆 *Vigna vexillata* (L.) Rich.

紫藤 *Wisteria sinensis* (Sims) Sweet

42. 酢浆草科 Oxalidaceae

酢浆草 *Oxalis corniculata* L.

直酢浆草 *Oxalis stricta* L.

43. 牻牛儿苗科 Geraniaceae

野老鹳草 *Geranium carolinianum* L.

东亚老鹳草 *Geranium nepalense* Sweet var. *thunbergii* (Sieb. ex Lindl. et Paxt.) Kudô

44. 古柯科 Erythroxylaceae

东方古柯 *Erythroxylum sinense* Y. C. Wu

45. 芸香科 Rutaceae

楝叶吴萸 *Evodia glabrifolia* (Champ. ex Benth.) Huang

竹叶椒 *Zanthoxylum armatum* DC.

朵椒 *Zanthoxylum molle* Rehd.

大叶臭椒 *Zanthoxylum myriacanthum* Wall. ex Hook. f.

花椒簕 *Zanthoxylum scandens* Bl.

青花椒 *Zanthoxylum schinifolium* Sieb. et Zucc.

46. 苦木科 Simaroubaceae

臭椿 *Ailanthus altissima*（Mill.）Swingle

苦木 *Picrasma quassioides*（D. Don）Benn.

47. 楝科 Meliaceae

苦楝 *Melia azedarach* L.

毛红椿 *Toona ciliata* Roem. var. *pubescens*（Franch.）Hand.-Mazz.

香椿 *Toona sinensis*（Juss.）M. Roem.

48. 远志科 Polygalaceae

香港远志 *Polygala hongkongensis* Hemsl.

狭叶香港远志 *Polygala hongkongensis* Hemsl. var. *stenophylla* Migo

49. 大戟科 Euphorbiaceae

铁苋菜 *Acalypha australis* L.

短穗铁苋菜 *Acalypha brachystachya* Hornem.

地锦草 *Euphorbia humifusa* Willd.

续随子* *Euphorbia lathyris* L.

斑地锦 *Euphorbia maculata* L.

大戟 *Euphorbia pekinensis* Rupr.

仙霞岭大戟 *Euphorbia xianxialingensis*

算盘子 *Glochidion puberum*（L.）Hutch.

白背叶 *Mallotus apelta*（Lour.）Müll. Arg.

野桐 *Mallotus japonicus*（L. f.）Müll. Arg. var. *floccosus*（Müll. Arg.）Hwang

杠香藤 *Mallotus repandus*（Willd.）Müll. Arg.

山靛 *Mercurialis leiocarpa* Sieb. et Zucc.

落萼叶下珠 *Phyllanthus flexuosus*（Sieb. et Zucc.）Müll. Arg.

青灰叶下珠 *Phyllanthus glaucus* Wall. ex Müll. Arg.

叶下珠 *Phyllanthus urinaria* L.

蜜柑草 *Phyllanthus ussuriensis* Rupr. et Maxim.

山乌桕 *Sapium discolor*（Champ. ex Benth.）Müll. Arg.

白木乌桕 *Sapium japonicum*（Sieb. et Zucc.）Pax et K. Hoffm.

乌桕 *Sapium sebiferum*（L.）Roxb.

油桐 *Vernicia fordii*（Hemsl.）Airy-Shaw

木油桐 *Vernicia montana* Lour.

50. 虎皮楠科 Daphniphyllaceae

交让木 *Daphniphyllum macropodum* Miq.

虎皮楠 *Daphniphyllum oldhamii*（Hemsl.）K. Rosenthal

51. 黄杨科 Buxaceae

匙叶黄杨* *Buxus harlandü* Hance

52. 漆树科 Anacardiaceae

南酸枣 *Choerospondias axillaris* (Roxb.) B. L. Burtt et A. W. Hill

盐肤木 *Rhus chinensis* Mill.

野漆 *Toxicodendron succedaneum* (L.) Kuntze

木蜡树 *Toxicodendron sylvestre* (Sieb. et Zucc.) Kuntze

毛漆树 *Toxicodendron trichocarpum* (Miq.) Kuntze

53. 冬青科 Aquifoliaceae

秤星树 *Ilex asprella* (Hook. et Arn.) Champ. ex Benth.

短梗冬青 *Ilex buergeri* Miq.

冬青 *Ilex chinensis* Sims

枸骨 *Ilex cornuta* Lindl. et Paxton

厚叶冬青 *Ilex elmerrilliana* S. Y. Hu

硬叶冬青 *Ilex ficifolia* C. J. Tseng

榕叶冬青 *Ilex ficoidea* Hemsl.

皱柄冬青 *Ilex kengii* S. Y. Hu

大叶冬青 *Ilex latifolia* Thunb.

木姜冬青 *Ilex litseifolia* Hu et T. Tang

矮冬青 *Ilex lohfauensis* Merr.

小果冬青 *Ilex micrococca* Maxim.

亮叶冬青 *Ilex nitidissima* C. J. Tseng

毛冬青 *Ilex pubescens* Hook. et Arn.

铁冬青 *Ilex rotunda* Thunb.

毛梗铁冬青 *Ilex rotunda* Thunb. var. *microcarpa* (Lindl. ex Paxton) S. Y. Hu

香冬青 *Ilex suaveolens* (H. Lév.) Loes.

三花冬青 *Ilex triflora* Blume

钝头冬青 *Ilex triflora* Blume var. *kanehirai* (Yamamoto) S. Y. Hu

紫果冬青 *Ilex tsoi* Merr. et Chun

尾叶冬青 *Ilex wilsonii* Loes.

54. 卫矛科 Celastraceae

过山枫 *Celastrus aculeatus* Merr.

大芽南蛇藤 *Celastrus gemmatus* Loes.

窄叶南蛇藤 *Celastrus oblanceifolius* F. T. Wang et P. C. Tsoong

短梗南蛇藤 *Celastrus rosthornianus* Loes.

毛脉显柱南蛇藤 *Celastrus stylosus* Wall. var. *puberulus* (P. S. Hsu) C. Y. Cheng

刺果卫矛 *Euonymus acanthocarpus* Franch.

卫矛 *Euonymus alatus* (Thunb.) Siebold

肉花卫矛 *Euonymus carnosus* Hemsl.

百齿卫矛 *Euonymus centidens* H. Lév.

鸦椿卫矛 *Euonymus euscaphis* Hand.-Mazz.

大果卫矛 *Euonymus myrianthus* Hemsl.

矩叶卫矛 *Euonymus oblongifolius* Loes. et Rehder

无柄卫矛 *Euonymus subsessilis* Sprague

雷公藤 *Tripterygium wilfordii* Hook. f.

55. 省沽油科 Staphyleaceae

野鸦椿 *Euscaphis japonica*（Thunb.）Kanitz

绒毛锐尖山香圆 *Turpinia arguta*（Lindl.）Seem. var. *pubescens* T. Z. Hsu

56. 槭树科 Aceraceae

阔叶槭 *Acer amplum* Rehder

紫果槭 *Acer cordatum* Pax

长柄紫果槭 *Acer cordatum* Pax var. *subtrinervum*（Metc.）Fang

青榨槭 *Acer davidii* Franch.

秀丽槭 *Acer elegantulum* W. P. Fang et P . L. Chiu

苦茶槭 *Acer ginnala* Maxim. subsp. *Theiferum*（Fang）Fang

毛脉槭 *Acer pubinerve* Rehder

三峡槭 *Acer wilsonii* Rehder

57. 清风藤科 Sabiaceae

异色泡花树 *Meliosma myriantha* Sieb. et Zucc. var. *discolor* Dunn

红柴枝 *Meliosma oldhamii* Maxim.

笔罗子 *Meliosma rigida* Sieb. et Zucc.

毡毛泡花树 *Meliosma rigida* Sieb. et Zucc. var. *pannosa*（Hand.-Mazz.）Law

鄂西清风藤 *Sabia campanulata* Wall. ex Roxb. subsp. *ritchieae*（Rehd. et Wils.）Y. F. Wu

白背清风藤 *Sabia discolor* Dunn

清风藤 *Sabia japonica* Maxim.

尖叶清风藤 *Sabia swinhoei* Hemsl. ex Forb. et Hemsl.

58. 凤仙花科 Balsaminaceae

凤仙花* *Impatiens balsamina* L.

淡黄绿凤仙花 *Impatiens chloroxantha* Y. L. Chen

牯岭凤仙花 *Impatiens davidii* Franch.

阔萼凤仙花 *Impatiens platysepala* Y. L. Chen

59. 鼠李科 Rhamnaceae

多花勾儿茶 *Berchemia floribunda*（Wall.）Brongn.

牯岭勾儿茶 *Berchemia kulingensis* C. K. Schneid.

枳椇 *Hovenia acerba* Lindl.

光叶毛果枳椇 *Hovenia trichocarpa* Chun et Tsiang var. *robusta*（Nakai et Kimura）Y. L. Chen et P. K. Chou

长叶冻绿 *Rhamnus crenata* Sieb. et Zucc.

两色冻绿 *Rhamnus crenata* Sieb. et Zucc. var. *discolor* Rehd.

刺鼠李 *Rhamnus dumetorum* C. K. Schneid.

山鼠李 *Rhamnus wilsonii* C. K. Schneid.

钩刺雀梅藤 *Sageretia hamosa*（Wall.）Brongn.

刺藤子 *Sageretia melliana* Hand.-Mazz.

雀梅藤 *Sageretia thea*（Osbeck）M. C. Johnst.

60. 葡萄科 Vitaceae

广东蛇葡萄 *Ampelopsis cantoniensis*（Hook. et Arn.）K. Koch

羽叶蛇葡萄 *Ampelopsis chaffanjonii*（H. Lév.）Rehder

毛枝蛇葡萄 *Ampelopsis rubifolia*（Wall.）Planch.

脱毛乌蔹莓 *Cayratia albifolia* C. L. Li var. *glabra*（Gagnep.）C. L. Li

乌蔹莓 *Cayratia japonica*（Thunb.）Gagnep.

异叶爬山虎 *Parthenocissus dalzielii* Gagnep.

绿爬山虎 *Parthenocissus laetevirens* Rehder

三叶崖爬藤 *Tetrastigma hemsleyanum* Diels et Gilg

东南葡萄 *Vitis chunganensis* Hu

刺葡萄 *Vitis davidii*（Rom. Caill.）Foëx

红叶葡萄 *Vitis erythrophylla* W. T. Wang

葛藟葡萄 *Vitis flexuosa* Thunb.

菱叶葡萄 *Vitis hancockii* Hance

毛葡萄 *Vitis heyneana* Roem. et Schult.

俞藤 *Yua thomsonii*（M. A. Lawson）C. L. Li

61. 杜英科 Elaeocarpaceae

中华杜英 *Elaeocarpus chinensis*（Gardner et Champ.）Hook. f. ex Benth.

杜英 *Elaeocarpus decipiens* Hemsl.

秃瓣杜英 *Elaeocarpus glabripetalus* Merr.

日本杜英 *Elaeocarpus japonicus* Sieb. et Zucc.

猴欢喜 *Sloanea sinensis*（Hance）Hemsl.

62. 椴树科 Tiliaceae

田麻 *Corchoropsis tomentosa*（Thunb.）Makino

甜麻 *Corchorus aestuans* L.

扁担杆 *Grewia biloba* G. Don

短毛椴 *Tilia breviradiata*（Rehd.）Hu et Cheng

白毛椴 *Tilia endochrysea* Hand.-Mazz.

椴树 *Tilia tuan* Szyszyl.

单毛刺蒴麻 *Triumfetta annua* L.

63. 锦葵科 Malvaceae

咖啡黄葵* *Abelmoschus esculentus*（L.）Moench

木芙蓉* *Hibiscus mutabilis* L.

木槿* *Hibiscus syriacus* L.

牡丹木槿* *Hibiscus syriacus* L. 'Paeoniiflorus'

地桃花 *Urena lobata* L.

64. 梧桐科 Sterculiaceae

梧桐 *Firmiana platanifolia*（L. f.）Marsili

马松子 *Melochia corchorifolia* L.

65. 猕猴桃科 Actinidiaceae

软枣猕猴桃 *Actinidia arguta*（Sieb. et Zucc.）Planch. ex Miq.

异色猕猴桃 *Actinidia callosa* Lindl. var. *discolor* C. F. Liang

中华猕猴桃 *Actinidia chinensis* Planch.

美味猕猴桃* *Actinidia chinensis* Planch. var. *deliciosa*（A. Chev.）A. Chev.

毛花猕猴桃 *Actinidia eriantha* Benth.

长叶猕猴桃 *Actinidia hemsleyana* Dunn

小叶猕猴桃 *Actinidia lanceolata* Dunn

安息香猕猴桃 *Actinidia styracifolia* C. F. Liang

对萼猕猴桃 *Actinidia valvata* Dunn

66. 山茶科 Theaceae

黄瑞木 *Adinandra millettii* (Hook. et Arn.) Benth. et Hook. f. ex Hance

短柱茶 *Camellia brevistyla* (Hayata) Cohen-Stuart

浙江红山茶 *Camellia chekiangoleosa* Hu

尖连蕊茶 *Camellia cuspidata* (Kochs) H. J. Veitch

浙江尖连蕊茶 *Camellia cuspidata* (Kochs) H. J. Veitch var. *chekiangensis* Sealy

毛柄连蕊茶 *Camellia fraterna* Hance

山茶* *Camellia japonica* L.

闪光红山茶 *Camellia lucidissima* H. T. Chang

油茶 *Camellia oleifera* Abel

茶 *Camellia sinensis* (L.) Kuntze

红淡比 *Cleyera japonica* Thunb.

尖萼毛柃 *Eurya acutisepala* Hu et L. K. Ling

翅柃 *Eurya alata* Kobuski

微毛柃 *Eurya hebeclados* Ling

细枝柃 *Eurya loquaiana* Dunn

格药柃 *Eurya muricata* Dunn

细齿叶柃 *Eurya nitida* Korth.

窄基红褐柃 *Eurya rubiginosa* H. T. Chang var. *attenuata* H. T. Chang

木荷 *Schima superba* Gardner et Champ.

厚皮香 *Ternstroemia gymnanthera* (Wight et Arn.) Bedd.

亮叶厚皮香 *Ternstroemia nitida* Merr.

67. 藤黄科 Clusiaceae

小连翘 *Hypericum erectum* Thunb. ex Murray

扬子小连翘 *Hypericum faberi* R. Keller

地耳草 *Hypericum japonicum* Thunb. ex Murray

元宝草 *Hypericum sampsonii* Hance

密腺小连翘 *Hypericum seniawinii* Maxim.

68. 堇菜科 Violaceae

戟叶堇菜 *Viola betonicifolia* J. E. Smith

深圆齿堇菜 *Viola davidii* Franch.

七星莲 *Viola diffusa* Ging.

心叶蔓茎堇菜 *Viola diffusa* Ging. subsp. *tenuis* (Benth.) W. Becker

紫花堇菜 *Viola grypoceras* A. Gray

长萼堇菜 *Viola inconspicua* Blume

犁头草 *Viola japonica* Langsdorff ex Candolle

福建堇菜 *Viola kosanensis* Hayata

亮毛堇菜 *Viola lucens* W. Beck.

紫花地丁 *Viola philippica* Cav.

柔毛堇菜 *Viola principis* H. de Boiss.

庐山堇菜 *Viola stewardiana* W. Beck.

三角叶堇菜 *Viola triangulifolia* W. Beck.

堇菜 *Viola verecunda* A. Gray

紫背堇菜 *Viola Violacea* Makino

69. 大风子科 Flacourtiaceae

山桐子 *Idesia polycarpa* Maxim.

毛叶山桐子 *Idesia polycarpa* Maxim. var. *vestita* Diels

山拐枣 *Poliothyrsis sinensis* Oliv.

柞木 *Xylosma racemosa* (Sieb. et Zucc.) Miq.

70. 旌节花科 Stachyuraceae

中国旌节花 *Stachyurus chinensis* Franch.

71. 仙人掌科 Cactaceae

仙人掌* *Opuntia stricta* (Haw.) Haw. var. *dillenii* (Ker Gawl.) L. D. Benson

72. 瑞香科 Thymelaeaceae

毛瑞香 *Daphne kiusiana* Miq. var. *atrocaulis* (Rehd.) Maek.

结香* *Edgeworthia chrysantha* Lindl.

北江荛花 *Wikstroemia monnula* Hance

73. 胡颓子科 Elaeagnaceae

巴东胡颓子 *Elaeagnus difficilis* Servett.

蔓胡颓子 *Elaeagnus glabra* Thunb.

宜昌胡颓子 *Elaeagnus henryi* Warb. ex Diels

胡颓子 *Elaeagnus pungens* Thunb.

牛奶子 *Elaeagnus umbellata* Thunb.

74. 千屈菜科 Lythraceae

紫薇 *Lagerstroemia indica* L.

75. 蓝果树科 Nyssaceae

蓝果树 *Nyssa sinensis* Oliv.

76. 八角枫科 Alangiaceae

八角枫 *Alangium chinense* (Lour.) Harms

毛八角枫 *Alangium kurzii* Craib

云山八角枫 *Alangium kurzii* Craib var. *handelii* (Schnarf) Fang

伞形八角枫 *Alangium kurzii* Craib var. *umbellatum* (Yang) Fang

77. 桃金娘科 Myrtaceae

赤楠 *Syzygium buxifolium* Hook. et Arn.

轮叶蒲桃 *Syzygium grijsii* (Hance) Merr. et Perry

78. 野牡丹科 Melastomataceae

秀丽野海棠 *Bredia amoena* Diels

鸭脚茶 *Bredia sinensis* (Diels) H. L. Li

肥肉草 *Fordiophyton fordii* (Oliv.) Krasser

斑叶异药花 *Fordiophyton fordii* (Oliv.) Krasser var. *maculatum* (C. Y. Wu ex Z. Wei et Y. B. Chang) X. F. Jin

地菍 *Melastoma dodecandrum* Lour.

东方肉穗草 *Sarcopyramis bodinieri* H. Lév. et Vant. var. *delicata* (C. B. Robinson) C. Chen

楮头红 *Sarcopyramis napalensis* Wall.

79. 柳叶菜科 Onagraceae

牛泷草 *Circaea cordata* Royle

南方露珠草 *Circaea mollis* Sieb. et Zucc.

80. 小二仙草科 Haloragaceae

小二仙草 *Haloragis micrantha* (Thunb.) R. Br.

81. 五加科 Araliaceae

楤木 *Aralia hupehensis* G. Hii

头序楤木 *Aralia dasyphylla* Miq.

棘茎楤木 *Aralia echinocaulis* Hand. -Mazz.

白背叶楤木 *Aralia stipulata* Franch.

树参 *Dendropanax dentiger* (Harms) Merr.

吴茱萸五加 *Acanthopanax evodiifolius* Franch.

细柱五加 *Acanthopanax gracilistylus* W. W. Sm.

中华常春藤 *Hedera helix* L.

刺楸 *Kalopanax septemlobus* (Thunb.) Koidz.

82. 伞形科 Apiaceae

紫花前胡 *Angelica decursiva* (Miq.) Franch. et Sav.

福参 *Angelica morii* Hayata

南方大叶柴胡 *Bupleurum longiradiatum* Turcz. f. *australe* Shan et Y. Li

积雪草 *Centella asiatica* (L.) Urb.

芫荽* *Coriandrum sativum* L.

鸭儿芹 *Cryptotaenia japonica* Hassk.

中华天胡荽 *Hydrocotyle chinensis* (Dunn ex Shan et S. L. Liou) Craib

红马蹄草 *Hydrocotyle nepalensis* Hook.

密伞天胡荽 *Hydrocotyle pseudoconferta* Masam.

天胡荽 *Hydrocotyle sibthorpioides* Lam.

川芎* *Ligusticum chuanxiong* S. H. Qiu, Y. Q. Zeng, K. Y. Pan, Y. C. Tang et J. M. Xu

藁本 *Ligusticum sinense* Oliv.

水芹 *Oenanthe javanica* (Bl.) DC.

前胡 *Peucedanum praeruptorum* Dunn

异叶茴芹 *Pimpinella diversifolia* DC.

变豆菜 *Sanicula chinensis* Bunge

薄片变豆菜 *Sanicula lamelligera* Hance

小窃衣 *Torilis japonica* (Houtt.) DC.

窃衣 *Torilis scabra* (Thunb.) DC.

83. 山茱萸科 Cornaceae

窄斑叶珊瑚 *Aucuba albopunctifolia* F. T. Wang var. *angustula* W. P. Fang et T. P. Soong

灯台树 *Bothrocaryum controversum* (Hemsl.) Pojark.

秀丽四照花 *Dendrobenthamia elegans* W. P. Fang et Y. T. Hsieh

青荚叶 *Helwingia japonica*（Thunb.）F. Dietr.

浙江青荚叶 *Helwingia zhejiangensis* W. P. Fang et Soong

84. 鹿蹄草科 Pyrolaceae

鹿蹄草 *Pyrola calliantha* H. Andr.

普通鹿蹄草 *Pyrola decorata* H. Andr.

85. 杜鹃花科 Ericaceae

毛果珍珠花 *Lyonia ovalifolia*（Wall.）Drude var. *hebecarpa*（Franch. ex Forb. et Hemsl.）Chun

马醉木 *Pieris japonica*（Thunb.）D. Don ex G. Don

鹿角杜鹃 *Rhododendron latoucheae* Franch.

满山红 *Rhododendron mariesii* Hemsl. et Wils.

白花满山红 *Rhododendron mariesii* Hemsl. et Wils. f. *albescens* B. Y. Ding et G. R. Chen

马银花 *Rhododendron ovatum*（Lindl.）Planch. ex Maxim.

猴头杜鹃 *Rhododendron simiarum* Hance

杜鹃 *Rhododendron simsii* Planch.

南烛 *Vaccinium bracteatum* Thunb.

短尾越橘 *Vaccinium carlesii* Dunn

黄背越橘 *Vaccinium iteophyllum* Hance

扁枝越橘 *Vaccinium japonicum* Miq. var. *sinicum*（Nakai）Rehd.

江南越橘 *Vaccinium mandarinorum* Diels

刺毛越橘 *Vaccinium trichocladum* Merr. et F. P. Metcalf

86. 紫金牛科 Myrsinaceae

九管血 *Ardisia brevicaulis* Diels

朱砂根 *Ardisia crenata* Sims

大罗伞树 *Ardisia hanceana* Mez

网脉酸藤子 *Embelia rudis* Hand.-Mazz.

杜茎山 *Maesa japonica*（Thunb.）Moritzi et Zoll.

光叶铁仔 *Myrsine stolonifera*（Koidz.）E. Walker

87. 报春花科 Primulaceae

点地梅 *Androsace umbellata*（Lour.）Merr.

过路黄 *Lysimachia christiniae* Hance

聚花过路黄 *Lysimachia congestiflora* Hemsl.

星宿菜 *Lysimachia fortunei* Maxim.

福建过路黄 *Lysimachia fukienensis* Hand.-Mazz.

点腺过路黄 *Lysimachia hemsleyana* Maxim. ex Oliv.

长梗过路黄 *Lysimachia longipes* Hemsl.

巴东过路黄 *Lysimachia patungensis* Hand.-Mazz.

光叶巴东过路黄 *Lysimachia patungensis* Hand.-Mazz. f. *glabrifolia* C. M. Wu

红毛过路黄 *Lysimachia rufopilosa* Y. Y. Fang et C. Z. Zheng

假婆婆纳 *Stimpsonia chamaedryoides* C. Wright ex A. Gray

88. 柿科 Ebenaceae

浙江柿 *Diospyros montana* Roxb.

野柿 *Diospyros kaki* Thunb. var. *silvestris* Makino

延平柿 *Diospyros tsangii* Merr.

89. 山矾科 Symplocaceae

薄叶山矾 *Symplocos anomala* Brand

总状山矾 *Symplocos botryantha* Franch.

华山矾 *Symplocos chinensis* (Lour.) Druce

南岭山矾 *Symplocos confusa* Brand

密花山矾 *Symplocos congesta* Benth.

光叶山矾 *Symplocos lancifolia* Sieb. et Zucc.

潮州山矾 *Symplocos mollifolia* Dunn

四川山矾 *Symplocos setchuensis* Brand

老鼠矢 *Symplocos stellaris* Brand

山矾 *Symplocos sumuntia* Buch.-Ham. ex D. Don

90. 安息香科 Styracaceae

拟赤杨 *Alniphyllum fortunei* (Hemsl.) Makino

银钟花 *Halesia macgregorii* Chun

小叶白辛树 *Pterostyrax corymbosus* Sieb. et Zucc.

灰叶安息香 *Styrax calvescens* Perkins

赛山梅 *Styrax confusus* Hemsl.

垂珠花 *Styrax dasyanthus* Perkins

芬芳安息香 *Styrax odoratissimus* Champ.

91. 木犀科 Oleaceae

苦枥木 *Fraxinus insularis* Hemsl.

清香藤 *Jasminum lanceolarium* Roxb.

华素馨 *Jasminum sinense* Hemsl.

华女贞 *Ligustrum lianum* P. S. Hsu

女贞 *Ligustrum lucidum* W. T. Aiton

小蜡 *Ligustrum sinense* Lour.

宁波木犀 *Osmanthus cooperi* Hemsl.

木犀 *Osmanthus fragrans* (Thunb.) Lour.

牛矢果 *Osmanthus matsumuranus* Hayata

92. 马钱科 Loganiaceae

醉鱼草 *Buddleja lindleyana* Fortune

蓬莱葛 *Gardneria multiflora* Makino

93. 龙胆科 Gentianaceae

五岭龙胆 *Gentiana davidii* Franch.

獐牙菜 *Swertia bimaculata* (Sieb. et Zucc.) Hook. f. et Thoms. ex C. B. Clarke

江浙獐牙菜 *Swertia hickinii* Burk.

华双蝴蝶 *Tripterospermum chinense* (Migo) H. Smith

细茎双蝴蝶 *Tripterospermum filicaule* (Hemsl.) H. Smith

94. 夹竹桃科 Apocynaceae

念珠藤 *Alyxia sinensis* Champ. ex Benth.

毛药藤 *Sindechites henryi* Oliv.

细梗络石 *Trachelospermum asiaticum* (Sieb. et Zucc.) Nakai

紫花络石 *Trachelospermum axillare* Hook. f.

络石 *Trachelospermum jasminoides* (Lindl.) Lem.

95. 萝藦科 Asclepiadaceae

青龙藤 *Biondia henryi* (Warb.) Tsiang et P. T. Li

折冠牛皮消 *Cynanchum auriculatum* Royle ex Wight

团花牛奶菜 *Marsdenia glomerata* Tsiang

七层楼 *Tylophora floribunda* Miq.

贵州娃儿藤 *Tylophora silvestris* Tsiang

96. 旋花科 Convolvulaceae

打碗花 *Calystegia hederacea* Wall.

旋花 *Calystegia sepium* (L.) R. Br.

菟丝子 *Cuscuta chinensis* Lam.

金灯藤 *Cuscuta japonica* Choisy

马蹄金 *Dichondra repens* J. R. Forst. et G. Forst.

番薯* *Ipomoea batatas* (L.) Lam.

瘤梗甘薯 *Ipomoea lacunosa* L.

牵牛* *Pharbitis nil* (L.) Choisy

97. 紫草科 Boraginaceae

柔弱斑种草 *Bothriospermum tenellum* (Hornem.) Fisch. et C. A. Mey.

琉璃草 *Cynoglossum zeylanicum* (Vahl ex Hornem.) Thunb. ex Lehm.

厚壳树 *Ehretia thyrsiflora* (Sieb. et Zucc.) Nakai

浙赣车前紫草 *Sinojohnstonia chekiangensis* (Migo) W. T. Wang

附地菜 *Trigonotis peduncularis* (Trevis.) Benth. ex Baker et S. Moore

98. 马鞭草科 Verbenaceae

短柄紫珠 *Callicarpa brevipes* (Benth.) Hance

华紫珠 *Callicarpa cathayana* C. H. Chang

杜虹花 *Callicarpa formosana* Rolfe

老鸦糊 *Callicarpa giraldii* Hesse ex Rehder

日本紫珠 *Callicarpa japonica* Thunb.

长柄紫珠 *Callicarpa longipes* Dunn

红紫珠 *Callicarpa rubella* Lindl.

钝齿红紫珠 *Callicarpa rubella* Lindl. f. *crenata* P'ei

秃红紫珠 *Callicarpa rubella* Lindl. var. *subglabra* (P'ei) H. T. Chang

大青 *Clerodendrum cyrtophyllum* Turcz.

浙江大青 *Clerodendrum kaichianum* P. S. Hsu

尖齿臭茉莉 *Clerodendrum lindleyi* Decne. ex Planch.

海州常山 *Clerodendrum trichotomum* Thunb.

豆腐柴 *Premna microphylla* Turcz.

马鞭草 *Verbena officinalis* L.

牡荆 *Vitex negundo* L. var. *cannabifolia* (Sieb. et Zucc.) Hand.-Mazz.

99. 唇形科 Lamiaceae

藿香* *Agastache rugosa* (Fisch. et C. A. Mey.) Kuntze

金疮小草 *Ajuga decumbens* Thunb.

紫背金盘 *Ajuga nipponensis* Makino

风轮菜 *Clinopodium chinense*（Benth.）Kuntze

细风轮菜 *Clinopodium gracile*（Benth.）Matsum.

紫花香薷 *Elsholtzia argyi* H. Lév.

小野芝麻 *Galeobdolon chinense*（Benth.）C. Y. Wu

活血丹 *Galeobdolon longituba*（Nakai）Kuprian.

出蕊四轮香 *Hanceola exserta* Y. Z. Sun

香茶菜 *Rabdosia amethystoides*（Benth.）H. Hara

内折香茶菜 *Rabdosia inflexa*（Thunb.）H. Hara

线纹香茶菜 *Rabdosia lophanthoides*（Buch.-Ham. ex D. Don）H. Hara

大萼香茶菜 *Rabdosia macrocalyx*（Dunn）H. Hara

显脉香茶菜 *Rabdosia nervosa*（Hemsl.）C. Y. Wu et H. W. Li

野芝麻 *Lamium barbatum* Sieb. et Zucc.

益母草 *Leonurus artemisia*（Lour.）S. Y. Hu

高野山龙头草 *Meehania montis-koyae* Ohwi

薄荷 *Meehania haplocalyx* Briq.

小花荠苎 *Mosla cavaleriei* H. Lév.

石香薷 *Mosla chinensis* Maxim.

小鱼仙草 *Mosla dianthera*（Buch.-Ham. ex Roxb.）Maxim.

石荠苧 *Mosla scabra*（Thunb.）C. Y. Wu et H. W. Li

云和假糙苏 *Paraphlomis lancidentata* Y. Z. Sun

紫苏 *Perilla frutescens*（L.）Britton

野生紫苏 *Perilla frutescens*（L.）Britton var. *acuta*（Odash.）Kudô

夏枯草 *Prunella vulgaris* L.

南丹参 *Salvia bowleyana* Dunn

华鼠尾草 *Salvia chinensis* Benth.

鼠尾草 *Salvia japonica* Thunb.

翅柄鼠尾草 *Salvia japonica* Thunb. f. *alatopinnata*（Matsumura et Kudo）Kudo

荔枝草 *Salvia plebeia* R. Br.

浙皖丹参 *Salvia sinica* Migo

半枝莲 *Scutellaria barbata* D. Don

韩信草 *Scutellaria indica* L.

缩茎韩信草 *Scutellaria indica* L. var. *subacaulis*（Sun ex C. H. Hu）C. Y. Wu et C. Chen

地蚕 *Stachys geobombycis* C. Y. Wu

庐山香科科 *Teucrium pernyi* Franch.

血见愁 *Teucrium viscidum* Bl.

100. 茄科 Solanaceae

广西地海椒 *Archiphysalis kwangsiensis* Kuang

辣椒* *Capsicum annuum* L.

枸杞* *Lycium chinense* Mill.

番茄* *Lycopersicon esculentum* Mill.

毛苦蘵 *Physalis angulata* L. var. *villosa* Bonati

白英 *Solanum lyratum* Thunb.

茄* *Solanum melongena* L.

龙葵 *Solanum nigrum* L.

少花龙葵 *Solanum photeinocarpum* Nakam. et Odash.

阳芋(土豆)* *Solanum tuberosum* L.

龙珠 *Tubocapsicum anomalum* (Franch. et Sav.) Makino

101. 玄参科 Scrophulariaceae

泥花草 *Lindernia antipoda* (L.) Alston

母草 *Lindernia crustacea* (L.) F. Muell.

陌上菜 *Lindernia procumbens* (Krock.) Philcox

刺毛母草 *Lindernia setulosa* (Maxim.) Tuyama ex H. Hara

通泉草 *Mazus japonicus* (Thunb.) Kuntze

圆苞山罗花 *Melampyrum laxum* Miq.

台湾泡桐 *Paulownia kawakamii* H. Itô

天目地黄 *Rehmannia chingii* Li

腺毛阴行草 *Siphonostegia laeta* S. Moore

光叶蝴蝶草 *Torenia glabra* Osbeck

紫萼蝴蝶草 *Torenia violacea* (Azaola ex Blanco) Pennell

直立婆婆纳 *Veronica arvensis* L.

婆婆纳 *Veronica didyma* Ten.

多枝婆婆纳 *Veronica javanica* Bl.

波斯婆婆纳 *Veronica persica* Poir.

爬岩红 *Veronicastrum axillare* (Sieb. et Zucc.) T. Yamaz.

毛叶腹水草 *Veronicastrum villosulum* (Miq.) T. Yamaz.

102. 列当科 Orobanchaceae

中国野菰 *Aeginetia sinensis* Beck

103. 苦苣苔科 Gesneriaceae

旋蒴苣苔 *Boea hygrometrica* (Bunge) R. Br.

浙皖粗筒苣苔 *Briggsia chienii* Chun

半蒴苣苔 *Hemiboea henryi* C. B. Clarke

吊石苣苔 *Lysionotus pauciflorus* Maxim.

羽裂唇柱苣苔 *Primulina pinnatifida* (Hand.-Mazz.) Y. Z. Wang

104. 狸藻科 Lentibulariaceae

挖耳草 *Utricularia bifida* L.

短梗挖耳草 *Utricularia caerulea* L.

圆叶挖耳草 *Utricularia striatula* Sm.

105. 爵床科 Acanthaceae

圆苞杜根藤 *Calophanoides chinensis* (Benth.) C. Y. Wu et Lo

九头狮子草 *Peristrophe japonica* (Thunb.) Bremek.

爵床 *Rostellularia procumbens* (L.) Nees

106. 透骨草科 Phrymaceae

透骨草 *Phryma leptostachya* L. subsp. *asiatica* (Hara) Kitamura

107. 车前科 Plantaginaceae

车前 *Plantago asiatica* L.

108. 茜草科 Rubiaceae

水团花 *Adina pilulifera*（Lam.）Franch. ex Drake

细叶水团花 *Adina rubella* Hance

茜树 *Aidia cochinchinensis* Lour.

流苏子 *Coptosapelta diffusa*（Champ. ex Benth.）Steenis

短刺虎刺 *Damnacanthus giganteus*（Makino）Nakai

虎刺 *Damnacanthus indicus* C. F. Gaertn.

狗骨柴 *Diplospora dubia*（Lindl.）Masam.

香果树 *Emmenopterys henryi* Oliv.

猪殃殃 *Galium aparine* L. var. *tenerum*（Gren. et Godr.）Rchb.

四叶葎 *Galium bungei* Steud.

栀子 *Gardenia jasminoides* J. Ellis

金毛耳草 *Hedyotis chrysotricha*（Palib.）Merr.

日本粗叶木 *Lasianthus japonicus* Miq.

榄绿粗叶木 *Lasianthus japonicus* Miq. var. *lancilimbus*（Merr.）Lo

羊角藤 *Morinda umbellata* L. subsp. *obovata* Y. Z. Ruan

大叶白纸扇 *Mussaenda esquirolii* H. Lév.

玉叶金花 *Mussaenda pubescens* W. T. Aiton

薄叶新耳草 *Neanotis hirsuta*（L. f.）W. H. Lewis

臭味新耳草 *Neanotis ingrata*（Wall. ex Hook. f.）W. H. Lewis

日本蛇根草 *Ophiorrhiza japonica* Bl.

耳叶鸡矢藤 *Paederia cavaleriei* H. Lév.

疏花鸡矢藤 *Paederia laxiflora* Merr. ex Li

鸡矢藤 *Paederia scandens*（Lour.）Merr.

毛鸡矢藤 *Paederia scandens*（Lour.）Merr. var. *tomentosa*（Bl.）Hand.-Mazz

海南槽裂木 *Pertusadina hainanensis*（F. C. How）Ridsdale

金剑草 *Rubia alata* Wall.

东南茜草 *Rubia argyi*（H Lév. et Vant）Hara ex L. A. Lauener et D. K. Ferguson

卵叶茜草 *Rubia ovatifolia* Z. Y. Zhang

白马骨 *Serissa serissoides*（DC.）Druce

尖萼乌口树 *Tarenna acutisepala* F. C. How ex W. C. Chen

白花苦灯笼 *Tarenna mollissima*（Hook. et Arn.）B. L. Rob.

钩藤 *Uncaria rhynchophylla*（Miq.）Miq. ex Havil.

109. 忍冬科 Caprifoliaceae

菰腺忍冬 *Lonicera hypoglauca* Miq.

忍冬 *Lonicera japonica* Thunb.

灰毡毛忍冬 *Lonicera macranthoides* Hand.-Mazz.

短柄忍冬 *Lonicera pampaninii* H. Lév.

细毡毛忍冬 *Lonicera similis* Hemsl.

荚蒾 *Viburnum dilatatum* Thunb.

宜昌荚蒾 *Viburnum erosum* Thunb.

南方荚蒾 *Viburnum fordiae* Hance

蝴蝶荚蒾 *Viburnum plicatum* Thunb. var. *tomentosum* Miq.

球核荚蒾 *Viburnum propinquum* Hemsl.

茶荚蒾 *Viburnum setigerum* Hance

合轴荚蒾 *Viburnum sympodiale* Graebn.

半边月 *Weigela japonica* Thunb. var. *sinica* (Rehd.) Bailey

110. 败酱科 Valerianaceae

败酱 *Patrinia scabiosifolia* Fisch. ex Trevir.

白花败酱 *Patrinia villosa* (Thunb.) Juss.

111. 葫芦科 Cucurbitaceae

冬瓜* *Benincasa hispida* (Thunb.) Cogn.

黄瓜* *Cucumis sativus* L.

北瓜* *Cucurbita maxima* Duch. var. *turbiniformis* Alef.

南瓜* *Cucurbita moschata* (Duchesne ex Lam.) Duchesne ex Poir.

绞股蓝 *Gynostemma pentaphyllum* (Thunb.) Makino

瓠瓜* *Lagenaria siceraria* (Molina) Standl. var. *depressa* (Ser.) Hara

丝瓜* *Luffa cylindrica* (L.) M. Roem.

苦瓜* *Momordica charantia* L.

佛手瓜* *Sechium edule* (Jacq.) Sw.

台湾赤瓟 *Trichosanthes punctata* Hayata

王瓜 *Trichosanthes cucumeroides* (Ser.) Maxim.

长萼栝楼* *Trichosanthes laceribractea* Hayata

中华栝楼 *Trichosanthes rosthornii* Harms

112. 桔梗科 Campanulaceae

中华沙参 *Adenophora sinensis* A. DC.

金钱豹 *Campanumoea javanica* Blume

羊乳 *Codonopsis lanceolata* (Sieb. et Zucc.) Benth. et Hook. f. ex Trautv.

半边莲 *Lobelia chinensis* Lour.

江南山梗菜 *Lobelia davidii* Franch.

东南山梗菜 *Lobelia melliana* E. Wimm.

袋果草 *Peracarpa carnosa* Hook. f. et Thomson

蓝花参 *Wahlenbergia marginata* (Thunb.) A. DC.

113. 菊科 Asteraceae

下田菊 *Adenostemma lavenia* (L.) O. Kuntze

宽叶下田菊 *Adenostemma lavenia* (L.) O. Kuntze var. *latifolium* (D. Don) Hand.-Mazz.

藿香蓟 *Ageratum conyzoides* L.

熊耳草 *Ageratum houstonianum* Mill.

杏香兔儿风 *Ainsliaea fragrans* Champ. ex Benth.

灯台兔儿风 *Ainsliaea macroclinidioides* Hayata

豚草 *Ambrosia artemisiifolia* L.

奇蒿 *Artemisia anomala* S. Moore

矮蒿 *Artemisia lancea* Vaniot

三脉紫菀 *Aster ageratoides* Turcz.

光叶三脉紫菀 *Aster ageratoides* Turcz. var. *leiophyllus* (Franch. et Savat.) Ling

微糙三脉紫菀 *Aster ageratoides* Turcz. var. *scaberulus* (Miq.) Y. Ling

九龙山紫菀 *Aster jiulongshanensis* Z. H. Chen, X. Y. Ye et C. C. Pan

琴叶紫菀 *Aster panduratus* Nees ex Walp.

陀螺紫菀 *Aster turbinatus* S. Moore

夏威夷紫菀 *Aster sandwicensis* (A. Gray) Hieron.

婆婆针 *Bidens bipinnata* L.

金盏银盘 *Bidens biternata* (Lour.) Merr. et Sherff

大狼杷草 *Bidens frondosa* L.

鬼针草 *Bidens pilosa* L.

台湾艾纳香 *Blumea formosana* Kitam.

长圆叶艾纳香 *Blumea oblongifolia* Kitam.

天名精 *Carpesium abrotanoides* L.

金挖耳 *Carpesium divaricatum* Sieb. et Zucc.

蓟 *Cirsium japonicum* Fisch. ex DC.

总序蓟 *Cirsium racemiforme* Ling et Shih

小蓬草 *Conyza canadensis* (L.) Cronq.

白酒草 *Conyza japonica* (Thunb.) Less.

苏门白酒草 *Conyza sumatrensis* (Retz.) Walker

野茼蒿 *Crassocephalum crepidioides* (Benth.) S. Moore

野菊 *Dendranthema indicum* (L.) Des Moul.

甘菊 *Dendranthema lavandulifolium* (Fisch. ex Trautv.) Ling et Shih

菊花* *Dendranthema morifolium* (Ramat.) Tzvel.

鱼眼草 *Dichrocephala auriculata* (Thunb.) Druce

东风菜 *Doellingeria scabra* (Thunb.) Nees

鳢肠 *Eclipta prostrata* (L.) L.

一点红 *Emilia sonchifolia* (L.) DC.

一年蓬 *Erigeron annuus* (L.) Pers.

多须公 *Eupatorium chinense* L.

泽兰 *Eupatorium japonicum* Thunb.

裂叶泽兰 *Eupatorium japonicum* Thunb. var. *tripartitum* Makino

睫毛牛膝菊 *Galinsoga quadriradiata* Ruiz et Pavon

宽叶鼠麴草 *Gnaphalium adnatum* (Wall. ex DC.) Kitam.

鼠麴草 *Gnaphalium affine* D. Don

秋鼠麴草 *Gnaphalium hypoleucum* DC.

匙叶鼠麴草 *Gnaphalium pensylvanicum* Willd.

多茎鼠麴草 *Gnaphalium polycaulon* Pers.

白子菜* *Gynura divaricata* (L.) DC.

向日葵* *Helianthus annuus* L.

泥胡菜 *Helianthus lyrata* (Bunge) Bunge

菊芋* *Helianthus tuberosus* L.

山柳菊 *Helianthus umbellatum* L.

狭叶小苦荬 *Ixeridium beauverdianum*（H. Lév.）Spring.

小苦荬 *Ixeridium dentatum*（Thunb.）Tzvel.

褐冠小苦荬 *Ixeridium laevigatum*（Blume）C. Shih

苦荬菜 *Ixeris polycephala* Cass.

马兰 *Kalimeris indica*（L.）Sch.-Bip.

莴苣* *Lactuca sativa* L.

稻槎菜 *Lapsana apogonoides* Maxim.

黄瓜菜 *Paraixeris denticulata*（Houtt.）Nakai

假福王草 *Paraprenanthes sororia*（Miq.）Shih

聚头帚菊 *Pertya desmocephala* Diels

高大翅果菊 *Pterocypsela elata*（Hemsl.）Shih

翅果菊 *Pterocypsela indica*（L.）Shih

多裂翅果菊 *Pterocypsela laciniata*（Houtt.）Shih

庐山风毛菊 *Saussurea bullockii* Dunn

三角叶风毛菊 *Saussurea deltoidea*（DC.）Sch.-Bip.

千里光 *Senecio scandens* Buch.-Ham. ex D. Don

华麻花头 *Serratula chinensis* S. Moore

豨莶 *Sigesbeckia orientalis* L.

蒲儿根 *Sinosenecio oldhamianus*（Maxim.）B. Nord.

加拿大一枝黄花 *Solidago canadensis* L.

一枝黄花 *Solidago decurrens* Lour.

苣荬菜 *Sonchus arvensis* L.

南方兔儿伞 *Syneilesis australis* Ling

山牛蒡 *Syneilesis deltoides*（Ait.）Nakai

夜香牛 *Vernonia cinerea*（L.）Less.

苍耳 *Xanthium sibiricum* Patrin ex Widder

异叶黄鹌菜 *Youngia heterophylla*（Hemsl.）Babcock et Stebbins

黄鹌菜 *Youngia japonica*（L.）DC.

多裂黄鹌菜 *Youngia rosthornii*（Diels）Babcock et Stebbins

(二)单子叶植物纲 Monocotyledoneae

114. 禾本科 Poaceae

114a. 竹亚科 Bambusoideae

泡箬竹 *Indocalamus lacunosus* Wen

阔叶箬竹 *Indocalamus latifolius*（Keng）McClure

箬竹 *Indocalamus tessellatus*（Munro）Keng f.

胜利箬竹 *Indocalamus victorialis* Keng f.

水竹 *Phyllostachys heteroclada* Oliver

台湾桂竹 *Phyllostachys makinoi* Hayata

毛竹 *Phyllostachys heterocycla*（Carr.）Mitford ‘Pubescens’

刚竹 *Phyllostachys sulphurea*（Carr.）A. et C. Riv. var. *viridis* R. A. Young

绿皮黄筋竹 *Phyllostachys sulphurea*（Carr.）A. et C. Riv. ‘Houzeau’

黄皮绿筋竹 *Phyllostachys sulphurea*（Carr.）A. et C. Riv. ‘Robert Young’

苦竹 *Pleioblastus amarus*（Keng）Keng f.

华箬竹 *Sasa sinica* Keng

短穗竹 *Semiarundinaria densiflora*（Rendle）Wen

114b. 禾亚科 Agrostidoideae

剪股颖 *Agrostis matsumurae* Hack. ex Honda

看麦娘 *Alopecurus aequalis* Sobol.

荩草 *Arthraxon hispidus*（Thunb.）Makino

野古草 *Arundinella anomala* Steud.

毛节野古草 *Arundinella barbinodis* Keng ex B. S. Sun et Z. H. Hu

茵草 *Beckmannia syzigachne*（Steud.）Fernald

毛臂形草 *Brachiaria villosa*（Lam.）A. Camus

疏花雀麦 *Bromus remotiflorus*（Steud.）Ohwi

细柄草 *Capillipedium parviflorum*（R. Br.）Stapf

薏米* *Coix chinensis* Tod.

薏苡 *Coix lacryma-jobi* L.

狗牙根 *Cynodon dactylon*（L.）Pers.

野青茅 *Deyeuxia arundinacea* P. Beauv.

北方野青茅 *Deyeuxia arundinacea* P. Beauv. var. *borealis*（Rendle）P. C. Kuo et S. L. Lu

疏花野青茅 *Deyeuxia arundinacea* P. Beauv. var. *laxiflora*（Rendle）P. C. Kuo et S. L. Lu

升马唐 *Digitaria ciliaris*（Retz.）Koeler

红尾翎 *Digitaria radicosa*（J. Presl）Miq.

稗 *Echinochloa crusgalli*（L.）P. Beauv.

旱稗 *Echinochloa hispidula*（Retz.）Nees

牛筋草 *Eleusine indica*（L.）Gaertn.

知风草 *Eragrostis ferruginea*（Thunb.）Beauv.

乱草 *Eragrostis japonica*（Thunb.）Trin.

野黍 *Eriochloa villosa*（Thunb.）Kunth

小颖羊茅 *Festuca parvigluma* Steud.

白茅 *Imperata cylindrica*（L.）P. Beauv.

二型柳叶箬 *Isachne dispar* Trin.

柳叶箬 *Isachne globosa*（Thunb. ex Murray）Kuntze

浙江柳叶箬 *Isachne hoi* P. C. Keng

有芒鸭嘴草 *Ischaemum aristatum* L.

鸭嘴草 *Ischaemum aristatum* L. var. *glaucum*（Honda）T. Koyama

细毛鸭嘴草 *Ischaemum indicum*（Houtt.）Merr.

淡竹叶 *Lophatherum gracile* Brongn.

日本莠竹 *Microstegium japonicum*（Miq.）Koidz.

莠竹 *Microstegium nodosum*（Kom.）Tzvelev

竹叶茅 *Microstegium nudum*（Trin.）A. Camus

柔枝莠竹 *Microstegium vimineum*（Trin.）A. Camus

五节芒 *Miscanthus floridulus*（Labill.）Warb. ex K. Schum. et Lauterb.

芒 *Miscanthus sinensis* Andersson

多枝乱子草 *Muhlenbergia ramosa*（Hack.）Makino

山类芦 *Neyraudia montana* Keng

类芦 *Neyraudia reynaudiana* (Kunth) Keng ex Hitchc.

中间型竹叶草 *Oplismenus compositus* (L.) Beauv. var. *intermedius* (Honda) Ohwi

求米草 *Oplismenus undulatifolius* (Ard.) P. Beauv.

狭叶求米草 *Oplismenus undulatifolius* (Ard.) P. Beauv. var. *imbecillis* (R. Br.) Hack.

日本求米草 *Oplismenus undulatifolius* (Ard.) P. Beauv. var. *japonicus* (Steud.) Koidz.

糠稷 *Panicum bisulcatum* Thunb.

圆果雀稗 *Paspalum orbiculare* G. Forst.

雀稗 *Paspalum thunbergii* Kunth ex steud.

显子草 *Phaenosperma globosa* Munro ex Benth.

白顶早熟禾 *Poa acroleuca* Steud.

早熟禾 *Poa annua* L.

金丝草 *Pogonatherum crinitum* (Thunb.) Kunth

棒头草 *Polypogon fugax* Nees ex Steud.

纤毛鹅观草 *Roegneria ciliaris* (Trin.) Nevski

细叶鹅观草 *Roegneria japonensis* (Honda) Keng var. *hackeliana* (Honda) Keng

鹅观草 *Roegneria kamoji* Ohwi

斑茅 *Saccharum arundinaceum* Retz.

囊颖草 *Sacciolepis indica* (L.) Chase

裂稃草 *Schizachyrium brevifolium* (Sw.) Nees ex Buse

大狗尾草 *Setaria faberi* R. A. W. Herrm.

金色狗尾草 *Setaria glauca* (L.) P. Beauv.

棕叶狗尾草 *Setaria palmifolia* (J. König) Stapf

皱叶狗尾草 *Setaria plicata* (Lam.) T. Cooke

狗尾草 *Setaria viridis* (L.) P. Beauv.

油芒 *Spodiopogon cotulifer* (Thunb.) Hack.

大油芒 *Spodiopogon sibiricus* Trin.

鼠尾粟 *Sporobolus fertilis* (Steud.) W. D. Clayt.

线形草沙蚕 *Tripogon nanus* Keng ex Keng f. et L. Liou

三毛草 *Trisetum bifidum* (Thunb.) Ohwi

鼠茅 *Vulpia myuros* (L.) C. C. Gmel.

玉蜀黍* *Zea mays* L.

115. 莎草科 Cyperaceae

丝叶球柱草 *Bulbostylis densa* (Wall.) Hand.-Mazz.

秋生薹草 *Carex autumnalis* Ohwi

卷柱头薹草 *Carex bostrychostigma* Maxim.

短芒薹草 *Carex breviaristata* K. T. Fu

青绿薹草 *Carex breviculmis* R. Br.

短尖薹草 *Carex brevicuspis* C. B. Clarke

褐果薹草 *Carex brunnea* Thunb.

陈氏薹草 *Carex cheniana* Tang et F. T. Wang ex S. Yun Liang

中华薹草 *Carex chinensis* Retz.

二形鳞薹草 *Carex dimorpholepis* Steud.

签草 *Carex doniana* Spreng.

蕨状薹草 *Carex filicina* Nees

福建薹草 *Carex fokienensis* Dunn

穿孔薹草 *Carex foraminata* C. B. Clarke

穹隆薹草 *Carex gibba* Wahlenb.

狭穗薹草 *Carex ischnostachya* Steud.

舌叶薹草 *Carex ligulata* Nees

密叶薹草 *Carex maubertiana* Boott

日南薹草 *Carex nachiana* Ohwi

横纹薹草 *Carex nugata* Ohwi

苍绿薹草 *Carex pallideviridis* Chu

霹雳薹草 *Carex perakensis* C. B. Clarke

镜子薹草 *Carex phacota* Spreng.

花葶薹草 *Carex scaposa* C. B. Clarke

硬果薹草 *Carex sclerocarpa* Franch.

近头状薹草 *Carex subcapitata* X. F. Jin, C. Z. Zheng et B. Y. Ding

天目山薹草 *Carex taimunshanica* C. Z. Zheng et X. F. Jin

三穗薹草 *Carex tristachya* Thunb.

合鳞薹草 *Carex tristachya* Thunb. var. *pocilliformis* (Boott) Kükenth. ex Engl.

截鳞薹草 *Carex truncatigluma* C. B. Clarke

阿穆尔莎草 *Cyperus amuricus* Maxim.

异型莎草 *Cyperus difformis* L.

畦畔莎草 *Cyperus haspan* L.

碎米莎草 *Cyperus iria* L.

具芒碎米莎草 *Cyperus microiria* Steud.

香附子 *Cyperus rotundus* L.

龙师草 *Eleocharis tetraquetra* Nees

牛毛毡 *Eleocharis yokoscensis* (Franch. et Sav.) Tang et F. T. Wang

复序飘拂草 *Fimbristylis bisumbellata* (Forssk.) Bubani

矮扁鞘飘拂草 *Fimbristylis complanata* (Retz.) Link var. exaltata (T. Koyama) Y. C. Tang ex S. R. Zhang et T. Koyama

两歧飘拂草 *Fimbristylis dichotoma* (L.) Vahl

拟二叶飘拂草 *Fimbristylis diphylloides* Makino

水虱草 *Fimbristylis miliacea* (L.) Vahl

水蜈蚣 *Kyllinga brevifolia* Rottb.

红鳞扁莎 *Pycreus sanguinolentus* (Vahl) Nees

华刺子莞 *Rhynchospora chinensis* Nees et Meyen

刺子莞 *Rhynchospora rubra* (Lour.) Makino

茸球藨草 *Scirpus asiaticus* Beetle

百球藨草 *Scirpus rosthornii* Diels

毛果珍珠茅 *Scleria hebecarpa* Nees

玉山针蔺 *Trichophorum subcapitatum* (Thw. et Hook.) D. A. Simpson

116. 棕榈科 Arecaceae

棕榈 *Trachycarpus fortunei*（Hook.）H. Wendl.

117. 天南星科 Araceae

石菖蒲 *Acorus tatarinowii* Schott

东亚魔芋 *Amorphophallus kiusianus*（Makino）Makino

花磨芋* *Amorphophallus konjac* K. Koch

一把伞南星 *Arisaema erubescens*（Wall.）Schott

天南星 *Arisaema heterophyllum* Blume

全缘灯台莲 *Arisaema sikokianum* Franch. et Sav.

灯台莲 *Arisaema sikokianum* var. *serratum*（Makino）Hand.-Mazz.

芋* *Colocasia esculenta*（L.）Schott

大野芋* *Colocasia gigantea*（Blume）Hook. f.

滴水珠 *Pinellia cordata* N. E. Br.

虎掌 *Pinellia pedatisecta* Schott

半夏 *Pinellia ternata*（Thunb.）Ten. ex Breitenb.

118. 浮萍科 Lemnaceae

浮萍 *Lemna minor* L.

119. 谷精草科 Eriocaulaceae

长苞谷精草 *Eriocaulon decemflorum* Maxim.

江南谷精草 *Eriocaulon faberi* Ruhland

尼泊尔谷精草 *Eriocaulon nantoense* Hayata var. *parviceps*（Hand.-Mazz.）W. L. Ma

120. 鸭跖草科 Commelinaceae

饭包草 *Commelina benghalensis* L.

鸭跖草 *Commelina communis* L.

牛轭草 *Murdannia loriformis*（Hassk.）R. S. Rao et Kammathy

裸花水竹叶 *Murdannia nudiflora*（L.）Brenan

水竹叶 *Murdannia triquetra*（Wall.）Bruckn.

121. 灯心草科 Juncaceae

翅茎灯心草 *Juncus alatus* Franch. et Savat.

扁茎灯心草 *Juncus compressus* Jacq.

星花灯心草 *Juncus diastrophanthus* Buchen.

灯心草 *Juncus effusus* L.

江南灯心草 *Juncus prismatocarpus* R. Br.

野灯心草 *Juncus setchuensis* Buchen.

122. 百部科 Stemonaceae

百部 *Stemona japonica*（Bl.）Miq.

123. 百合科 Liliaceae

粉条儿菜 *Aletris spicata*（Thunb.）Franch.

藠头 *Allium chinense* G. Don

葱* *Allium fistulosum* L.

薤白 *Allium macrostemon* Bunge

天门冬 *Asparagus cochinchinensis*（Lour.）Merr.

流苏蜘蛛抱蛋 *Aspidistra fimbriata* F. T. Wang et K. Y. Lang

九龙盘 *Aspidistra lurida* Ker Gawl.

宝铎草 *Disporum sessile* D. Don

黄花菜* *Hemerocallis citrina* Baroni

萱草 *Hemerocallis fulva*（L.）L.

肖菝葜 *Heterosmilax japonica* Kunth

紫萼 *Hosta ventricosa* Stearn

野百合 *Lilium brownii* F. E. Br. ex Miellez

卷丹 *Lilium lancifolium* Thunb.

药百合 *Lilium speciosum* Thunb. var. *gloriosoides* Baker

禾叶山麦冬 *Liriope graminifolia*（L.）Baker

阔叶山麦冬 *Liriope platyphylla* F. T. Wang et Tang

山麦冬 *Liriope spicata* Lour.

麦冬 *Ophiopogon japonicus*（Thunb.）Ker Gawl.

华重楼 *Paris polyphylla* Smith var. *chinensis*（Franch.）Hara

多花黄精 *Polygonatum cyrtonema* Hua

长梗黄精 *Polygonatum filipes* Merr. ex C. Jeffrey et McEwan

黄精 *Polygonatum sibiricum* F. Delaroche

万年青* *Rohdea japonica*（Thunb.）Roth

绵枣儿 *Scilla scilloides*（Lindl.）Druce

尖叶菝葜 *Smilax arisanensis* Hayata

浙南菝葜 *Smilax austrozhejiangensis* Q. Lin

菝葜 *Smilax china* L.

小果菝葜 *Smilax davidiana* A. DC.

托柄菝葜 *Smilax discotis* Warb.

土茯苓 *Smilax glabra* Roxb.

黑果菝葜 *Smilax glaucochina* Warb. ex Diels

暗色菝葜 *Smilax lanceifolia* Roxb. var. *opaca* A. DC.

缘脉菝葜 *Smilax nervomarginata* Hayata

牛尾菜 *Smilax riparia* A. DC.

油点草 *Tricyrtis macropoda* Miq.

凤尾丝兰* *Yucca gloriosa* L.

124. 石蒜科 Amaryllidaceae

朱顶红* *Hippeastrum rutilum*（Ker-Gawl.）Herb.

石蒜 *Lycoris radiata*（L'Hér.）Herb.

125. 薯蓣科 Dioscoreaceae

参薯* *Dioscorea alata* L.

黄独 *Dioscorea bulbifera* L.

薯莨 *Dioscorea cirrhosa* Lour.

日本薯蓣 *Dioscorea japonica* Thunb.

穿龙薯蓣 *Dioscorea nipponica* Makino

薯蓣 *Dioscorea opposita* Thunb.

绵萆薢 *Dioscorea septemloba* Thunb.

细柄薯蓣 *Dioscorea tenuipes* Franch. et Sav.

126. 鸢尾科 Iridaceae

射干 *Belamcanda chinensis* (L.) DC.

小花鸢尾 *Iris speculatrix* Hance

127. 芭蕉科 Musaceae

芭蕉* *Musa basjoo* Sieb. et Zucc. ex Iinuma

128. 姜科 Zingiberaceae

山姜 *Alpinia japonica* (Thunb.) Miq.

蘘荷 *Zingiber mioga* (Thunb.) Rosc.

姜* *Zingiber officinale* Rosc.

绿苞蘘荷 *Zingiber viridibractea* Z. H. Chen et G. Y. Li. sp. nov. ined.

129. 美人蕉科 Cannaceae

蕉芋* *Canna edulis* Ker Gawl.

130. 水玉簪科 Burmanniaceae

宽翅水玉簪 *Burmannia nepalensis* (Miers) Hook. f.

131. 兰科 Orchidaceae

无柱兰 *Amitostigma gracile* (Bl.) Schltr.

金线兰 *Anoectochilus roxburghii* (Wall.) Lindl.

广东石豆兰 *Bulbophyllum kwangtungense* Schltr.

虾脊兰 *Calanthe discolor* Lindl.

钩距虾脊兰 *Calanthe graciliflora* Hayata

蕙兰 *Cymbidium faberi* Rolfe

多花兰 *Cymbidium floribundum* Lindl.

春兰 *Cymbidium goeringii* (Rchb. f.) Rchb. f.

寒兰 *Cymbidium kanran* Makino

细茎石斛 *Dendrobium moniliforme* (L.) Sw.

单叶厚唇兰 *Epigeneium fargesii* (Finet) Gagnep.

黄松盆距兰 *Gastrochilus japonicus* (Makino) Schltr.

大花斑叶兰 *Goodyera biflora* (Lindl.) Hook. f.

小斑叶兰 *Goodyera repens* (L.) R. Br.

斑叶兰 *Goodyera schlechtendaliana* Rchb. f.

见血青 *Liparis nervosa* (Thunb. ex A. Murray) Lindl.

长唇羊耳蒜 *Liparis pauliana* Hand.-Mazz.

小沼兰 *Malaxis microtatantha* (Schltr.) T. Tang et F. T. Wang

小叶鸢尾兰 *Oberonia japonica* (Maxim.) Makino

细叶石仙桃 *Pholidota cantonensis* Rolfe.

舌唇兰 *Platanthera japonica* (Thunb.) Lindl.

小舌唇兰 *Platanthera minor* (Miq.) Rchb. f.

台湾独蒜兰 *Pleione formosana* Hayata

香港绶草 *Spiranthes hongkongensis* S. Y. Hu et Barretto

带唇兰 *Tainia dunnii* Rolfe

小花蜻蜓兰 *Tulotis ussuriensis* (Reg. et Maack) H. Hara

第 4 章　大型菌物

野生大型菌物作为地球生态系统的重要组成部分，在生态系统的物质循环中起着重要的作用，其具有非常重要的研究和开发利用价值。目前保护区内的大型菌物的调查研究还未深入，大量的大型菌物资源有待发现和开发。2019 年 3 月—2020 年 8 月，我们对保护区内的菌物资源进行了调查研究，初步了解保护区菌物资源的种类、分布等重要信息，从而为保护区生态资源保护和生物资源合理开发利用提供科学依据。

对保护区大型菌物资源的调查，有助于弄清保护区内大型菌物资源的家底，为后续的科学研究提供第一手研究资料，具有重要的学术意义，也为食用菌产业发展储备新的种质资源，充实浙江省食用菌种质资源库，助力食用菌产业发展。

4.1 调查研究方法

4.1.1　野外考察及采集

本调查研究所使用的仪器设备主要包括：相机（佳能 5D）、显微镜（尼康 50i 和尼康 80i）、标本烘干器、小刀、剪刀、卫星定位仪、铅笔、放大镜、吸水纸、野外采集记录表本、标签纸等。

标本的采集点一般选择保护区内有代表性的林地或者丘陵地区，采集前先向保护区的工作人员或者当地有经验的人员咨询当地野生大型菌物常见种类及分布等基本情况。每次采集一般 4 人为 1 组，采集时间 3～5 天。调查过程中，仔细观察林地、倒木、活木、落叶层、腐木等各种生境的大型菌物，同时记录植被、土壤、海拔、坡位等信息。采集的标本除现场拍摄野外照片并进行记录外，于采集当天进行整理干制，便于保存。

4.1.2　标本鉴定及数据整理

标本的鉴定采用传统形态分类学方法。鉴定内容包括其子实体形状、大小，以及菌盖、菌柄、菌褶、菌孔的特征，气味、变色情况等。实验室后期借助显微镜观察其显微结构和孢子形态。将宏观特征与显微结构结合进行鉴定。

4.2 大型菌物物种组成

通过实地踏查、采集标本、拍照和室内鉴定等调查方法。在保护区范围内设置不同海拔、不同生境类型调查线路,主要涵盖双溪口、大龙岗主峰、龙井坑村、龙门、安民关、老虎坑、周村村、野猪浆、中蓬、里东坑、外东坑、达库等地。对常绿阔叶林、混交林、纯马尾松林等林地内的树桩、落叶层、枯枝、倒木、腐木,坡路,草丛等各种生境所发现的菌物进行拍摄、记录、采集等。

共记录标本 410 余号,采集标本 320 余份。经鉴定,保护区大型菌物有红菇科 Russulaceae、鹅膏科 Amanitaceae、牛肝菌科 Boletaceae、多孔菌科 Polyporaceae、蘑菇科 Agaricaceae、粉褶蕈科 Entolomataceae、小皮伞科 Marasmiaceae、小菇科 Mycenaceae、灵芝科 Ganodermataceae、虫草科 Cordycepitaceae、马鞍菌科 Helvellaceae、炭角菌科 Xylariaceae、蜡伞科 Hygrophoraceae、丝盖伞科 Inocybaceae、类脐菇科 Omphalotaceae、泡头菌科 Physalacriaceae、裂褶菌科 Schizophyllaceae、鸡油菌科 Cantharallaceae、花耳科 Dacrymycetaceae 等 58 科 111 属 191 种,其中有桃红胶鸡油菌 *Gloeocantharellus persicinus*、中国胶角耳 *Calocera sinensis*、光柄厚囊牛肝菌 *Hourangia cheoi*、类铅紫粉孢牛肝菌 *Tylopilus plumbeoviolaceoides*、灰疣鹅膏 *Amanita griseoverrucosa*、灰褐湿伞 *Hygrocybe griseobrunnea*、网纹马勃 *Lycoperdon perlatum*、金黄鳞盖菇 *Cyptotrama chrysopepla*、东方色钉菇 *Chroogomphus orientirutilus* 等中国特有种 10 种,并发现 *Ophiocordyceps multisynnematis* 新种 1 种。

调查结果显示,保护区内菌物资源十分丰富,在食用和药用等方面具有较大的开发潜力。菌物资源调查研究不仅能丰富大型菌物生物多样性内容,而且有助于发现、开发和合理利用野生菌物资源,为菌物资源的保护和可持续利用提供有效的依据,促进人类和自然生态的和谐统一。

鉴定的大型菌物中,有食用菌 60 种,占全部已鉴定种数的 31.41%,隶属于 30 科 44 属;药用菌 59 种,占全部已鉴定种类的 30.89%,隶属于 31 科 46 属;毒菌有 34 种,占全部已鉴定种类的 17.80%,隶属于 18 科 24 属。上述结果表明保护区内大型经济菌物资源丰富,其开发应用前景十分广阔。

通过野外实地考察,初步得到保护区大型菌物多样性名录,具体见附录。大型菌物初步统计为 191 种,隶属于 3 门 8 纲 21 目 58 科 111 属(见表 4-1)。

表 4-1 保护区大型菌物统计

门	纲	目	科	属	种
子囊菌门	4	6	10	13	21
担子菌门	2	12	45	94	166
变形虫门	2	3	3	4	4
总计	8	21	58	111	191

4.3 大型菌物物种多样性分析

4.3.1 大型菌物组成特征

保护区大型菌物资源种类丰富,根据本次研究采集鉴定结果,保护区共有大型菌物

191种，隶属于21目58科111属，其中大型真菌种分属子囊菌门 Ascomycota 和担子菌门 Basidiomycota，大型黏菌种属于变形虫门 Amoebozoa。

4.3.2 优势科分析

大型菌物(≥10种)的优势科有3科，占保护区大型菌物总科数的5.17%，共含40种，分别为多孔菌科 Polyporaceae 15种(占保护区大型菌物总种数的7.85%)、红菇科 Russulaceae 14种(占总种数的7.33%)、牛肝菌科 Boletaceae 11种(占总种数的5.76%)；含5～9种的科有10科，共含有71种，分别为粉褶蕈科 Entolomataceae 9种、蜡伞科 Hygrophoraceae 9种、丝盖伞科 Inocybaceae 9种、类脐菇科 Omphalotaceae 9种、小菇科 Mycenaceae 8种、蘑菇科 Agaricaceae 6种、小皮伞科 Marasmiaceae 6种、鹅膏菌科 Amanitaceae 5种、小脆柄菇科 Psathyrellaceae 5种、鸡油菌科 Cantharallaceae 5种，占保护区大型菌物总科数的17.24%，占保护区大型菌物总种数的37.17%。它们对保护区生态系统的循环具有重要的作用(见表4-2)。

表4-2 保护区大型菌物优势科统计

科	种	占比/%
多孔菌科 Polyporaceae	15	7.85
红菇科 Russulaceae	14	7.33
牛肝菌科 Boletaceae	11	5.76
粉褶蕈科 Entolomataceae	9	4.71
蜡伞科 Hygrophoraceae	9	4.71
丝盖伞科 Inocybaceae	9	4.71
类脐菇科 Omphalotaceae	9	4.71
小菇科 Mycenaceae	8	4.19
蘑菇科 Agaricaceae	6	3.14
小皮伞科 Marasmiaceae	6	3.14
鹅膏菌科 Amanitaceae	5	2.62
小脆柄菇科 Psathyrellaceae	5	2.62
鸡油菌科 Cantharallaceae	5	2.62
总计	111	58.11

4.3.3 优势属分析

保护区大型菌物共有111属，以所含种类≥5种的属为优势属，经统计，共有7个优势属，占保护区大型菌物总属数的6.25%。其中以红菇属 *Russula* 的种类最多，达到10种；其次是粉褶菌属 *Entoloma*，达到9种；随后依次为湿伞属 *Hygrocybe* 7种、丝盖伞属 *Inocybe* 6种、小菇属 *Mycena* 6种、鹅膏属 *Amanita* 5种、微皮伞属 *Marasmiellus* 5种，共计48种，占保护区大型菌物总种数的25.13%；而仅有1种的属有79个，占总属数的72.32%，如地舌菌属 *Geoglossum*、蘑菇属 *Agaricus*、白鬼伞属 *Leucocoprinus*、珊瑚

菌属 *Clavaria*、牛肝菌属 *Boletus*、杯伞属 *Clitocybe* 等为单种属，共计 79 种，占总种数的 41.36%（见表 4-3）。

表 4-3　保护区大型菌物优势属统计

属	种	占比/%
红菇属 *Russula*	10	5.24
粉褶菌属 *Entoloma*	9	4.71
湿伞属 *Hygrocybe*	7	3.66
丝盖伞属 *Inocybe*	6	3.14
小菇属 *Mycena*	6	3.14
鹅膏属 *Amanita*	5	2.62
微皮伞属 *Marasmiellus*	5	2.62
总计	48	25.13

4.3.4　海拔分布对保护区大型菌物的影响

大型菌物的分布非常广泛，从田野到山林，从丘陵到高山，到处都有大型菌物。大型菌物孢子大量飘浮在空气中，其多样性发生和海拔分布存在一定的相关性，见图 4-1。

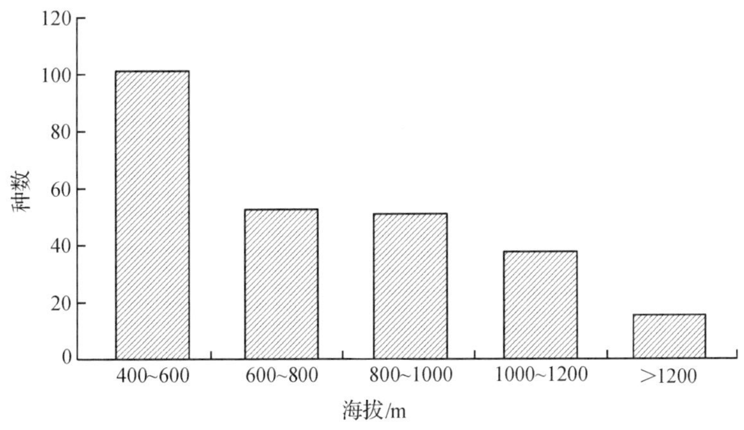

图 4-1　大型菌物种数与海拔的关系

在海拔 400～600m 区域，常见的菌物有金红橙牛肝菌 *Crocinoboletus rufoaureus*、栗色锤舌菌 *Leotia castanea*、薄皮干酪菌 *Tyromyces chioneus*、钟形干脐菇 *Xeromphalina campanella*、鸡油菌 *Cantharellus cibarius*、肉桂集毛孔菌 *Coltricia cinnamomea*、中国胶角耳 *Calocera sinensis*、纹缘盔孢伞 *Galerina marginata*、黑轮层炭壳 *Daldinia concentrica*、朱红密孔菌 *Pycnoporus cinnabarinus*、长根菇 *Hymenopellis radicata*、小白脐菇 *Omphalia gracillima*、云芝 *Trametes versicolor*、土味丝盖伞 *Inocybe geophylla*、多形炭角菌 *Xylaria polymorpha*、红顶小菇 *Mycena acicula* 等 101 种。

在海拔600～800m区域，常见的菌物有白方孢粉褶菌 *Entoloma album*、糙丝集毛孔菌 *Coltricia verrucata*、蝉棒束孢 *Isaria cicadae*、耳状小塔氏菌 *Tapinella panuoides*、冠状环柄菇 *Lepiota cristata*、红顶小菇 *Mycena acicula*、红皮丽口包 *Calostoma cinnabarinum*、鸡油菌 *Cantharellus cibarius*、假芝 *Amauroderma rugosum*、尖鳞伞 *Pholiota squarrosoides*、角凸小菇 *Mycena corynephora*、绢毛粉褶菌 *Entoloma sericellum*、梨形马勃 *Lycoperdon pyriforme*、亮盖灵芝 *Ganoderma lucidum*、漏斗韧伞 *Lentinus arcularius*、美发网菌 *Stemonitis splendens*、穆雷粉褶菌 *Entoloma murrayi* 等52种。

在海拔800～1000m区域，常见的菌物有白薄孔菌 *Antrodia albida*、白纹红菇 *Russula alboareolata*、糙丝集毛孔菌 *Coltricia verrucata*、长条纹光柄菇 *Pluteus longistriatus*、点柄黄红菇 *Russula senecis*、绯红湿伞 *Hygrocybe coccinea*、海南鸡油菌 *Cantharellus hainanensis*、褐盖粉孢牛肝菌 *Tylopilus badiceps*、红皮丽口包 *Calostoma cinnabarinum*、灰疣鹅膏 *Amanita griseoverrucosa*、金赤拟锁瑚菌 *Clavulinopsis aurantiocinnabarina*、金盖褐伞 *Phaeolepiota aurea*、蓝色伏革菌 *Terana coerulea*、勐宋粉褶菌 *Entoloma mengsongense*、柔韧匙孔菌 *Trullella duracina*、松乳菇 *Lactarius deliciosus*、桃红胶鸡油菌 *Gloeocantharellus persicinus* 等51种。

在海拔1000～1200m区域，常见的菌物有尖顶丝盖伞 *Inocybe napipes*、血红密孔菌 *Pycnoporus sanguineus*、橙黄革菌 *Thelephora aurantiotincta*、红小绒盖牛肝菌 *Xerocomellus chrysenteron*、蝉棒束孢 *Isaria cicadae*、金黄喇叭菌 *Craterellus aureus*、橘色小双孢盘菌 *Bisporella citrina*、粉被虫草 *Cordyceps pruinosa*、润滑锤舌菌 *Leotia lubrica*、小白红菇 *Russula albidula*、翘鳞韧伞 *Lentinus squarrosulus*、穆雷粉褶菌 *Entoloma murrayi*、红蜡磨 *Laccaria laccata* 等37种。

在海拔1200m以上区域，常见的菌物有黏白蜡伞 *Hygrophorus cossus*、匙盖假花耳 *Dacryopinax spathularia*、久住粉褶菌 *Entoloma kujuense*、紫软韧革菌 *Chondrostereum purpureum*、肉桂集毛孔菌 *Coltricia cinnamomea*、中华鹅膏 *Amanita sinensis*、红顶小菇 *Mycena acicula*、云芝 *Trametes versicolor*、珊瑚状锁瑚菌 *Clavulina coralloides* 阿切尔笼头菌 *Clathrus archeri* 等15种。

从图4-1可知，保护区大型菌物的种类与海拔高度有一定的联系，大部分菌物分布在海拔600m以下，最集中的是在400～600m区域。常见的菌物有栗色锤舌菌 *Leotia castanea*、薄皮干酪菌 *Tyromyces chioneus*、钟形干脐菇 *Xeromphalina campanella*、鸡油菌 *Cantharellus cibarius*、肉桂集毛孔菌 *Coltricia cinnamomea* 等。海拔1200m以上，大型菌物的物种数明显减少，可能是和该海拔之上土层薄，多砂石土，不宜菌物生长有关。也有一些菌物的分布受海拔影响相对较小，如红顶小菇 *Mycena acicula*、金赤拟锁瑚菌 *Clavulinopsis aurantiocinnabarina*、橘色小双孢盘菌 *Bisporella citrina*、漏斗多孔菌 *Lentinus arcularius*、穆雷粉褶菌 *Entoloma murrayi*、肉桂集毛孔菌 *Coltricia cinnamomea*、小毒红菇 *Russula fragilis*、小鸡油菌 *Cantharellus minor*、云芝 *Trametes versicolor* 等在海拔400～1200m均有出现。

4.4 大型经济菌

野生大型菌物作为地球生态系统的重要组成部分，在生态系统的物质循环中起着重要的作用。

4.4.1 食用菌资源

保护区食用菌共有 60 种，占全部已鉴定种数的 31.41%，隶属于 30 科 44 属（见表 4-4）。保护区已知食用菌物种类，多集中在红菇科 Russulaceae 和牛肝菌科 Boletaceae 中，其次为蜡伞科 Hygrophoraceae 和鸡油菌科 Cantharallaceae。

表 4-4 保护区食用菌资源

科	种
红菇科 Russulaceae	黄褐乳菇 *Lactarius cinnamomeus*、松乳菇 *Lactarius deliciosus*、小白红菇 *Russula albidula*、怡红菇 *Russula amoena*、葡紫红菇 *Russula azurea* 美味红菇 *Russula delica*
牛肝菌科 Boletaceae	金红橙牛肝菌 *Crocinoboletus rufoaureus*、光柄厚瓤牛肝菌 *Hourangia cheoi*、美丽褶孔菌 *Phylloporus bellus*、褐盖褶孔菌 *Phylloporus brunneiceps*、红小绒盖牛肝菌 *Xerocomellus chrysenteron*、细绒盖牛肝菌 *Xerocomus subtomentosus*
蜡伞科 Hygrophoraceae	外溶褶盾菌 *Arrhenia epichysium*、鸡油湿伞 *Hygrocybe cantharellus*、绯红湿伞 *Hygrocybe coccinea*、硫黄湿伞 *Hygrocybe chlorophana*、朱红湿伞 *Hygrocybe miniata*
鸡油菌科 Cantharallaceae	鸡油菌 *Cantharellus cibarius*、海南鸡油菌 *Cantharellus hainanensis*、小鸡油菌 *Cantharellus minor*、金黄喇叭菌 *Craterellus aureus*
丝盖伞科 Inocybaceae	黏靴耳 *Crepidotus mollis*、毛纹丝盖伞 *Inocybe hietella*、翘鳞丝孢伞 *Inosperma calamistratum*、裂丝假盖伞 *Pseudosperma rimosum*
泡头菌科 Physalacriaceae	金黄鳞盖菇 *Cyptotrama chrysopepla*、长根菇 *Hymenopellis radicata*、中华干蘑 *Xerula sinopudens*
蘑菇科 Agaricaceae	布莱萨蘑菇 *Agaricus bresadolanus*、无斑囊皮伞 *Cystoderma amianthinum*
鹅膏菌科 Amanitaceae	缠足鹅膏 *Amanita cinctipes*、中华鹅膏 *Amanita sinensis*
木耳科 Auriculariaceae	毛木耳 *Auricularia cornea*、黑木耳 *Auricularia heimuer*
马鞍菌科 Helvellaceae	弹性马鞍菌 *Helvella elastica*、大柄马鞍菌 *Helvella macropus*
未定科 Incertae sedis	桂花耳 *Guepinia helvelloides*、胶质刺银耳 *Pseudohydnum gelatinosum*
马勃科 Lycoperdaceae	网纹马勃 *Lycoperdon perlatum*、赭色马勃 *Lycoperdon umbrinum*
小皮伞科 Marasmiaceae	暗淡色钟伞 *Campanella tristis*、杯伞状大金钱菌 *Megacollybia clitocyboidea*
小菇科 Mycenaceae	盔盖小菇 *Mycena galericulata*、钟形干脐菇 *Xeromphalina campanella*

续表

科	种
锤舌菌科 Leotiaceae	润滑锤舌菌 *Leotia lubrica*
虫草科 Cordycipitaceae	蝉棒束孢 *Isaria cicadae*
多孔菌科 Polyporaceae	翘鳞韧伞 *Lentinus squarrosulus*
钉菇科 Gomphaceae	美丽枝瑚菌 *Ramaria formosa*
光柄菇科 Pluteaceae	长条纹光柄菇 *Pluteus longistriatus*
银耳科 Tremellaceae	朱砂色银耳 *Tremella cinnabarina*
锁瑚菌科 Clavulinaceae	珊瑚状锁瑚菌 *Clavulina coralloides*
轴腹菌科 Hydnangiaceae	红蜡蘑 *Laccaria laccata*
革菌科 Thelephoraceae	橙黄革菌 *Thelephora aurantiotincta*
裂褶菌科 Schizophyllaceae	裂褶菌 *Schizophyllum commune*
铆钉菇科 Gomphidiaceae	东方色钉菇 *Chroogomphus orientirutilus*
硬皮马勃科 Sclerodermataceae	多根硬皮马勃 *Scleroderma polyrhizum*
乳牛肝菌科 Suillaceae	黏盖乳牛肝菌 *Suillus bovinus*
球盖菇科 Strophariaceae	尖鳞伞 *Pholiota squarrosoides*
珊瑚菌科 Clavariaceae	虫形珊瑚菌 *Clavaria vermicularis*
重担菌科 Repetobasidiaceae	瘦藓菇 *Rickenella fibula*

4.4.2 药用菌资源

药用菌泛指一类能够形成大型子实体或菌核，且具有一种或多种药用功能的菌物类群。在我国，记载有关药用菌的历史悠久，如《神农本草经》中就有关于木耳、茯苓等的药用价值的记述，《本草纲目》中列入药用菌 32 种。药用菌在治疗慢性疾病、增强人体免疫力、提高人类健康水平等方面发挥着重要的作用。

经统计，保护区内有药用菌 59 种，隶属于 31 科 46 属，占全部已鉴定种类的 30.89%（见表 4-5）。保护区已知药用菌多集中在多孔菌科 Polyporaceae 和红菇科 Russulaceae 中，其中以多孔菌科种类最多，多达到 10 种，红菇科有 5 种。

表 4-5 保护区药用菌资源

科	种
多孔菌科 Polyporaceae	白薄孔菌 *Antrodia albida*、漏斗韧伞 *Lentinus arcularius*、翘鳞韧伞 *Lentinus squarrosulus*、桦褶孔菌 *Lenzites betulina*、黑柄黑斑根孔菌 *Picipes melanopus*、朱红密孔菌 *Pycnoporus cinnabarinus*、血红密孔菌 *Pycnoporus sanguineus*、硬毛栓菌 *Trametes hirsuta* 柔毛栓菌 *Trametes pubescens*、云芝 *Trametes versicolor*
红菇科 Russulaceae	松乳菇 *Lactarius deliciosus*、美味红菇 *Russula delica*、臭红菇 *Russula foetens*、小毒红菇 *Russula fragilis*、点柄黄红菇 *Russula senecis*
蘑菇科 Agaricaceae	布莱萨蘑菇 *Agaricus bresadolanus*、隆纹黑蛋巢菌 *Cyathus striatus*、白绒红蛋巢菌 *Nidula niveotomentosa*

续表

科	种
虫草科 Cordycipitaceae	蛾蛹虫草（无性形）*Cordyceps polyarthra*、粉被虫草 *Cordyceps pruinosa*、蝉棒束孢 *Isaria cicadae*
丝盖伞科 Inocybaceae	黏靴耳 *Crepidotus mollis*、翘鳞丝孢伞 *Inosperma calamistratum*、裂丝假盖伞 *Pseudosperma rimosum*
鸡油菌科 Cantharallaceae	鸡油菌 *Cantharellus cibarius*、小鸡油菌 *Cantharellus minor*、金黄喇叭菌 *Craterellus aureus*
炭角菌科 Xylariaceae	黑轮层炭壳 *Daldinia concentrica*、果生炭角菌 *Xylaria carpophila*
粉褶蕈科 Entolomataceae	晶盖粉褶蕈 *Entoloma clypeatum*、穆雷粉褶蕈 *Entoloma murrayi*
蜡伞科 Hygrophoraceae	鸡油湿伞 *Hygrocybe cantharellus*、变黑湿伞 *Hygrocybe conica*
小菇科 Mycenaceae	盔盖小菇 *Mycena galericulata*、钟形干脐菇 *Xeromphalina campanella*
小脆柄菇科 Psathyrellaceae	黄盖小脆柄菇 *Psathyrella candolleana*、丛毛小脆柄菇 *Psathyrella kauffmanii*
木耳科 Auriculariaceae	毛木耳 *Auricularia cornea*、黑木耳 *Auricularia heimuer*
灵芝科 Ganodermataceae	假芝 *Amauroderma rugosum*、亮盖灵芝 *Ganoderma applanatum*
鹅膏菌科 Amanitaceae	小托柄鹅膏 *Amanita farinosa*
丝膜菌科 Cortinariaceae	血红丝膜菌 *Cortinarius sanguineus*
腹菌科 Hymenogastraceae	橘黄裸伞 *Gymnopilus spectabilis*
轴腹菌科 Hydnangiaceae	红蜡蘑 *Laccaria laccata*
马勃科 Lycoperdaceae	赭色马勃 *Lycoperdon umbrinum*
小皮伞科 Marasmiaceae	杯伞状大金钱菌 *Megacollybia clitocyboidea*
泡头菌科 Physalacriaceae	长根菇 *Hymenopellis radicata*
裂褶菌科 Schizophyllaceae	裂褶菌 *Schizophyllum commune*
丽口包科 Calostomataceae	日本丽口包 *Calostoma japonicum*
圆孢牛肝菌科 Gyroporaceae	栗色圆孔牛肝菌 *Gyroporus castaneus*
硬皮马勃科 Sclerodermataceae	多根硬皮马勃 *Scleroderma polyrhizum*
乳牛肝菌科 Suillaceae	黏盖乳牛肝菌 *Suillus bovinus*
未定科 Incertae sedis	胶质刺银耳 *Pseudohydnum gelatinosum*
褐褶菌科 Gloeophyllaceae	深褐褶菌 *Gloeophyllum sepiarium*
耙菌科 Irpicaceae	乳白耙菌 *Irpex lacteus*
重担菌科 Repetobasidiaceae	瘦藓菇 *Rickenella fibula*
革菌科 Thelephoraceae	橙黄革菌 *Thelephora aurantiotincta*
银耳科 Tremellaceae	朱砂色银耳 *Tremella cinnabarina*

4.4.3　毒菌资源

毒菌亦称毒蕈、毒蘑菇等，是指大型菌物的子实体被食用后使人或畜禽产生中毒反应的物种，绝大部分属于担子菌，少数属于子囊菌。毒菌与野生食用菌的宏观特征有时极其相似，因此在野外混生情况下容易造成采食者误食中毒。我国每年仍有大量毒菌中毒甚至致死事件发生。因此，弄清楚毒菌种类，对于预防和治疗毒菌中毒具有重要意义。

经统计，保护区毒菌有 34 种，占全部已鉴定种类的 17.80%，隶属于 18 科 24 属。结果见表 4-6。

表 4-6 保护区毒菌资源

科	种
粉褶蕈科 Entolomataceae	白方孢粉褶蕈 *Entoloma album*、黑蓝粉褶蕈 *Entoloma chalybeum*、晶盖粉褶蕈 *Entoloma clypeatum*、方形粉褶蕈 *Entoloma quadratum*、绢毛粉褶蕈 *Entoloma sericellum*
蘑菇科 Agaricaceae	布莱萨蘑菇 *Agaricus bresadolanus*、冠状环柄菇 *Lepiota cristata*、黄色白鬼伞 *Leucocoprinus birnbaumii*
鹅膏菌科 Amanitaceae	小托柄鹅膏 *Amanita farinosa*、灰疣鹅膏 *Amanita griseoverrucosa*、残托鹅膏 *Amanita sychnopyramis*
腹菌科 Hymenogastraceae	苔藓盔孢伞 *Galerina hypnorum*、纹缘盔孢伞 *Galerina*、橘黄裸伞 *Gymnopilus spectabilismarginata*
丝盖伞科 Inocybaceae	土味丝盖伞 *Inocybe geophylla*、尖顶丝盖伞 *Inocybe napipes*、裂丝假盖伞 *Pseudosperma rimosum*
小脆柄菇科 Psathyrellaceae	黄盖小脆柄菇 *Psathyrella candolleana*、丛毛小脆柄菇 *Psathyrella kauffmanii*
牛肝菌科 Boletaceae	光柄厚瓤牛肝菌 *Hourangia cheoi*、新苦粉孢牛肝菌 *Tylopilus neofelleus*
乳牛肝菌科 Suillaceae	黏盖乳牛肝菌 *Suillus bovinus*、点柄小牛肝菌 *Boletinus punctatipes*
红菇科 Russulaceae	小毒红菇 *Russula fragilis*、点柄黄红菇 *Russula senecis*
丝膜菌科 Cortinariaceae	血红丝膜菌 *Cortinarius sanguineus*
马鞍菌科 Helvellaceae	弹性马鞍菌 *Helvella elastica*
炭角菌科 Xylariaceae	黑轮层炭壳 *Daldinia concentrica*
蜡伞科 Hygrophoraceae	变黑湿伞 *Hygrocybe conica*
马勃科 Lycoperdaceae	网纹马勃 *Lycoperdon perlatum*
小皮伞科 Marasmiaceae	杯伞状大金钱菌 *Megacollybia clitocyboidea*
球盖菇科 Strophariaceae	尖鳞伞 *Pholiota squarrosoides*
口蘑科 Tricholomataceae	落叶杯伞 *Clitocybe phyllophila*
鬼笔科 Phallaceae	阿切尔笼头菌 *Clathrus archeri*

4.5 珍稀濒危大型菌物

根据《中国生物多样性红色名录——大型真菌卷》的评估等级，保护区大型菌物中未见极危(CR)种、濒危(EN)种、易危(VU)种，近危(NT)1种(为东方色钉菇 *Chroogomphus orientirutilus*)，无危(LC)130种，数据缺乏(DD)39种，未予评估(NE)21种。其中，桃红胶鸡油菌 *Gloeocantharellus persicinus*、中国胶角耳 *Calocera sinensis*、光柄厚囊牛肝菌 *Hourangia cheoi*、类铅紫粉孢牛肝菌 *Tylopilus plumbeoviolaceoides*、灰疣鹅膏 *Amanita griseoverrucosa*、灰褐湿伞 *Hygrocybe griseobrunnea*、网纹马勃 *Lycoperdon perlatum*、金黄鳞盖菇 *Cyptotrama chrysopepla*、东方色钉菇 *Chroogomphus orientirutilus* 等中国

特有种 10 种，并发现 *Ophiocordyceps multisynnematis* 新种 1 个。

4.6 保护与利用建议

4.6.1　保护区大型菌物物种多样性及其意义

保护区共有大型菌物 191 种，隶属于 3 门 8 纲 21 目 58 科 111 属。其中，子囊菌门 4 纲 6 目 10 科 13 属 21 种；担子菌门 2 纲 12 目 45 科 94 属 166 种；变形虫门 2 纲 3 目 3 科 4 属 4 种；中国特有种 10 种；新种 1 种（待发表）。本调查结果丰富了保护区及浙江省大型菌物种质资源，为保护区开发和利用野生大型菌物资源增加了基本资料。由于考察次数有限，我们认为保护区大型菌物资源肯定仍有许多未知种类及特有种类尚待研究发现。

4.6.2　保护区大型菌物资源开发利用建议

大型菌物作为地球生态系统的重要组成部分，在生态系统的物质循环中起着重要的作用。保护区内野生食用菌资源十分丰富，有不少是珍稀种类，具有较高的经济价值，当地农民也有采食这些野生食用菌的习惯。建议采取有效措施，本着保护与开发并重的原则，合理开发利用保护区内的野生食用菌资源，为本地经济发展做贡献。但值得注意的是，保护区毒菌种类分布较广、数量也不少，其中有不少是剧毒菌，也应切实做好相关的宣传防范工作，防止误食毒菌。保护区中可供药用的菌物种类较多，例如各种灵芝属、虫草属与多孔菌属真菌，这些药用菌物资源是一笔宝贵的财富。建议在条件许可时，通过产学研相结合的方式将它们加以开发利用，使资源得以充分利用，为发展当地经济做贡献。

大型菌物是一类生物学特性不同于动物和植物的生物，其生长周期一般较短，研究多以野外调查为主，缺少定点长期的观察研究。因此，可以考虑选择保护区内不同植被生态样地，长期定点监测大型菌物群落结构与环境的变化，分析其变化规律，探讨大型菌物多样性形成、演化和物种共存机制，及其与动植物协同进化关系，可作为保护区生态保护和利用研究的重要组成部分。

4.7 保护区大型菌物名录

真菌界 Eumycetes

一、子囊菌门 Ascomycota

（一）地舌菌纲 Geoglossomycetes

1. 地舌菌目 Geoglossales

（1）地舌菌科 Geoglossaceae

黑地舌菌 *Geoglossum nigritum*（Pers.）Cooke

(二)锤舌菌纲 Leotiomycetes

2. 柔膜菌目 Helotiales

(2)柔膜菌科 Helotiaceae

橘色小双孢盘菌 *Bisporella citrina* (Batsch) Korf & S. E. Carp.

(3)耳盘菌科 Cordieritidaceae

叶状耳盘菌 *Cordierites frondosus* (Kobayasi) Korf

3. 锤舌菌目 Leotiales

(4)锤舌菌科 Leotiaceae

栗色锤舌菌 *Leotia castanea* Teng

润滑锤舌菌 *Leotia lubrica* (Scop.) Pers.

(三)盘菌纲 Pezizomycetes

4. 盘菌目 Pezizales

(5)马鞍菌科 Helvellaceae

中华马鞍菌 Helvella chinensis (Velen.) Nannf. & L. Holm

弹性马鞍菌 *Helvella elastica* Bull

绒毛马鞍菌 *Helvella fibrosa* (Wallr.) Korf

大柄马鞍菌 *Helvella macropus* (Pers.) P. Karst.

(6)火丝菌科 Pyronemataceae

粪居缘刺盘菌 *Cheilymenia fimicola* (Bagl.) Dennis

窄孢胶陀盘菌 *Trichaleurina tenuispora* M. Carbone, Yei Z. Wang & Cheng L. Huang

(四)粪壳菌纲 Sordariomycetes

5. 肉座菌目 Hypocreales

(7)虫草科 Cordycepitaceae

鼠尾虫草 *Cordyceps musicaudata* Z. Q. Liang & A. Y. Liu

蛾蛹虫草(无性形)*Cordyceps polyarthra* Möller

粉被虫草 *Cordyceps pruinosa* Petch

蝉棒束孢 *Isaria cicadae* Miq.

(8)线虫草科 Cordycepitaceae

Ophiocordyceps multisynnematis F. M. Yu & L. S. Zha sp. nov.

6. 炭角菌目 Xylariales

(9)炭团菌科 Hypoxylaceae

山地炭团菌 *Hypomontagnella monticulosa* (Mont.) Sir, L. Wendt & C. Lambert

(10)炭角菌科 Xylariaceae

黑轮层炭壳 *Daldinia concentrica* (Bolton) Ces. & De Not.

果生炭角菌 *Xylaria carpophila* (Pers.) Fr.

多形炭角菌 *Xylaria polymorpha* (Pers.) Grev.

木兰炭角菌 *Xylaria magnoliae* J. D. Rogers

二、担子菌门 Basidiomycota

(一)蘑菇纲 Agaricomycetes

1. 蘑菇目 Agaricales

(1)蘑菇科 Agaricaceae

布莱萨蘑菇 *Agaricus bresadolanus* Bohus

隆纹黑蛋巢菌 *Cyathus striatus*（Huds.）Willd.

无斑囊皮伞 *Cystoderma amianthinum*（Scop.）Fayod

冠状环柄菇 *Lepiota cristata*（Bolton）P. Kumm

黄色白鬼伞 *Leucocoprinus birnbaumii*（Corda）Singer

白绒红蛋巢菌 *Nidula niveotomentosa*（Henn.）Lloyd

(2)鹅膏菌科 Amanitaceae

缠足鹅膏 *Amanita cinctipes* Corner & Bas

小托柄鹅膏 *Amanita farinosa* Schwein

灰疣鹅膏 *Amanita griseoverrucosa* Zhu L. Yang

中华鹅膏 *Amanita sinensis* Zhu L. Yang

残托鹅膏 *Amanita sychnopyramis* Corner & Bas

(3)珊瑚菌科 Clavariaceae

虫形珊瑚菌 *Clavaria vermicularis* Batsch

金赤拟锁瑚菌 *Clavulinopsis aurantiocinnabarina*（Schwein.）Corner

中华地衣棒瑚菌 *Multiclavula sinensis* R. H. Petersen & M. Zang

(4)丝膜菌科 Cortinariaceae

棕黑丝膜菌 *Cortinarius melanotus* Kalchbr

紫色丝膜菌 *Cortinarius purpurascens* Fr.

血红丝膜菌 *Cortinarius sanguineus*（Wulfen）Gray

(5)挂钟菌科 Cyphellaceae

紫软韧革菌 *Chondrostereum purpureum*（Pers.）Pouzar

(6)粉褶蕈科 Entolomataceae

白方孢粉褶蕈 *Entoloma album* Hiroë

黑蓝粉褶蕈 *Entoloma chalybeum*（Pers.）Noordel

晶盖粉褶蕈 *Entoloma clypeatum*（L.）P. Kumm

久住粉褶蕈 *Entoloma kujuense*（Hongo）Hongo

勐宋粉褶蕈 *Entoloma mengsongense* Ediriweera，Karun.，J. C. Xu，K. D. Hyde & P. E. Mortimer

穆雷粉褶蕈 *Entoloma murrayi*（Berk. & M. A. Curtis）Sacc.

方形粉褶蕈 *Entoloma quadratum*（Berk. & M. A. Curtis）E. Horak

绢毛粉褶蕈 *Entoloma sericellum*（Fr.）P. Kumm.

直柄粉褶蕈 *Entoloma strictius*（Peck）Sacc.

(7)腹菌科 Hymenogastraceae

苔藓盔孢伞 *Galerina hypnorum*（Schrank）Kühner

纹缘盔孢伞 *Galerina marginata*（Batsch）Kühner

橙褐裸伞 *Gymnopilus aurantiobrunneus* Z. S. Bi

橘黄裸伞 *Gymnopilus spectabilis* (Fr.) Singer

(8)轴腹菌科 Hydnangiaceae

红蜡蘑 *Laccaria laccata* (Scop.) Cooke

(9)蜡伞科 Hygrophoraceae

外溶褶盾菌 *Arrhenia epichysium* (Pers.) Redhead, Lutzoni, Moncalvo & Vilgalys

鸡油湿伞 *Hygrocybe cantharellus* (Fr.) Murrill

绯红湿伞 *Hygrocybe coccinea* (Schaeff.) P. Kumm

变黑湿伞 *Hygrocybe conica* (Schaeff.) P. Kumm

硫黄湿伞 *Hygrocybe chlorophana* (Fr.) Wünsche

细鳞小湿伞 *Hygrocybe firma* (Berk. & Broome) Singer

灰褐湿伞 *Hygrocybe griseobrunnea* T. H. Li & C. Q. Wang

朱红湿伞 *Hygrocybe miniata* (Fr.) P. Kumm.

黏白蜡伞 *Hygrophorus cossus* (Sowerby) Fr.

(10)丝盖伞科 Inocybaceae

黏靴耳 *Crepidotus mollis* (Schaeff.) Staude

赭色丝盖伞 *Inocybe assimilata* Britzelm

丽孢丝盖伞 *Inocybe calospora* Quél

土味丝盖伞 *Inocybe geophylla* (Bull.) P. Kumm

毛纹丝盖伞 *Inocybe hietella* Bres

黄裂丝盖伞 *Inocybe lutea* Kobayasi & Hongo

尖顶丝盖伞 *Inocybe napipes* J. E. Lange

翘鳞丝孢伞 *Inosperma calamistratum* (Fr.) Matheny & Esteve-Rav.

裂丝假盖伞 *Pseudosperma rimosum* (Bull.) Matheny & Esteve-Rav.

(11)马勃科 Lycoperdaceae

小尾马勃 *Lycoperdon caudatum* J. Schröt.

网纹马勃 *Lycoperdon perlatum* Pers.

赭色马勃 *Lycoperdon umbrinum* Pers.

(12)小皮伞科 Marasmiaceae

暗淡色钟伞 *Campanella tristis* (G. Stev.) Segedin

联柄小皮伞 *Marasmius cohaerens* (Pers.) Cooke & Quél.

叶生小皮伞 *Marasmius epiphyllus* (Pers.) Fr.

轮小皮伞 *Marasmius rotalis* Berk. & Broome

杯伞状大金钱菌 *Megacollybia clitocyboidea* R. H. Petersen, Takehashi & Nagas.

黑柄四角孢伞 *Tetrapyrgos nigripes* (Fr.) E. Horak

(13)小菇科 Mycenaceae

疹胶孔菌 *Favolaschia pustulosa* (Jungh.) Kuntze

沟纹小菇 *Mycena abramsii* (Murrill) Murrill

红顶小菇 *Mycena acicula* (Schaeff.) P. Kumm

纤弱小菇 *Mycena alphitophora* (Berk.) Sacc. L

角凸小菇 *Mycena corynephora* Maas Geest

盔盖小菇 *Mycena galericulata* (Scop.) Gray

黄小菇 *Mycena luteopallens* (Peck) Peck

钟形干脐菇 *Xeromphalina campanella* (Batsch) Kühner & Maire

(14)类脐菇科 Omphalotaceae

变黑炭褶菌 *Anthracophyllum nigritum* (Lév.) Kalchbr

双型裸柄伞 *Gymnopus biformis* (Peck) Halling

臭小裸柄伞 *Gymnopus foetidus* (Sowerby) P. M. Kirk

狭褶裸柄伞 *Gymnopus stenophyllus* (Mont.) J. L. Mata & R. H. Petersen

白微皮伞 *Marasmiellus candidus* (Fr.) Singer

皮微皮伞 *Marasmiellus corticum* Singer

半焦微皮伞 *Marasmiellus epochnous* (Berk. & M. A. Curtis) Singer

多纹微皮伞 *Marasmiellus polygrammus* (Mont.) J. S. Oliveira

特洛伊微皮伞 *Marasmiellus troyanus* (Murrill) Dennis

(15)泡头菌科 Physalacriaceae

金黄鳞盖菇 *Cyptotrama chrysopepla* (Berk. & M. A. Curtis) Singer

长根菇 *Hymenopellis radicata* (Relhan) R. H. Petersen

中华干蘑 *Xerula sinopudens* R. H. Petersen & Nagas

(16)光柄菇科 Pluteaceae

嫩光柄菇 *Pluteus ephebeus* (Fr.) Gillet

长条纹光柄菇 *Pluteus longistriatus* (Peck) Peck

(17)小脆柄菇科 Psathyrellaceae

雪白拟鬼伞 *Coprinopsis nivea* (Pers.) Redhead, Vilgalys & Moncalvo

亚美尼亚小脆柄菇 *Psathyrella armeniaca* Pegler

黄盖小脆柄菇 *Psathyrella candolleana* (Fr.) Maire

丛毛小脆柄菇 *Psathyrella kauffmanii* A. H. Sm.

丸形小脆柄菇 *Psathyrella piluliformis* (Bull.) P. D. Orton

(18)裂褶菌科 Schizophyllaceae

裂褶菌 *Schizophyllum commune* Fr.

(19)球盖菇科 Strophariaceae

尖鳞伞 *Pholiota squarrosoides* (Peck) Sacc.

(20)口蘑科 Tricholomataceae

落叶杯伞 *Clitocybe phyllophila* (Pers.) P. Kumm.

小白脐菇 *Omphalia gracillima* (Weinm.) Quél.

2. 牛肝菌目 Boletales

(21)牛肝菌科 Boletaceae

青木氏牛肝菌 *Boletus aokii* Hongo

金红橙牛肝菌 *Crocinoboletus rufoaureus* (Massee) N. K. Zeng, Zhu L. Yang & G. Wu

光柄厚瓤牛肝菌 *Hourangia cheoi* (W. F. Chiu) Xue T. Zhu & Zhu L. Yang

美丽褶孔菌 *Phylloporus bellus* (Massee) Corner

褐盖褶孔菌 *Phylloporus brunneiceps* N. K. Zeng, Zhu L. Yang & L. P. Tang

半裸松塔牛肝菌 *Strobilomyces seminudus* Hongo

褐盖粉孢牛肝菌 *Tylopilus badiceps* (Peck) A. H. Sm. & Thiers

新苦粉孢牛肝菌 *Tylopilus neofelleus* Hongo

类铅紫粉孢牛肝菌 *Tylopilus plumbeoviolaceoides* T. H. Li, B. Song & Y. H. Shen

红小绒盖牛肝菌 *Xerocomellus chrysenteron* (Bull.) Šutara

细绒盖牛肝菌 *Xerocomus subtomentosus* (L.) Quél.

(22)丽口包科 Calostomaceae

红皮丽口包 *Calostoma cinnabarinum* Desv.

日本丽口包 *Calostoma japonicum* Henn.

(23)铆钉菇科 Gomphidiaceae

东方色钉菇 *Chroogomphus orientirutilus* Y. C. Li & Zhu L. Yang

(24)圆孔牛肝菌科 Gyroporaceae

栗色圆孔牛肝菌 *Gyroporus castaneus* (Bull.) Quél.

(25)硬皮马勃科 Sclerodermataceae

多根硬皮马勃 *Scleroderma polyrhizum* (J. F. Gmel.) Pers.

(26)乳牛肝菌科 Suillaceae

黏盖乳牛肝菌 *Suillus bovinus* (Pers.) Roussel

点柄小牛肝菌 *Boletinus punctatipes* Snell & E. A. Dick

3. 钉菇目 Gomphales

(27)钉菇科 Gomphaceae

美丽枝瑚菌 *Ramaria formosa* (Pers.) Quél.

4. 鬼笔目 Phallales

(28)鬼笔科 Phallaceae

阿切尔笼头菌 *Clathrus archeri* (Berk.) Dring

5. 木耳目 Auriculariales

(29)木耳科 Auriculariaceae

毛木耳 *Auricularia cornea* Ehrenb.

黑木耳 *Auricularia heimuer* F. Wu, B. K. Cui & Y. C. Dai

(30)未定科 Incertae sedis

桂花耳 *Guepinia helvelloides* (DC.) Fr.

胶质刺银耳 *Pseudohydnum gelatinosum* (Scop.) P. Karst

6. 鸡油菌目 Cantharellales

(31)鸡油菌科 Cantharallaceae

鸡油菌 *Cantharellus cibarius* Fr.

海南鸡油菌 *Cantharellus hainanensis* N. K. Zeng, Zhi Q. Liang & S. Jiang

小鸡油菌 *Cantharellus minor* Peck

桃红胶鸡油菌 *Gloeocantharellus persicinus* T. H. Li , Chun Y. Deng & L. M. Wu

金黄喇叭菌 *Craterellus aureus* Berk. & M. A. Curtis

(32)锁瑚菌科 Clavulinaceae

珊瑚状锁瑚菌 *Clavulina coralloides* (L.) J. Schröt

7. 褐褶菌目 Gloeophyllales

(33)褐褶菌科 Gloeophyllaceae

深褐褶菌 *Gloeophyllum sepiarium* (Wulfen) P. Karst

8. 锈革菌目 Hymenochaetales

(34)锈革菌科 Hymenochaetaceae

肉桂集毛孔菌 *Coltricia cinnamomea* (Jacq.) Murrill

糙丝集毛孔菌 *Coltricia verrucata* Aime, T. W. Henkel & Ryvarden

魏氏集毛菌 *Coltricia weii* Y. C. Dai

(35)耙菌科 Irpicaceae

乳白耙菌 *Irpex lacteus* (Fr.) Fr.

(36)重担菌科 Repetobasidiaceae

瘦藓菇 *Rickenella fibula* (Bull.) Raithelh

9. 多孔菌目 Polyporales

(37)拟层孔菌科 Fomitopsidaceae

栎牛舌孔菌 *Buglossoporus quercinus* (Schrad.) Kotl. & Pouzar

(38)灵芝科 Ganodermataceae

假芝 *Amauroderma rugosum* (Blume & T. Nees) Torrend

亮盖灵芝 *Ganoderma applanatum* (Pers.) Pat

(39)干朽菌科 Meruliaceae

橙色容氏孔菌 *Junghuhnia aurantilaeta* (Corner) Spirin

柔韧特汝来菌 *Trullella duracina* (Pat.) Zmitr

(40)原毛平革菌科 Phanerochaetaceae

蓝色特蓝伏革菌 *Terana coerulea* (Lam.) Kuntze

(41)多孔菌科 Polyporaceae

白薄孔菌 *Antrodia albida* (Fr.) Donk

条盖棱孔菌 *Favolus grammocephalus* (Berk.) Imazeki

漏斗韧伞 *Lentinus arcularius* (Batsch) Zmitr

翘鳞韧伞 *Lentinus squarrosulus* Mont

桦褶孔菌 *Lenzites betulina* (L.) Fr.

近缘小孔菌 *Microporus affinis* (Blume & T. Nees) Kuntze

黑柄黑斑根孔菌 *Picipes melanopus* (Pers.) Zmitr. & Kovalenko

小黑多孔菌 *Polyporus dictyopus* Mont.

朱红密孔菌 *Pycnoporus cinnabarinus* (Jacq.) P. Karst.

血红密孔菌 *Pycnoporus sanguineus* (L.) Murrill

硬毛栓菌 *Trametes hirsuta* (Wulfen) Lloyd

柔毛栓菌 *Trametes pubescens* (Schumach.) Pilát

云芝 *Trametes versicolor* (L.) Lloyd.

薄皮干酪菌 *Tyromyces chioneus* (Fr.) P. Karst

蹄形干酪菌 *Tyromyces slacteus* (Fr.) Murr

10. 红菇目 Russulales

(42)红菇科 Russulaceae

黄褐乳菇 *Lactarius cinnamomeus* W. F. Chiu

松乳菇 *Lactarius deliciosus* (L.) Gray

黄水液乳菇 *Lactarius flaviaquosus* X. H. Wang

近辣多汁乳菇 *Lactifluus subpiperatus* (Hongo) Verbeken
小白红菇 *Russula albidula* Peck
白纹红菇 *Russula alboareolata* Hongo
怡红菇 *Russula amoena* Quél
葡紫红菇 *Russula azurea* Bres
美味红菇 *Russula delica* Fr.
臭红菇 *Russula foetens* Pers
小毒红菇 *Russula fragilis* Fr.
小红菇 *Russula minutula* Velen
小红菇小变种 *Russula minutula* Velen var. minor Z. S. Bi
点柄黄红菇 *Russula senecis* S. Imai

11. 革菌目 Thelephorales

(43)革菌科 Thelephoraceae

橙黄革菌 *Thelephora aurantiotincta* Corner

(二)花耳纲 Dacrymycetes

12. 花耳目 Dacrymycetales

(44)花耳科 Dacrymycetaceae

中国胶角耳 *Calocera sinensis* McNabb
匙盖假花耳 *Dacryopinax spathularia* (Schwein.) G. W. Martin

(45)银耳科 Tremellaceae

朱砂色银耳 *Tremella cinnabarina* Bull
火红色银耳 *Tremella flammea* Kobayasi

原生动物界 Protozoa

变形虫门 Amoebozoa

(一)真黏菌纲 Myxogastrea

1. 绒泡菌目 Physarida

(1)绒泡菌科 Physaraceae

煤绒菌 *Fuligo septica* (L.) F. H. Wigg
玫瑰绒泡菌 *Physarum roseum* Berk. & Broome

2. 发网菌目 Stemonitida

(2)发网菌科 Stemonitidaceae

美发网菌 *Stemonitis splendens* Rostaf

(二)原柄黏菌纲 Protostelea

3. 原柄黏菌目 Protostelida

(3)鹅绒菌科 Ceratiomyxaceae

鹅绒菌 *Ceratiomyxa fruticulosa* (O. F. Müll.) T. Macbr

第5章　昆　虫

昆虫是自然界中种类最多的动物门类，是生物多样性的重要组成部分，在维持生态系统稳定方面起决定性作用。因此，昆虫多样性研究对于昆虫资源利用以及生态环境保护具有重要意义。随着人们对环境问题的关注度提高，昆虫生物多样性研究日益受到重视，如访花昆虫、土壤昆虫以及林冠层昆虫物种组成及其多样性的相关研究日益增多。因此，正确认识昆虫资源状况，了解昆虫物种结构和组成，掌握昆虫种群的发展趋势，对昆虫资源的保护和利用、生物多样性研究具有重要意义。

自2016年保护区建立以来，保护区内还未开展昆虫资源的调查，有关昆虫的种类、数量、分布情况尚不清楚。为摸清保护区内昆虫资源状况，了解保护区内昆虫组成结构及其分布，江山仙霞岭自然保护区管理中心组织开展了为期3年的昆虫资源调查工作，对保护区内的昆虫资源进行摸底调查。经过3年的调查，共采集及鉴定昆虫标本3万余头，整理保护区昆虫名录，共计20目246科1428属2357种，并对区内昆虫组成及其多样性进行了分析，为保护区保护和管理工作提供依据。这一成果极大地丰富了对我国昆虫区系及生物资源，也为昆虫地理学研究增添了新的内容。

5.1 调查研究方法

2016—2019年，我们对保护区范围内昆虫进行全面系统的调查。沿溪流、山脊、沟谷、小路或者公路进行路线踏查，用网捕、振落、翻地被物等常用方法采集昆虫。根据植被、地形、气候等生态条件，选择具有代表性植被的地段进行详查。其间邀请中国科学院动物研究所、西北农林科技大学、浙江农林大学等12个科研单位的55位昆虫分类学者共同参与。

1. 样线网捕法

方法为：在监测样地内先规划好调查的路线，样线长度一般为1000m，宽度为5m。捕捉所能观察到的在外面活动的昆虫，捕捉到后迅速将它们放入毒瓶内毒杀保存。

2. 扫网法

扫网法主要用于捕捉隐藏在草丛和茂密的小灌木中的昆虫，将扫网贴近植物表面，左右摆动扫捕，捕捉到昆虫后迅速将它们放入毒瓶内毒杀保存。每20网作为1个取样单位，收集毒杀标本1次，每个监测样地每次调查收集3次。

3. 灯诱法

灯诱法是根据昆虫行为中的趋光性诱捕昆虫的方法。选择适当的开阔地，安置好诱灯，灯光强度为450W，尽量收集聚集的全部昆虫。

4. 化学诱捕法

针对各类昆虫的食性和特殊嗜好，将一次性纸杯埋于土壤中，使杯口与地表相平行，诱集时把诱芯（红糖5份、醋20份、水80份、少量敌百虫）放入纸杯中。诱捕器每个监测样地放3组，每组放3只纸杯，每只纸杯作为1个样方，隔天收集昆虫标本。

5.2 昆虫物种组成

保护区的昆虫物种丰富，经过野外调查，共采集及鉴定昆虫标本3万余号，隶属20目246科1428属2357种（见表5-1），约占浙江省昆虫总科数的55.1%、总种数的24.64%。其中，国家二级重点保护野生动物2种，分别是金裳凤蝶和阳彩臂金龟；浙江省重点保护野生动物1种，为宽尾凤蝶。调查发现保护区昆虫物种多样性丰富，种群结构稳定，拥有天敌昆虫、药用昆虫、食用昆虫和观赏昆虫共计76科343种，占保护区昆虫总种数的14.55%。与浙江省凤阳山（25目239科1161属1690种，根据《浙江凤阳山昆虫物种多样性》）、天目山（28目333科2191属4134种，根据《浙江天目山昆虫物种多样性研究》）、古田山（22目191科759属1156种，根据《浙江省古田山自然保护区昆虫名录补遗》）、乌岩岭（20目202科1299属2133种，根据《浙江乌岩岭国家级蝴蝶多样性及其森林环境健康评价》）、清凉峰（27目256科1598属2567种，根据《浙江清凉峰昆虫物种组成及其多样性》）5个国家级自然保护区已知的昆虫资源相比，其种数仅次于浙江天目山国家级自然保护区和浙江清凉峰国家级自然保护区。

表5-1 保护区昆虫组成统计

目	科		属		种	
	科数	占比/%	属数	占比/%	种数	占比/%
蜻蜓目	13	5.28	48	3.36	65	2.76
襀翅目	3	1.22	5	0.35	16	0.68
等翅目	2	0.81	6	0.42	20	0.85
蜚蠊目	1	0.41	6	0.42	9	0.38
螳螂目	3	1.22	13	0.91	21	0.89
竹节虫目	2	0.81	5	0.35	6	0.25
革翅目	7	2.85	11	0.77	14	0.59
直翅目	14	5.69	52	3.64	60	2.55
半翅目	13	5.28	86	6.02	120	5.09
同翅目	20	8.13	123	8.61	179	7.59
广翅目	1	0.41	4	0.28	11	0.47
蛇蛉目	1	0.41	2	0.14	2	0.08
脉翅目	4	1.63	9	0.63	13	0.55
鞘翅目	36	14.63	347	24.30	582	24.69

续 表

目	科		属		种	
	科数	占比/%	属数	占比/%	种数	占比/%
长翅目	2	0.81	3	0.21	6	0.25
双翅目	29	11.79	201	14.08	401	17.01
蚤目	6	2.44	15	1.05	20	0.85
毛翅目	4	1.63	7	0.49	12	0.51
鳞翅目	47	19.11	304	21.29	502	21.30
膜翅目	38	15.45	181	12.68	298	12.64
总计	246	100.00	1428	100.00	2357	100.00

5.2.1 目、科的组成

调查结果显示，保护区昆虫各类群科数量较多的目为鳞翅目、膜翅目、鞘翅目和双翅目，这 4 个目的科数占总科数的 60.98%。各类群按科数从大到小排列依次为鳞翅目、膜翅目、鞘翅目、双翅目、同翅目、直翅目、蜻蜓目、半翅目、革翅目、蚤目、脉翅目、毛翅目、襀翅目、螳螂目、等翅目、竹节虫目、长翅目、蜚蠊目、广翅目、蛇蛉目。

从科一级来看，保护区昆虫分布于 246 科，其中 20 种以上的科有 28 个。这些科的种数之和占保护区昆虫总种数的 53.25%，是优势科。优势科中含 30 种以上的科依次为天牛科 Cerambycida（204 种）、姬蜂科 Ichneumonidae（79 种）、叶甲科 Chrysomelidae（77 种）、象甲科 Curculionidae（75 种）、寄蝇科 Tachinidae（60 种）、尺蛾科 Geometridae（58 种）、螟蛾科 Pyralidae（54 种）、大蚊科 Tipulidae（49 种）、毒蛾科 Lymantriidae（47 种）、虻科 Tabanidae（43 种）、蚊科 Culicidae（42 种）、茧蜂科 Braconidae（41 种）、摇蚊科 Chironomidae（39 种）、天蛾科 Sphingidae（37 种）、菌蚊科 Mycetophilidae（33 种）、步甲科 Carabidae（31 种）。

以各个目的种数比较，则排列顺序有所不同，鞘翅目、鳞翅目、双翅目、膜翅目、同翅目和半翅目这 6 目的种数均在 100 种以上，且它们的总数占保护区昆虫总种数的 88.32%。具体种数从大到小依次为鞘翅目、鳞翅目、双翅目、膜翅目、同翅目、半翅目、蜻蜓目、直翅目、等翅目、蚤目、螳螂目、襀翅目、革翅目、脉翅目、毛翅目、广翅目、蜚蠊目、竹节虫目、长翅目、蛇蛉目。

5.2.2 属、种的组成

从属数量上看，鞘翅目按属的多度从大到小依次为天牛科（103 属）、象甲科（47 属）、叶甲科（45 属）、步甲科（21 属）、拟步甲科（16 属）、瓢虫科（13 属）。鳞翅目按属的多度从大到小依次为尺蛾科（39 属）、螟蛾科（37 属）、毒蛾科（24 属）、灰蝶科（17 属）、卷蛾科（16 属）、天蛾科（15 属）。双翅目按属的多度从大到小依次顺序为寄蝇科（33 属）、摇蚊科（24 属）、大蚊科（24 属）、食蚜蝇科（17 属）、菌蚊科（15 属）、蚊科（9 属）。膜翅目按属的多度从大到小依次为姬蜂科（43 属）、茧蜂科（21 属）、叶蜂科（14 属）、蚁科（11 属）、泥蜂科（9 属）、赤眼蜂科（7 属）。

从种的数量上看，鞘翅目按种的多度从大到小依次为天牛科（204 种）、叶甲科

(77 种)、象甲科(75 种)、步甲科(31 种)、拟步甲科(25 种)、花蚤科(19 种)。鳞翅目的多度从大到小依次为尺蛾科(58 种)、螟蛾科(54 种)、毒蛾科(47 种)、天蛾科(37 种)、蛱蝶科(23 种)、卷蛾科(23 种)。双翅目按种的多度从大到小依次为寄蝇科(60 种)、大蚊科(49 种)、蚊科(42 种)、虻科(42 种)、摇蚊科(39 种)、菌蚊科(33 种)。膜翅目按种的多度从大到小依次为姬蜂科(79 种)、茧蜂科(41 种)、叶蜂科(20 种)、蚁科(17 种)、赤眼蜂科(13 种)、胡蜂科(11 种)。

将 4 个优势目各科所含的属、种数划分为若干等级，对其科在各等级中所占比重进行比较分析(见图 5-1、图 5-2)。通过属、种数量及在各科中的分布可以看出，4 个优势目的属数主要集中分布在 1～10 属，种数则分布在 1～15 种。由此可见，4 个优势目的各科类群在属、种组成上主要表现为类群小而数量多的结构，该结构反映了保护区昆虫的群落结构比较稳定。一般地说，同一科的种类往往有着类似的行为、生物学习性以及能量消耗的方式。类群小，有利于充分利用能量，达到资源有效分摊。因此，在一个群落内，科的单位越多，能流途径就越多，能流的干扰也就越容易被补偿，这个群落的稳定性就越高。

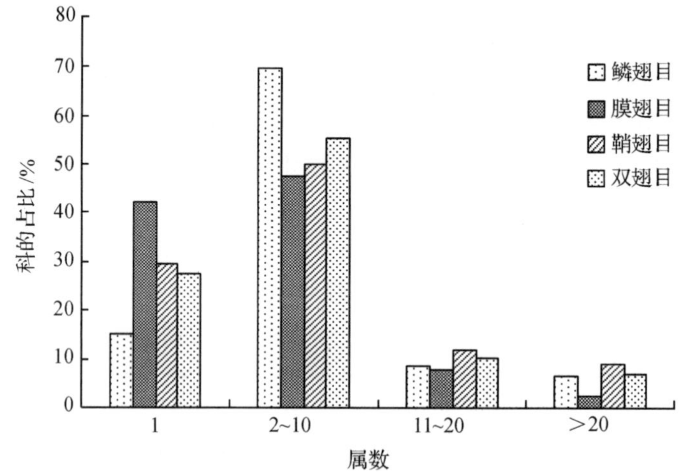

图 5-1 保护区昆虫优势目的属数数量等级与科的关系

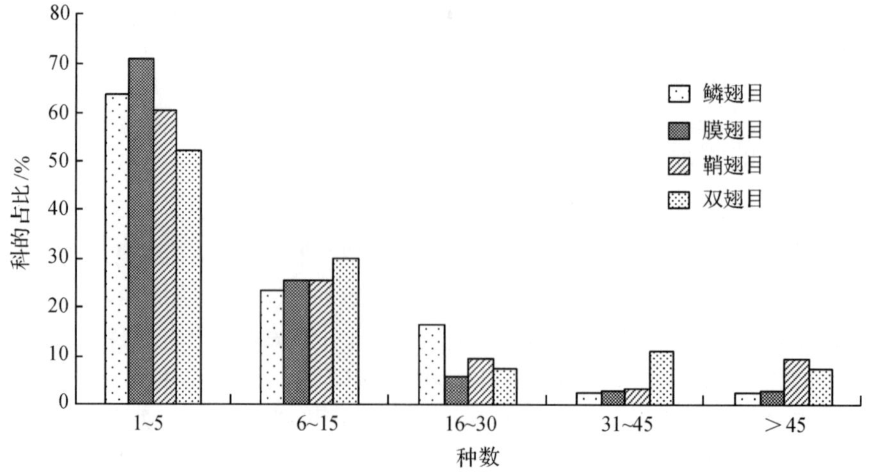

图 5-2 保护区昆虫优势目的种数数量等级与科的关系

5.3 昆虫物种多样性分析

5.3.1 昆虫多样性分析方法

分别利用 Shannon-Wiener 多样性指数(H')、Simpson 优势度指数(C)、Margalef 丰富度指数(D)和 Pielou 均匀度指数(J_{ws})对昆虫群落进行分析。其计算公式如下。

(1)Shannon-Wiener 多样性指数

$$H' = -\sum n_i/Nln(n_i/N)$$

式中:n_i 为第 i 个类群的个体数;N 为群落中所有类群的个体总数。

(2)Margalef 丰富度指数

$$D=(S-1)/\ln N$$

式中:S 为类群数。

(3)Pielou 均匀度指数

$$J_{ws}=H'/\ln S$$

(4)Simpson 优势度指数

$$C=\sum p_i^2$$

式中:$P_i = n_i/N$。

5.3.2 昆虫物种多样性

物种多样性涉及群落的稳定性和生产力,一定程度上与人类的生存和发展紧密相关。研究昆虫群落多样性有助于掌握昆虫群落的组成和结构,并进而阐明结构与功能的相互关系,预测群落演替的趋势。选取本次调查常见昆虫的 8 个目为研究对象,进行物种多样性分析,结果见表 5-2。

表 5-2 保护区昆虫多样性相关指数

指数	蜻蜓目	直翅目	同翅目	半翅目	鞘翅目	双翅目	鳞翅目	膜翅目
H'	0.2158	0.1989	0.2474	0.2370	0.3069	0.2817	0.2893	0.2691
C	0.0080	0.0061	0.0130	0.0111	0.0315	0.0216	0.0241	0.0179
J_{ws}	0.0508	0.0486	0.0476	0.0495	0.0480	0.0470	0.0465	0.0472
D	7.0596	6.0365	18.3140	12.1752	61.2854	40.9251	51.4633	30.5915

结果表明,从昆虫的 Margalef 丰富度指数(D)来看,昆虫 D 的变幅较大,以鞘翅目最高,直翅目最低,两者相差 7.6 倍。种数少的目,如直翅目、半翅目和蜻蜓目等的 D 均很低;而物种数较多的目,如鞘翅目、鳞翅目、双翅目和膜翅目的 D 就较高。从昆虫的 Shannon-Wiener 多样性指数(H')来看,两种多样性指数 D 和 H' 反映的情况基本一致,鞘翅目昆虫最高,其次为鳞翅目和双翅目,直翅目最低(仅为 0.1989)。

从昆虫的 Pielou 均匀度指数(J_{ws})来看,昆虫 J_{ws} 差异较大,这可能与物种采集的数量差异有关。从昆虫的 Simpson 优势度指数(C)来看,其优势度指数(C)与多样性指数(H')的变化趋势基本一致,说明保护区昆虫群落结构稳定,物种丰富度较高。

5.4 昆虫资源分析

昆虫资源是目前地球上最大的尚未被充分利用的生物资源，在社会经济发展中占有重要地位。保护区的昆虫种类繁多，资源丰富。本次调查发现保护区内分布浙江省重点保护野生动物宽尾凤蝶 *Agehana elwesi*。同时，发现黄鬃长足虻 *Chrysotimus qinlingensis* 和长跗小异长足虻 *Chrysotus pulcher* 两种浙江省新记录昆虫。此外，从目前已鉴定的昆虫来看，根据其用途和价值分，主要包括天敌昆虫、食用昆虫、药用昆虫和观赏昆虫。调查的结果见表 5-3。

表 5-3 保护区特有昆虫及资源昆虫

目	浙江新记录种		天敌昆虫		食用昆虫		药用昆虫		观赏昆虫	
	属	种	科	种	科	种	科	种	科	种
蜻蜓目 Odonata			5	21					2	10
襀翅目 Plecoptera										
蜚蠊目 Blattaria							1	1		
等翅目 Isoptera										
螳螂目 Mantedea			1	2					2	5
革翅目 Dermaptera										
直翅目 Orthoptera					1	3			2	3
竹节虫目 Phasmatodea					1	1			1	1
同翅目 Homoptera					1	2	2	6	4	6
半翅目 Hemiptera			1	12	1	2	1	1	1	1
广翅目 Megaloptera			1	2						
蛇蛉目 Raphidioptera			1	1						
脉翅目 Neuroptera			1	3			1	1	1	1
鞘翅目 Coleoptera			8	42	2	5	1	3	3	25
长翅目 Mecoptera			1	1						
双翅目 Diptera		2			1	2				
蚤目 Siphonaptera										
毛翅目 Trichoptera										
鳞翅目 Lepidoptera					3	18	2	4	8	45
膜翅目 Hymenoptera			8	87	3	11	1	3	3	12
总计		2	27	171	13	44	9	19	27	109

保护区的昆虫资源较丰富，从已鉴定的昆虫中粗略统计：天敌昆虫有 27 科 171 种，占保护区昆虫总种数的 7.3%。但实际上远远不止此数，它们在保护区昆虫系统自然控制方面发挥了重要作用。常见药用昆虫有 9 科 19 种，占保护区昆虫总种数的 0.8%，主要是蜚蠊目、螳螂目、直翅目、半翅目、鞘翅目、鳞翅目、膜翅目的种类。保护区的害虫种

类多，但在保护区的自然环境条件下不会成灾，这些害虫在维持生态平衡方面也发挥了重要作用，对生物群落的稳定和发展具有明显的调节和控制作用。保护区的观赏昆虫种类很丰富，有 27 科 109 种，占保护区昆虫总种数的 4.6%，主要以蝶类、蜻蜓、竹节虫、螳螂、大型甲虫、大型蛾类等为主。食用昆虫有 13 科 44 种，占保护区昆虫总种数的 1.9%。

昆虫是生态系统的重要成员之一，直接影响整个生物界以及人类的生存情况，因此，昆虫生物多样性的研究日益受到重视。随着保护区昆虫资源研究的逐渐深入，管理者应该正确认识该地区昆虫资源状况，深入开展昆虫多样性的基础研究，特别是加强资源昆虫种类、生物学研究，采取多种保护措施，营造珍稀、特有昆虫及资源昆虫的适宜生境，为珍稀昆虫的保护和资源昆虫的开发利用奠定基础。要广泛开展加强昆虫多样性保护的科普宣传工作，提高全民的保护意识。合理科学利用和开发昆虫资源，使昆虫资源为人类做出更大的贡献。

5.5 保护区昆虫名录

一、原尾纲 PROTURA

(一)原蛛目 Poduromopha

1. 疣蛛科 Neanuridae

二齿颚毛蛛 *Crossodonthina bidentata* Luo & Chen, 2009

天童山颚毛蛛 *Crossodonthina tiantongshana* Xiong, Chen & Yin, 2005

太平洋奇刺蛛 *Friesea pacifica* (Yosii, 1958)

小拟亚蛛 *Pseudachorutes parvulus* Börner, 1901

具齿泡角蛛 *Ceratophysella denticulata* (Bagnall, 1941)

四刺泡角蛛 *Ceratophysella duplicispinosa* (Yosii, 1954)

颗粒泡角蛛 *Ceratophysella granulata* Stach, 1949

三刺泡角蛛 *Ceratophysella liguladorsi* Lee, 1974

中华泡角蛛 *Ceratophysella sinensis* Stach, 1964

吉井氏球角蛛 *Hypogastrura yosii* Stach, 1964

朝鲜威蛛 *Willemia koreana* Thibaud & Lee, 1994

短刺奇蛛 *Xenylla brevispina* Kinoshita, 1916

勃氏奇蛛 *Xenylla boerneri* Axelson,1905

2. 棘蛛科 Onychiuridae

杭州棘跳 *Onychiurus hangchowensis* Stach, 1964

3. 土蛛科 Tullbergiidae

吉井氏美土蛛 *Mesaphorura yosiii* (Rusek, 1967)

(二)长角蛛目 Entomobryomorpha

1. 鳞蛛科 Tomoceridae

陈氏鳞蛛 *Tomocerus cheni* Ma & Christiansen, 1998

秦氏鳞蛛 *Tomoceru sqinae* Yu, 2016

乐清单齿鳞蛛 *Monodontocerus leqingensis* Sun & Liang, 2009

2. 等节虫兆科 Isotomidae

奇齿德虫兆 *Desoria imparidentata* (Stach, 1964)

缺眼二型虫兆 *Desoria anommatos* (Chen & Yin, 1984)

二眼符虫兆 *Folsomia diplophthalma* (Axelson, 1902)

内眼符虫兆 *Folsomia inoculata* Stach, 1946

小点符虫兆 *Folsomia minipunctata* Zhao & Tamura, 1992

八眼符虫兆 *Folsomia octoculata* Handschin, 1925

类符虫兆 *Folsomia similis* Bagnall, 1939

角裔符虫兆 *Folsomia angularis* (Axelson, 1905)

小裔符虫兆 *Folsomia parvulus* Stach, 1922

拟角裔符虫兆 *Folsomia pseudangularis* Chen, 1985

棘类符虫兆 *Folsomia onychiurina* Denis, 1931

中华等节虫兆 *Isotoma sinensis* Yue & Yin, 1999

异齿等节虫兆 *Isotoma imparidentata* Stach, 1964

微小等虫兆 *Isotoma minor* (Schäffer, 1896)

浙江德拉等虫兆 *Isotoma zhejiangensis* (Chen, 1985)

蓝似等虫兆 *Isotoma fiscus* Christiansen & Bellinger, 1980

沼生陷等虫兆 *Isotoma palustris* (Müller, 1776)

微小前等虫兆 *Proisotoma minuta* (Tullberg, 1871)

敏感伪等虫兆 *Pseudisotoma sensibilis* (Tullberg, 1877)

三毛短尾虫兆 *Scutisotoma trichaetosa trichaetosa* Huang & Potapov, 2012

浙江拟缺虫兆 *Pseudisotoma zhejiangensis* Chen,1985

中国图虫兆 *Tuvia chinensis chinensis* Chen&Yin,1982

3. 长角虫兆科 Entomobryidae

铜长角虫兆 *Entomobrya aino* (Matsumura & Ishida, 1931)

弯毛裸长虫兆 *Sinella curviseta* Brook, 1882

台湾刺齿虫兆 *Homidia formosana* Uchida, 1943

乔顿娜刺齿虫兆 *Homidia jordanai* Pan Shi & Zhangi, 2011

泛刺齿虫兆 *Homidia laha* Christiansen & Bellinger, 1992

叶毛刺齿虫兆 *Homidia latifolia* Chen & Li, 1999

四斑刺齿虫兆 *Homidia quadrimaculata* Pan, 2015

类刺齿虫兆 *Homidia similis* Szeptycki, 1973

三角斑刺齿虫兆 *Homidia triangulimacula* Pan & Shi, 2015

天台刺齿虫兆 *Homidia tiantaiensis* Chen & Lin, 1998

单毛刺齿虫兆 *Homidia unichaeta* Pan, Shi & Zhang, 2010

雁荡刺齿虫兆 *Homidia yandangensis* Pan, 2015

张氏刺齿虫兆 *Homidia zhangi* Pan & Shi, 2012

4. 爪虫兆科 Paronellidae Börner, 1906

吉氏盐长虫兆 *Salina yosii* Salmon, 1964

(三)愈腹虫兆目 Symphypleona

1. 附圆虫兆科 Sminthurididae

东方小圆虫兆 *Sminthurinus orientalis* Stach, 1964

北京小圆蛾 *Sminthurinus pekinensis* Stach，1964

短足球圆蛾 *Sminthurinus pumilis*（Krausbauer，1898）

齿端针圆蛾 *Sphyrotheca spinimucronata* Itoh & Zhao，1993

中华吉井氏圆蛾 *Yosiide chinensis* Itoh & Zhao，1993

2. 伪圆蛾科 Dicyrtomidae

具齿环节圆蛾 *Ptenothrix denticulata*（Folsom，1899）Stach，1957

二、昆虫纲 INSECTA

（一）蜻蜓目 Odonata

1. 蜓科 Aeschnidae

黄额伟蜓 *Anax guttatus* Burmeister，1839

李氏头蜓 *Cephalaeschma risi* Asahina，1981

玛佩蜓 *Periaeschna magdalena* Martin，1909

科氏叶蜓 *Petaliaeschna corneliae* Asahina，1982

米普莱蜓 *Planaeschna milnei* Selys，1883

2. 春蜓科 Gomphidae

凹缘亚春蜓 *Asiagomphus septimus*（Needham，1930）

联纹小叶春蜓 *Gomphidia conflens* Selys，1878

扭角曦春蜓 *Heliogomphus retroflexus*（Ris，1912）

优美纤春蜓 *Leptogomphus elegans* Leffinck，1948

双峰弯尾春蜓 *Melligomph ardens*（Needham，1930）

长钩日春蜓 *Nihonogomphus semanticus* Chao，1954

日春蜓 *Nihonogomphus zhejiangensis* Chao et Zhou，1990

居山日春蜓 *Nihonogomphus montanus* Zhou et Wu，1992

中华长钩春蜓 *Ophiogomphus sinicus*（Chao，1954）

亚力施春蜓 *Sieboldius alexanderi* Chao，1955

黄新叶春蜓 *Sinictinogomphus clavatus*（Fabricius，1775）

里面扩腹春蜓 *Stylurus clathratus* Needham，1930

恩迪扩腹春蜓 *Stylurus endicotti* Needham，1930

3. 大蜓科 Cordulegasteridae

巨圆臀大蜓 *Anotogaster sieboldii* Selys，1854

斯氏绿大蜓 *Chlorogomphus suzukii* Oguma，1926

4. 伪蜻科 Corduliidae

缘斑毛伪蜻 *Epitheca marginata* Selys，1883

杭州异伪蜻 *Macronidia hangzhoensis* Zhou，1982

5. 蜻科 Libellulidae

双纹铁蜻 *Brachydiplax chalybea* Brauer，1868

黄翅蜻 *Brachythemis contaminata* Fabricius，1793

纹蓝小蜻 *Diplacodes trivialis*（Rambur，1842）

臀斑楔翅蜻 *Hydrobasileus croceus* Brauer，1867

闪绿宽腹蜻 *Lyriothemis pachygastra* Selys，1878

侏红小蜻 *Nannophya pygmaea* Rambur,1842

白尾灰蜻 *Orthetrum albistylum* Selys,1848

齿背灰蜻 *Orthetrum devium* Needham,1930

褐肩灰蜻 *Ortherum internum* Mclachlan,1894

狭腹灰蜻 *Orthetrum sabina* Drury,1773

六斑曲缘蜻 *Palpopleura sexmaculata* Fabricius,1787

黄蜻 *Pantala flavescens* Fabricius,1798

玉带蜻 *Pseudothemis zonata* Burmeister,1839

斑丽翅蜻 *Rhyothemis variegata*（Linnaeus，1763）

半黄赤蜻 *Sympetrum croceolum* Selys,1883

竖眉赤蜻 *Sympetrum eroticum*（Selys，1883）

褐顶赤蜻 *Sympetrum infuscatum* Selys,1883

小黄赤蜻 *Sympetrum knckeli* Selys,1884

6. 腹腮蟌科 EUPHAEIDAE

庆元异翅腹腮蟌 *Anisopleura qingyuanensis* Zhou,1982

短尾尾腹腮蟌 *Bayadera brevicauda continentalis* Asahina,1973

巨齿尾腹鳃蟌 *Bayadera melanopteryx* Ris,1912

褐翅暗腹鳃蟌 *Euphaea opaca* Selys,1853

7. 隼(犀)蟌科 Chlorocyphidae

三斑鼻蟌 *Rhynocypha perforata* Percheron,1835

8. 色蟌科 Calopterygidae

赤基丽色蟌 *Archineura incurnata*（Karsch，1892）

黑色蟌 *Calopteryx atrata* Selys,1853

宽翅色蟌 *Calopteryx melli* Ris,1912

透顶单脉色蟌 *Matrona basilaris*（Selys，1853）

透翅绿色蟌 *Mnais andersoni* McLachlan,1873

翅绿色蟌 *Mnais auripennis* Needham,1930

黑角细色蟌 *Vestalis smaragdina* velata Ris,1912

9. 绿蟌科 Synlestidae

黄腹绿综蟌 *Megalestes heros* Needham,1930

赤条绿丝蟌 *Sinolestes edita* Needham,1930

白条绿丝蟌 *Sinolestes ornata* Needham,1930

10. 丝蟌科 Lestidae

优美丝蟌 *Lestes concinna* Selys,1883

11. 原蟌科 Protoneuridae

乌齿原蟌 *Prodasineura autumnalis* Fraser,1922

12. 蟌科 Coenagriidae

杯斑小蟌 *Agriocnemis feminsa femina*（Ramb.，1868）

白腹小蟌（乳白小蟌）*Agriocnemis lacteola* Selys,1877

黄纹蟌 *Cercion hieroglyphicum* Brauer,1865

短尾黄蟌 *Ceriagrion melanurum* Selys,1876

日本黄蟌 *Ceriagion nipponicum* Asahina,1967

黑脊蟌 *Cerion calamorum* Ris,1916

13. 扇蟌科 Platycnemididae

蓝纹长腹扇蟌 *Coeliccia cyanomelas* Ris,1912

华丽扇蟌 *Calicnemla sinensis* Liftinck,1984

(二)襀翅目 Plecoptera

1. 襀科 Perlidae

长形襟襀 *Togoperia elongata* Wu et Claassen,1934

襟襀 *Togoperia chekianensis* (Chu, 1938)

2. 卷襀科 Leuctridae

二刺卷襀 *Leuctra bispina* Wu,1949

东方卷襀 *Leuctra orientalis* Chu,1928

曲刺卷襀 *Leuctra recurvispina* Wu,1949

刺板卷襀 *Leuctra spiniplatta* Wu,1949

三叉卷襀 *Leuctra trifurculata* Wu,1973

东方拟卷襀 *Paraleuctra orientalis* (Chu, 1928)

3. 叉襀科 Nemouridae

弯刺倍叉襀 *Amphinemura curvispina* (Wu, 1973)

曲齿叉襀 *Nemoura cuivispina* Wu,1973

鸢尾叉襀 *Nemoura fleurdelia* Wu,1949

叉刺叉襀 *Nemoura furcospinata* Wu,1949

长板叉襀 *Nemoura longiplatta* Wu,1949

反曲叉襀 *Nemoura recurvata* Wu,1949

有棘叉襀 *Nemoura spinata* Wu,1949

三叉叉襀 *Nemoura trifurcate* Wu,1949

(三)等翅目 Isoptera

1. 白蚁科 Termitidae

黄翅大白蚁 *Macrotermes barneyi* Light,1924

小象白蚁 *Nasutitermes parvonasutus* (Nawa, 1911)

黑翅土白蚁 *Odontotermes formosanus* (Shiraki, 1909)

囟土白蚁 *Odontotermes fontanellus* Kemner,1925

扬子江近歪白蚁 *Pericapritermes jangtsekiangensis* Kemner,1925

小钩歪白蚁 *Pseudocapritermes minutus* (Tsai et Chen, 1963)

近扭白蚁 *Pericapritermes nitobei* (Shiraki, 1909)

圆囟钩歪白蚁 *Pseudocapritermes sowerbyi* (Light, 1924)

2. 鼻白蚁科 Rhinotermitidae

黑胸散白蚁 *Reticulitermes chinensis* Snyder,1923

黄胸散白蚁 *Reticulitermes flaviceps* (Oshima, 1911)

花胸散白蚁 *Reticulitermes fukienensis* Light,1924

高额散白蚁 *Reticulitermes hypsofrons* Ping et Xu,1981

湖南散白蚁 *Reticulitermes hunanensis* Tsai et Peng,1980

圆唇散白蚁 *Reticulitermes labralis* Hsia et Fan,1965

细颚散白蚁 *Reticulitermes leptomandibularis* Hsia et Fan,1965

罗浮散白蚁 *Reticulitermes luofunicus* Zhu,Ma et Li,1982

小散白蚁 *Reticulitermes parvus* Li,1979

近黄胸散白蚁 *Reticulitermes periflaviceps* Ping et Xu,1993

清江散白蚁 *Reticulitermes qingjiangensis* Gao et Wang,1982

武宫散白蚁 *Reticulitermes wugongensis* Li et Huang,1986

(四)蜚蠊目 Blattodea

蜚蠊科 Blattidae

德国小蠊 *Blattella germanica* Linnaeus,1767

拟德小蠊 *Blattella lituricollis* (Walker, 1868)

广纹小蠊 *Blattella latistriga* Walker,1868

中华拟歪尾蠊 *Episymploce sinensis* (Walker, 1868)

美洲大蠊 *Periplaneta americana* (Linnaeus, 1758)

褐斑大蠊 *Periplaneta brunnea* Burmeister,1838

棒突刺板蠊 *Scalida schenkligi* (Karny, 1915)

纹歪尾蠊 *Symplose striata strlata* (Shir, 1906)

普氏大光蠊 *Rhabdoblatta princisi* B. Bienko,1957

(五)螳螂目 Mantodea

1. 花螳科 Hymenopodidae

日本姬螳 *Acromantis japonica* Westwood,1889

天目山原螳 *Anaxarcha tianmushanensis* Zheng,1985

丽眼斑螳 *Creobroter gemmata* (Stoll, 1813)

2. 螳科 Mantidae

中华斧螳 *Hierodula chinensis* Werner,1929

勇斧螳 *Hierodula membranacea* (Burmeister, 1838)

污斑静螳 *Statilia maculata* (Thunberg, 1784)

绿静螳 *Statilia nemoralis* (Saussure, 1870)

毛螳 *Spilomantis occipitalis* (Westwood, 1889)

狭翅大刀螳 *Tenodera angustipennis* Saussure,1869

枯叶大刀螳 *Tenodera aridifolia* (Stoll, 1813)

中华大刀螳 *Tenodera sinensis* (Saussure, 1871)

3. 长颈螳科 Vatidae

中华原螳 *Anaxarcha sinensis* Beier,1933

日本螳螂 *Acromantis japonica* Westwood,1889

花螳螂 *Creobroten gemmatus* Stoll,1813

武夷巨腿螳 *Hestiasula wuyishana* Yang,1999

宽腹螳螂 *Hierodula bipapilla* Serv. ,1839

中华广腹螳螂 *Hierodula chinensis* Weruer,1929

二斑螳螂 *Hierodula patellifera* Serville,1839

角胸屏顶螳螂 *Kishinogeum cornutus* Zhang,1988

中华屏顶螳 *Kishinouyeum sinensae* Ouchi,1938

(六)䗛目 Phasmatodea

1. 䗛科 Phasmatidae

平利短肛䗛 *Ramulus pingliense* (Chen et He, 1991)

2. 异䗛科 Diapheromeridae

中华皮䗛 *Phraortes chinensis* (Brunner, 1907)

弯尾皮䗛 *Phraortes curvicaudatus* Bi,1993

日本棘䗛 *Neohirasea japonica* (De Haan, 1842)

棉细枝䗛 *Sipyloidea sipylis* (Westwood, 1859)

梵净山副华枝䗛 *Parasinophasma fanjingshanense* Chen et He,2006

(七)革翅目 Dermaptera

1. 大尾螋科 Pygidicranidae

瘤螋 *Challia fletcheri* Burr,1904

2. 丝尾螋科 Diplatyidae

云南丝尾螋 *Diplatys yunnanensis dazwin*,1959

隐丝尾螋 *Diplatys reconditys* Hincks,1955

3. 肥螋科 Anisolabididae

缘殖肥螋 *Gonolabis marginalis* (Dohrn, 1864)

4. 蠼螋科 Labiduridae

四川蠼螋 *Forcipula clavata* Lin,1946

Forcidula decolyi Burr

岸栖蠼螋 *Labidura riparia* (Pallas, 1773)

铅纳蠼螋 *Nala lividipes* (Dufour, 1828)

5. 苔螋科 Spongiphoridae

小姬螋 *Labia minor* (Linnaeus,1758)

6. 垫跗螋科 Chellsochidae

中国垫跗螋 *Exypnus chinensis* Steinmann,1974

7. 螋科 Forficulidae

日本张铗螋 *Anechura japonica* Bormans,1880

粗糙异铗螋 *Allodahlia scabriuscula* (Serville, 1838)

非凡钳铗螋 *Eparchus insignis* (de Haan, 1842)

娇柔钳铗螋 *Eparchus tenellus* (de Haan, 1842)

(八)直翅目 Orthoptera

1. 蛩螽科 Meconematidae

陈氏新栖螽 *Eoxizicus cheni* (Bey-Bienko, 1971)

半圆掩耳螽 *Elimaea semicirculata* Kang & Yang, 1992

双突剑螽 *Xiphidiopsis biprocera* Shi et Zheng, 1996

2. 驼螽科 Rhaphidophoridae

华南突灶螽 *Diestramima austrosinensis* Gorochov,1998

壳裸灶螽 *Gymnaetoides testaceus* Qin, Liu & Li, 2017

长突小疾灶螽 *Microtachy cineselongatus* Qin, Liu & Li, 2017

3. 拟叶螽科 Pseudophyllidae

绿背覆翅螽 *Tegra novae-hollandiae*（Haan，1843）

4. 蟋螽科 Gryllacrididae

梅尔杆蟋螽 *Phryganogryllacris mellii*（Karny，1926）

5. 螽斯科 Tettigoniidae

广东寰螽 *Atlanticus kwangtungensis* Tinkham，1941

双纹刺膝螽 *Cyrtopsis bivittata*（Mu，He & Wang，2000）

6. 露螽科 Phaneropteridae

日本条螽 *Ducetia japonica*（Thunberg，1815）

中华半掩耳螽 *Hemielimaea chinensis* Brunner，1878

细齿平背螽 *Isopsera denticulata* Ebner，1839

7. 蟋蟀科 Gryllidae

大蟋蟀 *Brachytriupes achatinus* Saussure，1813

黑甲铁蟋 *Scleropterus coriaceus*（Haan，1844）

北京油葫芦 *Teleogryllus mitratus*（Burmeister，1838）

斗蟋 *Velarifictoyus micado*（Saussure，1877）

8. 斑腿蝗科 Catantopidae

花胫绿纹蝗 *Aiolopus tamulus*（Fabr，1798）

异角胸斑蝗 *Apalacris varicornis* Walker，1870

斑坳蝗 *Aulacobothrus luteipes*（Walker，1871）

短角斑腿蝗 *Catantops brachycerus* Will，1932

棉蝗 *Chondracris rosea*（Geer，1773）

无斑野蝗 *Fer nonomaculiformis* Zheng，Lian et Xi，1985

牯岭腹露蝗 *Fruhstorferiola kulinga*（Chang，1940）

绿腿腹露蝗 *Fruhstorferiola viridifemorata*（Caud，1921）

云斑车蝗 *Gastrimargus marmoratus*（Thunberg，1815）

方异距蝗 *Heteropternis respondens*（Walker，1859）

赤胫异距蝗 *Heteropternis rufipes*（Shiraki，1910）

斑角蔗蝗 *Hieroglyphus annulicornis*（Shhiraki，1973）

隆小车蝗 *Oedaleus abruptus*（Thunberg，1815）

山稻蝗 *Oxya agavisa* Tsai，1931

中华稻蝗 *Oxya chinensis*（Thunberg，1815）

卡氏蹦蝗 *Sinopodisma kelloggii*（Chang，1940）

短角直斑腿蝗 *Stenocatangtops mistshenkoi* Will，1968

长角直斑腿蝗 *Stenocatautops splendens*（Thunberg，1815）

东方凸额蝗 *Traulia orientalis orientalis* Ramme，1941

疣蝗 *Trilophidia annulata*（Thunberg，1815）

蒙古疣蝗 *Trilophidia annulata mongolica* Saussure，1815

短角外斑腿蝗 *Xenocatantops brachycerus*（Willemse，1932）

9. 斑翅蝗科 Oedipodidae

云斑车蝗 *Gastrimargus marmoratus* Thunberg，1815

红胫小车蝗 *Oedaleus manjius* Chang,1939

疣蝗 *Trilophidia annulata* (Thunberg, 1815)

10. 网翅蝗科 Arcypteridae

大青脊竹蝗 *Ceracris nigricornis* laeta (Bolira, 1914)

牯岭雏蝗 *Chorthippus fuscipennis* (Cauedll, 1921)

11. 剑角蝗科 Acrididae

中华蚱蜢 *Acrida cinerea* Thunb,1815

线蚱蜢 *Acrida lineata* (Thunberg, 1815)

中华锡蕲蝗 *Gelastorhinus chinensis* Will,1932

二色嘎蝗 *Gonista bicolor* Haan, 1842

小嘎蝗 *Paragonisa infumata* Will. ,1932

日本黄脊蝗 *Patanga japonica* Bolívar, 1898

短翅佛蝗 *Phaeoba angusidorsis* BOL. 1898

长角佛蝗 *Phlaeoba antennata* Br-w. 1898

白纹佛蝗 *Phlaeoba albonema* Zheng,1981

蒙古疣蝗 *Trilophidia annulata* Thunberg, 1815

12. 刺翼蚱科 Scelimenidae

粒真羊角蚱(大优角蚱)*Eucriotettix grandis* Hancock,1912

13. 短翼蚱科 Metrodoridae

肩波蚱 *Bolivaritettix humeralis* Günther,1939

14. 蚱科 Tetrigidae

突眼蚱 *Ergatettix dorsifera* (Walker, 1871)

拟台蚱 *Formosatettoides zhejiangensis* Zheng,1994

卡尖顶蚱 *Teredorus carmichaeli* Hancock,1906

日本蚱 *Tetrix japonica* (Bolivar, 1887)

(九)半翅目 Hemiptera

1. 仰蝽科 Notonectidae

小仰蝽 *Anisops fieberi* Kirkaldy,1901

2. 猎蝽科 Reduviidae

暴猎蝽 *Agricspodrus dohrni* (Signoret, 1862)

环勺猎蝽 *Cosmolestes annulipes* Distant, 1879

黑光猎蝽 *Ectrychotes andreae* (Thunberg, 1784)

六刺素猎蝽 *Epidaucus sexspinus* Hsiao,1979

彩纹猎蝽 *Euagoras plagiatus* Burmeiter, 1834

福建赤猎蝽 *Haematoloecha fokiensis* Distant,1903

红彩真猎蝽 *Harpactor fuscipes* (Fabricius, 1787)

云斑真猎蝽 *Harpactor incertus* (Distant, 1878)

褐菱猎蝽 *Isyndus obscurus* (Dallas, 1850)

红股隶猎蝽 *Lestomerus femoralis* Walker,1873

晦纹剑猎蝽 *Lisarda rhypara* Styal,1859

环足健猎蝽 *Neoziria annulipes* China,1830

粗股普猎蝽 *Oncocephalus impudicus* Reuter,1882

南普猎蝽 *Oncocephalus philippinus* Lethierry,1977

褐锥绒猎蝽 *Opistoplatys mustela* Miller,1954

橘红背猎蝽 *Reduvius tenebrosus* Walker,1873

轮刺猎蝽 *Scipinia horrida* (Stal, 1860)

齿缘刺猎蝽 *Sclomina erinacea* Stal,1861

膜翅塞猎蝽 *Serendida hymenoprea* China,1940

半黄足猎蝽 *Sirthenea dimidiata* Horvath,1911

黄足猎蝽 *Sirthenea flavipes* (Stal, 1855)

红缘猛猎蝽 *Sphedanolestes gularis* Hsiao,1979

环斑猛猎蝽 *Sphedanolestes impressicollis* (Stal, 1861)

赤腹猛猎蝽 *Sphedanolestes pubinotum* Reuter,1881

3. 长蝽科 Lygaeidae

豆突眼长蝽 *Chauliops fallax* Scott,1874

中国松果长蝽 *Gastrodes chinensts* Zheng,1981

暗黑松果长蝽 *Gastrodes piccus* Zheng,1981

立毛松果长蝽 *Gasrodes piliferus* Zheng,1981

宽大眼长蝽 *Geocoris varius* (Uhler, 1860)

中华异腹长蝽 *Heterogaster chinensis* Zou et Zheng, 1981

直叶颊长蝽 *Iphicrates spinicaput* (Scott, 1874)

狭长束长蝽 *Malcus elongatsu* Stys,1867

齿肩束长蝽 *Malcus denticulatus* Zheng, Zou et Hsiao, 1979

中国束长蝽 *Malcus sinicus* Stys,1967

黑迅足长蝽 *Metochus bengalensis* (Dallas, 1852)

东亚毛肩长蝽 *Neolethaeus dallasi* (Scott, 1874)

台裂腹长蝽 *Nerthus taivanicus* (Bergroth, 1914)

长须梭长蝽 *Pachygrontha antennata antennate* (Uhler, 1860)

狭背缢胸长蝽 *Paraeucosmetus angusticollis* Zheng,1981

柳杉蒴长蝽 *Pylorgus colon* (Thunberg, 1784)

4. 红蝽科 Pyrrhocoridae

大红蝽 *Parastrachia japonensis* (Scott, 1880)

四斑红蝽 *Physopelta quadriguttata* Bergroth,1894

直红蝽 *Pyrrhopeplus carduelis* (Stal, 1863)

地红蝽 *Pyrrhocois tibialis* Stal,1950

5. 蛛缘蝽科 Alydinae

狄缘蝽 *Distachys vulgaris* Hsiao, 1964

牧缘蝽 *Mutusca prolixa* (Stal, 1859)

点蜂缘蝽 *Riptortus pedestris* Fabricius,1775

副锤缘蝽 *Paramarcius puncticeps* Hsiao 1964

6. 缘蝽科 Coreidae

瘤缘蝽 *Acanthocoris scaber* (Linnaeus, 1763)

斑背安缘蝽 *Anoplocnemis binotata* Distant,1918

红背安缘蝽 *Anoplocnemis phasiana* Fabricius,1781
稻棘缘蝽 *Cletus punctiger* (Dallas, 1852)
黑须棘缘蝽 *Cletus punctulatus* (Westwood, 1842)
宽棘缘蝽 *Cletus rusticus* Stal,1860
平肩棘缘蝽 *Cletus tenuis* Kiritshenko,1852
长角岗缘蝽 *Gonocerus longicornis* Haiso,1964
扁角岗缘蝽 *Gonocerus lictor* Horvath,1879
广腹同缘蝽 *Homoeocerus dilatatus* Horvath,1879
小点同缘蝽 *Homoeocerus marginellus* Herrich-Schaeffer,1840
瓦同缘蝽 *Homoeocerus walkerianus* Lethierry et Severin,1835
波赭缘蝽 *Ochrochira potanini* Kiritshenko,1916

7. 同蝽科 Acanthosomatidae

光角翘同蝽 *Anaxandra levicornis* Dallas,1851
宽肩直同蝽 *Elasmostethus humeralis* Jakovlev,1883
线匙同蝽 *Elasmucha lineata* (Dallas,1851)
小光匙同蝽 *Elasmucha minor* Hsiao&Liu,1977
日本匙同蝽 *Elasmucha nipponica* (Eski&Ishihara,1950)
锡金匙同蝽 *Elasmucha tauricornis* Jensen-Haarup,1930
伊锥同蝽 *Sastragala esakii* Hasegawa,1959
爪哇锥同蝽 *Sastragala javanensis* Distant,1887

8. 土蝽科 Cydnidae

小弗土蝽 *Fromundus pygmaeus* (Dallas,1851)
青草土蝽 *Macroscytus subaeneus* (Dallas, 1851)
黑环土蝽 *Microporus nigritus* (Fabricius, 1794)

9. 龟蝽科 Plataspidae

亚铜平龟蝽 *Brachyplatys subaeneus* Westwood,1837
双峰圆龟蝽 *Coptosoma bicuspis* Hsiao et Jen,1977
双列圆龟蝽 *Coptosoma bifaria* Montandon,1896
双痣圆龟蝽 *Coptosoma biguttula* Motschulsky,1860
短盾圆龟蝽 *Coptosoma brevicula* Montandon,1897
圆龟蝽 *Coptosoma chekianum* Yang,1934
黎黑圆龟蝽 *Coptosoma nigricolor* Montandon,1896
平伐圆龟蝽 *Coptosoma pinfum* Yang,1934
达圆龟蝽 *Coptosoma dividi* Montandon,1897

10. 盾蝽科 Scutelleridae

狭盾蝽 *Brachyaulax oblonga* (Westwood, 1867)
角盾蝽 *Cantao ocellatus* (Thunberg, 1784)
丽盾蝽 *Chrysocoris grandis* (Thunberg, 1783)
紫蓝丽盾蝽 *Chrysocoris stolii* (Wolff, 1801)
扁盾蝽 *Eurygaster maurus* (Linnaeus, 1758)
桑宽盾蝽 *Poecilocoris druraei* (Linnaeus, 1771)

11. 兜蝽科 Dinidoridae

大皱蝽 *Cyclopelta obscura*（Lepeletier et Serville，1825）

小皱蝽 *Cyclopelta parva* Distant,1900

角瓜蝽 *Megymenum gracilicorne* Dallas,1851

12. 荔蝽科 Tessaratomidae

异色巨蝽 *Eusthenes cupreus*（Westwood，1837）

硕蝽 *Eurostus validus* Dallas,1851

玛蝽 *Mattiphus splendidus* Distant,1921

13. 蝽科 Pentatomidae

宽缘伊蝽 *Aenaria pinchii* Yang,1934

薄蝽 *Brachymna tenuis* Stal,1861

九香虫 *Coridius chinensis*（Dallas，1851）

斑须蝽 *Dolycoris baccarum*（Linnaeus，1758）

中华岱蝽 *Dalpada cinctipes* Walker,1867

红缘岱蝽 *Dalpada perelegans* Breddin,1904

绿岱蝽 *Dalpada smaragdina*（Walker，1868）

盾脊蝽 *Dybowskyia reticulata*（Dallas，1851）

拟二星蝽 *Eysarcoris annamita*（Breddin，1909）

菜蝽 *Eurydema dominulus*（Scopoli，1763）

麻皮蝽 *Erthesina fullo*（Thunberg，1783）

二星蝽 *Eysarcoris guttiger*（Thunberg，1783）

锚纹二星蝽 *Eysarcoris montivagus*（Distant，1902）

广二星蝽 *Eysarcoris ventralis*（Westwood，1837）

谷蝽 *Gonopsis affinis*（Uhler，1860）

青蝽 *Glaucias dorsalis*（Dohrn,1860）

赤条蝽 *Graphosoma rubrolineata*（Westwood，1837）

竹卵圆蝽 *Hippotiscus dorsalis*（Stal，1869）

玉蝽 *Hoplistodera fergussoni* Distant,1911

宽曼蝽 *Menida lata* Yang,1934

大臭蝽 *Metonymia glandulosa*（Wolff，1985）

稻绿蝽 *Nezara viridula*（Linnaeus，1758）

卷蝽 *Paterculus elatus*（Yang，1934）

益蝽 *Picromerus lewisi* Scott,1874

绿点益蝽 *Picromerus viridipunctatus* Yang,1935

珀蝽 *Plautia crossota*（Dallas，1951）

(十)同翅目 Homoptera

1. 蜡蝉科 Fulgoridae

斑衣蜡蝉 *Lycorma delicatula*（White，1845）

2. 广翅蜡蝉科 Ricaniidae

眼纹疏广蜡蝉 *Euricania ocellus*（Walker，1851）

二点广翅蜡蝉 *Ricania albomaculata* Uhler,1896

琥珀广翅蜡蝉 *Ricania japonica* Melichar,1898

缘纹宽广蜡蝉 *Ricania marginalis* (Walker, 1851)

四斑广翅蜡蝉 *Ricania quadimaculata* Kata,1933

山东广翅蜡蝉 *Ricania shantungensis* Chou et Lu,1977

钩纹广翅蜡蝉 *Ricania simulans* (Walker, 1851)

八点广翅蜡蝉 *Ricania speculum* (Walker, 1851)

褐带广翅蜡蝉 *Ricania taeniata* Stal,1870

3. 蛾蜡蝉科 Flatidae

碧蛾蜡蝉 *Geisha distinctissima* (Walker, 1858)

褐缘蛾蜡蝉 *Salurnis marginella* (Guerin, 1829)

锈涩蛾蜡蝉 *Seliza ferruginea* Walker,1851

4. 菱蜡蝉科 Cixiidae

古帛菱蜡蝉 *Borysthenes cougus* Huang,1995

弯帛菱蜡蝉 *Borysthones deflexus* Fennah,1956

黑头菱蜡蝉 *Oliarus apicalis* Uhler,1896

5. 粒脉蜡蝉科 Meenoplidae

雪白粒脉蜡蝉 *Nisia nervosa* (Motschulsky, 1863)

6. 象蜡蝉科 Dictyopharidae

伯瑞象蜡蝉 *Dictyophara patruelis* (Stal, 1859)

中华象蜡蝉 *Dictyophara sinica* Walker,1851

丽象蜡蝉 *Orthopagus splendens* (Germar, 1830)

7. 扁蜡蝉科 Tropiduchidae

红线舌扁蜡蝉 *Ossoides lineatus* Berman,1910

娇弱鳎扁蜡蝉 *Tambinia debilis* Stal,1859

中华鳎扁蜡蝉 *Tambinia sinica* (Walker, 1851)

8. 袖蜡蝉科 Derbidae

红袖蜡蝉 *Diostrombus politus* Uhler,1896

9. 瓢蜡蝉科 Issidae

十星圆瓢蜡蝉 *Gergithus iguchii* Matsumura,1916

10. 蝉科 Cicadidae

长翅斑蝉 *Becquartina electa* Jacobi,1902

蚱蝉 *Cryptotympana pustulata* (Fabricius, 1775)

红蝉 *Huechys sanguinea* (De Geer, 1773)

草春蝉 *Mogannia hebes* (Walker, 1858)

蒙古寒蝉 *Meimuna mongolica* (Distant, 1881)

鸣蝉 *Oncotympana maculaticollis* (Motschulsky, 1866)

Platylonia diam Dist. 1870

蟪蛄 *Platypleura kaempferi* (Fabricius,1794)

11. 沫蝉科 Cercopidae

稻沫蝉 *Callitettix versicolor* (Fabricius, 1794)

斑带丽沫蝉 *Cosmoscarta bispecularis* (White, 1844)

黑斑丽沫蝉 *Cosmoscarta dorsimacula* (Walker, 1851)

橘二叉蚜 *Toxoptera aurantii*（Boyer de Fonscolombe,1841）
橘声蚜 *Toxoptera citricola*（Kirkaldy, 1907）
芒果蚜 *Toxoptera odinae*（van der Goot,1917）
桃瘤头蚜 *Tuberocephalus momonis*（Matsumura, 1917）
莴苣指管蚜 *Uroleucon formosanum*（Takahashi,1921）

17. 珠蚧科 Margarodidae

草履蚧 *Drosicha corpulenta*（Kuwanna, 1902）
银毛吹绵蚧 *Icerya aegyptiaca* Douglas,1890
吹绵蚧 *Icerya purchasi* Maskell,1878
中华松干蚧 *Matsucoccus sinensis* Chen,1937

18. 盾蚧科 Diaspididae

细胸轮盾蚧 *Aulacaspis thoracica*（Robinson, 1917）
椰圆蚧 *Aspidiotus destructor* Signoret,1869
钓樟雪盾蚧 *Chionaspis linderae* Tak.，1952
黑长片盾蚧 *Formosaspis nigra*（Tak.，1932）
棕榈栉圆盾蚧（茶圆蚧）*Hemiberlesia lataniae*（Signoret, 1869）
长蛎盾蚧 *Insulaspis gloverii*（Packard, 1869）
白蛎线盾蚧 *Kuwanaspis hikosani*（Kuw.，1902）
留片干线盾蚧 *Kuwanaspis pseudoleucaspis*（Kuw.，1902）
牡蛎蚧 *Lepidosaphes ume*（Linnaeus, 1758）
长白蚧 *Lopholeucaspis japonicus*（Cockerell, 1897）
竹鞘丝棉盾蚧 *Odonaspis siamensis*（Tak.，1942）
油茶白蚧（白囊蚧）*Phenacaspis* sp.，1899
百合并盾蚧 *Pinnaspis aspidistrae*（Signoret, 1869）
茉莉并盾蚧 *Pinnaspis exercitata*（Green, 1896）
茶梨蚧 *Pinnaspis theae*（Maskell, 1891）
樟网盾蚧 *Pseudaonidia duplex*（Cockerell, 1896）
考氏白盾蚧 *Pseudaulacaspis cockerelli*（Cooley, 1897）
巨尾白盾蚧 *Pseudaulacaspis megacunda* Takagi, 1970

19. 粉蚧科 Pseudococcidae

白尾安粉蚧 *Antonina crawii* Cockerell,1900
球坚安粉蚧 *Antonina zonata* Green,1919
石榴绒粉蚧 *Eeiococcus lagerostrostroemiae* Kuwana,1907
橘腺刺粉蚧 *Ferrisiana virgata*（Cockerell, 1893）
橘荒粉蚧(橘地粉蚧)*Geococcus citrinus* Kuwana,1923
橘鳞粉蚧 *Nipaecoccus vastator*（Maskell, 1895）
台湾芒粉蚧 *Miscanthicoccus miscanthi*（Tak.，1958）
康氏粉蚧 *Pseudococcus comstocki*（Kuwanna, 1902）
单竹蔗粉蚧 *Saccharicoccus bambusum*（Tang, 1992）
旧北蔗粉蚧 *Saccharicoccus penium* Williams,1962
糖粉蚧 *Saccharicoccus sacchari*（Cockerell, 1895）
细长汤粉蚧 *Tangicoccus elongates*（Tang, 1977）

20. 粉虱科 Aleyrodidae

珊瑚瘤粉虱 *Aleuroclava aucubae* (Kuwana, 1911)

千金榆粉虱 *Aleuroclava carpini* (Takahashi, 1939)

大头茶棒粉虱 *Aleuroclava gordoniae* (Takahashi, 1932)

桑名棒粉虱 *Aleuroclava kuwani* (Takahashi, 1934)

野牡丹棒粉虱 *Aleuroclava melastomae* (Takahashi, 1932)

新木姜子棒粉虱 *Aleuroclava neolitseae* (Takahashi, 1934)

番石榴白棒粉虱 *Aleuroclava psidii* (Singh, 1932)

黑刺粉虱 *Aleurocanthus spiniferus* (Quaintance, 1903)

桂花穴粉虱 *Aleurolobus taonabae* (Kuwana, 1911)

杜鹃棒粉虱 *Aleuroclava rhododendri* (Takahashi, 1935)

流苏子棒粉虱 *Aleuroclava thysanospermi* (Takahashi, 1934)

天目山棒粉虱 *Aleuroclava tianmuensis* Wang & Dubey, 2014

黄肉楠复孔粉虱 *Aleurodicuss machili* (Iaccarino, 1931)

马氏粉虱 *Aleurolobus marlatti* (Quaintance, 1903)

崖豆藤缘粉虱 *Aleuromarginatus dielsiana* Wang & Xu, 2017

黑胶粉虱 *Aleuroplatus pectintferus* Quaintance et Baker,1917

番石榴卡粉虱 *Cockerelliella psidii* (Corbett, 1935)

含笑褶粉虱 *Crenidorsum micheliae* (Takahashi, 1925)

柑橘粉虱 *Dialeurodes citri* (Ashmead, 1885)

桂花裸粉虱 *Dialeurodes ouchii* Takahashi, 1937

土密树大孔粉虱 *Dialeuropora brideliae* (Takahashi, 1932)

杨梅粉虱 *Parabemisia myricae* (Kuwana, 1927)

安松氏指粉虱 *Pentaleyrodes yasumatsui* Takahashi, 1939

山桂花脊粉虱 *Rhachisphora maesae* (Takahashi, 1932)

墨鳞木迷粉虱 *Singhiella melanolepis* Chen & Ko, 2007

(十一)广翅目 Megaloptera

齿蛉科 Corydalidae

越中巨齿蛉 *Acanthacorydalis fruhstorferi* Weele,1907

东方巨齿蛉 *Acanthacorydalis orientalis* (Maclachlan, 1899)

单斑巨齿蛉 *Acanthacorydalis unimaculata* Yang et Yang,1986

污翅斑鱼蛉 *Neochauliodes bowringi* (Machachlan, 1867)

福建斑鱼蛉 *Neochauliodes fujianensis* Yang et Yang,1999

灰翅斑鱼蛉 *Neochauliodes griseus* Yang et Yang,1992

中华斑鱼蛉 *Neochauliodes sinnensis* (Walker, 1853)

普通齿蛉 *Neoneuromus ignobilis* Navas,1932

花边星齿蛉 *Protohermes costalis* (Walker, 1853)

福建星齿蛉 *Protohertmes fujianensis* Yang et Yang, 1999

(十二)蛇蛉目 Raphidiodea

盲蛇蛉科 Inocelliidae

中华盲蛇蛉 *Inocella sinensis* Navas,1936

硕华盲蛇蛉 *Sininocellia gigantos* Yang,1985

(十三)脉翅目 Neuroptera

1. 螳蛉科 Mantispidae

江苏螳蛉 *Climaciella lacolombierei* Navas,1931

四瘤蜂螳蛉 *Climaciella quadrituberculata* (Westwood, 1852)

2. 草蛉科 Chrysopidae

丽草蛉 *Chrysopa formesa* Brauer,1851

牯岭草蛉 *Chrysopa kulingensis* Navas,1936

大草蛉 *Chrysopa septempunctata* Wesmael,1841

松氏通草蛉 *Chrysoperla savioi* (Navas, 1933)

3. 蝶角蛉科 Ascalaphidae

锯角蝶角蛉 *Acheron trux* (Walker, 1853)

克氏蝶角蛉 *Hybris kolthoffi* Navas,1927

黄脊蝶角蛉 *Hybris subjacens* Walker,1853

4. 蚁蛉科 Myrmeleonidae

褐纹树蚁蛉 *Dendroleon pantherius* Fabricius,1787

褐斑大蚁蛉 *Distoleon nigricans* (Okamoto, 1910)

白云蚁蛉 *Glenuroides japonicus* (Mac Lachlan, 1867)

追击大蚁蛉 *Heoclisis japonica* (MacLachlan, 1875)

(十四)鞘翅目 Coleoptera

1. 虎甲科 Cicindelidae

金斑虎甲 *Cicindela aurulenta* Fabricius,1801

中华虎甲 *Cicindela chinensis* De Geer,1774

多型虎甲 *Cicindela hybrida* Motschulsky,1758

日本虎甲 *Cicindela japonica* Thunberg,1781

深山虎甲 *Cicindela sachalinensis* Morawitz,1862

2. 步甲科 Carabidae

布氏细胫步甲 *Agonum buchanani* (Hope,1831)

双斑长颈步甲 *Archicolliuris bimaculata* (Redtenbacher, 1844)

拟光背锥须步甲 *Bembidion lissonotoides* Kirschenhofer,1989

尼罗锥须步甲 *Bembidion niloticum* Dej,1831

蓝气步甲 *Brachinus stenoderus* Bates,1873

小怠步甲 *Bradycellus fimbriatus* Bates,1873

圆角怠步甲 *Brandycellus subditus* (Lewis,1879)

双圈青步甲 *Chlaenius bioculatus* Chaudoir,1856

雅丽步甲 *Calleida lepida* Redtenbacher,1868

大星步甲 *Calosoma maximoviczi* Morawitz,1863

黑胸丽步甲 *Calleida onoha* Bates,1873

异角青步甲 *Chlaenius variicornis* Morawitz,1863

逗斑青步甲 *Chlaenius virgulifer* Chaudoir,1876

赤背步甲 *Dolichus halensis* (Schaller,1783)

福建速步甲 *Dromius fukiensis* (Jedlicka,1955)

条逮步甲 *Drypta lineola virgata* Chaudoir,1850
肖毛婪步甲 *Harpalus jureceki* Jedlicka,1928
中华婪步甲 *Harpalus sinicus* Hope,1845
黄角婪步甲 *Harpalus tinctulus* luteicornoides Breit,1913
三齿婪步甲 *Harpalus tridens* Morawitz,1862
双圈光鞘步甲 *Lebidia bioculata* Morawitz,1863
盗步甲 *Leistus crassus* Bates,1883
环带寡行步甲 *Loxoncus circumcinctus*（Motschulsky,1858）
狭斑盆步甲 *Lebia chiponica* Jedlicka,1939
单斑盆步甲 *Lebia monostigma* Andrewes,1923
糙胸盆步甲 *Lebia purkynei* Jedlicka,1933
斯氏小光步甲 *Lissopogonus suensoni* Kirschenhofer,1991
黄足隘步甲 *Patrobus flavipes* Motschulsky,1864
二星步甲 *Planetes puncticeps* Andrewes,1919
黑蝼步甲 *Scarites sulcatus* Olivier,1795
四斑四角步甲 *Tetragonoderus quadrisignatus* Quens,1806

3. 郭公虫科 Cleridae

普通郭公虫 *Clerus dealbatus*（Kraatz，1879）
克氏郭公虫 *Clerus klapperichi*（Pic，1854）

4. 龙虱科 Dytiscidae

灰龙虱 *Eretes sticticus* Linnaeus,1767
毛基斑龙虱 *Hydaticus rhantoides* Sharp,1882
单斑龙虱 *Hydaticus vittatus*（Fabricius，1775）
中华粒龙虱 *laccophilus chinensis* Boheman,1858
双线粒龙虱 *Laccophilus sharpi* Regimbart,1889

5. 沼梭甲科 Haliplidae

卵形沼梭甲 *Haliplus chinensis* Falkenstrom,1932

6. 葬甲科 Silphidae

尼负葬甲 *Necrophorus nepalensis* Hope,1831

7. 锹甲科 Lucanidae

沟纹眼锹甲（根大锹甲）*Aegus laevicollis* Saunders,1854
西光胫锹甲 *Odontolabis siva*（Hope et Westwood，1845）
鹿前锹甲 *Prosopocoilus giraffe* Olivier,1789
狭长前锹甲 *Prosopocoilus gracilis* Saunders,1854
巨锯锹甲 *Serrognathus titanus* Boisduval,1835

8. 粪金龟科 Geotrupidae

Eaprosites japonicus Waterhouse,1875
粪金龟 *Eurytrachellels platymelas* Saunders,1940
Geotrupes armicrus Fairmaire,1888
滑肋粪金龟 *Geotrupes laevistriatus* Motschulsky,1857

9. 金龟科 Scarabaeidae

同角凯蜣螂 *Caccobius unicornis*（Fabricius,1789）

中华蜣螂 *Copris sinicus* Hope,1942

墨侧裸蜣螂 *Gymnopleurus mopsus mopsus* (Pallas,1781)

镰双凹蜣螂 *Onitis falcatus* Wulfen,1786

婪翁蜣螂 *Onthophagus lenzi* Harold,1875

10. 犀金龟科 Dynastidae

双叉犀金龟 *Allomyrina dichotoma* (Linnaeus,1771)

阳彩臂金龟 *Cheirotonus jansani* Jordan,1898

阔胸禾犀金龟 *Pentodon mongolicus* Motschulsky,1943

Trichogomphus mongol Arrow,1908

独角仙 *Xulotrupes dichotoma* Linnaeus,1758

11. 金龟科 Rutelidae

斑喙丽金龟 *Adoretus tenuimaculatus* Waterhouse,1875

红脚异丽金龟 *Anomala cupripes* Hope,1839

铜绿异丽金龟 *Anomala corpulenta* Motschulsky,1853

墨绿异丽金龟 *Anomala cypriogastra* Ohaus,1938

蒙异丽金龟 *Anomala mongolica* Faldermann,1835

草绿异丽金龟 *Anomala sieversi* Heyden,1887

墨绿彩丽金龟 *Mimela splendens* (Gyllenhal, 1817)

华南黑丽金龟 *Melanopopillia praefica* Ohaus,1971

圆角短角金龟 *Pseudosinghala dalmanni* Gyllenhal,1817

琉璃弧丽金龟 *Popillia flavosellata* Fairmaire,1886

中华弧丽金龟 *Popillia quadriguttata* Fabricius,1787

12. 鳃金龟科 Melolonthidae

暗黑鳃金龟 *Holotrichia parallela* Motschulsky,1854

Holotrichia sauteri Moser,1912

毛黄脊鳃金龟 *Holotrichia trichophora* (Fairmaire,1891)

黑绒金龟 *Serica orientalis* Motschulsky,1857

13. 花金龟科 Cetoniidae

斑青花金龟 *Oxycetonia bealiae* (Gory et Percheron, 1833)

小青花金龟 *Oxycetonia jucunda* Faldermann,1835

纺星花金龟 *Protaetia fusca* (Herbst, 1790)

黑罗花金龟 *Rhomborrhina nigra* Saunders,1852

14. 溪泥甲科 Elmidae

狭沟溪泥甲 *Stenelmis angustisulcata* Zhang et Yang,1995

东南溪泥甲 *Stenelmis euronotana* Yang et Zhang,1995

厚缘溪泥甲 *Stenelmis grossimarginata* Yang et Zhang,1995

无洼溪泥甲 *Stenelmis indepressa* Yang et Zhang,1995

山溪泥甲 *Stenelmis montana* Yang et Zhang,1995

中华溪泥甲 *Stenelmis sinica* Yang et Zhang,1995

沟脊溪泥甲 *Stenelmis sulcaticarinata* Yang et Zhang,1995

俗溪泥甲 *Stenelmis sulmo* Hinton,1941

腹突溪泥甲 *Stenelmis venticarinata* Yang et Zhang,1995

15. 叩甲科 Elateridae

卡氏独叶叩甲 *Anchastus castelnaui* Candeze,1889

丽叩甲 *Campsosternus auratus* (Drury, 1773)

暗足重脊叩甲 *Chiagosnius obscuripes* (Gyllenhal, 1817)

沟胸重脊叩甲 *Chiagosnius sulcicollis* (Candeze, 1878)

直角瘤盾叩甲 *Gnatodicrus perpendicularis* (Fleutiaux, 1918)

眼纹斑叩甲 *Crytalaus larvatus* (Candeze, 1874)

脉鞘梳爪叩甲 *Melanotus venalis* Candeze,1860

沟线角叩甲 *Pleonomus canaliculatus* Faldemann,1835

红足截额叩甲 *Silesis rufipes* Candeze,1896

巨四叶叩甲 *Tetralobus perroti* Fleutiaux,1940

粒翅土叩甲 *Xanthopenthes granulipennis* (Miwa, 1934)

粗体土叩甲 *Xanthopenthes robustus* (Miwa, 1929)

16. 萤科 Lampyridae

维神光萤 *Lucidina vitalisi* Pic,1917

中华黄萤 *Luciola chinensis* Linnaeus,1767

阿利火腹萤 *Pyrocoelia anylissima* Olivier,1886

17. 花萤科 Cantharidae

黄花萤 *Rhagonycha japonica* Kiesen,1874

18. 露尾甲科 Nitidulidae

脊胸露尾甲 *Carpophilus dimidiatus* (Fabricius, 1792)

出尾虫 *Haptonchus luteolus* Erichson,1843

19. 锯谷盗科 Silvanidae

米扁虫 *Ahasverus advena* (Woltl, 1832)

20. 瓢虫科 Coccinellidae

奇变瓢虫 *Aiolocaria mirabilis* (Motschulsky, 1926)

黑缘红瓢虫 *Chilocorus rubidus* Hope,1831

七星瓢虫 *Coccinella septempunctata* Linnaeus,1758

双带盘瓢虫 *Coelophora biplagiata* (Swartz, 1808)

短管基瓢虫 *Diomus brachysiphonius* Pang et Huang,1986

异色瓢虫 *Harmonia axyridis* (Pallas, 1773)

黄斑盘瓢虫 *Lemnia saucia* Mulsant,1850

稻红瓢虫 *Micraspis discolor* (Fabricius, 1798)

龟纹瓢虫 *Propylaea japonica* (Thunberg, 1781)

小红瓢虫 *Rodolia pumila* Weise,1892

端毛小瓢虫 *Scymnus takabayashii* (Ohta, 1929)

深点食螨瓢虫 *Stethorus punctillun* Weise,1891

腹管食螨瓢虫 *Stetyorus siphonulus* Kapur,1948

四川寡节瓢虫 *Telsimia sichuanensis* Pang et Mao,1979

21. 薪甲科 Lathridiidae

红带窝薪甲 *Corticaria fasciata* (Reitter, 1877)

22. 三栉牛科 Trictenotomidae

三栉牛 *Trictenotoma davidi* Deyrolle,1875

23. 拟步甲科 Tenebrionidae

黑菌甲 *Alphitobius diaperinus* (Panzer,1797)

褐菌甲 *Alphitobius laevigatus* (Fabricius,1781)

日本琵甲 *Blaps japonensis japonensis* Marseul,1876

紫蓝角伪叶甲 *Cerogria janthinipennis* (Fairmaire,1886)

紫边彩轴甲 *Falsocamaria imperialis* (Fairmaire,1903)

二纹土甲 *Gonocephalum bilineatum* (Walker, 1858)

污背土甲 *Gonocephalum coenosum* Kaszab,1952

双齿土甲 *Gonocephalum coriaceum* Motschulsky,1857

凸纹伪叶甲 *Lagria lameyi* Fairmaire,1893

东方垫甲 *Luprops orientalis* Motschulsky,1868

扁毛土甲 *Mesomorphus villiger* (Blanchard,1853)

小隐甲 *Microcrypticus ziczac ziczac* Motchulsky,1873

蓝色邻烁甲 *Plesiophthalmus caeruleus* Pic,1914

小粉盗 *Palorus cerylonoides* (Poscoe,1863)

姬粉盗 *Palorus ratzeburgi* (Wissmann,1848)

扁翅邻烁甲 *Plesiophthalmus impressipennis* (Pic,1937)

油光邻烁甲 *Plesiophthalmus pieli* Pic,1937

平行大轴甲 *Promethis parallela parallela* (Fairmair,1897)

直角大轴甲 *Promethis rectangula* (Motschulsky,1872)

弯胫大轴甲 *Promethis valgipes valgipes* (Marseul,1876)

黑粉虫 *Tenebrio obscurus* (Fabricius,1792)

赤拟谷盗 *Tribolium castaneum* (Herbst,1797)

栗色齿甲 *Uloma castanea* Ren et Liu,2004

四突齿甲 *Uloma excisa excisa* Gebien,1913

福建齿甲 *Uloma fukiensis* Kaszab,1954

24. 花蚤科 Mordellidae

黄肖小花蚤 *Falsomordellina luteloides* (Nomura, 1961)

短尾肖带花蚤 *Glipidiomorph curticauda* Ermisch,1968

纹带花蚤 *Glipa fasciata* Kono,1928

克氏带花蚤 *Glipa klapperichi* Ermisch,1940

挂墩肖带花蚤 *Glipidiomorph kuatunensis* Ermisch,1968

黑头狭带花蚤 *Glipostenoda melanocephala* Ermisch,1952

皮氏带花蚤 *Glipa pici* Ermisch,1940

棕鞘肖带花蚤 *Glipidomorph rufobrunneipennis* Ermisch,1968

挂墩星花蚤 *Hoshihananomia kuatumnis* Ermisch,1968

斑点克氏花蚤 *Klapperich maculate* Ermisch,1968

楔形花蚤 *Mordella cuneiformis* Ermisch,1968

短角花蚤 *Mordella curticornis* Ermisch,1968

挂墩花蚤 *Mordella kuatumensis* Ermisch,1968

福建窄花蚤 *Mordellistenoda fukiensis* Ermisch,1941

大眼赝花蚤 *Pseudomordellistena macrophthalma* Ermisch,1952

红褐赝花蚤 *Pseudomordellistena rufobrunnen* Ermisch,1952

长角狭花蚤 *Stenomordella longeantennalis* Ermisch,1941

栗色锤须花蚤 *Tolidopapus castaneicolor* Ermisch,1952

狭锤须花蚤 *Tolidostema tarsalis* Ermisch,1942

25. 芫菁科 Meloidae

短翅豆芫菁 *Epicauta aptera* Kaszab,1952

中国豆芫菁 *Epicauta chinensis* Laporte,1840

豆芫菁 *Epicauta garhami* Marseul,1875

红头豆芫菁 *Epicauta ruficeps* Llliger,1880

眼斑芫菁 *Mylabris cichorii* Linnaeus,1767

大斑芫菁 *Mylabris phalerata* Pallas,1781

碟角短翅芫菁 *Meloe patellicornis* Firmaire,1887

半红带栉芫菁 *Zonitis semiruber* Pic,1911

克氏带栉形芫菁 *Zonitoschema klapperrichi* Borchmann,1941

26. 距甲科 Megalopodidae

黑斑距甲 *Temnaspis pulchra* (Baly, 1859)

27. 暗天牛科 Vesperidae

橘狭胸天牛 *Philus antennatus* (Gyllenhal, 1817)

短胸狭胸天牛 *Philus curticollis* Pic, 1930

28. 天牛科 Cerambycida

咖啡锦天牛 *Acalolepta cervinus* (Hope, 1831)

栗灰锦天牛 *Acalolepta degenera* (Bates, 1873)

锦缎天牛 *Acalolepta permutans* Pascoe,1857

光额锦天牛 *Acalolepta socius* (Gahan, 1888)

南方锦天牛 *Acalolepta speciosa* (Gahan, 1888)

双斑锦天牛 *Acalolipta sublusca* Thomson,1857

丝锦天牛 *Acalolepta vitalisi* (Pic, 1925)

小长角灰天牛 *Acanthocinus griseus* Fabrieius,1792

眼驼花天牛 *Acmaeopidonia aerifera* Tippmann,1955

黑棘刺天牛 *Aethalodes verrucosus* Gahan, 1888

苜蓿多节天牛 *Agapanthia amurensis* Kraatz,1879

内蒙拟象天牛 *Agelasta pici breuning*

东亚缨天牛 *Allotraeus asiaticus* (Schwarzer, 1925)

红足缨天牛 *Allotraeus grahami* Gressitt, 1937

长角柄天牛 *Aphrodisium attenuatum* Gressitt,1951

铜绿柄天牛 *Aphrodisium crassum* Gressitt,1951

福建柄天牛 *Aphrodisium delatouchi* Fairmaire,1886

紫柄天牛 *Aphrodisium metallicollis* (Gressitt, 1939)

挂墩柄天牛 *Aphrodisium mulleri* Tippmann,1955

中华柄天牛 *Aphrodisium sinicum* (White, 1853)

桃黄颈天牛 *Aphrodisium faldermanni*（Saunders，1853）
纹胸柄天牛 *Aphrodisium neoxenum*（White，1853）
南瓜天牛 *Apomecyna saltator* Fabricius，1787
粒肩天牛 *Apriona germari*（Hope，1831）
桃红颈天牛 *Aromia bungii*（Faldermann，1835）
蓝角颈天牛 *Aromia cyanicornis* Guerin，1844
杨红颈天牛 *Aromia moschata ooriicntalis* Plawilotohikov，1933
凹胸梗天牛 *Arhopalus oberthuri* Sharp，1951
隆纹梗天牛 *Arhopalus quadricostulatus*（Kraatz，1879）
梗天牛 *Arhopalus rusticus*（Linnaeus，1758）
赤短梗天牛 *Arhopalus unicolor*（Gahan，1906）
赤梗天牛 *Arhopalus unicolor*（Gahan，1906）
瘤胸天牛 *Aristobia hispida*（Saunders，1853）
赭尾纹虎天牛 *Anaglyptus ochrocaudus* Gressitt，1951
隆胸纹虎天牛 *Anaglyptus producticollis* Gressitt，1951
福建纹虎天牛 *Anaglyptus rufobasalis* Tippmann，1955
黑角连突天牛 *Anastathes nigricornis*（Thomson，1866）
灰角突肩花天牛 *Anoploderomorpha sepulchralis*（Fairmair，1889）
宝兴缘花天牛 *Anoplodera mupinensis*（Gressitt，1935）
黑缘花天牛 *Anoplodera sequensi*（Reitter，1898）
赤杨缘花天牛 *Anoplodera rubro dichroa*（Blanchard，1871）
绿绒星天牛 *Anoplophora berynina* Hope，1840
星天牛 *Anoplophora chinensis*（Forster，1771）
光肩星天牛 *Anoplophora glabripennis*（motschulsky，1854）
拟星天牛 *Anoplophora imitatrix*（White，1858）
黑星天牛 *Anoplophora leechi*（Gahan，1888）
黄斑星天牛 *Anoplophora nobilis* Ganglbauer，1890
黄荆重突天牛 *Astathes episcopalis*（Chevrelat，1852）
白纹凸额天牛 *Athylia setosa*（Gressitt，1937）
条胸长额天牛 *Aulacontus pachypezoides* Thomson，1864
黑跗眼天牛 *Bacchisa atritarsis* Pic，1912
黄肩眼天牛 *Bacchisa basalis* Gahan，1894
梨眼天牛 *Bacchisa fortunei* Thomson，1857
梅眼天牛 *Bacchisa fortunei japonica* Gahan，1901
黄蓝眼天牛 *Bacchisa guerryz*（Pic，1911）
黄尾眼天牛 *Bacchisa nigronotata* Pic，1912
橙斑白条天牛 *Batocera davidis* Deyrolle，1878
云斑白条天牛 *Batocera horsfiedi*（Hope，1839）
密点白条天牛 *Batocera lineolata* Chevrolat，1852
线灰天牛 *Blepephaeus variegatus* Gressitt，1940
黄檀缨象天牛 *Cacia formosana*（Schwarzer，1925）
杉棕天牛 *Callidium villosulum* Fairmaire，1900
福建俏天牛 *Callomecyna superba* Tippmann，1955

红翅拟柄天牛 *Cataphrodisium rubripenne*（Hope, 1843）
四斑蜡天牛 *Ceresium sinicum prnaticolle* Pic,1907
光绿橘天牛 *Chelidonium argentatum*（Dalman, 1817）
绉绿橘天牛 *Chelidonium gibbicolle*（White, 1853）
挂墩绿天牛 *Chelidonium russdi* Tippmann,1955
中华绿天牛 *Chelidonium sinense*（Hope, 1843）
紫绿长绿天牛 *Chloridolum lameerei*（Pic, 1900）
三带纤天牛 *Cleomenes tenuipes* Gressitt,1939
红腿纤天牛 *Cleomenes rufofemoratus* Pic,1914
东方锐顶天牛 *Cleptometopus orientalis*（Mitono, 1934）
黑角伞花天牛 *Corymbia succedanea*（Lewis, 1879）
福建虎天牛 *Clytus fukiensis* Gressitt,1951
短刺虎天牛 *Demonax reductispinosus* Gressitt,1942
粒胸刺虎天牛 *Demonax simillimus* Gressitt,1939
于都刺虎天牛 *Demonax tsitoensis*（Fairmaire, 1888）
栎红胸天牛 *Dere thoracica* White,1853
脊胸突天牛 *Diboma costata*（Matsushita, 1933）
斜尾突天牛 *Diboma ropicoides*（Gressitt, 1939）
珊瑚天牛 *Dicelosternus corallinus* Gahan, 1900
曲牙锯天牛 *Dorysthenes hydropicus*（Pascoe, 1857）
沟翅土天牛 *Dorsythenes fossatua* Pascoe,1857
黄带黑绒天牛 *Embrikstrandia unifasciata*（Ritsema, 1897）
拟眉天牛 *Epiclytus breuningi* Tippmann,1955
红尾拟眉天牛 *Epiclytus ruficaudus* Gressitt,1951
茶红翅天牛 *Erythrus blairi* Gressitt,1939
红天牛 *Erythrus championi* White,1853
二点红天牛 *Erythrus ruficrps* Pic,1916
江苏伪小楔天牛 *Eunidia savioi*（Pic, 1925）
樟彤天牛 *Eupromus ruber*（Dalman, 1817）
家扁天牛 *Eurypoda antennata* Saunders,1853
黑盾阔嘴天牛 *Euryphagus lundii* Fabriscius,1793
榆并脊天牛 *Glenea relicta* Pascoe, 1868
红足并脊天牛 *Glenea sithetica* Plavistshikov,1871
横斑脊天牛 *Glenea suturata* Gressitt,1939
蓝粉短脊天牛 *Glenida suffusa* Gahan, 1888
挂墩和天牛 *Kamikiria klapperichi* Tippmann,1955
挂墩天牛 *Kuatunia subasperata* Gressitt,1951
橡黑花天牛 *Leptura aethiops* Poda,1761
小黄斑花天牛 *Leptura ambulatrix* Gressitt,1951
金丝花天牛 *Leptura aurosericans* Fairmaire, 1895
金绒花天牛 *Leptura aurotopilosa*（Matsushita, 1931）
十二斑花天牛 *Leptura duodecimguttata* Fabricius,1801
异色花天牛 *Leptura thoracica* Creutzer,1799

蚤瘦花天牛 *Strangalia fortunei* Pascoe,1858
齿瘦花天牛 *Strangalia longicornis* Gressitt,1935
樟泥色天牛 *Uraecha angusta* (Pascoe, 1857)
黄点棱天牛 *Xoanodera maculata* Schwarzer, 1925
四斑脊虎天牛 *Xylotrechus djoukoulanus* Pic,1920
黑头脊虎天牛 *Xylotrechus latefasciatus latefasciatus* Pic, 1936
巨胸脊虎天牛 *Xylotrechus magnicollis* (Fairmaire, 1888)
葡萄脊虎天牛 *Xylotrechus pyrrhoderus* Bates,1873
崇安钩突天牛 *Yimnasshana theae* Gressitt,1951
黄条切缘天牛 *Zegriades aurovirgatus* Gressitt, 1939
切缘天牛 *Zegriades gracillicornis* Gressitt,1951

29. 负泥虫科 Crioceridae

短腿水叶甲 *Donacia frontalis* Facoby,1893
纤负泥虫 *Lilioceris egena* (Weise, 1922)
膨角负泥虫 *Lilioceris inflaticornis* Gressitt et Kimoto,1961
红负泥虫 *Lilioceris lateritia* (Baly, 1863)
双斑负泥虫 *Lilioceris triplagiata* (Jacoby, 1888)
长头负泥虫 *Mecoprosopus minor* (Pic, 1832)
耀茎甲 *Sagra (Sagrinoia) fulgida fulgida* Weder,1801
三齿茎甲 *Sagra tridentata* Weber, 1801

30. 叶甲科 Chrysomelidae

红胸丽叶甲 *Acrothinium cupricolle* Jacoty,1888
丝殊角萤叶甲 *Agetocera filicornis* Laboissiere,1927
中华柱胸叶甲 *Agrosteomela indica chinensis* (Weise,1922)
蓝跳甲 *Altica cyanea* Weber,1922
盾厚缘叶甲 *Aoria scutellaris* Pic,1923
旋心异跗萤叶甲 *Apophylia flavovitens* (Fairmaie, 1878)
黑头异跗萤叶甲 *Apophylia nigriceps* Laboissiere,1927
胸斑异跗萤叶甲 *Apophylia thoracica* Gressitt & Kimoto,1963
中华阿萤叶甲 *Arthrotus chinensis* (Baly, 1879)
脊尾黑守瓜 *Aulacophora carinicauda* Chen et Kung,1959
印度黄守瓜 *Aulacophora indica* (Gmelin, 1790)
黑足黑守瓜 *Aulacophora nigripennis* Motschulsky,1857
钝角胸叶甲 *Basilepta davidi* (Lefèvre, 1877)
褐足角胸叶甲 *Basilepta fulvipes* (Motschulsky, 1860)
黑条波萤叶甲 *Brachyphora nigrovittata* Jacoby,1890
凯氏卡萤叶甲 *Calomicrus kelloggi* Gressitt & Kimoto,1963
端黄盔萤叶甲 *Cassena terminalis* (Gressitt et Kimoto, 1963)
甜菜凹胫跳甲 *Chaetocnema discreta* Baly,1877
中华萝藦叶甲 *Chrysochus chinensis* Baly,1859
亮叶甲 *Chrysolampra splendens* Baly,1859
黄缘宽折萤叶甲 *Clerotilia flavomarginata* Jacoby,1885

恶性橘啮跳甲 *Clitea metallica* Chen，1933
黄腹丽萤叶甲 *Clitenella fulminans*（Faldermann，1835）
彩虹丽萤叶甲 *Clitenella ignitincta*（Fairmaire，1878）
湖北克萤叶甲 *Cneorane abodominalis* Jacoby，1888
胡枝子克萤叶甲 *Cneorane violaceipennis* Allard，1889
桤木讷萤叶甲 *Cneoranidea signatipes* Chen，1942
大猿叶虫 *Colaphellus bowringii* Baly，1865
中华沟臀叶甲 *Colaspoides chinensis* Jacoby，1888
丽隐头叶甲 *Cryptocephalus festivus* Jacoby，1890
黄斑隐头叶甲 *Cryptocephalus luteosignatus* Pic，1922
斑腿隐头叶甲 *Cryptocephalus pustulipes* Menetries，1836
十四斑隐头叶甲 *Cryptocephalus tetradecaspilotus* Baly，1873
三带隐头叶甲 *Cryptocephalus trifasciatus* Fabricius，1787
腹穴攸萤叶甲 *Euliroetis melanocephala*（Bowditch，1925）
黑背攸萤叶甲 *Eulirortis nigrinotum* Gressitt & Kimoto，1963
日埃萤叶甲 *Exosoma chujoi*（Nakane，1958）
黄腹埃萤叶甲 *Exosoma flaviventris*（Motschulsky，1861）
柳萤叶甲 *Galeruca spectabilis* Faldermann，1837
褐背小萤叶甲 *Galerucella griescens*（Joannis，1865）
二纹柱萤叶甲 *Gallerucida bifasciata* Motschulsky，1861
黄尾柱萤叶甲 *Gallerucida flavipennis* Solsky，1872
黄腹柱萤叶甲 *Gallerucida flaviventris*（Baly，1861）
黑胫柱萤叶甲 *Gallerucida moseri* Weise，1922
黑窝柱萤叶甲 *Gallerucida nigrofoveolata*（Fairmaire，1889）
铜绿柱萤叶甲 *Galerucida submetallica* Gressitt et Kimoto，1963
十一斑角胫叶甲 *Gonioctena subgeminata*（Chen，1934）
十三斑角胫叶甲 *Gonioctena tredecimmaculata*（Jacoby，1888）
核桃扁叶甲指名亚种 *Gastrolina depressa* Baly，1859
金绿里叶甲 *Linaei dea aeneipennis*（Baly，1859）
黑翅哈萤叶甲 *Haplosomoides costata*（Baly，1878）
褐背哈萤叶甲 *Haplosomoides egena egena* Weise，1922
裸顶丝跳甲 *Hespera sericea* Weise，1889
黄带长跗萤叶甲 *Monolepta flavovittata* Chen，1942
双斑长跗萤叶甲 *Monolepta hieroglyphica*（Motschulsky，1858）
长阳长跗萤叶甲 *Monolepta leechi* Jacoby，1890
横带长跗萤叶甲 *Monolepta maana* Gressitt & Kimoto，1976
小黑长跗萤叶甲 *Monolepta ovatula* Chen，1942
竹长跗萤叶甲 *Monolepta pallidula*（Baly，1874）
单脊球叶甲 *Nodina punctostriolata*（Fairmaire，1888）
异色九节跳甲 *Nonarthra variabilis* Baly，1862
十星瓢萤叶甲 *Oides decempunctatus*（Billberg，1808）
蓝翅瓢萤叶甲 *Oides bowringii*（Baly，1863）
八角瓢萤叶甲 *Oides duporti* Laboissiere，1919

二带凹翅萤叶甲 *Paleosepharia excavata*（Chujo，1938）

褐凹翅萤叶甲 *Paleosepharia fulvicornis* Chen,1942

枫香凹翅萤叶甲 *Paleosepharia liquidambara* Gressitt et Kimoto,1963

棒角短胸萤叶甲 *Paraplotes clavicornis* Gressitt & Kimoto,1963

山楂斑叶甲 *Paropsides soriculata* Swartz,1808

黄色凹缘跳甲 *Podontia lutea*（Olivier，1790）

狭胸蚤跳甲 *Psylliodes angusticollis* Baly,1874

榆绿毛萤叶甲 *Pyrrhalta aenescens*（Fairmaire，1878）

黑额光叶甲 *Smaragdina nigrifrons*（Hope，1842）

梨光叶甲 *Smaragdina semiaurantiaca*（Fairmalre，1888）

黄尾双沟萤叶甲 *Solephyma terminalis* Gressitt & Kimoto,1963

浅凹毛翅萤叶甲 *Trichobalya varians* Gressitt & Kimoto,1963

银纹毛叶甲 *Trichochrysea japana*（Motschulsky，1858）

31. 铁甲科 Hispidae

北锯龟甲 *Basiprionota bisignata*（Boheman，1862）

大锯龟甲 *Basiprionota chinensis*（Fabricins，1798）

黑盘锯龟甲 *Basiprionota whitei*（Boheman，1856）

艾龟甲 *Cassida fuscorufa* Motschulsky,1866

甘薯腊龟甲 *Laccoptera quadrimaculata*（Thunberg，1789）

膨胸卷叶甲 *Leptispa godwini* Baly,1869

缅甸双梳龟甲 *Sindiola burmensis* Spaeth,1938

苹果台龟甲 *Taiwania versicolor* Boheman,1855

32. 卷象科 Attelabidae

梨卷叶象甲 *Bryctiscus betlae* Linnaeus,1758

黄腹细颈卷象 *Cycnotrachelus coloratus* Jekel,1860

圆斑卷象 *Paroplapoderus semiamulatus* Jakel,1948

苎麻卷象 *Phymatapoderus latipernnis* Jakel,1860

梨实象 *Rhynchites foveipennis* Fairmaire,1888

33. 豆象科 Bbuchidae

豌豆象 *Bruchus pisorum* Linnaeus,1758

蚕豆象 *Bruchus rufimanus*（Boheman，1833）

绿豆象 *Callosobruchus chinensis*（Linnaeus，1758）

34. 象甲科 Curculionidae

Acythopeus fasciatus Voss,1958

Adapanetus sericoclava fukienensis Voss,1955

Adorytomus anoploides Voss,1953

黑点尖尾象 *Aechmura subtuberculata* Voss,1941

Aedenus suborichalceus Voss,1953

Agasterocercus tschungseni Voss,1958

短胸长足象 *Alcidodes trifidus*（Pascoe，1870）

中国角喙象 *Anosimus klapperichi* Voss,1941

Aplotes trapezicollis Voss

大豆洞腹象 *Atactogaster inducens*（Walker，1859）
桑船象 *Baris deplanata* Roelofs，1875
宽肩圆腹象 *Blosyrus asellus* Olivier，1807
小遮眼象甲 *Callirhopalus minimus* Roelofs，1880
长吻白条象 *Crytoderma fortunei* Waterhouse，1853
山茶象 *Curculio chinensis* Chevrolat，1878
直锥象 *Cyrtotrachelus longimanua*（Fabricius，1775）
淡灰瘤象 *Dermatoxenus caesicollis*（Gyllenhyl，1833）
毛束象 *Desmidophorus hebes* Fabricius，1781
疱瘤横沟象 *Dyscerus pustulatus*（Kono，1933）
窝喙横沟象 *Dyscerus scrobirostris* Voss，1953
稻象甲 *Echinocnemus squomeus* Billberg，1820
宽肩象 *Ectatorrhinus adamsi* Pascoe，1871
Egiona circumcincta Voss，1953
伪长毛象 *Enaptorrhinus fallax* Voss，1958
中华长毛象 *Enaptorrhinus sinensis* Waterhouse，1853
灌县癞象 *Episomus kwanbsiensis* Heller，1923
沟眶象 *Eucryptorrhynchus chinensis* Olivier，1790
短带长颚象 *Eugnathus distinctus* Roelofs，1873
Eumycterus gracilis Voss，1958
黑带长颚象 *Eugnathus nigrofasciatus* Voss，1925
Eusynnada stictica Voss，1953
三角扁喙象 *Gasterocercus onizo* kono，1932
松树皮象 *Hylobius harodi*（Faust，1882）
福建树皮象 *Hylobius niitakensis fukienensis* Voss，1958
黄带树皮象 *Hylobius shikokuensis* Kono，1934
黄足坑沟象 *Hyperstylus pallipes* Roelofs，1873
绿鳞象 *Hypomeces squamosus* Fabricius，1792
卵形菊花象 *Larinus ovalis* Kono，1929
波纹斜纹象 *Lepyrus japonicus* Roelofs，1873
扁翅筒喙象 *Lixus depressipennis* Roelofs，1873
辣蓼象甲 *Lixus inpressivent* Roelofs，1873
筒喙象 *Lixus kuatunensis* Voss，1958
白条筒喙象 *Lixus lautus* Voss，1958
圆筒筒喙象 *Lixus mandaranus fukienensis* Voss，1941
斜纹筒喙象 *Lixus obliquivittis* Voss，1937
Lobotrachelus subfasciatus Motschulsky，1858
庆斑圆筒象 *Macrocorynus commaculatus* Voss，1958
红褐圆筒象 *Macrocorynus discoideus* Olivier，1807
短毛圆筒象 *Macrocorynus exoletus* Voss，1958
宽带圆筒象 *Macrocorynus fallaciosus* Voss，1958
大圆筒象 *Macrocorynus psittacinus* Redtenbacher，1868
茶丽纹象 *Myllocerinus aurolineatus* Voss，1937

黑斑尖筒象 *Myllocerus illitus* Reitter,1915

赭丽纹象 *Myllocerinus ochrolineatus* Voss,1937

暗褐尖筒象 *Myllocerus pelidnus* Voss,1958

普鲁尖筒象 *Myllocerus plutus* Voss,1958

金绿尖筒象 *Myllocerus scitus* Voss,1942

长毛尖筒象 *Myllocerus sordidus* Voss,1055

瘤胸雪片象 *Niphades tubericollis* Faust,1890

多瘤雪片象 *Niphades verrucosus* (Voss, 1932)

Ochyromera distinguenda Voss,1953

茶芽象 *Ochyromera quadrimaculata* Voss,1929

一字竹象 *Otidognatus davidi* Fairmaire,1878

中华尖象 *Phytoscaphus sinensis* Marshall,1934

小齿斜脊象 *Platymycteropsis excisangulus* (Reitter, 1971)

短毛斜脊象 *Platymyctropsis ignarus* Faust,1890

柑橘橘斜脊象 *Platymycteropsis mandarinus* Fairmaire,1888

红黄毛棒象 *Rhadinopus confines* Voss,1958

卵鳞毛棒象 *Rhadinopus contristatus* Voss,1958

长棒毛棒象 *Rhadinopus rhyssematoides* Voss,1958

圆锥毛棒象 *Rhadinopus separandus* Voss,1958

马尾松角胫象 *Shirahvshizo flavonotatus* (Voss, 1937)

小松角胫象 *Shirahoshizo insidiosus* Roelofs,1875

松瘤象 *Sipalinus gigas* (Fabricius, 1775)

金光根瘤象 *Sitona tibialis* Herbst,1795

35. 小蠹科 Scolytidae

Blastophagus brevipilosus Eggers,1929

Blastophagus minor Hartig,1834

纵坑切梢小蠹 *Blastophagus piniperda* Linnaeus,1758

瓜草茎小蠹 *Cosmoderes monilicollis* Eichhoff, 1878

咖啡横顶小蠹 *Dryocoetiops coffeae* (Eggers,1923)

小咪小蠹 *Hypothenemus eruditus* Westwood,1836

大干小蠹 *Hylurgops major* Eggers,1944

塌额肤小蠹 *Phloeosinus gifuensis* Murayama, 1954

Phloeosinus leisi Chap. ,1875

杉肤小蠹 *Phloeosinus sinensis* Schedl,1953

小毛喙小蠹 *Sueus niisimai* Eggers,1926

Trypodendron sinense Eggers,1941

Xyleborus alni Niis,1909

窝背材小蠹 *Xyleborus armiger* Schedl,1953

茸毛材小蠹 *Xyleborus armipennis* Schedl,1957

刺窝材小蠹 *Xyleborus klapperichi* Schedl,1955

两色材小蠹 *Xyleborus discolor* Blandford,1898

36. 长小蠹科 Platypotidae

山楂长小蠹 *Platypus lunatus* Browne,1964

四锥长小蠹 *Platypus quadrisporus* Beeson,1925

(十五)长翅目 Mecoptera

1. 蚊蝎蛉科 Bittacidae

中华蚊蝎蛉 *Bittacus sinensis* Walker,1853

2. 蝎蛉科 Panorpidae

金身蝎蛉 *Panorpa aurea* Cheng,1957

网翅新蝎蛉 *Neopanorpa caveata* Cheng,1957

圆翅新蝎蛉 *Neopanorpa ovata* Cheng,1957

天目新蝎蛉 *Neopanorpa tianmushana* Cheng,1957

四带蝎蛉 *Panorpa tetrazonia* Navas,1935

(十六)双翅目 Diptera

1. 潜蝇科 Agromyzidae

菜豆蛇潜蝇 *Ophiomyia phaseoli*（Tryoni, 1895）

豌豆潜叶蝇 *Phytomyza horticola* Goureau,1851

2. 花蝇科 Anthomyidae

Adia cinerella（Fallen, 1825）

黑足蕨蝇 *Chirosia nigripes* Bezzi, 1895

小角蕨蝇 *Chirosia parvicornis*（Zett. , 1845）

灰地种蝇 *Delia platura*（Meigen, 1826）

单鬃泉蝇 *Pegomya unilongiseta* Fan et Huang,1988

武夷泉蝇 *Pegomya wuyiensis* Fan et Huang,1984

粪种蝇 *Scategle cinerella*（Fallen, 1825）

3. 食虫虻科 Asilidae

中华单羽食虫虻 *Cophinopoda chinensis*（Fabricius. , 1794）

残低颜食虫虻 *Cerdistus debilis* Becker,1923

巧圆突食虫虻 *Machimus corcinnus* Loewer, 1870

毛圆突食虫虻 *Machimus setibarbus* Loewer, 1849

微芒食虫虻 *Microstylum dux*（Wiedemann, 1828）

盾圆突食虫虻 *Machimus scutellaris* Coquiller,1898

粉微芒食虫虻 *Microstylum trimelas*（Walker, 1851）

红腿弯毛食虫虻 *Neoitamus rubrofemoratus* Ricardo,1919

系羽芒食虫虻 *Ommatius compactus* Becker,1925

坎邦羽角食虫虻 *Ommatius kambangensis* Meijere,1914

4. 毛蚊科 Bibionidae

古田山毛蚊 *Bibio gutianshanus* Yang,1995

环凹毛蚊 *Bibio subrotundus* Yang,1995

泛叉毛蚊 *Penthetria japonica* Wiedemann,1830

5. 蜂虻科 Bombyliidae

古田山姬蜂虻 *Systropus gutianshanus* Yang,1995

金刺姬蜂虻 *Systropus aurantispinus* Evenhuis,1982

窗翅姬蜂虻 *Systropus thyriptilotus* Yang,1995

三峰姬蜂虻 *Systropus tricuspidatus* Yang,1995

6. 丽蝇科 Calliphoridae

三条阿丽彩蝇 *Alikongiella vittata*（Peris, 1952）

巨尾阿丽蝇 *Aldrichina grahamoi*（Aldrich, 1930）

环斑孟蝇 *Bengalia escheri* Bezzi,1913

长尾拟金彩蝇 *Metalliopsis producta*（Fang et Fan, 1984）

黄褐鼻蝇 *Rhinia apicalis*（Wiedemann, 1830）

不显口鼻蝇 *Stomorhina obsolata*（Wiedemann,1830）

7. 蠓科 Ceratopogonidae

奄美库蠓 *Culicoides amamiensis* Tokunaga, 1937

黑脉库蠓 *Culicoides aterinervis* Tokuanga,1937

长斑库蠓 *Culicoides elongate* Chu et Liu,1978

端斑库蠓 *Culicoides erairai* Kono et Takahasi,1940

蕉生库蠓 *Culicoides palpifer* Das Gupta et Choshi,1956

亚菲库蠓 *Culicoides schultzei*（Enderilen, 1908）

武夷库蠓 *Culicoides wuyiensis* Chen,1981

8. 摇蚊科 Chironomidae

项圈无突摇蚊 *Ablabesmyia molilis* Linnaeus,1758

费塔无突摇蚊 *Ablabesmyia phatta* Egger,1863

楔铗苔摇蚊 *Bryophaenocladius cuneiformis* Armitage, 1987

双线环足摇蚊 *Cricotopus bicinctus*（Meigen, 1818）

平铗枝角摇蚊 *Cladopelma edwardsi*（Kruseman, 1933）

花翅摇蚊 *Chironomus kiiensiss* Tokunaga,1936

冲绳摇蚊 *Chironomus okinawanus* Hasegawa & Sasa, 1987

白壳粗腹摇蚊 *Conchapelopia pallidula* Meigen, 1818

短鞭拟隐摇蚊 *Demicryptochironomus antennarius* Yan & Wang, 2005

宽尖拟隐摇蚊 *Demicryptochironomus spatulatus* Wang & Zheng, 1994

缺损拟隐摇蚊 *Demicryptochironomus vulneratus*（Zetterstedt,1838）

伊尔克真开氏摇蚊 *Eukiefferiella ilkleyensis*（Edwards, 1929）

三角哈伊摇蚊 *Hayesomyia trina* Cheng & Wang

微沼摇蚊 *Limnophyes minimus*（Meigen, 1818）

百山祖小突摇蚊 *Micropsectra baishanzua* Wang, 1995

双齿小突摇蚊 *Micropsectra bidentata*（Goetghebuer, 1921）

黄绿倒毛摇蚊 *Microtendipes britteni*（Edwards,1929）

绿小摇蚊 *Microtendipes chloris*（Meigen, 1818）

背大粗腹摇蚊 *Macropelopia notata* Meigen

软铗小摇蚊 *Microchironomus tener*（Kieffer, 1918）

雅安摇蚊 *Microtendipes yaanensis* Qi & Wang, 2006

金直突摇蚊 *Orthocladius kanii*（Tokunaga, 1939）

短铗伪直突摇蚊 *Pseudorthocladius curtistylus*（Goetghebuer, 1921）

花翅前突摇蚊 *Procladius choreus* Meigen,1804

白角多足摇蚊 *Polypedilum albicorne*（Meigen, 1838）

浅川多足摇蚊 *Polypedilum asakawanes* Sasa，1980
霞甫多足摇蚊 *Polypedilum convexum*（Johannsen，1932）
白斑多足摇蚊 *Polypedilum edensis* Ree & Kim，1981
源平多足摇蚊 *Polypedilum genpeiense* Niitsuma，1996
筑波多足摇蚊 *Polypedilum tsukubaense*（Sasa，1979）
梯形多足摇蚊 *Polypedilum scalaenum*（Scharank，1803）
单带多足摇蚊 *Polypedilum unifascium*（Tokunaga，1938）
散布趋流摇蚊 *Rheocricotopus effusus*（Walker，1856）
麦氏狭摇蚊 *Stenochironomus macateei*（Malloch，1905）
布氏长跗摇蚊 *Tanytarsus brudini* Lindeberg，1963
台湾长跗摇蚊 *Tanytarsus formosanus* Kieffer，1912
舟长跗摇蚊 *Tanytarsus takahashii* Kawai & Sasa，1985
黄纹提尼曼摇蚊 *Thienemanniella flaviscutella*（Tokunaga，1936）
黄三叉粗腹摇蚊 *Trissopelopia flavida* Kieffer,1923

9. 秆蝇科 Chloropidae

福建离斑黑鬃秆蝇 *Melanochaeta separate fujianensis* Yang et Yang 2003
中华多鬃秆蝇 *Polyodaspis sinensis* Yang et Yang 2003
福建锥秆蝇 *Rhodesiella fujianensis* Yang et Yang 2003
鼓翅秆蝇 *Sepsidoscinis maculipennis* Hendel,1914

10. 蚊科 Culicidae

艾肯按蚊 *Anopheles aitkenii* James,1903
嗜人按蚊 *Anopheles anthropophagus* Xu and Fen,1975
孟加拉按蚊 *Anopheles bengalensis* Puri,1930
贵阳按蚊 *Anopheles kweiyangensis* Yao and Wu,1944
林氏按蚊 *Anopheles lindesayi* Giles,1900
林氏按蚊日本亚种 *Anopheles lindesayi japonicus* Yamada,1918
小洁按蚊 *Anopheles nitidus* Harrison，Scanlon and Reid,1973
中华按蚊 *Anopheles sinensis* Weidmann,1828
日月潭按蚊 *Anopheles candidiensis* Koidzumi,1920
溪流按蚊 *Anopheles fluviatilis* Jams,1902
多斑按蚊 *Anopheles maculates* Theobald,1901
微小按蚊 *Anopheles minimus* Theobald,1901
棋斑按蚊 *Anopheles tessellates* Theobald,1901
测白伊蚊 *Aedes albolaterdlis* Theobald,1901
银雪伊蚊 *Aedes alboniveus* Barraud,1934
棘刺伊蚊 *Aedes elsiae* Barraud,1923
冯氏伊蚊 *Aedes fengi* Edwards,1935
台湾伊蚊 *Aedes formosensis* Yamada,1921
叶生伊蚊 *Aedes harveyi* Barraud,1923
双棘伊蚊 *Aedes hatorii* Yamada,1921
日本伊蚊 *Aedes japonictus* Theobald,1901
乳点伊蚊 *Aedes macfarlanei* Edwards,1914

白纹伊蚊 *Aedes albopictus* Skuss,1895

尖斑伊蚊 *Aedes craggy* Barraud,1923

叶抱伊蚊 *Aedes perlexus* Leicester,1908

伪白纹伊蚊 *Aedes pseudalbopictus* Borel,1928

达勒姆阿蚊 *Armigeres durhami* Edwards,1917

骚扰阿蚊 *Armigeres subalbatus* Coquillett,1898

环带库蚊 *Culex annilus* Theobala,1901

二带喙库蚊 *Culex bitaeniorhynchus* Giles,1901

白胸库蚊 *Culex pallidothorax* Theobald,1905

富士库蚊 *Culex sasai* Rokura, 1954

短须库蚊 *Culex brevipalpis* Giles,1902

暗脂库蚊 *Culex hayashii* Yamada,1917

柬埔寨库蚊 *Culex richei* Klein,1970

黄边巨蚊 *Toxorhynchites edwardsi* Barrand,1924

紫腹巨蚊 *Toxorhynchites gravelyi* Edwards,1921

拟同杵蚊 *Tripteroides similes* Leicester,1908

罕培蓝带蚊 *Uranotaeni hebes* Barraud,1931

花背蓝带蚊 *Uranotaeni macfailanei* Edwards,1914

巨型蓝带蚊 *Uranotaeni maxima* Leicester,1908

新糊蓝带蚊 *Uranotaeni novobscura* Barraud,1934

11. 突眼蝇科 Diopsidae

Diopsis indica Westwood,1837

Diopsis orientalis Ouchi,1942

12. 长足虻科 Dolichopodidae

尖角短跗长足虻 *Chaetogonopteron acutatum* Yang et Grootaert, 1999

车八岭短跗长足虻 *Chaetogonopteron chebalingense* Wang et Yang, 2005

黄斑短跗长足虻 *Chaetogonopteron luteicinctum* (Parent, 1926)

金长足虻 *Chrysosoma* sp.

黄鬃长足虻 *Chrysotimus qinlingensis* Yang et Saigusa, 2005（浙江新记录种）

长跗小异长足虻 *Chrysotus pulcher* Parent, 1926（浙江新记录种）

小异长足虻 *Chrysotus* sp.

基黄长足虻 *Dolichopus simulator* Parent, 1926

毛盾行脉长足虻 *Gymnopternus congruens* (Becker, 1922)

石门台行脉长足虻 *Gymnopternus shimentaiensis* Zhang et Yang, 2005

尖须寡长足虻 *Hercostomus acutatus* Yang et Yang, 1995

短叶寡长足虻 *Hercostomus brevis* Yang, 1997

聚脉长足虻 *Medetera* sp.

黄腹寡长足虻 *Hercostomus flaviventris* Smirnov et Negrobov,1979

13. 舞虻科 Empididae

建阳黄隐肩舞虻 *Drapetis jianyangensis* Yang et Yang,2003

条斑黄隐肩舞虻 *Drapetis striata* Yang et Yang,2007

马氏猎舞虻 *Rhamphomyia maai* Saigusa,1966

大竹岚猎舞虻 *Rhamphomyia tachulamensis* Saigusa,1966

福建柄驼舞虻 *Syenches fujianensis* Yang et Yang,1999

14. 水蝇科 Ephydridae

稻小潜叶蝇 *Hydrellia griseola* Fallen,1813

稻毛眼水蝇 *Hydrellia* sp.

15. 虱蝇科 Hippoboscoidea

Lynchia schoutedeni Bequaert,1945

Ornithomya fringillina Curtis,1836

16. 尖翅蝇科 Lonchopteridae

尾翼尖翅蝇 *Lonchoptera caudala* Yang,1995

古田山尖翅蝇 *Lonchoptera gutianshana* Yang,1995

17. 蝇科 Muscidae

黑须芒蝇 *Atnerigona atripalpis* Malloch,1925

中华毛蹠芒蝇 *Atherigona bella sinobella* Fan,1965

双瘤芒蝇 *Atherigona bituberculata* Malloch,1925

Musca confiscate Speiser,1924

逐蓄家蝇 *Musca conducens* Walker,1859

中华丛芒蝇 *Sinolochmostylia sinica* Yang,1995

18. 菌蚊科 Mycetophilidae

草菇折翅菌蚊 *Allactoneura volvoceae* Yang et Wang,2017

科氏亚菌蚊 *Anatella coheri* Wu et Yang,1995

安吉埃菌蚊 *Epicypta anjiensis* Wu et Yang, 1998

白云埃菌蚊 *Epicypta baiyunshana* Wu et Yang,1997

基枝埃菌蚊 *Epicypta basiramifera* Wu et Yang,1998

斧状埃菌蚊 *Epicypta dolabriforma* Wu et Yang,1998

刀状埃菌蚊 *Epicypta gladiiforma* Wu et Yang,1993

居山埃菌蚊 *Epicypta monticola* Wu,1995

黄黑埃菌蚊 *Epicypta nigroflava* (Senior-White,1922)

暗色埃菌蚊 *Epicypta obscura* Wu et Yang,1993

细小埃菌蚊 *Epicypta pusilla* Wu,1998

密毛埃菌蚊 *Epicypta scopata* Wu,1998

林茂埃菌蚊 *Epicypta silviabunda* Wu,1995

中华埃菌蚊 *Epicypta sinica* Wu et Yang,1993

截形埃菌蚊 *Epicypta truncata* Wu,1998

剑刺埃菌蚊 *Epicypta xiphothorna* Wu et Yang,1998

伞菌伊菌蚊 *Exechia arisaemae* Sasakawa,1993

波曲埃菌蚊 *Epicypta sinuosa* Wu,1995

星座异菌蚊 *Heteropterna septemtrionalis* (Okada, 1938)

绚丽等菌蚊 *Isoneuromyia semirufa* (Meigen, 1818)

黑端长角菌蚊 *Macrocera nigrapicis* Cao et Xu, sp. nov. , 2014

纤细玛菌蚊 *Macrorrhyncha gracilis* Cao et Xu, sp. nov. , 2014

扭曲菌蚊 *Mycetophila intortusa* Wu et He, 1998

普通菌蚊 *Mycetophila coenosa* Wu,1997

多刺菌蚊 *Mycetophila senticosa* Wu et Yang,1998

葫形菌蚊 *Mycetophila sicyoideusa* Wu et Yang,1998

隐真菌蚊 *Mycomya occultans* (Winnertz, 1863)

福建新菌蚊 *Neoempheria fujiana* Yang et Wu, 1991

暗黄尼菌蚊 *Neoplatyura gilva* Cao et Xu, sp. nov. , 2011

丸山尼菌蚊 *Neoplatyura maruyamaensis* Uesugi,2002

眼斑沃菌蚊 *Orfelia maculata* Cao et Xu, sp. nov. ,2008

中华瑟菌蚊 *Setostylus chinensis* Cao, Evenhuis et Zhou, sp. nov. , 2007

簇毛乌菌蚊 *Urytalpa barbata* Cao et Xu, sp. nov. , 2009

19. 禾蝇科 Opomyzidae

林地禾蝇 *Geomyza silvatica* Yang, 1995

20. 毛蛉科 Psychodidae

Horaiella kuatunensis Alexander,1953

何氏白蛉 *Phlebotomus hoeppplii* Tang et Maa,1994

21. 腐木虻科 Rachiceridae

Rachicerus maai Nagatomi,1970

22. 眼蕈蚊科 Sciaridae

指尾迟眼蕈蚊 *Bradysia dactylina* Yang, Zhang et Yang,1995

曲尾迟眼蕈蚊 *Bradysia introflexa* Yang, Zhang et Yang,1993

开化迟眼蕈蚊 *Bradysia kaihuana* Yang, Zhang et Yang,1995

节刺迟眼蕈蚊 *Bradysia noduspina* Yang, Zhang et Yang,1993

淡刺迟眼蕈蚊 *Bradysia pallespina* Yang, Zhang et Yang,1995

细屈眼蕈蚊 *Camptochaeta tenuipalpis* (Mohrig & Antonowa, 1978)

日本凯氏眼蕈蚊 *Keilbachia sasakawai* (Mohrig & Menzel, 1992)

导宽尾厉眼蕈蚊 *Lycoriella abrevicaudata* Yang, Zhang et Yang,1993

下刺厉眼蕈蚊 *Lycoriella hypacantha* Yang, Zhang et Yang,1995

棒摩氏眼蕈蚊 *Mohrigia clavata* sp.

实植眼蕈蚊 *Phytosciara ninae* Amtonova, 1977

丽植眼蕈蚊 *Phytosciara ornata* (Winnertz, 1867)

雅植眼蕈蚊 *Phytosciara subornata* Mohrig & Menzel, 1994

帚摩氏眼蕈蚊 *Mohrigia scopariusa* sp. nov.

泰顺首眼蕈蚊 *Prosciara taishunensis* sp. nov.

蹄植眼蕈蚊 *Prosciara ungulate* (Winnertz, 1867)

钩臂眼蕈蚊 *Sciara harmatilis* Yang, Zhang et Yang,1993

歪毛眼蕈蚊 *Trichosia obiquicapilli* Yang, Zhang et Yang,1995

23. 蚋科 Simuliidae

三重真蚋 *Simulium mie* Ogata et Sasa,1954

后宽绳蚋 *Simulium metatarsala* Brunetti,1911

亮胸蚋 *Simulium nitidithorax* Puri,1932

崎岛蚋福建亚种 *Simulium sakishimaense fujianense* Zhang,1991

24. 食蚜蝇科 Syrphidae

显黑狭口食蚜蝇 *Asarkina erictorum* (Fabricius, 1781)

黄腹狭口食蚜蝇 *Asarkina porcina* (De Geer, 1898)

紫额棍腹食蚜蝇 *Baccha apicalis* Loew, 1858

棍腹食蚜蝇 *Baccha* sp.

黄腹宽食蚜蝇 *Dideoides latus* (Coquillett, 1898)

五带垂边食蚜蝇 *Epistrophe horishana* (Matsumura, 1917)

灰带管食蚜蝇 *Eristalis cerealis* Fabricius, 1805

狭带条胸蚜蝇 *Helophilus virgatus* Coquillett, 1898

裸芒宽盾食蚜蝇 *Phytomia errans* (Fabricius, 1787)

羽芒宽盾食蚜蝇 *Phytomia jonata* (Fohricius, 1787)

羽芒宽盾食蚜蝇 *Phytomia zonata* (Fabricius, 1787)

印度细腹食蚜蝇 *Sphaerophoria indiana* Bigot, 1884

狭腹食蚜蝇 *Meliscaeva canella* (Zelterstedt, 1843)

蚁穴食蚜蝇 *Microdon* sp.

Mileriinae sp.

六斑鼻颜食蚜蝇 *Rhingia sexmaculata* Brunetti, 1913

Sericomyia meien Sun, 1803

棒腹食蚜蝇 *Sphegina* sp.

短柄岐角食蚜蝇 *Sphiximorpha* sp.

黑股食蚜蝇 *Syrphus vitripennis* Meigen, 1822

台湾柄腹食蚜蝇 *Takaomgis formosana* Shiraki, 1930

黑蜂食蚜蝇 *Volucella nigricans* Coquillett, 1898

25. 水虻科 Stratiomyidae

Oxycera quadripartia (Lindner, 1940)

Prosopochrysa sinensis Lindner, 1940

Taurocera orientalis Lindner, 1951

26. 虻科 Tabanidae

高野长吻虻 *Anthrax disigma* Wiedmann, 2020

骚扰黄虻 *Atylotus miser* Szilady, 1915

舟山斑虻 *Chrysops chusanensis* Ouchi, 1939

帕氏斑虻 *Chrysops potanini* Pleske, 1910

窄条斑虻 *Chrysops striatulus* Pechuman, 1943

范氏斑虻 *Chrysops vanderwulpi* Krober, 1929

素木氏胃虻 *Gastroxides shirakii* Ouchi, 1939

中国麻虻 *Haematopota chinensis* Ouchi, 1940

台湾麻虻 *Haematopota formosana* Shiraki, 1918

福建麻虻 *Haematopota fukienensis* Stone & Philip, 1974

福建瘤虻 *Hybomitra fujianensis* Wang, 1987

土灰虻 *Tabanus amaenus* Walker, 1848

窄额虻 *Tabanus angustofrons* Wang, 1985

金条原虻 *Tabanus aurotestacius* Walker, 1854

白背虻 *Tabanus candidus* Ricardo,1913
缅甸虻 *Tabanus birmanicus* Bigot,1892
浙江原虻 *Tabanus chekiangensis* Ouchi,1943
崇安原虻 *Tabanus chonganensis* Liu,1981
舟山虻 *Tabanus chusanensis* Ouchi,1943
朝鲜原虻 *Tabanus coreanus* Shiraki,1932
台湾原虻 *Tabanus formosiensis* Ricardo,1911
棕带虻 *Tabanus fulvicinctus* Ricardo,1914
杭州原虻 *Tabanus hongchowensis* Liu,1962
江苏原虻 *Tabanus kiangsuensis* Krober,1933
广西原虻 *Tabanus kuangsiensis* Wang & Liu,1977
线带原虻 *Tabanus lineataenia* Xu,1979
庐山虻 *Tabanus lushanebsis* Liu,1962
黑额原虻 *Tabanus nigrefronti* Liu,1981
拟全黑虻 *Tabanus nigroides* wang,1987
全黑原虻 *Tabanus nigrus* Liu & Wang,1977
日本虻 *Tabanus nipponicus* Murdoch et Takahasi,1969
青腹原虻 *Tabanus oliventris* Xu,1979
小型虻 *Tabanus parviformus* Wang,1985
赤腹原虻 *Tabanus rufiventris* Fabricius,1805
华广原虻 *Tabanus signatipennis* Portsch,1887
角斑原虻 *Tabanus signifier* Waker
亚黄山虻 *Tabanus subhuangshanensis* Wang,1987
高砂原虻 *Tabanus takasagoensis* Shiraki,1918
天目原虻 *Tabanus tienmuensis* Liu,1962
三重原虻 *Tabanus trigemins* Coquillett,1898
山崎虻 *Tabanus yamasaki* Ouchi,1943
姚氏原虻 *Tabanus yao* Macquari,1855
黑鳖甲花虻 *Volucella nigricans* Coquillett,1898

27. 寄蝇科 Tachinidae

帕须安寄蝇 *Anaadora patellipapis* Mesnil
密毛安寄蝇 *Anaeuadora apicalis* Matsumura,1916
裸短尾寄蝇 *Aplomyia metallica* Wiedemann,1824
黄胫银寄蝇 *Argyrophylax phoeda* Townsend,1927
蚕饰腹寄蝇 *Blepharipa zebina* (Walker, 1849)
丝卷蛾寄蝇 *Blondelia hyphantriae* Townsend,1915
阿姆狭颊寄蝇 *Carcelia amphion* R.-D.,1863
隔离狭颊寄蝇 *Carcelia excise* Fallen,1820
平额狭颊寄蝇 *Carcelia frontalis* Baranov,1932
善飞狭颊寄蝇 *Carcelia kockiana* Townsend,1927
松毛虫狭颊寄蝇 *Carcelia matsukarehae* Shima,1969
黄足狭颊寄蝇 *Carcelia pallidpes* Ueda,1960
苏门答腊狭颊寄蝇 *Carcelia sumatrana* Townsend,1927

鬃胫狭颊寄蝇 *Carcelia tibialis* R.-D.,1830
爪哇刺蛾寄蝇 *Chaetxorisra javana* B. B,1895
苹绿刺蛾寄蝇 *Chaetxorista klappperichi* Mesnil, 1960
黏虫缺须寄蝇 *Cuphocera varia* Fabricius,1794
黏虫长芒寄蝇 *Dolichocolon klapparichi* Mesnil,1968
多径毛赘寄蝇 *Drino chatterijeena* Baranov,1932
聚鬃赘寄蝇 *Drino convergens* Wiedemann,1824
忧郁赘寄蝇 *Drino lugens* Mesnil,1944
窄颊赤寄蝇 *Erythrocera genalis* Aldrich,1928
坎坦追寄蝇 *Exorista cantans* Mesnil,1960
日本追寄蝇 *Exotista japonica* Townsend,1909
乡间追寄蝇 *Exorista rustica* Fallen,1810
家蚕追寄蝇 *Exotista sorbillans* Wiedemann,1830
红尾追寄蝇 *Exorista xanthaspis* Wiedemann,1830
双斑膝芒寄蝇 *Gonia bimaculata* Wiedemann,1819
叉叶江寄蝇 *Janthinomyia elegans* Matsumurs,1905
并叶江寄蝇 *Janthinomyia felderi* B. B.,1893
齿肛短须寄蝇 *Linnaemya media* Zimin,1954
毛胫短须寄蝇 *Linnaemya microchaetopsis* Shima,1986
峨嵋短须寄蝇 *Linaemya omega* Zimin,1954
钩肛短须寄蝇 *Linaemya picgta* Meigen,1824
杂色美根寄蝇 *Meignia grandigena* Pand.,1896
大形美根寄蝇 *Meignia majuscule* Rondani,1905
丝绒美根寄蝇 *Meigenia velutina* Mesnil,1952
四斑尼尔寄蝇 *Nealsomyia rufella* Bezzi,1925
双斑截毛寄蝇 *Nemorilla maculosa* Meigen,1824
长角栉寄蝇 *Pales longicornis* Chao et Shi,1982
兰黑栉寄蝇 *Pales pavida* Meigen,1824
欧尔等鬃寄蝇 *Peribaea orbata* Wiedemann,1830
黄胫等鬃寄蝇 *Peribaea tibialis* R.-D.,1851
灰色等腿寄蝇 *Pseudogonia rufifrons* Wiedemann,1830
毛斑裸板寄蝇 *Phorocerosoma postulans* Walker,1816
簇缨裸板寄蝇 *Phorocerosoma vicarium* Walker,1856
黄额蚤寄蝇 *Phorinia aurifrons* R.-D.,1830
宽头绒毛寄蝇 *Servillia breviceps* Zimin,1929
艳斑茸毛寄蝇 *Servillia lateromaculata* Chao,1962
什塔茸毛寄蝇 *Servillia stackelbergi* Zimin,1907
蜂茸毛寄蝇 *Servillia ursinoides* Tothill,1918
冠毛长喙寄蝇 *Siphina cristata* Fabricius,1805
双刺皮寄蝇 *Sisyropa prominens* Walker,1859
栗黑寄蝇 *Tachina punctocincta* Villeneuve,1936
黄角鞘寄蝇 *Thecocarcelia laticornis* Chao,1976
稻苞虫鞘寄蝇 *Thecocarcelia thrix* Townsend,1933

亮胸刺须寄蝇 *Torocca munda* Walk. ,1856

长芒三鬃寄蝇 *Tritaxys braueri* de Meijere,1924

夜蛾土蓝寄蝇 *Turanogonia chinensis* Wiedemann,1824

黄毛土蓝寄蝇 *Turanogonia klapperichi* Mesnil,1956

28. 实蝇科 Trypetidae

黄纹短羽实蝇 *Acrotaeniostola quadrivittata* Chen, 1948

叶突颊鬃实蝇 *Chetostoma mirabilis* (Chen, 1948)

马氏刺角实蝇 *Acroceratitis maai* (Chen, 1948)

福建中横实蝇 *Proanoplomus intermedius* Chen, 1948

带拟突眼实蝇 *Pseudopelmatops angustifasciatus* Zia et Chen, 1954

条拟突眼实蝇 *Pseudopelmatops continentalis* Zia et Chen, 1954

栗褐瘤额实蝇 *Vidalia spadix* Chen, 1948

瓜实蝇 *Zeugodacus nabilis* Hendel,1912

29. 大蚊科 Tipulidae

狭背安大蚊 *Antocha angustiterga* Alexander, 1949

彩安大蚊 *Antocha pictipensis* Alexander, 1949

扭角安大蚊 *Antocha streptocera* Alexander, 1924

三戟燥大蚊 *Baeoura trihastata* (Alexander, 1949)

长脉偶栉大蚊 *Dictenidia luteicostalis longisecrtor* Alexander, 1941

暗胸偶栉大蚊 *Dictenidia stalactilica* Alexander, 1941

福建烛大蚊 *Cylindrotoma fokiensis* Alexander, 1949

黄背枝大蚊 *Cladura fulvidorsata* Alexander, 1949

福建比栉大蚊 *Pselliophora scurra* Alexander, 1941

宽环奇栉大蚊 *Tanyptera antica anticoides* Alexander, 1941

黄角奇栉大蚊 *Tanyptera chrysophaea* Alexander, 1941

短尾叉烛大蚊 *Diogma brevifurca* Alexander, 1949

圆斑叉大蚊 *Dicranota circipunctata* Alexander, 1949

腹突裸纤足大蚊 *Dolichopeza magnisternata* Alexander, 1949

多毛华纤足大蚊 *Dolichopeza multiseta* Alexander, 1949

黄褐裸纤足大蚊 *Dolichopeza adela* Alexander, 1949

毛尾棘膝大蚊 *Holorusia astarte* , 1949

褐翅棘膝大蚊 *Holorusia goliath* , 1941

黄背棘膝大蚊 *Holorusia herculeana* (Alexander, 1941)

黑狭祖大蚊 *Hexatoma ambrosia angustinigra* Alexander, 1949

脊顶祖大蚊 *Hexatoma carinivertex* Alexander, 1949

东方祖大蚊 *Hexatoma eos* Alexander, 1949

褐翅平烛大蚊 *Liogma brunneistigma* Alexander, 1949

瑞盲大蚊 *Adelphomyia reductana* (Alexander, 1941)

连细大蚊 *Dicranomyia junctura* (Alexander, 1949)

哈特脂大蚊 *Lipsothrix heitfeldi* Alexander, 1949

广亮大蚊 *Libnotes aptata* Alexander, 1949

赵氏龙大蚊 *Leptotarsus chaoianus* (Alexander,1949)

毛刺龙大蚊 *Leptotarsus hirsutistylus* (Alexander, 1949)
宽黑龙大蚊 *Leptotarsus quadringria* (Alexander, 1949)
福建黄翅大蚊 *Limnophila fokiensis* Alexander, 1941
塔纳沼大蚊 *Limonia thanatos* Alexander, 1949
福建叉纤足大蚊 *Macgreoromyia fohkiensis* Alexander, 1908
铜纹尖突短柄大蚊 *Nephrotoma impigra* Alexander, 1935
中华短柄大蚊 *Nephrtoma sinensis* Edwards, 1916
黑顶短栉大蚊 *Prionota magnifica* (Enderlein, 1921)
短尾窗大蚊 *Pedicia subfalcata* Alexander, 1941
缘斑平大蚊 *Pedicia margipunctata* Alexander, 1953
福建平大蚊 *Pedicia tachulanica* Alexander, 1949
黄背尖大蚊 *Tipula luteinotalis* Alexander, 1924
宽刺尖大蚊 *Tipula platycantha* Alexander, 1924
黑角丽大蚊 *Tipula spoliatrix* Alexander, 1941
短须大蚊 *Tipula idiopyga* Alexander, 1949
叉端多孔烛大蚊 *Triogma nimbipennis* Alexander, 1941
喙突日大蚊 *Tipula brevifusa* Alexander, 1949
克拉日大蚊 *Tipula klapperichi* Alexander, 1941
胡氏朗大蚊 *Tipula fuiana* Alexander, 1949
挂墩普大蚊 *Tipula kuatunensis* Alexander, 1941
马氏普大蚊 *Tipula maaiana* Alexander, 1954

(十七)蚤目 Order Siphonaptera

1. 多毛蚤科 Hystrichopsyllidae

不同新蚤亚种 *Neopsylla dispar fukiensis* Chao,1947
特新蚤闽北亚种 *Neopsylla specialis minpiensis* Li et Wang,1964
奇异狭臀蚤 *Stenischia mirabilis* Jordan,1932

2. 蚤科 Pulicidae

猫栉首蚤指名亚种 *Ctenocephalides felis felis* (Bouche, 1835)
印鼠客蚤 *Xenopsylla cheopis* (Rothschild, 1903)

3. 臀蚤科 Pygiopsyllidae

近端远棒蚤二刺亚种 *Aviosticalius klossi oispiniformis* Li et Wang,1958

4. 蝠蚤科 Ischnopsyllidae

双髁夜蝠蚤 *Nycteridopsylla dicondylata* Wang,1959
长鬃蝠蚤 *Ischnopsyllus comans Jordan* et Rothschild,1921
李氏蝠蚤 *Ischnopsyllus indicus* Jordan,1931
印度蝠蚤 *Ischnopsullus indicus* Jordan,1031

5. 细蚤科 Leptopsyllidae

缓慢细蚤 *Leptopsylla segnis* (Schonherr, 1811)
曲鬃怪蚤 *Paradoxopsyllus curvispinus* Miyajima et Koidzumi,1909
喜山二刺蚤中华亚种 *Peromyscopsylla himalaica sinica* Li et Wang,1959
洞居盲鼠蚤 *Typhlomypsyllus cavaticus* Li et Huang,1980

6. 角叶蚤科 Ceratophyllidae

燕角叶蚤端凸亚种 *Ceratophyllus farreni chaoi* Smit et Allen，1955

同高大锥蚤指名亚种 *Macrostylophora cuii cuii* Liu Wu et Yu，1964

纤小大锥蚤 *Macrostylophora exilia* Li Wang et Hsieh，1964

李氏大锥蚤 *Macrostylopora liae* Wang，1957

不等单蚤 *Monopsyllus anisus*（Rothschild，1907）

适存病蚤 *Nosopsyllus nicanus* Jordan，1937

（十八）毛翅目 Trichoptera

1. 舌石蛾科 Glossosomatidae

中华小舌石蛾 *Agapetus chinensis* Mosely，1942

舌石蛾 *Glossosoma* sp.

2. 纹石蛾科 Hydropsychidae

斗形高原纹石蛾 *Hydropsyche dolosa* Banks，1939

多斑短脉纹石蛾 *Hydropsyche dubitans* Mosely，1942

福建侧枝纹石蛾 *Hydropsyche fukiensis* Schmid，1965

长肢短脉纹石蛾 *Hydropsyche longiclasper* Li，1988

三带短脉纹石蛾 *Hydropsyche trifascia* Tian et Li，1990

长角纹石蛾 *Macrostemum fostosum*（Walker，1852）

3. 等翅石蛾科 Philopotamidae

长梳等翅石蛾 *Dolophilodes pectinata*（Ross，1956）

中华等翅石蛾 *Wormadalia chinensis*（Ulmer，1932）

4. 鳞石蛾科 Lepidostomatidae

弓突鳞石蛾 *Lepidostoma arcuatum*（Hwang，1957）

付氏鳞石蛾 *Lepidostoma fui*（Hwang，1957）

（十九）鳞翅目 Lepidoptera

1. 蝙蝠蛾科 Hepialidae

单斑勾蝠蛾 *Gorgopis unimacula* Daniel，1940

皮须蝠蛾 *Palpifer pellicia* Swinhoe，1905

中华鸠蝠蛾 *Phassus sinensis* Moore，1877

2. 谷蛾科 Tineidae

短黑地谷蛾 *Epactris alceae* Meyrick，1924

镰白斑谷蛾 *Monopis trapezoides* Petersen et Gaedike，1993

谷蛾 *Tinea granella*（Linnaeus，1758）

3. 蓑蛾科 Psychidae

碧皑蓑蛾 *Acanthopsyche bipars* Walker，1865

丝脉蓑蛾 *Amatissa snelleni* Heylaerts，1890

小窠蓑蛾 *Clania minuscula* Butler，1881

大窠蓑蛾 *Clania variegata* Snellen，1879

柿蓑蛾 *Pachytelia unicolor* Hubner，1766

黑臀蓑蛾 *Psyche ferevitrea* Joann，1929

4. 细蛾科 Gracilarlldae

茶细蛾 *Caloptilia theivora* Walsingham,1891

5. 巢蛾科 Yponomeutidae

黄斑巢蛾 *Anticratest tridelte* Meyriclk,1904

苹果巢蛾 *Yponmenta padell* Linnaeus,1758

6. 麦蛾科 Gelechidae

甘薯褐纹卷叶蛾 *Brachmia macroscopa* Meyrick,1932

桃麦蛾 *Compsolechia anisogramma* Meyrick,1922

7. 木蠹蛾科 Cossidae

黄胸木蠹蛾 *Cossus chinensis* Rothschild,1912

咖啡豹蠹蛾 *Zeuzera coffeae* Nietner,1861

梨豹蠹蛾 *Zeuzera pyrina* Staudinger et Rebel,1761

8. 卷蛾科 Tortricidae

棉褐带卷蛾 *Adoxophyes orana* (Fischer von Röslerstamm, 1834)

豌豆镰翅小卷蛾 *Ancylis badiana* (Denis et Schiffermüller, 1775)

半圆镰翅小卷蛾 *Ancylis obtusana* (Haworth, 1811)

三角斜纹小卷蛾 *Apotomis trigonias* Diakonoff, 1973

黄螟 *Argyroploce schistaceana* (Snellen, 1965)

尖翅小卷蛾 *Bactra lancealana* (Hubner, 1799)

龙眼裳卷蛾 *Cerace stipatana* Walker,1863

豹裳卷蛾 *Cerace xanthocosma* Diakonoff,1950

白钩小卷蛾 *Epiblema foenella* (Linnaeus, 1758)

异形圆斑小卷蛾 *Eudemopsis heteroclita* Liu et Bai, 1982

栎圆点小卷蛾 *Eudemis porphyrana* (Hübner, 1796)

异广翅小卷蛾 *Hedya auricristana* (Walsingham, 1900)

茶卷叶蛾 *Homona coffearia* Nietner,1861

柳杉长卷蛾 *Homona issikii* Yasuda,1962

茶长卷蛾 *Homona magnanima* Diakonoff,1948

榆花翅小卷蛾 *Lobesia aeolopa* Meyrick, 1907

桑花翅小卷蛾 *Lobesia ambigua* Diakonoff, 1954

宏花翅小卷蛾 *Lobesia takahiroi* Bae, 1996

东京毛颚小卷蛾 *Ophiorrhabda tokui* (Kawabe, 1974)

角端小卷蛾 *Phaecasiophora cornigera* Diakonoff, 1959

匀端小卷蛾 *Phaecasiophora leechi* Diakonoff, 1973

华氏端小卷蛾 *Phaecasiophora walsinghami* Diakonoff, 1959

精细小卷蛾 *Psilacantha pryeri* (Walsingham, 1900)

9. 透翅蛾科 Aegeriidae

苹果透翅蛾 *Conopia hector* Butler, 1878

10. 斑蛾科 Zygaenidae

黄基透翅锦斑蛾 *Agalope davidi* Oberthur,1884

黄纹旭锦斑蛾 *Campylotes pratti* Leech,1890

茶柄脉锦斑蛾 *Eterusia aedea* Linnaeus,1763

赤眉锦斑蛾 *Rhodopsoma costata* Walker,1854

黑心赤眉锦斑蛾 *Rhodopsona rubiginosa* Leech,1898

11. 刺蛾科 Limacodidae

黄刺蛾 *Monema flavescens* Walker,1855

波眉刺蛾 *Narosa corusca* Wileman,1911

白眉刺蛾 *Narosa edoensis* Kawada,1930

梨娜刺蛾 *Narosoideus flavidorsalis*,1887

狡娜刺蛾 *Narosoideus vulpinus*（Wileman, 1911）

两色绿刺蛾 *Parasa bicolor*（Walker, 1855）

褐边绿刺蛾 *Parasa consocia* Walker,1865

显脉球须刺蛾 *Scopelodes venosa kwangtungensis* Hering,1931

桑褐刺蛾 *Setora postornata* Hampson,1900

Spatulifimbria castaneiceps opprimata Hering,1931

素刺蛾 *Susica pallida* Walker,1855

扁刺蛾 *Thosea sinensis*（Walker, 1855）

12. 羽蛾科 Pterophoridae

小褐羽蛾 *Nippotilia minor* Hori,1933

瓠羽蛾 *Sphenarches caffer* Zeller,1852

13. 螟蛾科 Pyralidae

双臂峰斑螟 *Acrobasis bifidella*（Leech, 1889）

红带峰斑螟 *Acrobasis rufizonella* Ragonot, 1887

果叶峰斑螟 *Acrobasis tokiella* Ragonot, 1893

松蛀果斑螟 *Assara hoeneella* Roesler, 1965

华斑水螟 *Aulacodes sinensis* Hampson,1897

油桐金斑螟 *Aurana vinaceella*（Inoue, 1963）

干果斑螟 *Cadra cautella*（Walker, 1863）

白条紫斑螟 *Calguia defiguralis* Walker, 1863

月牙紫斑螟 *Calguia hapalanthes*（Meyrick, 1932）

褐边螟 *Catagella adjurella* Walker,1863

贵州栉角斑螟 *Ceroprepes guizhouensis* Du, Li et Wang, 2002

黑斑草螟 *Chrysoteuchia atrosignata*（Zeller, 1877）

金黄镰翅野螟 *Circobotys aurealis*（Leech, 1889）

环纹丛螟 *Craneophora ficki* Christoph,1881

原位隐斑螟 *Cryptoblabes sita* Roesler et Küppers, 1979

秀驼斑螟 *Cyphita rufofusella*（Caradja, 1931）

齿斑翅野螟 *Deastictis onychinalis* Guenee,1854

黄环绢野螟 *Diaphania annulata*（Fabricius, 1794）

二斑绢野螟 *Diaphania bicolor*（Swainson,1888）

瓜绢野螟 *Diaphania indica*（Saunders, 1851）

白斑翅野螟 *Diaphania inspersalis*（Zeller, 1852）

白蜡绢野螟 *Diaphania nigropunctalis*（Bremer, 1864）

褐翅绢野螟 *Diaphania nigribasalis* (Caradja, 1925)
桑绢野螟 *Diaphania pyloalis* (Walker, 1859)
褐纹翅野螟 *Diasemia accalis* Walker,1859
目斑纹翅野螟 *Diasemia distinctalis* Leech,1889
白斑翅野螟 *Diastictis inspersalis* (Zeller, 1852)
三条蛀野螟 *Dichocrocis chlorophanta* Butler,1878
桃蛀野螟 *Dichocrocis punctiferalis* Guenee,1854
微红梢斑螟 *Dioryctria rubella* Hampson, 1901
松梢斑螟 *Dioryctria spleudidella* Herrich-Schaffer,1895
褐萍水螟 *Elophila turbata* (Butel, 1881)
纹歧角螟 *Endotricha icelusalis* Walker,1859
棉卷叶野螟 *Haritalodes derogata* (Fabricius, 1775)
赤双纹螟 *Herculia pelasgalis* Walker,1859
黑褐双纹螟 *Herculia japonica* Warren,1891
甜菜白带野螟 *Hymenia recurvali* Fabricius,1775
蜂巢螟 *Hypsopygia maurtitalis* Boischwal,1833
褐巢螟 *Hypsopygia regina* Butler,1879
艳瘦翅野螟 *Ischnurgea gratiosalis* Walker,1859
缀叶丛螟 *Locastra muscosalis* Walker,1865
黑脉厚须螟 *Propachys nigrivena* Walker,1863
稻切叶野螟 *Psara licarsisalis* (Walker, 1859)
黄纹银草螟 *Pseudargyria interruptella* (Walker, 1866)
稻黄缘白草螟 *Pseudocatharylla inclaralis* (Walker, 1863)
泡桐卷野螟 *Pycnarmon cribrata* Fabricius,1794
枇杷卷叶野螟 *Sylepta balteata* (Fabricius, 1798)
葡萄卷叶野螟 *Sylepta luctuosalis* (Guenee, 1854)
宁波卷叶野螟 *Sylepta ningpoalis* Leech,1889
曲纹卷叶野螟 *Sylepto segnalis* Leech,1889
白带网丛螟 *Teliphasa albifusa* Hampson, 1896
麻楝棘丛螟 *Termioptycha margarita* Butler, 1879
红尾蛀禾螟 *Tryporza intacta* (Snellen, 1890)
橙黑纹野螟 *Tyspanodes striata* (Butler, 1879)

14. 尺蛾科 Geometridae

浙江矶尺蛾 *Abaciscus tristis tschekianga* (Wehrli, 1943)
丝棉木金星尺蛾 *Abraxas suspecta* Warren, 1894
榛金星尺蛾 *Abraxas sylvata* (Scopoli, 1763)
半焦艳青尺蛾 *Agathia hemithearia* Guenée, 1858
萝艳青尺蛾 *Agathia varissima* Bulter,1878
弯弓鹿尺蛾 *Alcis repandata* (Linnaeus, 1758)
兀尺蛾 *Amblychia insueta* (Butler, 1878)
拟大斑掌尺蛾 *Amraica prolata* Jiang, Sato & Han,2012
大斑掌尺蛾 *Amraica recursaria* (Walker, 1860)
拟柿星尺蛾 *Antipercnia albinigrata* (Warren, 1896)

桜星尺蛾 *Arichanna jaguararia* (Guenee, 1845)
赭尾尺蛾 *Exurapteryx aristidaria* (Oberthür, 1911)
紫片尺蛾 *Fascellina chromataria* Walker,1860
枯叶尺蛾 *Gandaritis flavata sinicaria* Leech,1897
云纹尺蛾 *Jankowskia athleta* Oberthur,1884
小用克尺蛾 *Jankowskia fuscaria* (Leech, 1891)
玻璃尺蛾 *Krananda semihyalina* Moore,1867
橄璃尺蛾 *Krananda oliveomarginata* Swinhoe, 1894
三角璃尺蛾 *Krananda latimarginaria* Leech, 1891
棕带云辉尺蛾 *Luxiaria amasa* Moore, 1888
辉尺蛾 *Luxiaria mitorrhaphes* Prout,1925
三岔绿尺蛾 *Mixochlora vittata* (Moore, 1868)
聚线皎尺蛾 *Myrteta sericea sericea* (Butler, 1879)
黄缘霞尺蛾 *Nothomiza flavicosta* Prout, 1914
巨长翅尺蛾 *Obeidia gigantearia* Leech, 1897
带四星尺蛾 *Ophtha cordularia* (Swinhoe, 1893)
核桃四星尺蛾 *Ophthalmitis albosignaria* (Bremer & Grey, 1853)
四星尺蛾 *Ophthalmitis irrorataria* (Bremer & Grey, 1853)
金星垂耳尺蛾 *Pachyodes amplificata* (Walker, 1862)
江西垂耳尺蛾 *Pachyodes erionoma kiangsiensis* (Chu, 1981)
江浙垂耳尺蛾 *Pachyodes iterans* (Prout, 1926)
长晶尺蛾 *Peratophyga grata* (Butler, 1879)
雀斑墟尺蛾 *Peratostega deletaria* (Moore, 1888)
拟柿星尺蛾 *Percnia albinigrata* Warren, 1896
散斑点尺蛾 *Percnia luridaria* (Leech, 1897)
柿星尺蛾 *Percnia giraffata* (Guenée, 1857)
桑尺蛾 *Phthonandria atrilineata* Butler,1881
日本粉尺蛾 *Pingasa alba brunnescens* Prout, 1913
小灰粉尺蛾 *Pingasa pseudoterpnaria* (Guenée, 1857)
红带粉尺蛾 *Pingasa rufofasciata* Moore, 1888
黄缘丸尺蛾 *Plutodes costatus* (Butler, 1886)
黑条眼尺蛾 *Problepsis diazoma* Prout,1938
邻眼尺蛾 *Problepsis paredra* Prout,1917
猫眼尺蛾 *Problepsis superans* (Butler, 1885)
平眼尺蛾 *Problepsis vulgaris* Butler, 1889
华南橘斑傲尺蛾 *Proteostrenia costimacula ochrispila* Wehrli, 1939
魑尺蛾 *Prionodonta amethystina* Warren, 1893
粉红白尖尺蛾 *Pseudomiza flava sanguiflua* (Moore, 1888)
双珠严尺蛾 *Pylargosceles steganioides* (Butler, 1878)
拉克尺蛾 *Racotis boarmiaria* (Guenée, 1857)
紫带佐尺蛾 *Rikiosatoa mavi* (Prout, 1915)
线角印尺蛾 *Rhynchobapta eburnivena* (Warren, 1896)
一线沙尺蛾 *Sarcinodes restitutaria* (Walker, 1862)

皓岩尺蛾 *Scopula insolata* (Butler, 1889)
褐斑岩尺蛾 *Scopula propinguaria* (Leech, 1897)
三线银尺蛾 *Scopula pudicaria* Motschulsky, 1861
折玉臂尺蛾 *Xandrames latiferaria* Walker, 1860
中国虎尺蛾 *Xanthabraxas hemionata* (Guenée, 1857)

15. 枯叶蛾科 Lsiocampidae

云南松毛虫 *Dendrolimus houi* Lajonquiére,1979
思茅松毛虫 *Dendrolimus kikuchii* Matsumura,1927
黄山松毛虫 *Dendrolimus marmoratus* Tsai et Hou,1976
宁陕松毛虫 *Dendrolimus ningshanensis* Tsai et Hou,1976
马尾松毛虫 *Dendrolimus punctatus* (Walker, 1855)
天目松毛虫 *Dendrolimus sericus sericus* Lajonquiere,1973
竹黄毛虫 *Euthrix laeta* (Walker, 1855)
黄衣枯叶蛾 *Gastropacha pardale* Tams,1935
橘毛虫 *Gastropacha pardale sinensis* Tams. ,1935
石梓褐枯叶蛾 *Gastropacha pardale swanni* Tams,1935
杨枯叶蛾 *Gastropacha populifolia* Esper. ,1783
李枯叶蛾 *Gastropacha quercifolia* Linnaeus,1758
棕色天幕毛虫 *Malacosoma dentata* Mell,1939
直缘枯叶蛾 *Odenestis brerivenis* Butter,1885
二顶斑枯叶蛾 *Odontocraspos hasora* Swinho,1894
苹枯叶蛾 *Odonestis pruni* (Linnaeus, 1758)
栗黄枯叶蛾 *Trabala vishnou* Lefebure,1827

16. 天蚕蛾科 Saturniidae

曲缘尾大蚕蛾 *Actias artemis aliena* (Butler, 1879)
长尾大蚕蛾 *Actias dubernardi* (Oberthür, 1897)
红尾大蚕蛾 *Actias rhodopneuma* Rober,1925
绿尾大蚕蛾 *Actias selene ningpoana* Felder,1862
华尾大蚕蛾 *Actias sinensis* Walker,1855
茶蚕 *Andraca bipunctata* Walker,1865
钩翅大蚕蛾 *Antheraea assamensis* Helfer, 1837
柞蚕 *Antheraea pernyi* Guérin-Méneville,1855
乌桕大蚕蛾 *Attacus atlas* (Linnaeus, 1758)
樗蚕 *Samia cynthia* (Drurvy, 1773)
野蚕 *Theophila mandarina* Moore,1872

17. 天蛾科 Sphingidae

鬼脸天蛾 *Acherontia lachesis* (Fabricius, 1798)
芝麻鬼脸天蛾 *Acherontia styx* Westwood,1844
缺角天蛾 *Acosmeryx castanea* Rothschild et Jordan,1903
葡萄缺角天蛾 *Acosmeryx naga* (Moore, 1858)
中国天蛾 *Amorpha sinica* Rothschild et Jordan,1903
南方豆天蛾 *Clanis bilineata bilineata* (Walker, 1866)

洋槐天蛾 *Clanis deucalion* (Walker, 1856)

芒果天蛾 *Compsogene panopus* (Cramer, 1779)

大星天蛾 *Dolbina inexacta* (Walker, 1856)

绒星天蛾 *Dolbina tancrei* Staudinger,1887

小豆长喙天蛾 *Macroglossum stellatarum* (Linnaeus, 1758)

斑腹长喙天蛾 *Macroglossum variegatum* Rothschild et Jordan,1903

椴六点天蛾 *Marumba dyras* (Walker, 1856)

梨六点天蛾 *Marumba gaschkewitschico* Walker,1864

枣桃六点天蛾 *Marumba gaschkewitschi* (Bremem et Grey, 1853)

菩提六点天蛾 *Marumba jankowskii* (Oberthur, 1880)

枇杷六点天蛾 *Marumba spectabilis* Butler,1875

栗六点天蛾 *Marumba sperchius* Ménéntries,1857

大背天蛾 *Meganoton analis* (Felder, 1874)

马鞭草天蛾 *Meganoton nyctiphanes* (Walker, 1856)

栎鹰翅天蛾 *Oxyambulyx liturata* (Butler, 1875)

鹰翅天蛾 *Oxyambulyx ochracea* (Butler, 1885)

核桃鹰翅天蛾 *Oxyambulyx schauffelbergeri* (Bremer et Grey, 1853)

构月天蛾 *Parum colligata* (Walker, 1856)

红天蛾 *Pergesa elpenor lewisi* (Butler, 1875)

盾天蛾 *Phyllosphingia dissimilis dissimilis* Bremer,1861

紫光盾天蛾 *Phyllosphingia dissimilis* Jordan,1911

蓝目天蛾 *Smerithus planus* Walker,1856

后红斜纹天蛾 *Theretra alecto cretica* (Boisduval, 1827)

斜纹天蛾 *Theretra clotho clotho* (Drury, 1773)

福建斜纹天蛾 *Theretra fukienensis* Meng, 1986

雀纹天蛾 *Theretra japonica* (Orza, 1869)

土色斜纹天蛾 *Theretra latreillei latreillei* (Mcley, 1826)

青背斜纹天蛾 *Theretra nessus* (Drury, 1773)

芋双线天蛾 *Theretra oldenlandiae* (Fabricius, 1775)

芋单线天蛾 *Theretra pinastrina* (Martyn, 1797)

赭斜纹天蛾 *Theretra pallicosta* (Walker, 1856)

18. 毒蛾科 Lymantriidae

珀色毒蛾 *Aroa substrigosa* Walker,1855

直角点足毒蛾 *Arctornis anserella* (Collenette, 1938)

茶白毒蛾 *Arctornis alba* (Bremer, 1861)

白毒蛾 *Aroctornis l-nigrum* (Muller, 1764)

绢白毒蛾 *Arctornis gelasphora* Collenette,1935

莹白毒蛾 *Arctornis xanthochila* Collenette,1935

松丽毒蛾 *Calliteara axutha* (Collenette, 1935)

葡萄毒蛾 *Cifuna jankowskii* (Oberthur, 1883)

肾毒蛾 *Cifuna locuples* Walker,1855

白线肾毒蛾 *Cifuna janlowskii* (Oberthur, 1883)

苔肾毒蛾 *Cifuna locuples* Walker,1855

黄羽毒蛾 *Pida strigipennis* (Moore, 1879)

戢盗毒蛾 *Porina nuda* (Fabricius, 1787)

黑褐盗毒蛾 *Porthesia atereta* Collenette,1932

尘盗毒蛾 *Porthesia coniptera* Collentta,1934

戟盗毒蛾 *Porthesia kurosawai* Inoue,1956

豆盗毒蛾 *Porthesia piperita* (Oberthur, 1880)

双线盗毒蛾 *Porthesia scintillans* (Walker, 1856)

盗毒蛾 *Porthesia similes* (Fueszly, 1775)

鹅点足毒蛾 *Redoa anser* Collenette,1938

直角点足毒蛾 *Redoa anserella* Collenette,1938

中桥夜蛾 *Anomis mesogona* Walker,1857

桥夜蛾 *Anomis mesogina* Walker,1857

黄麻桥夜蛾 *Anomis sabulifera* Walker,1857

黄烦夜蛾 *Anophia flavescens* Butler,1889

青安纽夜蛾 *Anua tirhaca* (Cramer, 1773)

折纹殿尾夜蛾 *Anuga multiplicans* (Walker, 1858)

橘安钮夜蛾 *Anua triphaenoides* Walker,1858

枭秀夜蛾 *Apamea strigidisca* Walker,1857

中带薄翅夜蛾 *Araeognatha lankesteri* Leech,1900

大斑薄夜蛾 *Araeognatha subcostalis* Walker,1865

小藓夜蛾 *Cryphia minutissima* (Drardt, 1950)

荚翅亥夜蛾 *Hydrillodes abavalis* (Walker,1859)

斜线髯须夜蛾 *Hypena amica* (Butler, 1878)

肖髯须夜蛾 *Hypena iconicalis* Walker,1859

窄带髯须夜蛾 *Hypena occata* Moore,1882

两色髯须夜蛾 *Hypena trigonalis* (Guenée,1854)

粉翠夜蛾 *Hylophilodes orientalis* (Hampson, 1894)

安钮夜蛾 *Ophiusa tirhaca* (Cramer,1777)

嘴壶夜蛾 *Oraesia emarginata* Guenee,1794

鸟嘴壶夜蛾 *Oraesia excavate* (Butler,1878)

斜纹灰翅夜蛾 *Spodoptera litura* (Fabricius, 1775)

交兰纹夜蛾 *Stenoloba confusa* Leech,1889

大析夜蛾 *Sypnoides amplifascia* (Warren,1914)

肘析夜蛾 *Sypnoides olena* (Swinhoe,1893)

褐析夜蛾 *Sypnoides prunnosa* (Moore,1883)

纶夜蛾 *Thalatha sinens* Walker,1857

19. 虎蛾科 Agaristidae

选彩虎蛾 *Episteme lectrix* Linnaeus,1764

豪虎蛾 *Scrobigera amatrix* Westwood,1848

黄修虎蛾 *Seudyra flavida* Leech,1890

白云修虎蛾 *Seudyra subalba* Leech,1890

葡萄修虎蛾 *Sarbanissa subflava* (Moore, 1877)

20. 箩纹蛾科 Brahmaeidae

女贞箩纹蛾 *Brahmaea ledereri* Rogenhofer,1873

紫光箩纹蛾 *Brahmaea porphyria* Chu et Wang,1977

青球箩纹蛾 *Brahmaea hearseyi* (White ,1862)

日球箩纹蛾 *Brahmoptholma japonica* (Butler, 1873)

枯球箩纹蛾 *Brahmophthalma wallichii* (Gray, 1831)

21. 锚纹蛾科 Callidulidae

隐锚纹蛾 *Cleis fadciata* Butler,1877

锚纹蛾 *Pterodecta felderi* Bremer,1864

22. 鹿蛾科 Clenuchidae (Amatidae)

白角鹿蛾 *Amata acrospila* (Felder, 1874)

广鹿蛾 *Amata emma* (Butler, 1876)

蕾鹿蛾 *Amata germana* (Felder, 1862)

闪光鹿蛾 *Amata hoenei* Obraztsov,1966

挂墩鹿蛾 *Amata kuatuna* Obraztsov,1966

牧鹿蛾 *Amata pascus* (Leech, 1889)

中华鹿蛾福建亚种 *Amata sinensis fukiensis* Obraztsov,1966

清新鹿蛾 *Caeneressa diaphana* (Kollar, 1848)

异新鹿蛾 *Caeneressa dispar* Obraztsov,1957

克新鹿蛾 *Caeneressa klapperichi* Obraztsov,1957

晦新鹿蛾 *Caeneressa obsolete* (Leech, 1898)

23. 尖蛾科 Cosmopterigidae

禾尖蛾 *Comopterix fulminella* Stringer,1930

杉木球果尖蛾 *Macrobathra flavidus* Qian et Liu, 1997

四点迈尖蛾 *Macrobathra nomaea* Meyrick, 1914

茶梢尖蛾 *Parametriotes theae* Kusnetzov,1916

黑白尖蛾 *Stagmatophora niphosticks* Meyrik,1936

24. 圆钩蛾科 Cyclidiidae

赭圆钩蛾 *Cyclidia arciferaria* Walker,1860

洋麻圆钩蛾 *Cyclidia substigmaria* (Hubner, 1825)

褐爪突圆钩蛾 *Cyclidia substigmaria brunna* Chu et Wang,1987

尖顶圆钩蛾 *Mimozethes angula* Chu et Wang,1987

25. 钩蛾科 Drepanidae

栎距钩蛾 *Agnidra scabiosa fixseni* (Butler, 1877)

花距钩蛾 *Agnidra specularia* (Walker, 1860)

新紫线钩蛾 *Albara violinea* Chu et Wang,1987

土一线紫钩蛾 *Albara soluma* Chu et wang,1987

闪豆斑钩蛾 *Auzata amaryssa* Chu et Wang,1988

半豆斑钩蛾 *Auzata semipavonaria* Walker,1863

透豆斑钩蛾 *Auzata semilucida* Chu et Wang,1988

双线卑钩蛾 *Betalbara dilinea* Chu et Wang,1987

叉线卑钩蛾 *Betalbara furca* Chu et Wang,1987

栎卑钩蛾 *Betalbara robusta* (Oberthur, 1916)

Betalbara violacea (Butler, 1879)

方点丽钩蛾 *Callidrepana forcipulata* Watson,Stat.m. ,1965

豆点丽钩蛾 *Callidrepana gemina* Watson,1968

Callidrepana hirayamai Watson,1918

肾点丽钩蛾 *Callidrepana patrana patrana* (Moore, 1866)

后窗枯叶钩蛾 *Canucha specularis* (Moore, 1879)

银绮钩蛾 *Cilix argenta* Chu et Wang,1987

赭圆钩蛾 *Cyclidia orciferaria* Walker, 1860

26. 凤蛾科 Episopeiidae

浅翅凤蛾 *Epicopeia hainesi sinicaria* Leech,1897

福建凤蛾 *Epicopeia caroli fukienensis* Chu et Wang,1981

天目凤蛾 *Epicopeia tienmuensis* Chu et Wang,1981

27. 蛱蛾科 Epiplemidae

土敌蛾 *Epiplema erasaria schidocina* Butler,1881

后三齿蛱蛾 *Epiplema flavistriga* Warren, 1901

28. 草蛾科 Ethmiidae

江苏草蛾 *Ethmia assamensis* Butler,1879

江西草蛾 *Ethmia maculifera* Matsumura,1931

29. 带蛾科 Eupterotidae

褐斑带蛾 *Apha subdives* Walker,1855

灰纹带蛾 *Ganisa cyanugrisea* Mall,1929

褐带蛾 *Palirisa cervina* Moore,1865

灰褐带蛾 *Palirisa sinensis* Rothsch,1917

丝光带蛾 *Pseudojana incandesceus* Walker,1855

30. 舟蛾科 Notodontidae

银刀奇舟蛾 *Allata argropeza* (Oberthur, 1900)

灰颈异齿舟蛾 *Allata argillacea* Kiriakoff,1963

半明奇舟蛾 *Allata laticostalis* (Hampson, 1900)

白颈异齿舟蛾 *Allata sikkima* (Moore, 1858)

竹篦舟蛾 *Besaia goddrica* (Schaus, 1928)

黄二星舟蛾 *Lampronadata cristata* (Butler, 1877)

竹镂舟蛾 *Loudonta dispar* (Kiriakoff, 1962)

昏舟蛾 *Mesoeschra senescens* Kiriakoff,1963

间掌舟蛾 *Mesophalera sigmata* (Butler, 1877)

栎褐舟蛾 *Naganoea albibasis* (Chiang, 1979)

大新二尾舟蛾 *Neocerura wisei* (Swinhoe, 1891)

31. 苔蛾科 Lithosiidae

滴苔蛾 *Agrisius guttivitta* Walker,1855

朱美苔蛾 *Miltochrista pulchra* Butler,1877

优美苔蛾 *Miltochrista striata* (Bremer et Grey, 1852)

大毛黑美苔蛾 *Miltochrista nigrociliata* Fang,1991

掌痣苔蛾 *Stigmatophora palmata* (Moore, 1878)

瑰痣苔蛾 *Stigmatophora roseivena* (Hampson, 1894)

金纹苔蛾 *Tigrioides aureolata* Daniel,1954

无斑纹苔蛾 *Tigrioides immaculate* (Butler, 1880)

32. 瘤蛾科 Nolidae

明亮点瘤蛾 *Celama lucidalis* (Walker, 1864)

稻穗点瘤蛾 *Celama taeniata* (Snellen, 1875)

枇杷瘤蛾 *Melanographia flexilineata* Hampson,1898

苹米瘤蛾 *Mimerastria mandschuriana* (Oberthur, 1881)

33. 织蛾科 Oecophoridae

茶枝镰蛾 *Casmara patrona* Meyrick,1934

白线织蛾 *Promalactis ernopisema* Butler,1879

朴锦织蛾 *Promalactis parki* Lvovsky, 1986

特锦织蛾 *Promalactis peculiaris* Wang et Li, 2004

四线锦织蛾 *Promalactis quadrilineata* Wang, Zheng et Li, 1997

锦织蛾 *Promalactis zhejiangensis* Wang et Li, 2004

34. 波纹蛾科 Thyatiriidae

昧泊波纹蛾 *Bombycia meleagris* Houlbert,1921

银浩波纹蛾中国亚种 *Habrosyne argenteipuncta chinensis* Werny,1966

浩波纹蛾 *Habrosyna derasa* Linnaeus,1767

带浩波纹蛾 *Habrosyna dieckmmanni* Graeser,1888

35. 网蛾科 Thyrididae

树形网蛾 *Camptochilus aurea* Butler,1881

金盏网蛾 *Camptochilus sinuosus* Warren,1896

橙黄后窗网蛾 *Dysodia magnifica* Whalley,1968

蝉网蛾 *Glanycus foochowensis* Chu et Wang,1981

绢网蛾 *Herdonia osdcesalis* Walker,1859

中褶网蛾 *Rhodoneura mollis yunnanensis* Chu et Wang,1981

银线网蛾 *Rhodoneura yunnana* Chu et Wang,1981

大斜线网蛾 *Striglina cancellata* Christoph,1881

一点斜线网蛾 *Striglina scitaria* Walker,1862

棕点网蛾 *Striglina susukii szechwanensis* Chu et Wang,1981

尖尾网蛾 *Thyris fenes trella* Scopli,1963

36. 燕蛾科 Uraniidae

斜线燕蛾 *Acropteris iphiata* Guenee,1857

大燕蛾 *Nyctalemon menoetius* Hpffr. ,1856

两点燕蛾 *Pseudomicronia caelata* Moore, 1887

37. 木蛾科 Xyloryctidae

苹凹木蛾 *Acria ceramitis* Meyrick,1908

茶木蛾 *Linoclostis gonatias* Meyrick,1908

38. 弄蝶科 Hesperiidae

Abraximorpha davidii Mabille,1876

黄斑弄蝶 *Ampittia dioscorides* Fabricius,1793

隐纹谷弄蝶 *Pelopidas mathias* (Fabricius, 1798)

花弄蝶 *Pyrgus maculatus* (Bremer & Grey, 1852)

豹弄蝶 *Thymelicus leoninus* (Butler, 1878)

39. 凤蝶科 Papilionidae

宽尾凤蝶 *Agehana elwesi* Leech,1889

中华麝凤蝶 *Byasa confusus* (Jordan, 1907)

麝凤蝶 *Byasa alcinous* Klug,1836

白斑麝凤蝶 *Byasa polyenctestohona* Oberthur,1876

灰绒麝凤蝶 *Byasa mencius* (Felder et Felder, 1862)

宽带青凤蝶 *Graphium cloanthus* Westwood,1841

木兰青凤蝶 *Graphium doson postianum* Fruhstorfer,1908

青凤蝶 *Graphium sarpedon* (Linnaeus, 1758)

红珠凤蝶 *Pachliopta aristolochiae* (Fabricius, 1775)

碧凤蝶 *Papilio bianor* Cramer,1777

穹翠凤蝶 *Papilio dialis* Leech,1893

巴黎翠凤蝶 *Papilio paris* Linnaeus, 1758

丝带凤蝶 *Sericinus montela* Gray,1852

丝带凤蝶 *Sericenus telamon* Donoven,1798

Teinopalpus aureus Mell,1923

金裳凤蝶 *Troide aeacus* (Felder et Felder, 1860)

40. 粉蝶科 Pieridae

绢粉蝶 *Aporia crataegi* (Linnaeus, 1758)

斑缘豆粉蝶 *Colias erate* (Esper, 1805)

东亚豆粉蝶 *Colias poliographus* Motschulsky,1860

圆翅钩粉蝶 *Gonepteryx amintha* Blanchard,1871

锐角钩粉蝶 *Gonepteryx mahagura* Menetries,1859

钩粉蝶 *Gonepteryx rhamni* (Linnaeus, 1758)

黑缘橙粉蝶(雌白粉蝶) *Ixias pyrene* Linnaeus,1764

大华粉蝶 *Metaporia largeteaui* Oberthur, 1881

东方菜粉蝶 *Pieris canidia* (Sparrman, 1768)

黑脉粉蝶 *Pieris melete* Menetries,1857

大纹白蝶 *Pieris naganum* Karumii,1937

华东黑纹粉蝶 *Pieris latouchei* Mell,1939

菜粉蝶 *Pieris rapae* (Linnaeus, 1758)

飞龙粉蝶 *Talbotia naganum* (Moore, 1884)

41. 眼蝶科 Satyridae

圆翅黛眼蝶 *Lethe butleri* (Fruhstorfer, 1908)

曲纹黛眼蝶 *Lethe chandica* Moore, 1858

白带黛眼蝶 *Lethe confuse*（Aurivillius，1898）

Lethe chandica ratnacri Fruhstorfer,1911

棕褐黛眼蝶 *Lethe christophi*（Leech，1891）

苔娜黛眼蝶 *Lethe diana* Butler,1866

Lethe drypta Feld

长纹黛眼蝶 *Lethe europa* Fabricius，1775

Lethe rohria Fabricius,1787

蛇神黛眼蝶 *Lethe satyrina* Butler，1871

八目黛眼蝶 *Lethe oculatissima*（Poujade，1885）

蓝斑丽眼蝶 *Mandarina regalis*（Leech,1889）

黑纱白眼蝶 *Melanargia lugens*（Honrath，1888）

暮眼蝶 *Melanitis leda*（Linnaeus，1758）

蛇眼蝶 *Minois dryas*（Scopoli，1763）

拟稻眉眼蝶 *Mycalesis francisca* Stoll,1782

稻眉眼蝶 *Mycalesis gotama* Moore,1857

小眉眼蝶 *Mycalesis mineus*（Linnaeus，1758）

网纹荫眼蝶 *Neope christi* Oberthorfer,1886

蒙链荫眼蝶 *Neope muirheadi* Felder,1862

黄斑荫眼蝶 *Neope pulaha* Moore，1858

42. 灰蝶科 Lycaenidae

杉山癞灰蝶 *Araragi sugiyamai* Matsui,1989

枝娆灰蝶 *Arhopala rama*（Kollar，1844）

琉璃灰蝶 *Celastrina argiolus*（Linnaeus，1758）

尖翅银灰蝶 *Curetis acuta* Moore,1877

棕灰蝶 *Euchrysops cnejus*（Fabricius，1798）

蓝灰蝶 *Everes argiades*（Pallas，1771）

红灰蝶 *Lycaena phlaeas*（Linnaeus，1761）

亮灰蝶 *Lampides boeticus*（Linnaeus，1767）

玛灰蝶 *Mahathala ameria*（Hewitson，1862）

黑灰蝶 *Niphanda fusca*（Bremer & Grey，1853）

黑丸灰蝶 *Pithecops corvus* Fruhstorfer,1919

酢酱灰蝶 *Pseudozizeeria maha*（Kollar，1844）

蓝燕灰蝶 *Rapala caerulea*（Bremer et Grey，1853）

银线灰蝶 *Spindasis lohita*（Horsfield，1829）

蚜灰蝶 *Taraka hamada*（Druce，1875）

点玄灰蝶 *Tongeia filicaudis*（Pryer，1877）

华灰蝶 *Wagimo sulgeri*（Oberthur，1908）

43. 蛱蝶科 Nymphalidae

Arashchnia burejana Bremer,1861

曲纹蜘蛱蝶 *Araschnia doris* Leech,1892

云豹蛱蝶 *Argynnis anadyomene* Felder,1861

珠履带蛱蝶 *Athyma asura* Moore，1858

幸福带蛱蝶 *Athyma fortuna* Leech,1889
斐豹蛱蝶 *Argynnis hyperbius*（Linnaeus，1763）
黑脉蛱蝶 *Hestina assimilis*（Linnaeus，1758）
美眼蛱蝶 *Junonia almana*（Linnaeus，1758）
翠蓝眼蛱蝶 *Junonia orithya*（Linnaeus，1758）
琉璃蛱蝶 *Kaniska canace*（Linnaeus，1763）
扬眉线蛱蝶 *Limenitis helmanni* Lederer,1853
残锷线蛱蝶 *Limenitis sulpitia*（Cramer，1779）
星点蛱蝶 *Limexitis sulpitia* Leech,1779
云豹蛱蝶 *Nephargynnis anadyomene*（Felder，1862）
重环蛱蝶 *Neptis alwina* Bremer et Gray,1852
中环蛱蝶 *Neptis hylas*（Linnaeus,1758）
密氏环蛱蝶 *Neptis miah* Swinhoe,1893
链环蛱蝶 *Neptis pryeri* Butler,1871
断环蛱蝶 *Neptis sankara*（Kollar，1844）
小环蛱蝶 *Neptis sappho*（Pallas，1771）
中环蛱蝶 *Neptis hylas*（Linnaeus，1758）
链环蛱蝶 *Neptis pryeri* Butler,1871
白钩蛱蝶 *Polygonia c-album*（Linnaeus，1758）

44. 珍蝶科 Acraeidae

苎麻珍蝶 *Acraea issoria*（Hübner，1818）

45. 环蝶科 Amathusiidae

Amoena oberthueri Stich
箭环蝶 *Stichophthalma howqua*（Westwood，1851）
双星箭环蝶 *Stichophthalma neumogeni*（Leech，1892）

46. 蚬蝶科 Riodinidae

Stiboges mara Fruhst,1904
黄带褐蚬蝶 *Abisara fylla*（Doubleday，1851）
波蚬蝶 *Zemeros flegyas*（Cramer，1780）

47. 斑蝶科 Danaidae

金斑蝶 *Limnas chrysippus* Linnaeus,1758

(二十)膜翅目 Hymenoptera

1. 三节叶蜂科 Argidae

陈氏淡毛三节叶蜂 *Arge cheni* Wei
江氏淡毛三节叶蜂 *Arge jiangi* Wei,1997
舌板淡毛三节叶蜂 *Arge lingulopygia* Wei et Nie,1997
大角黑毛三节叶蜂 *Arge magnicornis* Konow

2. 长节叶蜂科 Xyelidae

细角长节叶蜂（细角鞘蜂）*Xyela exilicornis* Maa,1949
中华长节叶蜂（华鞘锯蜂）*Xyela sinicola* Maa,1947

3. 扁叶蜂科 Pamphiliidae

异藕阿扁叶蜂（异藕绷蜂）*Acanthoylyda dimorpha* Maa,1949

黄绿阿扁叶蜂（黄绿绷蜂）*Acanthoylyda flavomarginata* Maa,1972

鞭角绷蜂 *Cephalcia flagellicornis*（Smith，1860）

瘦额纽扁叶蜂（瘦额绷蜂）*Neurotoma sulcifrons* Maa

方顶齿扁蜂 *Onycholyda subquadrata*（Maa，1944）

王氏扁叶蜂（王氏绷蜂）*Pamphilius wongi* Maa,1944

近方扁叶蜂（方顶绷蜂）*Pamphilius subquadratus* Maa,1944

4. 叶蜂科 Tenthredinidae

黑胫残青叶蜂 *Athalia proxima*（Klug，1815）

黑鳞短唇叶蜂 *Birmindia tegularis* Wei

宽顶沟额叶蜂 *Corrugia listoni* Wei

松叶蜂 *Diprion pinivora* Maa,1758

台湾真片叶蜂 *Eutomostethus formosanus*（Enslin，1912）

刻缘真片叶蜂 *Eutomostethus tianmunicus* Wei

歪唇隐斑叶蜂 *Lagidina trimaculata*（Cameron，1905）

白环钩瓣叶蜂 *Macrophya albannulata* Wei & Nie,2002

女贞钩瓣叶蜂 *Macrophya ligustri* Wei & W. Huang

小碟钩瓣叶蜂 *Macrophya minutifossa* Wei & Nie,2003

寡斑钩瓣叶蜂 *Macrophya oligomaculella* Wei & Zhu,2009

木兰巨基叶蜂 *Megabeleses magnoliae* Wei et Niu,2010

樟叶蜂 *Moricella rufoncta* Reheled,1916

隆唇侧齿叶蜂 *Neostromboceros rohweri* Malaise,1944

黑柄弯眶叶蜂 *Phymatoceridea nigroscapa* Wei

横沟短叶蜂 *Rocalia similis* Wei & Nie，1996

黑唇元叶蜂 *Taxonus attenatus*（Rohwer，1921）

玛丽环角叶蜂 *Tenthredo margaretella*（Rohwer，1916）

突刃槌腹叶蜂 *Tenthredo fortunei* W. F. Kirby,1882

分附顺角叶蜂 *Tenthredo malimilova* Wei,2005

5. 长颈树蜂科 Xiphydriidae

浑黑真长颈树蜂（浑黑项蜂）*Euxiphydria atriceps* Maa,1944

Palpixiphia humeralis Maa,1949

Xiphydria tegulata Maa,1949

6. 茎蜂科 Cephidea

武夷茶茎蜂 *Bohea abrupta* Maa,1944

云龙茎蜂双斑变种 *Hartigia draconis bipunctata* Maa,1944

云龙茎蜂黄带变种 *Hartigia draconis collaris* Maa,1944

高颈茎蜂 *Hartigia elevate* Maa,1944

梨铗茎蜂 *Janus piri* Okan et Muram,1925

7. 树蜂科 Siricidae

烟扁角树蜂 *Tremex fuscicornis*（Fabricius，1787）

朴树扁角树蜂 *Ttemex longicollis* Konow,1896

Tremex violaceus Maa,1949

8. 姬蜂科 Ichneumonidae

三化螟沟姬蜂 *Amauromopha accepta schoenobii*（Viereck，1913）

黑腹沟姬蜂 *Amauromopha accepta metachoracica* Ashmead，1905

稻棘腹姬蜂 *Astomaspis metathoracica jacobsoni* Szepligeti，1908

负泥虫沟姬蜂 *Bathythrix kuwanae* Viereck，1912

黄斑短硬姬蜂 *Brachyscleroma flavomaculata* He et Chen，1995

混短脉姬蜂 *Brachynervus confusus* Gauld，1976

黄圆胸姬蜂 *Colpotrochia flava*（Uchida，1909）

都姬蜂 *Dusona* sp.

赵氏细颚姬蜂 *Enicospilus chaoi* Tang，1990

周氏细颚姬蜂 *Enicospilus choui* Tang，1990

同心细颚姬蜂 *Enicospilus concentralis* Cushman，1937

细脚细颚姬蜂 *Enicospilus eryrocerus* Gameron，1905

台湾细颚姬蜂 *Enicospilus formosensis*（Uchida ，1928）

高氏细颚姬蜂 *Enicospilus gauldi* Nikam，1980

绒胫细颚姬蜂 *Enicospilus iapetus* Gauld & Mitchell，1981

扁唇细颚姬蜂 *Enicospilus iracundus* Chiu，1954

爪哇细颚姬蜂 *Enicospilus javanus*（Szepligeti ，1910）

关子岭细颚姬蜂 *Enicospilus kanshirensis*（Uchida，1928）

大骨细颚姬蜂 *Enicospilus laquentus*（Enderlein，1921）

细线细颚姬蜂 *Enicospilus lineolatus*（Roman，1913）

长脉细颚姬蜂 *Enicospilus mecophlebius* Tang，1990

黑斑细颚姬蜂 *Enicospilus melahocarpus* Cameron，1905

黑纹细颚姬蜂 *Enicospilus nigropectus* Cameron，1905

白痣细颚姬蜂 *Enicospilus pallidiatigma* Cushman，1937

褶皱细颚姬蜂 *Enicospilus plicatus*（Brulle ，1846）

假角细颚姬蜂 *Enicospilus pseudantennatus* Gauld，1977

茶毛虫细颚姬蜂 *Enicospilus pesudoconspersae*（Sonan，1927）

苹毒蛾细颚姬蜂 *Enicospilus pudibundae*（Uchida，1928）

细点细颚姬蜂 *Enicospilus puncticulatus* Tang，1990

苏氏细颚姬蜂 *Enicospilus sauteri*（Enderlein，1921）

大螟黑瘦姬蜂 *Eriborus terebrans*（Gravenhorst，1829）

纵卷叶螟红姬蜂 *Eriborus vulgaris* Morley，1913

Excavarus sinensis Mason，1962

横带沟姬蜂 *Goryphus basilaris* Holmgren，1868

花胸姬蜂 *Gotra octocincta*（Ashmead，1906）

桑蟥聚瘤姬蜂 *Gregopimpla kawanae*（Viereck，1912）

台湾甲腹姬蜂 *Hemigaster taiwana*（Sonan，1932）

Heteropelma amictum（Fabricius，1775）

Heteropelma fulvitarse Cameron，1899

松毛虫黑胸姬蜂 *Hyposoter takagii* Matsumura，1926

大螟白星姬蜂 *Ichneumon* sp.

黑尾姬蜂 *Ischnojoppa luteator* Fabricius，1798

螟蛉瘤姬蜂 *Itoplectis naranyae* (Ashmead, 1906)

Kristotomus chinensis Kasparyan,1976

Lagoleptus rugipectus Townes,1969

负泥虫姬蜂 *Lemophaga japonica* (Sonan, 1930)

Leptobatopsis appendiculata Momoi,1960

稻切叶螟细柄姬蜂 *Leptobatopsis indica* Cameron,1897

Leptobatopsis nigrescens Chao,1975

Lissonota oblongata Chandra et Gupta,1977

螟蛉折唇姬蜂 *Lysibia* sp.

黑跗曼姬蜂 *Mansa tarsalis* (Cameron, 1932)

桑夜蛾盾脸姬蜂 *Metopius dissectorius* (Panzer, 1805)

斜纹夜蛾盾脸姬蜂 *Metopius* (*Metopius*) *rufus browni* (Ashmead, 1905)

中华米蛛姬蜂 *Millironia chinensis* He,1985

拟瘦姬蜂 *Netelia* (*Netelia*) sp.

甘蓝夜蛾拟瘦姬蜂 *Netelia* (*Netelia*) *ocellaris* Thomson,1888

红胸短姬蜂 *Pachymelos rufithorax* He et Chen,1987

趋稻厚唇姬蜂 *Phaeogenes* sp.

中华齿腿姬蜂 *Pristomerus chinensis* Ashmenad,1906

中华洛姬蜂 *Rothneyia sinica* He,1995

Sachtlebenia sexmaculata Townes,1963

衰蛾瘤姬蜂 *Sericopimpla sagrae sauteri* Cushman,1933

螟黄抱缘姬蜂 *Temelucha biguttula* Matsumura,1910

菲岛抱缘姬蜂 *Temelucha philippinensis* Ashmead,1904

黑纹黄瘤姬蜂 *Theronia zebra diluta* Gupta,1962

黄眶离缘姬蜂 *Trathala flavororbitalis* (Cameron, 1907)

弄蝶武姬蜂 *Ulesta agitate* Matsumura et Uchida,1926

稻纵卷叶螟白星姬蜂 *Vulgichneumon diminutus* Matsumura,1912

无斑黑点瘤姬蜂 *Xanthopimpla flavolineata* Cameron,1907

松毛虫黑点瘤姬蜂 *Xanthopimpla pedator* Fabricius,1775

广黑点瘤姬蜂 *Xanthopimpla punctata* (Fabricius, 1781)

螟黑点瘤姬蜂 *Xanthopimpla stemmatoa* Thunberg,1822

傅氏野姬蜂 *Yezoceryx fui* Chao,1981

多斑野姬蜂 *Yezoceryx maculates* Chao,1981

山居野姬蜂 *Yezoceryx monticola* Chao,1981

武夷野姬蜂 *Yezoceryx wuyiensia* Chao,1981

武夷盛雕姬蜂 *Zaglyptus wuyiensis* He,1984

9. 茧蜂科 Braconidae

淡齿齿腹茧蜂 *Acanthormius albidentis* Chen et He,1995

中华齿腹茧蜂 *Acanthormius chinensis* Chen et He,1995

古田山齿腹茧蜂 *Acanthormius gutainshanensis* Chen et He,1995

祝氏脊茧蜂 *Aleiodes chui* He et Chen

松毛虫脊茧蜂 *Aleiodes dendrolimi* Matsumura,1926

异脊茧蜂 *Aleiodes dispar* (Curtis, 1834)

黏虫脊茧蜂 *Aleiodes mythimae* He et Chen,1988

眼蝶脊茧蜂 *Aleiodes tristis* (Wesmael, 1838)

茶毛虫绒茧蜂 *Apanteles conspersae* Fiske, 1911

二化螟绒茧蜂 *Apanteles chilonis* Munakata,1912

稻纵卷叶螟绒茧蜂 *Apanteles cypris* Nixon,1965

桑毒蛾绒茧蜂 *Apanteles fenorataus* Ashmead,1906

螟黄足绒茧蜂 *Apanteles flavipes* (Cameron, 1891)

黏虫绒茧蜂 *Apanteles kariyai* Watannabe,1963

螟蛉绒茧蜂 *Apanteles ruficrus* (Haliday, 1834)

三化螟绒茧蜂 *Apanteles schoenobii* Wiikinson,1932

艾蚜茧蜂 *Aphidius commodus* Gahan,1926

燕麦蚜茧蜂 *Aphidius avenae* Haliday,1834

黄蝽茧蜂 *Aridelus flavicans* Chao,1974

四齿革腹茧蜂 *Ascogaster quadridentata* Wesmael,1835

黑蝽茧蜂 *Aridelus nigricans* Chao,1974

中华茧蜂 *Bracon chinensis* Szepligeti,1902

螟黑纹茧蜂 *Bracon onukii* Watanabe,1932

黑胸茧蜂 *Bracon nigrorufum* (Cushman, 1931)

脊宽鞘茧蜂 *Centistes carinatus* Chen et van Achterberg,1997

大竹岚长柄茧蜂 *Streblocera tachulaniana* Chao, 1964

黑角长喙茧蜂 *Cremnops desertor* (Linnaeus,1758)

麦蚜茧蜂 *Ephedrus plagiator* (Nees, 1811)

长鞘蚜茧蜂 *Foveephedrus longus* Chen,1986

钝鞘蚜茧蜂 *Fovephedrus palaestinensis* (Mackauer, 1959)

甘蔗绵蚜茧蜂 *Lipolexis wuyiensis* Chen,1981

艾蚜突茧蜂 *Lysaphidus matsuyamensis* Takada,1966

古田山长体茧蜂 *Macrocentrus gutianshanensis* He et Chen,2000

螟虫长体茧蜂 *Macrocentrus linearis* (Nees, 1811)

日本黄茧蜂 *Metaorus japonicus* Ashmead,1904

螟蛉黄茧蜂 *Meteorus narangae* Sonan,1943

强皱缘茧蜂 *Perilitus aequorus* Chen et van Achtrberg,1997

怪常室茧蜂 *Peristenus prodigiosus* Chen et van Achtrberg,2001

台湾合腹茧蜂 *Phanerotomella taiwanensis* Zettel, 1989

褪色前眼茧蜂 *Proterops decoloratus* Shestakov,1940

斑拟内茧蜂 *Rogasodes masaicus* Chen et He,1997

10. 金小蜂科 Pteromalidae

钝缘脊柄金小蜂 *Asaphes suspensus* Nees, 1834

广大腿小蜂 *Biachymeria lasus* Walker,1841

尖角金小蜂 *Callitula* sp.

咸阳黑青金小蜂 *Dibrachys boarmiae* Walker, 1863

拟跳毛链金小蜂 *Systasis encyrtoides* Walker, 1834

负泥虫金小蜂 *Trichomalopsis shirakii* Crawford,1913

11. 蚁小蜂科 Eucharitidae

分盾蚁小蜂 *Stilbula sp.*

12. 旋小蜂科 Eupelmidae

旋小蜂 *Eupelmus* sp.

13. 四节金小蜂科 Tetracampidae

四节金小蜂 *Tetracampe* sp.

14. 榕小蜂科 Agaonidae

Liporrhopalum sp.

延腹榕小蜂 *Philotrypesis* sp.

15. 小蜂科 Chalcididae

隐顶凹头小蜂 *Autrocephalus cariniceps*（Cameron，1911）

石井凹头小蜂 *Autrocephalus ishiii* Habu,1960

Brachymeria alternipes（Walker，1871）

Brachymeria nr. Amphissa（Walker，1846）

Brachymeria atridens（Waterston，1922）

Brachymeria bengalensis（Cameron，1897）

松毛虫凸腿小蜂 *Kiechbaumerella dendrolimi* Sheng,1986

黑角洼头小蜂 *Kriechbaumerella nigricornis* Qian et He,1987

16. 长尾小蜂科 Torymidae

黄柄齿腿长尾小蜂 *Monodontomerus dentipes* Dalman，1820

中华螳小蜂 *Podagrion mantis Ashmead*，1886

17. 蚜小蜂科 Aphelinidae

蜡蚧板翅蚜小蜂 *Aneristus ceroplastae* Howard,1895

糠片蚧黄蚜小蜂 *Aphytis hispaniecus*（Mercet，1912）

闽粤软蚧蚜小蜂 *Coccophagus silvesstrii* Comperoe,1931

Prospsltella inquirenda Silvestri,1930

18. 广肩小蜂科 Eurytomidae

黏虫广肩小蜂 *Eurytoma verticillata*（Fabricius，1798）

广肩小蜂 *Eurytoma* sp.

19. 寡节小蜂（姬小蜂）科 Eulophida

稻苞虫羽角姬小蜂 *Sympiesis parnarae* Chu et Liao,1982

蜡蚧啮小蜂 *Tetrastichus ceroplastae*. Girault,1916

螟卵啮小蜂 *Tetraichus schoenobii* Ferriere,1931

20. 扁股小蜂科 Elasmidae

白足扁股小蜂 *Elasmus corbetti* Ferriere,1931

赤带扁股小蜂 *Elasmus* sp.

21. 跳小蜂科 Encyrtidae

黄色花翅跳小蜂 *Microterys flsvus*（Howard，1881）

22. 赤眼蜂科 Trichogrammatidae

长盾光脉赤眼蜂 *Aphelinoidea gwaliorensis* Yousuf & Shafee. ,1985

齿胫毛翅赤眼蜂 *Chaetostricha denticuligera* Lin, 1994

印度毛翅赤眼蜂 *Chaetostricha terebrator* Yousuf & Shafee. ,1985

短管爱波赤眼蜂 *Epoligostia brachytuba*

中华爱波赤眼蜂 *Epoligostia sinica* Viggiani & Ren. ,1986

尖翅简索赤眼蜂 *Epoligostia apiculiformis* Zhong & Jäger & Chen & Liu, 2019

尖棒显纹赤眼蜂 *Gnorimogramma acuminatum*

卵棒显纹赤眼蜂 *Gnorimogramma oviclavatum*

锤棒纹翅赤眼蜂 *Lathromeris tumiclavata* ,sp. nov.

十毛缨翅赤眼蜂 *Megaphragma decochaitum*

斜索缨翅赤眼蜂 *Megaphragma plagiofidum*

多毛瘿翅赤眼蜂 *Megaphragma polychaetum*

长爪毛角赤眼蜂 *Neocentrobiella longiungula*

23. 缨小蜂科 Mymaridae

负泥虫缨小蜂 *Anaphes nipponicus* Kuwayama. ,1932

裂骨缨小蜂 *Schizophragma* sp.

三棒缨小蜂 *Stethynium* sp.

24. 钩土蜂科 Tiphiidae

赵氏钩土蜂 *Tiphia chaoi* Chen et Yang

东方钩土蜂 *Tiphia orientalis* Chen et Yang

武夷钩土蜂 *Tiphia wuyiana* Chen et Yang

25. 缘腹细蜂（黑卵蜂）科 Scelionidae

大竹岚黑卵蜂 *Telenomus dazhulanensis* Chen et Wu,1980

等腹黑卵蜂 *Telenomus dignus* Gahan,1925

稻蝽小黑卵蜂 *Telenomus gifuensis* Ashmead,1958

长腹黑卵蜂 *Telenomus rowani* Gahan,1925

26. 分盾细蜂科 Callceratidae

菲岛黑蜂 *Ceraphron manilae* Ashmead,1904

27. 窄腹细蜂科 Roproniidae

四川窄腹细蜂 *Ropronia szechuanensis* Chao,1962

马氏窄腹细蜂 *Ropronia maai* Lin,1987

28. 肿腿蜂（蚁形蜂）科 Bethylidae

稻纵卷叶螟肿腿蜂 *Goniozus* sp.

29. 螯蜂科 Dryinidae

两色食虱螯蜂 *Echthrodelphax fairchildii* Perkins, 1903

黑腹螯蜂 *Haplogonatopus atratus* Esaki et Hashimoto,1932

稻虱红螯蜂 *Haplogonatopus japonicus* Esaki et Hashimoto,1932

中华新螯蜂 *Neodryinus sinicus* Yang, 1996

稻虱黑螯蜂 *Paragonatopus fulgori* (Nakagawa, 1965)

30. 蜾蠃蜂科 Eumenidae

椭圆啄蜾蠃 *Antepipona biguttata* (Fabricius, 1787)

脆啄蜾蠃 *Antepipona fragilis* (Smith, 1857)

黄缘蜾蠃 *Aeterhynchium flavomarginatum flavomarginatum* (Smith,1852)

原野华丽蜾蠃 *Delta campaniforme esuriens* (Fabricius, 1775)

福建埃蜾蠃 *Espsilon fujianensis* Lee,1981

镶黄蜾蠃 *Eumenes decoratus* Smith,1852

中华唇蜾蠃 *Eumenes labiatus sinicus* Giordani Soika,1941

孔蜾蠃 *Eumenes punctatus* Saussure,1852

方蜾蠃 *Eumenes quadratus* Smith,1852

日本佳盾蜾蠃 *Euodynerus nipanicus* (Schulthess, 1908)

31. 胡蜂科 Vespidae

印度侧异腹胡蜂 *Parapolybia indica* (Saussure, 1854)

变侧异腹胡蜂 *Parapolybia varia* (Fabricius, 1787)

斯旁喙蜾蠃 *Pararrhynchium smithii* (Saussure, 1855)

棕马蜂 *Polistes gigas* (Kirby, 1826)

纳马蜂 *Polistes jokahamae* Radoszkowski,1887

澳门马蜂 *Polistes macaensis* Fabricius,1793

陆马蜂 *Polistes rothneyi grahomi* Vecht,1968

畦马蜂 *Polistes sulcatus* Smith,1852

黑尾胡蜂 *Vespa ducalis* Smith,1852

墨胸胡蜂 *Vespa velutina nigrithorax* Buysson,1905

常见黄胡蜂 *Vespula vulgaris* (Linnaeus, 1758)

32. 铃腹胡蜂科 Ropalidiidae

带铃腹胡蜂 *Ropalodia fasciata* (Fabricius, 1804)

香港铃腹胡蜂 *Ropalidia hongkongensis hongkongensis* (Saussure, 1854)

33. 蜜蜂总科 Apoidea

光唇地蜂 *Andrena stiloclypeata* Wu,1987

铜色隧蜂 *Halictus aerarius* Smith,1873

尖肩淡脉隧蜂 *Lasioglossum subopacus* (Smith, 1853)

杜伯淡脉隧蜂 *Lasioglossum dybowskii* (Rad. , 1876)

朝鲜淡脉隧蜂 *Lasioglossum koreanum* Ebmer,1978

甘肃淡脉隧蜂 *Lasioglossum kansuense* (Bluthgen, 1934)

花棒腹蜂 *Rhopalomelissa floralis* (Smith, 1873)

红棒腹蜂 *Rhopalomelissa mediorufa* (Cockerell)

黄绿彩带蜂 *Nomia strigata* Fabicius,1793

34. 蚁科 Formicidae

锡兰双节行军蚁 *Aenictus ceylonicus* (Mayr, 1866)

基氏细颚猛蚁 *Leptogenys kitteli* (Mayr, 1870)

勃氏细颚猛蚁 *Leptogenys peuqueti* (André, 1887)

中华光胸臭蚁 *Liometopum sinense* Wheeler,1921

中华小家蚁 *Monomorium chinense* Santschi,1925

中华小黑家蚁 *Monomorium mintum chinense* Santschi,1925

布氏尼氏蚁 *Nylanderia bourbonica* (Forel, 1886)

黄腹尼氏蚁 *Nylanderia flaviabdominis* (Wang, 1997)

亮尼氏蚁 *Nylanderia vividula* (Nylander, 1846)
血色跳齿蚁 *Odontomachus haematoda* (L., 1758)
山大齿猛蚁 *Odontomachus monticola* Emery,1892
中华厚结猛蚁 *Pachycondyla chinensis* (Emery, 1895)
爪哇厚结猛蚁 *Pachycondyla javana* (Mayr, 1867)
宽结大头蚁 *Pheidole noda* F. Smith,1874
内氏前结蚁 *Prenolepis naoroji* Forel,1902
双针棱胸切叶蚁 *Pristomyrmex pungens* Mayr,1866
双齿多刺蚁 *Polyrhachis dives* Smith,1857

35. 蚁蜂科 Mutillidae

中华齿蚁蜂 *Odontomutilla sinensis* (Smith, 1855)
兴奋鳞蚁蜂 *Squamulatilla ardescens* (Smith, 1873)

36. 蛛蜂科 Pompilidae

知本奥沟蛛蜂 *Auplopus chiponensis* (Yasumatsu, 1939)
室田奥沟蛛蜂 *Auplopus murotai* Tsuneki,1989
乌苏里指沟蛛蜂 *Calicurgus ussuriensis* (Gussakooskij,1932)
台湾闭沟蛛蜂 *Clistoderes taiwanus* Tsuneki, 1989
傲埃皮蛛蜂 *Episyron arrogans* Smith,1873
台湾毛腿沟蛛蜂 *Malloscelis taiwanianus* Tsuneki,1989

37. 土蜂科 Soliidae

白毛长腹土蜂 *Campsomeris annulata* (Fabricius, 1793)

38. 泥蜂科 Sphecidae

红足沙泥蜂 *Ammophila atripes* Smith,1852
瘤额沙泥蜂 *Ammophila globifrontalis* Li et He,1995
多沙泥蜂 *Ammophila sabulosa* Smith,1873
角斑沙蜂 *Bembix niponica* Morawitz,1889
开化隆痣泥蜂 *Carinostigmus kaihuanus* Li et Yang,1995
齿唇缨角泥蜂 *Crossocerus odontochilus* Li et Yang,1995
台湾真片叶蜂 *Eutomostethus formosanus* (Enslin, 1914)
深碟钩瓣叶蜂 *Macrophya coxalis* (Motschulsky, 1866)
斜齿棒柄泥蜂 *Rhopalum dentiobliquum* Li et He,1998
异色棒柄泥蜂 *Rhipalum varicoloratum* Li et He,1998
银毛泥蜂 *Sphex argentatus* Fabricius,1787

第6章　脊椎动物

6.1 资源概况

6.1.1　物种组成

保护区共记录脊椎动物30目96科330种。其中,鱼类3目10科33属48种,两栖类2目8科20属28种,爬行类2目9科30属40种,鸟类15目46科151种,兽类8目23科63种(见表6-1)。

表6-1　保护区脊椎动物统计

种类	目	科	种
鱼类	3	10	48
两栖类	2	8	28
爬行类	2	9	40
鸟类	15	46	151
兽类	8	23	63
总计	30	96	330

保护区内共有珍稀濒危脊椎动物127种。其中,国家级重点保护野生脊椎动物45种(国家一级重点保护野生脊椎动物10种,国家二级重点保护野生脊椎动物35种);浙江省重点保护野生脊椎动物40种;《IUCN红色名录》受威胁物种17种;《中国生物多样性红色名录——脊椎动物卷》受威胁物种34种;中国特有种51种。

6.1.2　珍稀濒危脊椎动物

1.国家重点保护野生动物

保护区有国家重点保护野生脊椎动物45种(见表6-2),其中国家一级重点保护野生脊椎动物10种,为黑麂、穿山甲、小灵猫、豺、金猫、云豹、金钱豹、白颈长尾雉、黄腹角雉、中华秋沙鸭;国家二级重点保护野生脊椎动物35种,分别为藏酋猴、猕猴、黑熊、中华鬣羚、豹猫、毛冠鹿、狼、赤狐、貉、黄喉貂、勺鸡、白鹇、白眉山鹧鸪、小天鹅、褐翅鸦鹃、林雕、凤头蜂鹰、黑冠鹃隼、赤腹鹰、蛇雕、松雀鹰、黑鸢、领角鸮、斑头鸺鹠、红隼、燕隼、仙八色鸫、蓝喉蜂虎、白胸翡翠、短尾鸦雀、画眉、红嘴相思鸟、平胸龟、乌龟、中国瘰螈。

2.《IUCN 红色名录》受威胁物种

保护区有《IUCN 红色名录》易危(VU)及以上物种 17 种(见表 6-2)。其中,极危(CR)物种1 种,为穿山甲;濒危(EN)物种 4 种,为豺、中华秋沙鸭、平胸龟、乌龟;易危(VU)物种12 种,为黑麂、黑熊、中华鬣羚、云豹、金钱豹、黄腹角雉、仙八色鸫、九龙棘蛙 *Quasipaa jiulongensis*、棘胸蛙 *Quasipaa spinosa*、凹耳臭蛙 *Odorrana tormota*、舟山眼镜蛇 *Naja atra*、鲤 *Cyprinus carpio*。

3.《中国生物多样性红色名录——脊椎动物卷》受威胁物种

脊椎动物中,保护区有《中国生物多样性红色名录——脊椎动物卷》易危(VU)及以上物种 34 种(见表 6-2)。其中,极危(CR)物种 3 种,为穿山甲、云豹、平胸龟;濒危(EN)物种 12 种,为黑麂、豺、金钱豹、金猫、黄腹角雉、中华秋沙鸭、乌龟、崇安草蜥 *Takydromus sylvaticus*、尖吻蝮 *Deinagkistrodon acutus*、银环蛇 *Bungarus multicinctus*、黑眉锦蛇 *Elaphe taeniurua* 和王锦蛇 *Elaphe carinata*;易危(VU)物种 19 种,为藏酋猴、黑熊、豹猫、黄喉貂、中华鬣羚、食蟹獴 *Herpestes urva*、白颈长尾雉、白眉山鹧鸪、黑鸢、仙八色鸫、舟山眼镜蛇、乌梢蛇 *Ptyas dhumnades*、赤链华游蛇 *Trimerodytes annularis*、乌华游蛇 *Trimerodytes percarinata*、中国沼蛇 *Myrrophis chinensis*、铅色蛇 *Hypsiscopus plumbea*、九龙棘蛙、棘胸蛙、凹耳臭蛙。

4. 浙江省重点保护野生动物

保护区有浙江省重点保护野生动物 40 种(见表 6-2),分别为黄腹鼬 *Mustela kathiah*、黄鼬 *Mustela sibirica*、果子狸 *Paguma larvata*、中国豪猪 *Hystrix hodgsoni*、食蟹獴、赤颈鸭 *Marecapenelope*、绿头鸭 *Anas platyrhynchos*、斑嘴鸭 *Anas zonorhyncha*、绿翅鸭 *Anas crecca*、普通秋沙鸭 *Mergus merganser*、噪鹃 *Eudynamys scolopaceus*、大鹰鹃 *Hierococcyx sparverioides*、四声杜鹃 *Cuculus micropterus*、戴胜 *Upupa epops*、三宝鸟 *Eurystomus orientalis*、大斑啄木鸟 *Dendrocopos major*、栗啄木鸟 *Micropternus brachyurus*、虎纹伯劳 *Lanius tigrinus*、红尾伯劳 *Lanius cristatus*、棕背伯劳 *Lanius schach*、黄嘴栗啄木鸟 *Blythipicus pyrrhotis*、灰头绿啄木鸟 *Picus canus*、崇安草蜥、尖吻蝮、舟山眼镜蛇、黑眉锦蛇、王锦蛇、秉志肥螈 *Pachytriton granulosus*、东方蝾螈 *Cynops orientalis*、崇安髭蟾 *Leptobrachium liui*、中国雨蛙 *Hyla chinensis*、九龙棘蛙、棘胸蛙、崇安湍蛙 *Amolops chunganensis*、沼水蛙 *Hylarana guentheri*、天目臭蛙 *Odorrana tianmuii*、凹耳臭蛙、布氏泛树蛙 *Polypedates braueri*、大绿臭蛙 *Odorrana graminea*、大树蛙 *Rhacophorus dennysi*。

5. 中国特有种

脊椎动物中,保护区有中国特有种 51 种(见表 6-2)。其中,兽类 4 种,为藏酋猴、黑麂、小麂 *Muntiacus reevesi*、中华山蝠 *Nyctalus plancyi*;鸟类 6 种,为白颈长尾雉、黄腹角雉、灰胸竹鸡 *Bambusicola thoracicus*、白眉山鹧鸪、黄腹山雀 *Pardaliparus venustulus*、褐顶雀鹛 *Alcippe brunnea*;爬行类 12 种,为崇安草蜥、尖吻蝮、铅山壁虎 *Gekko hokouensis*、北草蜥 *Takydromus septentrionalis*、纹尾斜鳞蛇 *Pseudoxenodon stejnegeri*、绞花林蛇 *Boiga kraepelini*、饰纹小头蛇 *Oligodon ornatus*、乌梢蛇、双斑锦蛇 *Elaphe bimaculata*、锈链腹链蛇 *Hebius craspedogaster*、颈棱蛇 *Pseudagkistrodon rudis*、山溪后棱蛇 *Opisthotropis latouchii*；两栖类 8 种，为秉志肥螈、中国瘰螈、东方蝾螈、崇安髭蟾、九龙棘蛙、棘胸蛙、天目臭蛙、凹耳臭蛙；鱼类 21 种，为福建小鳔鮈 *Microphysogobio fukiensis*、点纹银鮈 *Squalidus wolterstorffi*、光唇鱼 *Acrossocheilus fasciatus*、台湾白甲鱼 *Onychostoma barbatulum*、中华花鳅 *Cobitis sinensis*、衢江花鳅 *Cobitis qujiangensis*、张氏薄鳅 *Leptobotia tchangi*、短首薄鳅 *Leptobotia brachycephala*、拟腹吸鳅 *Pseudogastromyzon fasciatus*、原缨口鳅 *Vanmanenia stenosoma*、鳗尾鉠 *Liobagrus anguillicauda*、白边拟鲿 *Pseudobagrus albomarginatus*、盎堂拟鲿 *Pseudobagrus ondon*、暗鳜 *Siniperca obscura*、斑鳜 *Siniperca scherzeri*、波纹鳜 *Siniperca undulata*、小黄黝鱼 *Micropercops swinhonis*、河川沙塘鳢 *Odontobutis potamophila*、无斑吻虾虎鱼 *Rhinogobius immaculatus*、黑吻虾虎鱼 *Rhinogobius niger*、武义吻虾虎鱼 *Rhinogobius wuyiensis*。

表 6-2　保护区珍稀濒危及特有脊椎动物

序号	物种	保护等级	《中国生物多样性红色名录——脊椎动物卷》	《IUCN 红色名录》	中国特有种
1	黑麂 *Muntiacus crinifrons*	Ⅰ	EN	VU	√
2	黄腹角雉 *Tragopancaboti*	Ⅰ	EN	VU	√
3	白颈长尾雉 *Syrmaticusellioti*	Ⅰ	VU		√
4	穿山甲 *Manis pentadactyla*	Ⅰ	CR	CR	
5	小灵猫 *Viverricula indica*	Ⅰ			
6	中华秋沙鸭 *Mergus squamatus*	Ⅰ	EN	EN	
7	豺* *Cuon alpinus*	Ⅰ	EN	EN	
8	金猫* *Pardofelis temminckii*	Ⅰ	EN		
9	云豹* *Neofelis nebulosa*	Ⅰ	CR	VU	
10	金钱豹* *Panthera pardus*	Ⅰ	EN	VU	
11	猕猴 *Macaca mulatta*	Ⅱ			
12	藏酋猴 *Macaca thibetana*	Ⅱ	VU		√
13	黑熊 *Ursus thibetanus*	Ⅱ	VU	VU	
14	中华鬣羚 *Capricornis milneedwardsii*	Ⅱ	VU	VU	
15	豹猫 *Prionailurus bengalensis*	Ⅱ	VU		
16	毛冠鹿 *Elaphodus cephalophus*	Ⅱ			
17	狼* *Canis lupus*	Ⅱ			
18	赤狐* *Vulpes vulpes*	Ⅱ			
19	貉* *Nyctereutes procyonoides*	Ⅱ			
20	黄喉貂 *Martes flavigula*	Ⅱ	VU		
21	勺鸡 *Pucrasia macrolopha*	Ⅱ			
22	白鹇 *Lophura nycthemera*	Ⅱ			
23	小天鹅 *Cygnus columbianus*	Ⅱ			
24	白眉山鹧鸪 *Arborophila gingica*	Ⅱ	VU		√

续 表

序号	物种	保护等级	《中国生物多样性红色名录——脊椎动物卷》	《IUCN 红色名录》	中国特有种
25	褐翅鸦鹃 *Centropus sinensis*	Ⅱ			
26	林雕 *Ictinaetus malaiensis*	Ⅱ			
27	凤头蜂鹰 *Pernis ptilorhynchus*	Ⅱ			
28	黑冠鹃隼 *Aviceda leuphotes*	Ⅱ			
29	蛇雕 *Spilornis cheela*	Ⅱ			
30	赤腹鹰 *Accipiter soloensis*	Ⅱ			
31	松雀鹰 *Accipiter virgatus*	Ⅱ			
32	黑鸢 *Milvus migrans*	Ⅱ	VU		
33	领角鸮 *Otus bakkamoena*	Ⅱ			
34	斑头鸺鹠 *Glaucidium cuculoides*	Ⅱ			
35	红隼 *Falco tinnunculus*	Ⅱ			
36	燕隼 *Falco subbuteo*	Ⅱ			
37	仙八色鸫 *Pitta nympha*	Ⅱ	VU	VU	
38	蓝喉蜂虎 *Merops viridis*	Ⅱ			
39	白胸翡翠 *Halcyon smyrnensis*	Ⅱ			
40	短尾鸦雀 *Neosuthora davidiana*	Ⅱ			
41	画眉 *Garrulax canorus*	Ⅱ			
42	红嘴相思鸟 *Leiothrix lutea*	Ⅱ			
43	平胸龟 *Platysternon megacephalum*	Ⅱ	CR	EN	
44	乌龟 *Mauremys reevesii*	Ⅱ	EN	EN	
45	中国瘰螈 *Paramesotriton chinensis*	Ⅱ			√
46	中国豪猪 *Hystrix hodgsoni*	S			
47	黄鼬 *Mustela sibirica*	S			
48	黄腹鼬 *Mustela kathiah*	S			
49	果子狸 *Paguma larvata*	S			
50	食蟹獴 *Herpestes urva*	S	VU		
51	赤颈鸭 *Mareca penelope*	S			
52	绿头鸭 *Anas platyrhynchos*	S			
53	斑嘴鸭 *Anas zonorhyncha*	S			
54	绿翅鸭 *Anas crecca*	S			
55	普通秋沙鸭 *Mergus merganser*	S			
56	噪鹃 *Eudynamys scolopaceus*	S			
57	大鹰鹃 *Hierococcyx sparverioides*	S			
58	四声杜鹃 *Cuculus micropterus*	S			
59	戴胜 *Upupa epops*	S			
60	三宝鸟 *Eurystomus orientalis*	S			
61	大斑啄木鸟 *Dendrocopos major*	S			

续表

序号	物种	保护等级	《中国生物多样性红色名录——脊椎动物卷》	《IUCN 红色名录》	中国特有种
62	栗啄木鸟 *Micropternus brachyurus*	S			
63	黄嘴栗啄木鸟 *Blythipicus pyrrhotis*	S			
64	灰头绿啄木鸟 *Picus canus*	S			
65	虎纹伯劳 *Lanius tigrinus*	S			
66	红尾伯劳 *Lanius cristatus*	S			
67	棕背伯劳 *Lanius schach*	S			
68	秉志肥螈 *Pachytriton granulosus*	S			√
69	东方蝾螈 *Cynops orientalis*	S			√
70	崇安髭蟾 *Leptobrachium liui*	S			√
71	中国雨蛙 *Hyla chinensis*	S			
72	九龙棘蛙 *Quasipaa jiulongensis*	S	VU	VU	√
73	棘胸蛙 *Quasipaa spinosa*	S	VU	VU	√
74	崇安湍蛙 *Amolops chunganensis*	S			
75	沼水蛙 *Hylarana guentheri*	S			
76	大绿臭蛙 *Odorrana graminea*	S			
77	天目臭蛙 *Odorrana tianmuii*	S			√
78	凹耳臭蛙 *Odorrana tormota*	S	VU	VU	√
79	布氏泛树蛙 *Polypedates braueri*	S			
80	大树蛙 *Rhacophorus dennysi*	S			
81	崇安草蜥 *Takydromus sylvaticus*	S	EN		√
82	尖吻蝮 *Deinagkistrodon acutus*	S	EN		√
83	舟山眼镜蛇 *Naja atra*	S	VU	VU	
84	黑眉锦蛇 *Elaphe taeniurua*	S	EN		
85	王锦蛇 *Elaphe carinata*	S	EN		
86	小麂 *Muntiacus reevesi*				√
87	中华山蝠 *Nyctalus plancyi*				√
88	灰胸竹鸡 *Bambusicola thoracicus*				√
89	黄腹山雀 *Pardaliparus venustulus*				√
90	褐顶雀鹛 *Alcippe brunnea*				√
91	铅山壁虎 *Gekko hokouensis*				√
92	北草蜥 *Takydromus septentrionalis*				√
93	中国沼蛇 *Myrrophis chinensis*		VU		
94	铅色蛇 *Hypsiscopus plumbea*		VU		
95	银环蛇 *Bungarus multicinctus*		EN		
96	纹尾斜鳞蛇 *Pseudoxenodon stejnegeri*				√

续表

序号	物种	保护等级	《中国生物多样性红色名录——脊椎动物卷》	《IUCN 红色名录》	中国特有种
97	绞花林蛇 *Boiga kraepelini*				√
98	饰纹小头蛇 *Oligodon ornatus*				√
99	乌梢蛇 *Ptyas dhumnades*		VU		√
100	双斑锦蛇 *Elaphe bimaculata*				√
101	锈链腹链蛇 *Hebius craspedogaster*				√
102	颈棱蛇 *Pseudagkistrodon rudis*				√
103	山溪后棱蛇 *Opisthotropis latouchii*				√
104	赤链华游蛇 *Trimerodytes annularis*		VU		
105	乌华游蛇 *Trimerodytes percarinata*		VU		
106	鲤 *Cyprinus carpio*			VU	
107	福建小鳔鮈 *Microphysogobio fukiensis*				√
108	点纹银鮈 *Squalidus wolterstorffi*				√
109	光唇鱼 *Acrossocheilus fasciatus*				√
110	台湾白甲鱼 *Onychostoma barbatulum*				√
111	中华花鳅 *Cobitis sinensis*				√
112	衢江花鳅 *Cobitis qujiangensis*				√
113	张氏薄鳅 *Leptobotia tchangi*				√
114	短首薄鳅 *Leptobotia brachycephala*				√
115	拟腹吸鳅 *Pseudogastromyzon fasciatus*				√
116	原缨口鳅 *Vanmanenia stenosoma*				√
117	鳗尾䱀 *Liobagrus anguillicauda*				√
118	白边拟鲿 *Pseudobagrus albomarginatus*				√
119	盎堂拟鲿 *Pseudobagrus ondon*				√
120	暗鳜 *Siniperca obscura*				√
121	斑鳜 *Siniperca scherzeri*				√
122	波纹鳜 *Siniperca undulata*				√
123	小黄黝鱼 *Micropercops swinhonis*				√
124	河川沙塘鳢 *Odontobutis potamophila*				√
125	无斑吻虾虎鱼 *Rhinogobius immaculatus*				√
126	黑吻虾虎鱼 *Rhinogobius niger*				√
127	武义吻虾虎鱼 *Rhinogobius wuyiensis*				√

注:①《中国生物多样性红色名录——脊椎动物卷》中,"CR"表示极危,"EN"表示濒危,"VU"表示易危,"NT"表示近危,"LC"表示无危。

②保护等级中,"Ⅰ"表示国家一级重点保护野生动物,"Ⅱ"表示国家二级重点保护野生动物,"S"表示浙江省重点保护野生动物。

③"*"为近二十年未发现物种。

6.2 鱼类

6.2.1 调查研究方法

调查在2018年底开始，2019年4—10月为主要调查时间段。主要调查区域定为保护区范围内的天然水域。通过分析区内水系图、卫星照片，并结合实际勘测结果，共设置了19个观察采样区域(样点)，最低海拔高度363m(JSXXL02 高勘底)，最高海拔高度1228m(JSXXL16 黄沙坑尾尖)。在实际调查中，有鱼类分布的最高海拔为784m(JSXXL13 大凹里)，分布区域垂直落差421m，因保护区内地形基本为山地，天然水域类型均为河流(溪流)浅滩。鱼类标本采样点详见表6-3。

表 6-3 保护区鱼类采样生境

采集点编号	河流名	小地名	海拔/m	水域类型	水体底质
JSXXL01	周村溪	坑口	367	浅滩	卵石、砂石
JSXXL02	周村溪	高勘底	363	浅滩	卵石、砂石
JSXXL03	周村溪	东坑口	388	浅滩	卵石、砂石
JSXXL04	周村溪	和平村	455	浅滩	卵石、砂石
JSXXL05	周村溪	交溪口	442	浅滩	卵石、砂石
JSXXL06	周村溪	达库	694	浅滩	卵石、砂石
JSXXL07	周村溪	茶地	496	浅滩	卵石、砂石
JSXXL08	周村溪	招军岭村	502	浅滩	卵石、砂石
JSXXL09	周村溪	安民关	557	浅滩	卵石、砂石
JSXXL10	周村溪	徐罗村	459	沼泽	卵石、砂石
JSXXL11	周村溪	飞连排	522	浅滩	卵石、砂石
JSXXL12	周村溪	兰头	625	浅滩	卵石、砂石
JSXXL13	周村溪	大凹里	784	浅滩	卵石、砂石
JSXXL14	双溪口溪	碓头	555	浅滩	卵石、砂石
JSXXL15	双溪口溪	深坑	646	浅滩	卵石、砂石
JSXXL16	双溪口溪	黄沙坑尾尖	1228	浅滩	卵石、砂石
JSXXL17	双溪口溪	平福坑	969	浅滩	卵石、砂石
JSXXL18	双溪口溪	社屋坑	639	浅滩	卵石、砂石
JSXXL19	双溪口溪	龙井坑	740	浅滩	卵石、砂石

直接采样调查，应用手持GPS确定调查样点的位置和海拔高度，记录调查样点生境信息。

标本采集方法以直接捕获法为主，采样工具包括电鱼机、手捞网和虾笼等。通过现场观察和数码相机拍照等方法，对捕获物种进行现场初步识别及记录。对于捕捞到的物种，在进行鉴定后留存影像记录，并取2～3尾作样本留存(洗净后浸入75%酒精中保存)，以便核对或做进一步鉴定。

调查区域内水体洁净，能见度非常高。因此，我们还进行了潜水作业，进行鱼类的水下直接观察与拍摄工作，获取了一些难以通过常规调查采集方法调查到的鱼类物种记录，并留下了宝贵的影像资料。

之后，又对白水坑水库库区进行有针对性的走访调查，有效补充了难以通过小规模捕捞方式调查采集的湖泊（水库）鱼类分布信息。

6.2.2　物种鉴定

鱼类物种鉴定主要参考《浙江动物志・淡水鱼类》《中国动物志・硬骨鱼纲・鲤形目（中、下卷）》《中国动物志・硬骨鱼纲・鲇形目》等；物种名录整理主要依照《中国内陆鱼类物种与分布》，并参考近年发表的鱼类新种进行补充与整合。所有物种的受威胁情况参考《中国脊椎动物红色名录》，国家保护等级参考《国家重点保护野生动物名录》（2021年）。标本保存于浙江省森林资源监测中心。

6.2.3　鱼类多样性

通过本次科考，已经基本查清保护区鱼类资源，保护区与周边水域鱼类隶属于 10 科 33 属 48 种（见表 6-4）。其中，鲤形目鱼类 31 种，占保护区鱼类总数的 64.58%；鲈形目鱼类 11 种，占保护区鱼类总数的 22.92%；鲇形目鱼类 6 种，占保护区鱼类总数的 12.50%。

在全部的 10 科鱼类中，鲤科鱼类占比最大，共 24 种，达到保护区鱼类总数的 50.00%；花鳅科、虾虎鱼科鱼类 5 种，各占 10.42%，并列第二；鲿科鱼类 4 种，占8.33%；鮨鲈科鱼类 3 种，占 6.25%；爬鳅科、沙塘鳢科鱼类各 2 种，各占 4.17%；钝头鮠科、鲇科和鳢科鱼类均为 1 种，各占 2.08%。

相比 2015 年保护区建立初期的调查结果，本次调查新增鱼类物种 22 种，分别为长鳍马口鱼 *Opsariichthysevolans*、马口鱼未定种 *Opsariichthys* sp.、青鱼 *Mylopharyngodon piceus*、翘嘴鲌 *Culter alburnus*、红鳍原鲌 *Cultrichthys erythropterus*、䱗 *Hemiculter leucisculus*、圆吻鲴 *Distoechodon tumirostris*、鳙 *Aristichthys nobilis*、鲢 *Hypophthalmichthys molitrix*、高体鳑鲏 *Rhodeus ocellatus*、唇䱻 *Hemibarbus laleo*、棒花鱼 *Abbottina rivularis*、麦穗鱼 *Pseudorasbora parvafasciatus*、点纹银鮈 *Squalidus wolterstorffi*、光倒刺鲃 *Spinibarbus hollandi*、张氏薄鳅 *Leptobo tiatchangi*、鲇 *Silurus asotus*、拟鲿未定种 *Pseudobagrus* sp.、斑鳜 *Siniperca scherzeri*、河川沙塘鳢 *Odontobutis potamophila*、无斑吻虾虎鱼 *Rhinogobius immaculatus*、吻虾虎鱼未定种 *Rhinogobius* sp.、乌鳢 *Channa argus*。

其中，吻虾虎鱼未定种经复旦大学李帆先生鉴定，为其曾在钱塘江流域采集、正在研究中的吻虾虎鱼属中的一个尚未发表的新物种。马口鱼未定种分布于溪流中上游，与主要分布于溪流下游的长鳍马口鱼 *Opsariichthys evolans* 形态特征相似，并在部分水域混群生活，但其成年雄性个体的色斑、追星形态等第二性征与长鳍马口鱼有显著不同，疑为一新物种；拟鲿属一未定种来自在一次夜间水下拍摄中获得的影像记录，其形态特征接近长江水系与珠江水系分布的细体拟鲿 *Pseudobagrus pratti*，但细体拟鲿在钱塘江水系乃至整个浙江省均未有分布记录，疑为一新物种。这两个疑似新物种的后续研究仍在进行中。

表 6-4 保护区鱼类组成、生态类型及资源量

物种	生态类型	资源量
一、鲤形目 CYPRINIFORMES		
(一)鲤科 Cyprinidae		
1.马口鱼 *Opsariichthys bidens*	山溪定居型	+
2.长鳍马口鱼 *Opsariichthys evolans*	山溪定居型	++
3.马口鱼未定种 ^*Opsariichthys* sp.	山溪定居型	+++
4.草鱼 *Ctenopharyngodon idella*	江河定居型	*
5.青鱼 *Mylopharyngodon piceus*	江河定居型	*
6.尖头大吻鲅 *Rhynchocypris oxycephalus*	山溪定居型	+
7.翘嘴鲌 *Culter alburnus*	江河定居型	*
8.红鳍原鲌 *Cultrichthys erythropterus*	江河定居型	*
9.鳘 *Hemiculter leucisculus*	山溪定居型、江河定居型	++
10.圆吻鲴 *Distoechodon tumirostris*	山溪定居型、江河定居型	+++
11.鳙 *Aristichthys nobilis*	江河定居型	*
12.鲢 *Hypophthalmichthys molitrix*	江河定居型	*
13.高体鳑鲏 *Rhodeus ocellatus*	江河定居型	*
14.唇䱻 *Hemibarbus laleo*	山溪定居型、江河定居型	+
15.福建小鳔鮈 *Microphysogobio fukiensis*	山溪定居型	+
16.小鳈 *Sarcocheilichthys parvus*	山溪定居型	—
17.棒花鱼 *Abbottina rivularis*	江河定居型	*
18.麦穗鱼 *Pseudorasbora parva fasciatus*	江河定居型	*
19.点纹银鮈 *Squalidus wolterstorffi*	山溪定居型、江河定居型	++
20.鲫 *Carassius auratus*	江河定居型	+
21.鲤 *Cyprinus carpio*	江河定居型	—
22.光唇鱼 *Acrossocheilus fasciatus*	山溪定居型	+++
23.台湾白甲鱼 *Onychostoma barbatulum*	山溪定居型	+++
24.光倒刺鲃 *Spinibarbus hollandi*	山溪定居型、江河定居型	++
(二)花鳅科 Cobitidae		
25.中华花鳅 *Cobitis sinensis*	山溪定居型、江河定居型	—
26.衢江花鳅 *Cobitis qujiangensis*	山溪定居型	++
27.泥鳅 *Misgurnus anguillicaudatus*	江河定居型	+
28.张氏薄鳅 *Leptobotia tchangi*	山溪定居型	++
29.短首薄鳅 *Leptobotia brachycephala*	山溪定居型	+
(三)爬鳅科 Cobitidae		
30.拟腹吸鳅 *Pseudogastromyzon fasciatus*	山溪定居型	+++
31.原缨口鳅 *Vanmanenia stenosoma*	山溪定居型	+
二、鲇形目 SILURIFORMES		
(四)钝头鮠科 Amblycipitidae		
32.鳗尾鉠 *Liobagrus anguillicauda*	山溪定居型	—

续 表

物种	生态类型	资源量
(五)鲇科 Siluridae		
33. 鲇 *Silurus asotus*	江河定居型	*
(六)鲿科 Bagridae		
34. 黄颡鱼 *Pseudobagrus fulvidraco*	江河定居型	—
35. 白边拟鲿 *Pseudobagrus albomarginatus*	山溪定居型	+++
36. 盎堂拟鲿 *Pseudobagrus ondon*	山溪定居型	++
37. 拟鲿未定种^ *Pseudobagrus* sp.	山溪定居型	+
三、鲈形目 PERCIFORMES		
(七)鮨鲈科 Pecichthyidae		
38. 暗鳜 *Siniperca obscura*	山溪定居型	—
39. 斑鳜 *Siniperca scherzeri*	山溪定居型	++
40. 波纹鳜 *Siniperca undulata*	山溪定居型	—
(八)沙塘鳢科 Odontobutidae		
41. 小黄黝鱼 *Micropercops swinhonis*	江河定居型	—
42. 河川沙塘鳢 *Odontobutis potamophila*	江河定居型	*
(九)虾虎鱼科 Gobiidae		
43. 无斑吻虾虎鱼 *Rhinogobius immaculatus*	山溪定居型	+
44. 真吻虾虎鱼 *Rhinogobius similis*	山溪定居型、江河定居型	+
45. 黑吻虾虎鱼 *Rhinogobius niger*	山溪定居型	+
46. 武义吻虾虎鱼 *Rhinogobius wuyiensis*	山溪定居型	++
47. 吻虾虎鱼未定种^ *Rhinogobius* sp.	山溪定居型	++
(十)鳢科 Channidae		
48. 乌鳢 *Channa argus*	江河定居型	*

注："+"为本次调查中的稀有种；"++"为本次调查的偶见种；"+++"为本次调查的常见种；"—"为本次调查中未见，但曾有记录的物种；"*"为走访调查记录的物种；"^"为未定种。

6.2.4　生态类型和分布

1. 生态类型

根据鱼类栖息与繁殖水域环境的不同，Elliott 等(2007)对河口鱼类生态类型的分类方法，以及《浙江动物志·淡水鱼类》对浙江省内鱼类生态分布的整理，内陆淡水鱼类可分为以下几种生态类型。

(1)山溪定居型

在水流湍急、清澈、溶氧较高、石砾底质的水体中生活。

(2)江河定居型

栖息于水流平缓的相对静水环境，包括大的江河干流、湖泊水库和池塘水田等环境。

(3)溯河洄游型

会溯游到溪流中产卵繁殖，仔稚鱼顺流而下，游至下游河口或海洋中成长。

(4)降海洄游型

主要栖息在溪流中，当成鱼性成熟时，回到海洋的特定海域中产卵繁殖，仔稚鱼孵化后由河口溯游回到溪河中成长。

本次调查记录到的保护区鱼类中山溪定居型有 31 种，江河定居型有 17 种，无洄游型鱼类(见表 6-4)。

2. 资源分布

保护区内水域以山区溪流为主，隶属于钱塘江源头——衢江的南源江山港流域，主要有周村溪与双溪口溪两大主要溪流。周村溪河道宽阔，河床中布满大小不一的卵石砂砾，水流随着地势和水深的变化缓急交替。在海拔 550m 以下的干流中，鱼类极其丰富，结构复杂，物种多样性高；海拔 550m 以上的支流、小溪流大多属于源头区域，有的落差较大，水流湍急，形成一些水潭，有丰、枯水期差异明显的特征，仅存台湾白甲鱼与光唇鱼。双溪口溪在保护区内河道相对狭窄，水位变化大，仅发现光唇鱼、台湾白甲鱼和拟腹吸鳅 3 种鱼类。

调查结果表明，保护区山溪定居型鱼类的集中分布区在海拔 363～550m；海拔 550m 以上，仅能见到台湾白甲鱼与光唇鱼分布；未能调查到曾经有记录在高海拔(1000m 以上)分布的尖头大吻鳑，以及栖息于高海拔地区的光唇鱼，据走访调查获取的信息显示，它们极大可能来自人为引入，而非自然分布。

在保护区周村溪流域中，三种生活习性与生态位相近的马口鱼属鱼类存在明显的垂直分布差异。马口鱼仅见于最低海拔仅 363m 的高勘底样点；长鳍马口鱼在周村溪的下游为优势物种，在海拔 450m 左右的交溪口与和平村样点已难以发现；马口鱼未定种则分布于周村溪的中上游水域，在海拔 388m 的东坑口与长鳍马口鱼混生，分布延续到海拔 522m 飞连排等溪段。爬鳅科中也存在类似的垂直分布差异现象，相同生态位的拟腹吸鳅与原缨口鳅分别占据了上游与下游河段的生存空间。

保护区周村溪流域的鱼类多样性高，且构成健康，有大量处于水域生态系统顶级消费者地位的中型掠食性鱼类，如光倒刺鲃与斑鳜，其资源量也十分丰富，有着极大的生态价值与保护意义。

6.2.5 珍稀濒危和重要鱼类物种

1. 珍稀濒危鱼类

在保护区有分布记录的 48 种淡水鱼类中(含未定种 3 种)，无国家一、二级重点保护和浙江省重点保护鱼类分布，也没有《中国生物多样性红色名录——脊椎动物卷》收录的珍稀濒危[近危(NT)及以上级别]鱼类。在已发表的鱼类物种中，中国特有种有 21 种，占保护区已发表鱼类物种的 46.7%。

2. 重要鱼类物种

(1)光唇鱼 *Acrossocheilus fasciatus*

主要特征：体细长而侧扁，头后背部稍隆起，腹部圆而呈浅弧形。头中等大，侧扁，前端略尖。吻圆钝，吻褶短，未掩盖上唇，边缘光唇；成体吻部具粒状角质突起。口下位，马蹄形。上颌末端部达眼前缘垂直线，上颌围在下颌之外；下颌前缘几平直，具锐利角质，完全裸露。上唇比下唇瓣狭,下唇瓣分为左、右两侧,其间距较宽,约为口宽的 1/3。唇后沟较短,在颏部中断,间距宽。须 2 对,均细长,吻须约为颌须的 1/2,颌须长比眼径稍大。眼中等大。背鳍外缘近于平截,其末根不分支鳍条稍粗硬,但顶部柔软,后缘具细锯齿。鳞中等大,胸鳍鳞较小;腹鳍基底具一长形腋鳞;背鳍、臀鳍鳞鞘不显著。体灰褐色,下侧面淡黄色,腹面白色;背鳍鳍膜灰褐色;体侧具横带 6 条、暗褐色纵带 1 条。雄鱼纵带明显,横带不显著;雌鱼纵带仅后部稍明显,横带显著。

分布情况:本次调查发现其广泛分布于周村溪、双溪口溪干流和各支流溪流中,为本保护区内优势物种。

生活习性:喜栖息于石砾底质、水清流急之河溪中,常以下颌发达之角质层铲食石块上的苔藓及藻类,也善于捕食各种水生无脊椎动物,春、夏季节在浅水急流环境中产卵。

(2)长鳍马口鱼 *Opsariichthys evolans*

主要特征:体长而侧扁,体高略大于头长,腹部圆。吻钝。口端位,口裂向下倾斜。上颌骨向后延伸仅达眼下缘垂直下方。下颌前端有 1 个不明显的突起与上颌凹陷相吻合,无口须。眼较小,侧上位。体被圆鳞,较大,侧线完全,在胸鳍上方显著下弯,沿体侧下部向后延伸,入尾柄后回升到体侧中部。背鳍起点约与腹鳍起点相对;胸鳍条长,向后延伸可超过腹鳍基部;臀鳍条长向后伸展,末端超过尾鳍基部。生活时体色鲜艳,背部灰黑,腹部银白,体侧有 10～13 条垂直的蓝色条纹,在条纹之间杂有粉红色斑点。腹鳍淡红,各鳍微黑,无明显斑纹。性成熟的雄鱼体色更为鲜艳,头部呈灰黑色,胸鳍橙红色,在头前部及臀鳍出现发达的珠星。

分布情况:本次调查发现其广泛分布于周村溪中下游,为本保护区内优势物种。

生活习性:此鱼多生活于江河的支流,喜欢栖息于水流较急的砂石浅滩。通常以甲壳类为食,兼食小鱼、藻类和有机碎屑。生长慢,个体小,一冬龄即可性成熟,每年 4－6 月在较急的流水滩产卵。

(3)原缨口鳅 *Vanmanenia stenosoma*

主要特征:体长,背鳍前较平扁,其后渐侧扁。腹侧略平坦。头平扁。口下位,呈新月形。口前具吻沟。须 4 对,其中吻须 2 对,外侧 1 对较长,颌须 2 对,内侧 1 对甚小。吻褶分 3 叶,其边缘多呈短须状。唇肉质,下唇边缘具 4 个分叶乳突。眼侧上位,鼻孔距眼较距吻端为近。鳃孔较大,下角达头部腹侧的胸鳍基部下方。背鳍起点稍前于腹鳍;胸鳍、腹鳍左右平展;臀鳍靠近尾鳍;尾鳍凹形。鳞细小,腹侧无鳞。侧线完全。肛门位于腹鳍基部至臀鳍起点间的 1/3 处或稍前。体色与所栖息环境的卵石颜色相似。头及体上散布许多虫蚀状斑纹或斑块。尾鳍基具一大黑斑点或斑条。奇鳍有明显的褐色斑纹,偶鳍偶布斑纹。

分布情况:本次调查发现其广泛分布于周村溪与双溪口溪下游,为本保护区内优势物种。

生活习性:为山溪定居型鱼类,栖息于水流急、底质为石砾的地方,利用胸鳍、腹鳍吸附在石块上,刮食石块上附生的藻类。

(4)拟腹吸鳅 *Pseudogastromyzon fasciatus*

主要特征:体前部稍平扁,后部侧扁,背缘呈弧形,腹面平坦。头较低平,吻端圆钝,边薄。吻长约为眼后头长的 2 倍;雄性成体吻两侧具疣刺状突起。口下位,呈弧形。唇肉质;上唇肥厚,表面具放射状排列的极细小乳突;下唇宽厚,颏吸附器主要由 3 条波浪形皮脊组成;上、下唇在口角处相连,上唇内缘无明显皮脊。下颌前缘外露,表面具放射状的沟和脊。上唇与吻端之间的吻沟浅而窄,延伸到口角,吻沟前的吻褶中叶前缘分化出 5 个小乳突,两侧叶端各有 34 个乳突。吻褶间的吻须很小,与吻褶叶端的乳突等大。口角须 1 对,短小,稍大于吻须。鼻孔较小,具鼻瓣。眼中等,侧上位,眼间隔阔而平坦。鳃裂宽似眼径,仅限于胸鳍基部前缘的上方。鳞细小,埋于皮膜内,头背部及偶鳍基背侧无鳞,腹部裸露区延伸到腹鳍腋部之后,约至腹鳍腋部到肛门的 1/3。侧线完全,但在胸鳍上方有侧线孔而无鳞,之后自体侧中部平直地延伸到尾鳍基部。背鳍基长大于吻长,起点在吻端至尾鳍基之间的中点或稍前,外缘呈弧形突出,平展。胸鳍基长大于吻长,起点在眼中部的垂直下方,基部具较发达的肉质鳍柄,外缘弧形,末端超过腹鳍起点。腹鳍起点与背鳍起点相对或稍后,基部背面具一长大于眼径的皮质瓣膜,左、右腹鳍相距较小,间距稍小于眼径,鳍条末端达到或接近肛门。肛门在鳍腋部至臀鳍起点间的 2/3 处。尾鳍长等于或略小于头长,末端稍内凹或近斜截,下叶略长。

分布情况:本次调查发现其广泛分布于周村溪与双溪口溪下游,为本保护区内优势物种。

生活习性:栖息于水流急、底质为石砾的地方,利用胸鳍、腹鳍形成的圆盘吸附在石块上,刮食石块上附生的藻类。

(5)台湾白甲鱼 *Onychostoma barbatulum*

主要特征:体延长而近于纺锤形,尾部侧扁。头宽广而稍尖。吻短,圆钝而突出;成鱼吻端具多个坚硬的追星。口下位,口横裂而宽广。上颌前方吻褶发达,下颌有发达的角质边缘,前缘平直而呈铲状。具 2 对短小口须,不易察觉。鳞片中等大,腹鳍基部具狭长的腋鳞;侧线完整,略呈弧形,侧线鳞数 45～47。背鳍最后一支不分支鳍条为光滑之软条,各鳍均无硬棘。体呈银白色,体背部为灰黄绿色,腹部浅黄至淡白色。体侧及背部鳞片具新月形的黑点;背鳍鳍膜的末端有黑色的斑块。

分布情况:本次调查发现其广泛分布于周村溪与双溪口溪下游,为本保护区内优势物种。

生活习性:栖息于水流急、底质为石砾的地方,利用下颌的角质鞘刮食石块上附生的藻类。

(6)拟鲿未定种 *Pseudobagrus* sp.

主要特征:体很细长,前部略粗圆,后部侧扁。头略纵扁,被皮肤所覆盖。口大,下位,口裂略呈弧形。唇厚,边缘具梳状纹,在口角处形成发达的唇褶。上颌突出于下颌;上、下颌具绒毛状细齿,形成宽的齿带,下颌齿带中央分离。须细短,鼻须后端伸达眼中央,颌须后端稍过眼后缘。背鳍短,骨质硬刺前、后缘均光滑,无锯齿,短于鳍条,起点距吻端大于距脂鳍起点。脂鳍低长,基部位于背鳍基后端至尾鳍基中央。臀鳍起点位于脂鳍起点垂直下方之后,至尾鳍基的距离远大于至胸鳍基后端。胸鳍侧下位,硬刺前缘光滑,鳍条后伸不达腹鳍。腹鳍起点位于背鳍基后端垂直下方之后,距胸鳍基后端大于距臀鳍起点。尾鳍浅凹形,上、下叶末端圆钝。

分布情况:本次调查发现其广泛分布于周村溪中下游溪段,数量稀少。

生活习性:夜行性,有观察到它在石块间搜寻捕食水生无脊椎动物。

(7)马口鱼未定种 *Opsariichthys* sp.

主要特征:体长而侧扁,体高略大于头长,腹部圆。吻钝。口端位,口裂向下倾斜,上颌骨向后延伸仅达眼下缘垂直下方。下颌前端有一较明显的突起与上颌凹陷相吻合,吻端凹陷比长鳍马口鱼深,但不及马口鱼,无口须。眼较小,侧上位。体被圆鳞,较大,侧线完全,在胸鳍上方显著下弯,沿体侧下部向后延伸,入尾柄后回升到体侧中部。背鳍起点约与腹鳍起点相对,胸鳍末端可达腹鳍起点,臀鳍条较长,向后伸展,末端可达尾鳍基部。生活时,雌鱼背部灰黑,腹部银白,体侧有数条垂直的蓝绿色条纹。性成熟雄鱼胸鳍橙红色,各鳍金黄色,无明显斑纹,体侧有 10～12 条蓝绿色鲜艳斑块,越趋近尾部,斑块越宽大,斑块间有粉色斑。喉橙红色,发情季节在头前部、下颌及臀鳍出现发达的珠星。

分布情况:本次调查发现其广泛分布于周村溪中上游,为本保护区内优势物种。

生活习性:喜欢栖息于水流较急的砂石浅滩。通常以水生无脊椎动物为食,兼食小鱼、藻类和有机碎屑。

6.2.6　鱼类受威胁因素及保护建议

1. 鱼类受威胁因素

水环境污染:实地调查发现,周村溪中上游部分区域未进入省级保护区范围,我们在调查过程中多次目击村民在溪流中洗澡、清洗衣物,以及将少量生活污染物直接排入自然水体的情况,这导致了人居环境附近的水体中的富营养化指标明显高于其他溪段。此外,我们在溪流中多次发现散养的鸭、鹅等家禽,对鱼类资源造成一定的破坏与引发水体污染。

非法渔业活动:调查过程中,我们多次发现有人在周村溪与白水坑水库垂钓,尤其是在白水坑水库的垂钓量巨大,可以认为是一定规模的商业捕捞。溪流段的垂钓对象多为光倒刺鲃、斑鳜,水库的垂钓对象主要为鲢、鳙。光倒刺鲃、斑鳜为食物链顶端的掠食性鱼类,数量不大,但对维持水域生态系统的健康有着重要意义。以浮游生物为食的鲢、鳙等可以有效降低水体的营养化程度,维持水体的生态平衡,对净化库区水质起到正面的作用。

2. 鱼类保护建议

由于我国政策法规的特殊性,对野生动物资源的主要管理依据为《野生动物保护法》,针对陆生脊椎动物的相关普法与执法工作较为到位,而对鱼类等水生动物的保护意识非常差。建议加强科学法律宣传,强化渔政管理,对非法渔业行为进行执法,依法追究相关责任人的法律责任。

保护区坐拥绿水青山,进行适当的旅游开发有利于人与自然的和谐共存,但应积极进行科普宣导,让民众能够充分认识到保护水体环境和野生鱼类的重要性,自觉提高环保和保护意识,自发维持水环境健康,减少甚至杜绝对天然水体的人为污染,保持野生鱼类资源的可持续发展。

6.3　两栖类

6.3.1　调查研究方法

保护区两栖类调查方法以样线法和鸣声计数法为主,以访问法和历史文献资料收集整理作为补充。

(1)样线法:在调查样区内,沿选定的一条路线,记录一定空间范围内出现的物种的相关信息。

(2)鸣声计数法:在繁殖季节,通过动物的鸣声确定物种种类、评估种群数量。

(3)访问法:在调查区域的村落(乡镇)进行访谈,通过照片等指认对比,咨询当地居民,从而确定两栖类物种种类和分布范围。

我们在 2018 年 5—6 月、2018 年 9—11 月、2019 年 4—5 月、2019 年 6—7 月对保护区区域进行野外调查和标本采集。两栖类调查以周村乡和双溪口乡为主要区域,包括周边山涧溪流和水田静水塘等。样线选择在农田、道路旁、溪流、沟谷等不同生境。具体调查时间为日落前 0.5h 至日落后 4h。

6.3.2 物种鉴定

物种鉴定依据《浙江动物・两栖类 爬行类》《中国两栖动物检索及图解》《中国两栖动物及其分布彩色图鉴》《中国脊椎动物红色名录》、中国科学院昆明动物研究所中国两栖类信息系统等进行分类鉴定。

有选择性地采集个体标本,用于测定形态数据和分类鉴定。量度采用电子数显游标卡尺,精确到 0.1mm。标本在野外先以 8%~10%福尔马林溶液固定,回到室内,经清水冲洗,最终以 75%酒精保存。存疑物种在福尔马林溶液固定前进行肝脏取样,用于后续的物种基因测序鉴定(DNA 条形码技术)。

6.3.3 两栖类多样性

1. 物种组成

保护区共记录两栖类动物 28 种,隶属于 2 目 8 科 20 属(见表 6-5),占浙江省两栖类动物总种数的 59.57%(根据《中国两栖、爬行动物更新名录》,共 47 种)。其中,有尾目 1 科 3 属 3 种,无尾目 7 科 17 属 25 种。28 种两栖类物种中,蛙科物种是保护区两栖类的主要组成部分,占保护区两栖类物种总种数的 39.29%。

表 6-5 保护区两栖类动物名录

物种	中国特有种	保护等级	《中国生物多样性红色名录——脊椎动物卷》	分布型	地理分布
一、有尾目 CAUDATA					
(一)蝾螈科 Salamandridae					
1. 秉志肥螈 *Pachytriton granulosus*	√	省重点	DD	Se	C
2. 中国瘰螈 *Paramesotriton chinensis*	√	国家二级	NT	Se	S/C
3. 东方蝾螈 *Cynops orientalis*	√	省重点	NT	Se	C
二、无尾目 ANURA					
(二)角蟾科 Megophryidae					
4. 福建掌突蟾 *Leptolalax liui*	√	省一般	LC	Sb	S/C
5. 淡肩异角蟾 *Xenophrys boettgeri*	√	省一般	LC	Sd	S/C

续表

物种	中国特有种	保护等级	《中国生物多样性红色名录——脊椎动物卷》	分布型	地理分布
6. 挂墩异角蟾 *Xenophrys kuatunensis*	√	省一般	LC	Si	C
7. 崇安髭蟾 *Leptobrachium liui*	√	省重点	NT	Si	C
(三)蟾蜍科 Bufonidae					
8. 中华蟾蜍 *Bufo gargarizans*		省一般	LC	Eg	广布
(四)雨蛙科 Hylidae					
9. 中国雨蛙 *Hyla chinensis*		省重点	LC	Sd	O
(五)姬蛙科 Microhylidae					
10. 小弧斑姬蛙 *Microhyla heymonsi*		省一般	LC	Wc	O
11. 饰纹姬蛙 *Microhyla fissipes*		省一般	LC	Wc	O
(六)叉舌蛙科 Dicroglossidae					
12. 泽陆蛙 *Fejervarya multistriata*		省一般	LC	We	广布
13. 福建大头蛙 *Limnonectes fujianensis*	√	省一般	NT	Sc	S/C
14. 九龙棘蛙 *Quasipaa jiulongensis*	√	省重点	VU	Si	C
15. 棘胸蛙 *Quasipaa spinosa*	√	省重点	VU	Sc	S/C
(七)蛙科 Ranidae					
16. 武夷湍蛙 *Amolops wuyiensis*	√	省一般	LC	Si	C
17. 华南湍蛙 *Amolops ricketti*		省一般	LC	Sc	S/C
18. 崇安湍蛙 *Amolops chunganensis*		省重点	LC	Si	C
19. 弹琴蛙 *Nidirana adenopleura*	√	省一般	LC	Sc	O
20. 沼水蛙 *Hylarana guentheri*		省重点	LC	Sc	O
21. 阔褶水蛙 *Hylarana latouchii*	√	省一般	LC	Se	S/C
22. 大绿臭蛙 *Odorrana graminea*		省重点	LC	Wc	S/C
23. 天目臭蛙 *Odorrana tianmuii*	√	省重点	LC	Si	C
24. 凹耳臭蛙 *Odorrana tormota*	√	省重点	VU	Si	C
25. 黑斑侧褶蛙 *Pelophylax nigromaculatus*		省一般	NT	Ea	广布
26. 镇海林蛙 *Rana zhenhaiensis*	√	省一般	LC	Sd	C
(八)树蛙科 Rhacophoridae					
27. 布氏泛树蛙 *Polypedates braueri*		省重点	LC	Wd	S/C
28. 大树蛙 *Rhacophorus dennysi*		省重点	LC	Sc	S/C

注:①《中国生物多样性红色名录——脊椎动物卷》中,"CR"表示极危,"EN"表示濒危,"VU"表示易危,"NT"表示近危,"LC"表示无危,"DD"表示数据缺乏。

②分布型中,"E"表示季风区型;"Ea"表示季风区型,包括阿穆尔或再延展至俄罗斯远东地区;"Eg"表示季风区型,包括乌苏里、朝鲜;"Sc"表示南中国型热带—中亚热带;"Sd"表示南中国型热带—北亚热带;"Se"表示南中国型南亚热带—中亚热带;"Si"表示南中国型中亚热带;"Wc"表示东洋型热带—中亚热带;"We"表示东洋型热带—温带。

③地理分布中,"O"表示东洋界华中华南西南区分布;"C"表示东洋界华中区分布;"S/C"表示东洋界华中区和华南区分布;"广布"表示东洋界和古北界分布。

2. 生态类型和优势种分析

保护区内主要以流水型两栖类为主，占保护区两栖类物种数的 53.57%。大龙岗和雪岭高海拔处山溪狭窄，径流量较少，流水较缓；中海拔处溪流落差大，流水湍急；低海拔处溪流宽阔，地表径流大，流水较缓。复杂的生境适合各种溪流型两栖类栖息。调查发现，流水型两栖类优势种主要为武夷湍蛙、天目臭蛙，主要分布于保护区的大小溪流及溪流沿线，分布广泛。保护区内有少量旱田，几乎没有水田，路旁仅有一些临时性静水塘、水渠，适合静水型、陆栖-静水型两栖类栖息繁殖。保护区中，静水型两栖类数量次之，占保护区两栖类物种数的 35.71%。优势种为泽陆蛙和中华蟾蜍，主要集中在低地农田和路边沟渠水塘，分布生境较溪流型单一，但数量较大。大龙岗为保护区最高峰，高海拔处为针叶林和箬竹林，水源稀少；低海拔处为竹林、针阔叶混交林，仅低海拔处适合树栖型两栖类栖息藏匿。树栖型两栖类最少，占两栖类物种数的 10.71%。树栖型两栖类优势种为布氏泛树蛙，有一定数量，但分布广泛行踪隐蔽较难观察（见表 6-6）。

表 6-6 保护区两栖类生态类型和丰富度

物种	生态类型	丰富度	数据来源
一、有尾目 CAUDATA			
（一）蝾螈科 Salamandridae			
1. 秉志肥螈 *Pachytriton granulosus*	R	++	S
2. 中国瘰螈 *Paramesotriton chinensis*	TR	+	D
3. 东方蝾螈 *Cynops orientalis*	TQ	+	D
二、无尾目 ANURA			
（二）角蟾科 *Megophryidae*			
4. 福建掌突蟾 *Leptolalax liui*	TR	++	S
5. 淡肩角蟾 *Megophrys boettgeri*	TR	+++	S
6. 挂墩角蟾 *Megophrys kuatunensis*	TR	++	S
7. 崇安髭蟾 *Leptobrachium liui*	TR	+	S
（三）蟾蜍科 Bufonidae			
8. 中华蟾蜍 *Bufo gargarizans*	TQ	++++	S
（四）雨蛙科 Hylidae			
9. 中国雨蛙 *Hyla chinensis*	A	+++	S
（五）姬蛙科 Microhylidae			
10. 小弧斑姬蛙 *Microhyla heymonsi*	TQ	+++	S
11. 饰纹姬蛙 *Microhyla fissipes*	TQ	+++	S
（六）叉舌蛙科 Dicroglossidae			
12. 泽陆蛙 *Fejervarya multistriata*	TQ	++++	S
13. 福建大头蛙 *Limnonectes fujianensis*	TR	+++	S
14. 九龙棘蛙 *Quasipaa jiulongensis*	TR	+	D
15. 棘胸蛙 *Quasipaa spinosa*	TR	+++	S
（七）蛙科 Ranidae			
16. 武夷湍蛙 *Amolops wuyiensis*	R	++++	S
17. 华南湍蛙 *Amolops ricketti*	R	+	D
18. 崇安湍蛙 *Amolops chunganensis*	TR	+	D

续表

物种	生态类型	丰富度	数据来源
19. 弹琴蛙 *Nidirana adenopleura*	Q	++	S
20. 沼水蛙 *Hylarana guentheri*	Q	+	D
21. 阔褶水蛙 *Hylarana latouchii*	Q	++	S
22. 大绿臭蛙 *Odorrana graminea*	R	++	S
23. 天目臭蛙 *Odorrana tianmuii*	R	++++	S
24. 凹耳臭蛙 *Odorrana tormota*	TR	+++	S
25. 黑斑侧褶蛙 *Pelophylax nigromaculatus*	Q	+	S
26. 镇海林蛙 *Rana zhenhaiensis*	TQ	++	S
(八)树蛙科 Rhacophoridae			
27. 布氏泛树蛙 *Polypedates braueri*	A	++++	S
28. 大树蛙 *Rhacophorus dennysi*	A	+	S

注:①丰富度中,“++++中”表示优势;“+++”表示常见;“++”表示偶见;“+”表示罕见。

②生态类型中,“A”表示树栖型;“Q”表示静水型;“R”表示流水型;”TQ”表示陆栖-静水型;“TR”表示陆栖-流水型。

③数据来源中,“D”表示资料;“S”表示调查。

6.3.4　区系和分布特征

在保护区记录的 28 种两栖类物种中,主要以南中国型为主,共计 21 种,分别为秉志肥螈、中国瘰螈、东方蝾螈、福建掌突蟾、淡肩角蟾、挂墩角蟾、崇安髭蟾、中国雨蛙、福建大头蛙、九龙棘蛙、棘胸蛙、武夷湍蛙、华南湍蛙、崇安湍蛙、弹琴蛙、沼水蛙、阔褶水蛙、天目臭蛙、凹耳臭蛙、镇海林蛙、大树蛙,占保护区两栖类物种总数的 75.00%;东洋型共有 5 种,分别为小弧斑姬蛙、饰纹姬蛙、泽陆蛙、大绿臭蛙、布氏泛树蛙,占总数的 17.86%;季风区型共有 2 种,分别为中华蟾蜍和黑斑侧褶蛙,占总数的 7.14%(见表 6-5)。

在 28 种两栖类物种中,广布种有 3 种,分别为中华蟾蜍、泽陆蛙、黑斑侧褶蛙,占保护区两栖类物种总数的 10.71%;华中华南西南区物种有 5 种,分别为中国雨蛙、小弧斑姬蛙、饰纹姬蛙、弹琴蛙、沼水蛙,占保护区两栖类物种总数的 17.86%;华中华南区物种有 10 种,分别为中国瘰螈、福建掌突蟾、淡肩角蟾、福建大头蛙、棘胸蛙、华南湍蛙、阔褶水蛙、大绿臭蛙、布氏泛树蛙、大树蛙,占保护区两栖类物种总数的 35.71%;华中区物种有 10 种,分别为秉志肥螈、东方蝾螈、挂墩角蟾、崇安髭蟾、九龙棘蛙、武夷湍蛙、崇安湍蛙、天目臭蛙、凹耳臭蛙、镇海林蛙,占保护区物种总数的 35.71%(见表 6-5)。

保护区地处亚热带季风气候区,保护区两栖类动物以南中国型物种为主,东洋型物种次之,季风区型物种最少,故保护区是南中国型种类、东洋型种类相互渗透扩散的过渡地带(见表 6-5)。

6.3.5　珍稀濒危和重要两栖类物种

1. 珍稀濒危两栖类

根据《中国生物多样性红色名录——脊椎动物卷》,保护区 28 种两栖类动物中有 8

种珍稀濒危物种。其中，3 种为易危(VU)物种，分别为九龙棘蛙、棘胸蛙、凹耳臭蛙；5 种为近危(NT)物种，分别为东方蝾螈、中国瘰螈、崇安髭蟾、福建大头蛙和黑斑侧褶蛙；其他均是无危(LC)物种。根据《国家重点保护野生动物名录》(2021)和《浙江省重点保护陆生野生动物名录》，保护区内两栖类国家二级重点保护野生动物有中国瘰螈 1 种；浙江省重点保护野生动物有秉志肥螈、东方蝾螈、崇安髭蟾、中国雨蛙、九龙棘蛙、棘胸蛙、崇安湍蛙、沼水蛙、天目臭蛙、大绿臭蛙、凹耳臭蛙、布氏泛树蛙、大树蛙 13 种。

保护区 28 种两栖类动物中，中国特有种有 16 种，占保护区两栖类总数的 57.13%，占全国两栖类特有种(281 种，依据《中国两栖动物及其分布彩色图鉴》)的5.69%。

2. 重要两栖类物种

(1)中国瘰螈 *Paramesotriton chinensis*

所属科目：有尾目蝾螈科

保护等级：国家二级重点保护野生动物

濒危等级：《中国生物多样性红色名录——脊椎动物卷》近危(NT)

形态特征：体形中等。头扁平，长大于宽。吻端平截，鼻孔位于吻端两侧，瞳孔椭圆，唇褶明显，颈褶无，躯干呈圆柱状，肋沟无，背脊棱很明显。前肢长，贴体向前指末端达或超过眼前角。指、趾均无缘膜，略平扁、无蹼。尾基较粗，向后侧扁，末端钝圆，尾鳍褶薄。雄性繁殖季节尾部具有一灰白色条带。生活时全身褐黑色或黄褐色。其色斑有变异，有的个体背部脊棱和体侧疣粒棕红色，有的体侧和四肢上有黄色圆斑。体腹面橘黄色小斑的深浅和形状不一，尾肌部位为浅紫色。皮肤粗糙，头体背面满布细小瘰疣，尾后部无疣。

生活习性：次成体常见于丘陵山区，陆栖生活；成螈繁殖季节生活于海拔 30～850m 丘陵山区较为宽阔、水流较为缓慢、溪内多有小石和泥沙的流溪中。白天成螈隐蔽在水底石间或腐叶下，有时游到水面呼吸空气，阴雨天气常登陆在草丛中捕食昆虫、蚯蚓、螺类及其他小动物，以螺类为主要食物。

分布情况：调查发现中国瘰螈在保护区内分布较广，主要分布于高塴底等外围低海拔宽阔溪流及其附近。

(2)九龙棘蛙 *Quasipaa jiulongensis*

所属科目：无尾目叉舌蛙科

保护等级：浙江省重点保护野生动物

濒危等级：《中国生物多样性红色名录——脊椎动物卷》易危(VU)；《IUCN 红色名录》易危(VU)

形态特征：体形肥硕。头宽略大于头长，吻端钝圆。鼓膜隐蔽，颞褶明显，从眼后方直达肩前方，具单咽下内声囊，无背侧褶。雄蛙前臂很粗壮，内侧 2 指或 3 指有黑色婚刺。胸部满布疣粒，疣上有锥状黑刺疣，后肢肥壮、较长，趾间全蹼。体和四肢背面皮肤粗糙，背部满布小疣，间杂有少数大长疣。头部、四肢背面及体侧亦散有疣粒，两眼后有 1 条横肤沟。背面黑褐色或浅褐色，两眼间有深色横纹，背部两侧各有 4～5 个明显的黄色斑点排成纵行，左右对称，有的个体背脊处有黄色脊线。四肢背面具深色横斑，咽、胸部有深浅相间的斑纹，腹部有褐色虫纹斑。

生活习性：该蛙生活于海拔 800～1200m 山区的小型流溪中，溪旁树木茂密。成蛙白天隐伏在流溪水坑内石块下或石缝、石洞里，晚上出来活动，行动十分敏捷，跳跃迅速，当地群众称之为“靠坑子”或“小跳鱼”。每年 5—10 月活动频繁，捕食昆虫、小蟹及其他小动物。

分布情况：调查发现九龙棘蛙在保护区内分布较窄，主要分布于大龙岗等高海拔区域的砂石质小型溪流中。

(3)棘胸蛙 *Quasipaa spinosa*

所属科目：无尾目叉舌蛙科

保护等级：浙江省重点保护野生动物

濒危等级：《中国生物多样性红色名录——脊椎动物卷》易危(VU)；《IUCN 红色名录》易危(VU)

形态特征：该蛙体形甚肥硕。头宽大于头长，吻端圆，具单咽下内声囊，无背侧褶。雄蛙前臂很粗壮，内侧 3 指有黑色婚刺，胸部疣粒小而密，疣上有 1 枚黑刺，有紫红色雄性线。后肢适中，指、趾端球状，趾间全蹼。皮肤较粗糙，长、短疣断续排列成行，其间有小圆疣，疣上一般有黑刺。雄蛙胸部满布大、小肉质疣，向前可达咽喉部，向后止于腹前部，每一疣上有 1 枚小黑刺。雌蛙腹面光滑。体背面颜色变异大，多为黄褐色、褐色或棕黑色，两眼间有深色横纹，上、下唇缘均有浅色纵纹，体和四肢有黑褐色横纹，腹面浅黄色，无斑或咽喉部和四肢腹面有褐色云斑。

生活习性：该蛙生活于海拔 600～1500m 繁茂森林的山溪内。白天多隐藏在石穴或土洞中，夜间多蹲在岩石上。捕食多种昆虫、溪蟹、蜈蚣、小蛙等。

分布情况：调查发现棘胸蛙在保护区内分布较广，主要分布于双溪口村、高滩村、徐罗坑、里东坑、周村乡、白水洋村等区域砂石质溪流中。

(4)凹耳臭蛙 *Odorrana tormota*

所属科目：无尾目蛙科

保护等级：浙江省重点保护野生动物

濒危等级：《中国生物多样性红色名录——脊椎动物卷》易危(VU)；《IUCN 红色名录》易危(VU)

形态特征：该蛙头略扁平，吻端钝尖，吻棱明显。雄蛙鼓膜凹陷，成 1 个略向前斜的外耳道；雌蛙的鼓膜略凹陷。前肢适中，前臂及手长不到体长之半，后肢长。指端扩大成吸盘，指末节背面有半月形横凹痕。雄蛙第一指内侧有灰白色婚垫，无雄性线。生活时背面棕褐色或棕色，背部有多个边缘不齐的小黑斑。体侧色较浅，散有小黑点，股、胫部各有 3～4 条黑色横纹，其边缘镶有细的浅黄色纹，股后具网状棕褐色或棕色花斑。腹面淡黄色，但咽喉及胸部有棕色碎斑。瞳孔圆、黑色，虹彩上半部橘红色，其上有稀疏小黑点，下半部深咖啡色。

生活习性：该蛙生活于海拔 150～700m 的山溪附近。白天隐匿在阴湿的土洞或石穴内，夜晚栖息在山溪两旁灌木枝叶、草丛的茎秆上或溪边石块上。4—6 月，雄蛙发出“吱”的单一鸣声，音如钢丝摩擦发出的声音，在此期间雌蛙腹部丰满。

分布情况：调查发现凹耳臭蛙在保护区内分布于达库、雪岭、龙井坑、白坑水库周边低海拔区域的中大型溪流中。

6.4 爬行类

6.4.1 调查研究方法

保护区爬行类调查方法以样线法为主,以访问法和历史文献资料收集整理作为补充。

我们在 2018 年 5—6 月、2018 年 9—11 月、2019 年 4—5 月和 2019 年 6—7 月,对保护区区域进行了实地调查。爬行类调查以周村乡和双溪口乡为主要区域,包括大龙岗区域和雪岭水库周边自然村等。样线选择在农田、道路旁、开阔的林缘地带等不同生境。爬行类动物大多昼伏夜出,但也有部分为日行性,因此爬行类的样线调查白天和夜晚都要开展。具体调查时间为三段分别为:上午 8:00—11:00、下午 3:00—5:00、日落前 0.5h 至日落后 4h。

6.4.2 物种鉴定

物种鉴定依据《中国蛇类》《中国动物志爬行纲》《浙江动物·两栖类 爬行类》《中国爬行纲动物分类厘定》《中国脊椎动物红色名录》等进行。

有选择性地采集个体标本,用于测定形态数据和分类鉴定。量度采用电子数显游标卡尺,精确到 0.1mm。标本在野外先以 8%～10%福尔马林溶液固定,回到室内,经清水冲洗,最终以 75%酒精保存。存疑物种在福尔马林溶液固定前进行肝脏取样,用于后续的物种基因测序鉴定(DNA 条形码技术)。

6.4.3 爬行类多样性

1. 物种组成

保护区共记录爬行类物种 40 种,分属 2 目 9 科 30 属。其中,龟鳖目平胸龟科 1 属 1 种,地龟科 1 属 1 种;有鳞目壁虎科 1 属 2 种,石龙子科 2 属 4 种,蜥蜴科 1 属 2 种,蝰科 4 属 4 种,水蛇科 2 属 2 种,眼镜蛇科 2 属 2 种,游蛇科 16 属 22 种(见表 6-7)。有鳞目游蛇科占保护区爬行类物种数量的 55%,是保护区爬行类物种的主要组成部分。

表 6-7 保护区爬行类动物名录

物种	中国特有种	保护等级	《中国生物多样性红色名录——脊椎动物卷》	分布型	地理分布
一、龟鳖目 TESUDINES					
(一)平胸龟科 Platysternidae					
1. 平胸龟 *Platysternon megacephalum*		国家二级	CR	Wc	S/C
(二)地龟科 Geoemydidae					
2. 乌龟 *Mauremys reevesii*		国家二级	EN	Sm	广布
二、有鳞目 SQUAMATA					
(三)壁虎科 Gekkondiae					
3. 多疣壁虎 *Gekko japonicus*		省一般	LC	Sh	S/C
4. 铅山壁虎 *Gekko hokouensis*	√	省一般	LC	Si	S/C

续表

物种	中国特有种	保护等级	《中国生物多样性红色名录——脊椎动物卷》	分布型	地理分布
(四)石龙子科 Scincidae					
5. 铜蜓蜥 *Sphenomorphus indicus*		省一般	LC	We	O
6. 股鳞蜓蜥 *Sphenomorphus incognitus*			NT	Sc	S/C
7. 中国石龙子 *Plestiodon chinensis*		省一般	LC	Sm	S/C
8. 蓝尾石龙子 *Plestiodon elegans*		省一般	LC	Sf	S/C
(五)蜥蜴科 Lacertidae					
9. 北草蜥 *Takydromus septentrionalis*	√	省一般	LC	E	O
10. 崇安草蜥 *Takydromus sylvaticus*	√	省重点	EN	Si	C
(六)蝰科 Viperidae					
11. 尖吻蝮 *Deinagkistrodon acutus*	√	省重点	EN	Sc	S/C
12. 山烙铁头蛇 *Ovophis makazayazaya*		省一般	NT	Wc	O
13. 福建竹叶青 *Trimeresurus stejnegeri*		省一般	LC	We	O
14. 短尾蝮 *Gloydius brevicaudus*		省一般	NT	E	广布
(七)水蛇科 Homalopsidae					
15. 中国沼蛇 *Myrrophis chinensis*			VU	Sc	S/C
16. 铅色蛇 *Hypsiscopus plumbea*			VU	Wc	S/C
(八)眼镜蛇科 Elapidae					
17. 舟山眼镜蛇 *Naja atra*		省重点	VU	Wc	S/C
18. 银环蛇 *Bungarus multicinctus*		省一般	EN	Sc	O
(九)游蛇科 Colubridae					
19. 纹尾斜鳞蛇 *Pseudoxenodon stejnegeri*		省一般	LC	Sh	O
20. 绞花林蛇 *Boiga kraepelini*	√	省一般	LC	Sc	O
21. 中国小头蛇 *Oligodon chinensis*		省一般	LC	Sc	S/C
22. 饰纹小头蛇 *Oligodon ornatus*	√	省一般	NT	Si	O
23. 翠青蛇 *Ptyas major*		省一般	LC	Sv	O
24. 乌梢蛇 *Ptyas dhumnades*	√	省一般	VU	Wc	O
25. 灰腹绿蛇 *Gonyosoma frenatum*		省一般	LC	Se	S/W
26. 黄链蛇 *Lycodon flavozonatum*		省一般	LC	Sc	O
27. 赤链蛇 *Lycodon rufozonatum*		省一般	LC	Ed	广布
28. 紫灰蛇 *Oreocryptophis porphyraceus*		省一般	LC	We	O
29. 黑眉锦蛇 *Elaphe taeniurua*		省重点	EN	We	广布
30. 双斑锦蛇 *Elaphe bimaculata*	√	省一般	LC	Sh	C
31. 王锦蛇 *Elaphe carinata*		省重点	EN	Sd	广布
32. 红纹滞卵蛇 *Oocatochus rufodorsatus*		省一般	LC	Eb	广布
33. 草腹链蛇 *Amphiesma stolatum*		省一般	LC	We	S/C
34. 锈链腹链蛇 *Hebius craspedogaster*	√	省一般	LC	Sh	O
35. 颈棱蛇 *Pseudagkistrodon rudis*	√	省一般	LC	Sh	O

续表

物种	中国特有种	保护等级	《中国生物多样性红色名录——脊椎动物卷》	分布型	地理分布
36. 虎斑颈槽蛇 *Rhabdophis tigrinus*		省一般	LC	Ea	广布
37. 黄斑渔游蛇 *Xenochrophis flavipunctata*			LC	Wc	O
38. 山溪后棱蛇 *Opisthotropis latouchii*	√	省一般	LC	Si	S/C
39. 赤链华游蛇 *Trimerodytes annularis*			VU	Sc	S/C
40. 乌华游蛇 *Trimerodytes percarinatus*			VU	Sd	O

注：①《中国生物多样性红色名录——脊椎动物卷》中，“CR”表示极危，“EN”表示濒危，“VU”表示易危，“NT”表示近危，“LC”表示无危。

②分布型中，“Ba”表示华北型包括周边地区；“E”表示季风区型；“Ea”表示季风区型，包括阿穆尔或再延展至俄罗斯远东地区；“Eg”表示季风区型，包括乌苏里、朝鲜；“Sc”表示南中国型热带—中亚热带；“Sd”表示南中国型热带—北亚热带；“Se”表示南中国型南亚热带—中亚热带；“Si”表示南中国型中亚热带；“Sv”表示南中国型热带—中温带；“Sm”表示南中国型热带—暖温带；“Sh”表示南中国型中亚热带—北亚热带；“Wc”表示东洋型热带—中亚热带；“Wd”表示东洋型热带—北亚热带；“We”表示东洋型热带—温带。

③地理分布中，“C”表示东洋界华中华南西南区分布；“S/C”表示东洋界华中区和华南区分布；“S/W”表示东洋界华中区和西南区分布；“O”代表东洋界分布；“广布”代表东洋界和古北界分布。

2. 生态类型和优势种分析

如表 6-8 所示，调查发现保护区内爬行类优势种主要为陆栖型的铜蜓蜥、北草蜥、蓝尾石龙子和半水栖型的乌华游蛇。乌华游蛇以周村乡低海拔广阔溪流及其支流为主要栖息地，广泛分布于溪流及沿岸林缘生境，主要以鱼、蛙及其卵、蝌蚪为食。大龙岗为保护区最高峰，从高海拔往低海拔均有茶园、竹林、油茶林、针叶林和抛荒地草灌丛。北草蜥、铜蜓蜥和蓝尾石龙子主要分布于农田灌丛、林缘附近的破碎生境、道路旁抛荒坡，取食各类昆虫。爬行类常见种有铅山壁虎、福建竹叶青、翠青蛇、颈棱蛇。铅山壁虎常躲避于弃用的老式房屋、桥洞、路旁岩壁夹缝死角内，因颜色与环境相近，较难发现。福建竹叶青、翠青蛇和颈棱蛇广布于保护区内各海拔生境。

表 6-8 保护区爬行类生态类型和丰富度

物种	生态类型	丰富度	数据来源
一、龟鳖目 TESUDINES			
(一)平胸龟科 Platysternidae			
1. 平胸龟 *Platysternon megacephalum*	Aq	+	D
(二)地龟科 Geoemydidae			
2. 乌龟 *Mauremys reevesii*	Aq	+	D
二、有鳞目 SQUAMATA			
(三)壁虎科 Gekkondiae			
3. 多疣壁虎 *Gekko japonicus*	Te	+	D
4. 铅山壁虎 *Gekko hokouensis*	Te	+++	S
(四)石龙子科 Scincidae			
5. 铜蜓蜥 *Sphenomorphus indicus*	Te	++++	S

续表

物种	生态类型	丰富度	数据来源
6. 股鳞蜓蜥 *Sphenomorphus incognitus*	Te	+	S
7. 中国石龙子 *Plestiodon chinensis*	Te	++	S
8. 蓝尾石龙子 *Plestiodon elegans*	Te	++++	S
(五)蜥蜴科 Lacertidae			
9. 北草蜥 *Takydromus septentrionalis*	Te	++++	S
10. 崇安草蜥 *Takydromus sylvaticus*	Te	++	S
(六)蝰科 Viperidae			
11. 尖吻蝮 *Deinagkistrodon acutus*	Te	++	S
12. 山烙铁头蛇 *Ovophis makazayazaya*	Te	+	D
13. 福建竹叶青 *Trimeresurus stejnegeri*	Te	+++	S
14. 短尾蝮 *Gloydius brevicaudus*	Se	+	D
(七)水蛇科 Homalopsidae			
15. 中国沼蛇 *Myrrophis chinensis*	Aq	+	D
16. 铅色蛇 *Hypsiscopus plumbea*	Aq	+	D
(八)眼镜蛇科 Elapidae			
17. 舟山眼镜蛇 *Naja atra*	Te	+	S
18. 银环蛇 *Bungarus multicinctus*	Te	++	S
(九)游蛇科 Colubridae			
19. 纹尾斜鳞蛇 *Pseudoxenodon stejnegeri*	Te	+	S
20. 绞花林蛇 *Boiga kraepelini*	Te	++	S
21. 中国小头蛇 *Oligodon chinensis*	Te	++	S
22. 饰纹小头蛇 *Oligodon ornatus*	Te	+	S
23. 翠青蛇 *Ptyas major*	Te	+++	S
24. 乌梢蛇 *Ptyas dhumnades*	Te	++	S
25. 灰腹绿蛇 *Gonyosoma frenatum*	Te	+	S
26. 黄链蛇 *Lycodon flavozonatum*	Te	++	S
27. 赤链蛇 *Lycodon rufozonatum*	Te	++	S
28. 紫灰蛇 *Oreocryptophis porphyraceus*	Te	++	S
29. 黑眉锦蛇 *Elaphe taeniurua*	Te	++	S
30. 双斑锦蛇 *Elaphe bimaculata*	Te	+	D
31. 王锦蛇 *Elaphe carinata*	Te	++	S
32. 红纹滞卵蛇 *Oocatochus rufodorsatus*	Te	+	D
33. 草腹链蛇 *Amphiesma stolatum*	Te	++	S
34. 锈链腹链蛇 *Hebius craspedogaster*	Te	++	S
35. 颈棱蛇 *Pseudagkistrodon rudis*	Te	+++	S
36. 虎斑颈槽蛇 *Rhabdophis tigrinus*	Te	++	S
37. 黄斑渔游蛇 *Xenochrophis flavipunctata*	Se	+	D
38. 山溪后棱蛇 *Opisthotropis latouchii*	Aq	++	S
39. 赤链华游蛇 *Trimerodytes annularis*	Se	++	S
40. 乌华游蛇 *Trimerodytes percarinatus*	Se	++++	S

注:①丰富度中,“++++”表示优势;“+++”表示常见;“++”表示偶见;“+”表示罕见。

②生态类型中,“Aq”表示水栖型;“Se”表示半水栖型;“Te”表示陆栖型。

③数据来源中,“D”表示为资料;“S”表示调查。

6.4.4 区系和分布特征

根据表6-7可见，保护区40种爬行类物种主要以南中国型为主，有24种，分别为乌龟、多疣壁虎、铅山壁虎、股鳞蜓蜥、中国石龙子、蓝尾石龙子、崇安草蜥、尖吻蝮、中国水蛇、银环蛇、纹尾斜鳞蛇、绞花林蛇、中国小头蛇、饰纹小头蛇、翠青蛇、灰腹绿蛇、黄链蛇、双斑锦蛇、王锦蛇、锈链腹链蛇、颈棱蛇、山溪后棱蛇、赤链华游蛇、乌华游蛇，占保护区爬行类总数的60.0%；东洋型有11种，分别为平胸龟、铜蜓蜥、台湾烙铁头蛇、福建竹叶青、铅色水蛇、舟山眼镜蛇、乌梢蛇、紫灰蛇、黑眉锦蛇、草腹链蛇、黄斑渔游蛇，占保护区爬行类总数的27.5%；季风区型有5种，分别为北草蜥、短尾蝮、赤链蛇、红纹滞卵蛇、虎斑颈槽蛇，占保护区爬行类总数的12.5%。

在40种爬行类物种中，广布种有7种，分别为乌龟、短尾蝮、赤链蛇、黑眉锦蛇、王锦蛇、红纹滞卵蛇、虎斑颈槽蛇，占保护区爬行类物种总数的17.5%；华中华南西南区物种有16种，分别为铜蜓蜥、北草蜥、台湾烙铁头蛇、福建竹叶青、银环蛇、纹尾斜鳞蛇、绞花林蛇、饰纹小头蛇、翠青蛇、乌梢蛇、黄链蛇、紫灰蛇、锈链腹链蛇、颈棱蛇、黄斑渔游蛇、乌华游蛇，占保护区爬行类物种总数的40.0%；华中华南区物种有14种，分别为平胸龟、多疣壁虎、铅山壁虎、股鳞蜓蜥、中国石龙子、蓝尾石龙子、尖吻蝮、中国水蛇、铅色水蛇、舟山眼镜蛇、中国小头蛇、草腹链蛇、山溪后棱蛇、赤链华游蛇，占保护区爬行类物种总数的35.0%；华中西南区物种有1种，为灰腹绿蛇，占保护区爬行类物种总数的2.5%；华中区物种有2种，分别为崇安草蜥和双斑锦蛇，占保护区爬行类物种总数的5.0%。

由此可见，保护区爬行类动物的分布型主要以南中国型为主，东洋型也占有一定比例，季风区型最少，与处于动物地理分布过渡带的浙江的地理分布型和区系组成基本一致。

6.4.5 珍稀濒危和重要爬行类物种

1. 珍稀濒危爬行类

保护区40种爬行类动物中，中国特有种有11种，占保护区总数的27.5%。根据《中国生物多样性红色名录——脊椎动物卷》，保护区40种爬行类动物中濒危等级近危(NT)及以上的物种有17种，占保护区爬行类物种总数的42.5%。其中，极危(CR)等级的有1种，为平胸龟，占保护区爬行类物种总数的2.5%；濒危(EN)等级的有6种，分别为乌龟、崇安草蜥、尖吻蝮、银环蛇、黑眉锦蛇和王锦蛇，占保护区爬行类物种总数的15.0%；易危(VU)等级的有6种，分别为舟山眼镜蛇、乌梢蛇、赤链华游蛇、乌华游蛇、中国沼蛇、铅色蛇，占保护区爬行类物种总数的15.0%；近危(NT)等级的有4种，分别为股鳞蜓蜥、饰纹小头蛇、台湾烙铁头蛇、短尾蝮，占保护区爬行类物种总数的10.0%；其他均为无危(LC)或未予评估(NE)。

根据《国家重点保护野生动物名录》(2021)和《浙江省重点保护陆生野生动物名录》，保护区爬行类中，国家重点保护野生动物有平胸龟和乌龟2种；浙江省重点保护野生动物有崇安草蜥、尖吻蝮、舟山眼镜蛇、黑眉锦蛇、王锦蛇5种。

2. 重要爬行类物种

(1)平胸龟 *Platysternon megacephalum*

所属科目:龟鳖目平胸龟科

保护等级:国家二级重点保护野生动物

濒危等级:《中国生物多样性红色名录——脊椎动物卷》极危(CR);《IUCN 红色名录》濒危(EN)

形态特征:平胸龟体形中等,背腹极扁平。背甲长卵圆形,四肢强,被覆瓦状排列的鳞片。前缘大鳞排列成行。前肢 5 爪,后肢 4 爪,指、趾间具蹼。尾长,几与背甲等长,其上覆以环状排列的短矩形鳞片。头、背甲、四肢及尾背均为棕红色、棕橄榄色或橄榄色。头背有深棕色细线纹,头侧眼后及颚缘有棕黑色纵纹。背甲有虫蚀纹及浅黄色细点。腹甲及缘盾腹面为黄橄榄色,有的缀有黄点。雄性头侧、咽、颏及四肢均缀有橘红色斑点。

生活习性:平胸龟生活于山区多石的浅溪中,攀缘能力强,可攀爬溪中石头及树干觅食或晒太阳。性情凶猛,食性较广,以肉食为主,爱吃蟹、螺、蜗牛、蠕虫及鱼等动物,也吃野果。

分布情况:保护区平胸龟适宜生境面积较广,但是数量极为稀少,访问调查得知主要分布于白确际、大凹里、苏州岭和龙井坑等地多砂石、溪水清澈的山涧溪流。近年来目击记录仅有 2～3 例。

(2)乌龟 *Mauremys reevesii*

所属科目:龟鳖目地龟科

保护等级:国家二级重点保护野生动物

濒危等级:《中国生物多样性红色名录——脊椎动物卷》濒危(EN);《IUCN 红色名录》濒危(EN)

形态特征:乌龟头中等大小,吻短。背甲较平扁,有 3 条纵棱。背甲盾片常有分裂或畸形,致使盾片数超过正常数目。腹甲平坦,几与背甲等长,前缘平截,略向上翘,后缘缺刻较深。四肢略扁平,前臂及掌跖部有横列大鳞。指、趾间均全蹼,具爪。尾较短小。生活时,背甲棕褐色,雄性几近黑色。腹甲及甲桥棕黄色,雄性色深。每一盾片均有黑褐色大斑块,有时腹甲几乎全被黑褐色斑块所占,仅在缝线处呈现棕黄色。头部橄榄色或黑褐色;头侧及咽喉部有暗色镶边的黄纹及黄斑,并向后延伸至颈部,雄性不明显。

生活习性:本种为我国常见龟类。常栖于江河、湖沼或池塘中。吃蠕虫、螺类、虾及小鱼等动物,也吃植物茎叶及粮食等。

分布情况:乌龟在保护区内主要分布于周村乡白坑水库及库尾宽阔溪流区域。

(3)崇安草蜥 *Takydromus sylvaticus*

所属科目:有鳞目蜥蜴科

保护等级:浙江省重点保护野生动物

濒危等级:《中国生物多样性红色名录——脊椎动物卷》濒危(EN)

形态特征:崇安草蜥吻窄长,吻棱明显。背鳞较侧鳞略大,棱强,排列不呈明显的纵行,逐渐过渡到体侧的粒鳞。腹鳞大,排成 6 纵行,中央 4 行最大且平滑,外侧 2 行稍小而具弱棱且游离缘尖出。四肢较短小而纤细,尾细长,背覆起棱大鳞。生活时背面暗绿色,腹面色较浅,体侧有 1 条白色纵纹。

生活习性:崇安草蜥善于攀草爬树,常于闷热雷雨天气前出来活动,趴伏于茶树、芒其等草灌丛中，行动敏捷。白天行动迅捷，警惕性远高于北草蜥，夜晚常栖息于林缘树枝、草上。根据捕获崇安草蜥的粪便残骸推测其食性较广，以蛾类、蜘蛛、蝗虫类和昆虫的幼虫为食。

分布情况：保护区内分布于水洋村、交溪口和龙井坑等地。该种模式产地为福建省武夷山市。

(4)尖吻蝮 *Deinagkistrodon acutus*

所属科目：有鳞目蝰科

保护等级：浙江省重点保护野生动物

濒危等级：《中国生物多样性红色名录——脊椎动物卷》濒危(EN)

形态特征：尖吻蝮头大，呈三角形，吻部突出。颈较细，体形粗短，尾较细而短。生活时头背黑褐色，头自吻部经眼斜至口角以下为黄白色，偶有少许黑褐色点。头、腹及喉部为白色，散有稀疏黑褐色点斑。背面深棕色或棕褐色，其上具灰白色大方形斑块 17～19 个，尾部具 3～5 个，前、后 2 个方斑以尖角彼此相接，方斑边缘浅褐色，中央略深。腹面白色，有交错排列的黑褐色斑块，略呈纵行，每一斑块跨 1～3 枚腹鳞。尾背后段纯黑褐色，方形斑不显，尾腹面白色，散有疏密不等的黑褐色点。

生活习性：该蛇生活于山区或丘陵林木茂盛的阴湿地方，常见于山溪旁石头上、阴湿落叶间、路边草丛等地。白天多盘蜷不动，头位于中间，吻尖向上，晚上遇火有扑火习性。活动繁殖高峰期为 5 月中旬至 8 月底，喜食鼠类及蛙类。

分布情况：该蛇在保护区内分布较广，主要见于雪岭、老虎坑、大子坑、徐罗坑等地山地林道、溪流边和林缘区域。

(5)银环蛇 *Bungarus multicinctus*

所属科目：有鳞目眼镜蛇科

濒危等级：《中国生物多样性红色名录——脊椎动物卷》濒危(EN)；《IUCN 红色名录》无危(LC)

形态特征：银环蛇为体形中等略偏大的前沟牙类毒蛇。头椭圆而略扁，吻端圆钝，与颈略可区分，鼻孔较大，眼小，瞳孔圆形。躯干圆柱形，背脊明显棱起，横截面呈三角形，尾短，末端略细尖。背面黑色或黑褐色，通身背面有黑白相间的横纹，腹面白色。头背黑色，枕及颈背有污白色的∧形斑。背正中 1 行脊鳞扩大成六角形，尾下鳞单行。

生活习性：该蛇栖息于平原、丘陵或山地，白昼蛰伏于石缝、树洞、乱石堆、坟穴、灌丛等地，傍晚或夜间外出，在水域及其附近觅食。

分布情况：银环蛇在保护区内分布较广，主要分布于周村乡、安民关、徐罗坑、白坑水库、双溪口乡龙井坑村区域潮湿林缘及溪流附近。

(6)黑眉锦蛇 *Elaphe taeniurus*

所属科目：有鳞目游蛇科

保护等级：浙江省重点保护野生动物

濒危等级：《中国生物多样性红色名录——脊椎动物卷》濒危(EN)

形态特征：黑眉锦蛇为体形较大的无毒蛇。头略大，与颈明显区分。头体背黄绿色或棕灰色，体背前中段具黑色梯状或蝶状纹，至后段逐渐不显。从体中段开始，两侧有明显的 4 条黑色纵带达尾端，腹面灰黄色或浅灰色，两侧黑色，上、下唇鳞及下颌淡黄色，眼后具一明显的眉状黑纹延至颈部,故名黑眉锦蛇。

生活习性:该蛇体形大,行动迅速,善于攀爬,性情较凶猛,受惊扰即竖起头颈作攻击姿势。在平原丘陵均发现其活动,常在房屋及其附近栖居,好盘踞于老式房屋的屋檐,故有“家蛇”之称。性喜食鼠类、鸟类及蛙类。

分布情况:该蛇在保护区主要见于大龙岗、里东坑、周村乡等地林缘、林道区域。浙江省广布。

(7)王锦蛇 *Elaphe carinatas*

所属科目:有鳞目游蛇科

保护等级:浙江省重点保护野生动物

濒危等级:《中国生物多样性红色名录——脊椎动物卷》濒危(EN)

形态特征:王锦蛇为大型无毒蛇。头略大,与颈明显区分。体背鳞片周围黑色,中央黄色,体前部具黄色横斜纹,体后部黄色横纹消失,其黄色部分似油菜花瓣,故又名“油菜花”。腹面黄色,具黑色斑,头背鳞缘黑色,中央黄色,前额形成“王”字样黑纹,故名“王锦蛇”。幼小个体与成体大不相同,头、体、背茶色,枕部有 2 条短的黑纵纹。体背前、中段具不规则的细小黑斜纹,体后段黑斜纹消失,呈分散的细黑点,至尾背形成 2 条纵行的细黑线;体后段及尾部两侧有一暗褐色纵斑,腹面粉红色或黄白色,直到体全长近 800mm 时,才变化为成体的色斑。

生活习性:该蛇栖息于山区、丘陵地带,平原亦有,常于山地灌丛、田野沟边、山溪旁、草丛中活动。性凶猛,行动迅速。昼夜均活动,以夜间更活跃。

分布情况:该蛇在保护区主要见于荒田头、里东坑、松坑口、大龙岗等地林缘、林道区域。

6.5 鸟类

6.5.1 调查研究方法

我们对保护区鸟类的野外调查主要采用野外观察、访问调查、资料收集等方法。

(1)野外观察:采用样线法,通过目击观察、鸣声辨别、摄影取证等方法,对调查区域内的鸟类资源进行调查,调查选择鸟类活动相对活跃的晨昏进行。

(2)访问调查:走访保护区与周边有经验的农户和护林员,收集较难观察到的鸟类的信息。

(3)资料收集:参考保护区的历史资料、动物资源调查报告、参考文献,整理补充数据。

(4)其他:为全面掌握保护区的鸟类资源,除上述方法外,我们还采取了红外相机拍摄法、网捕法、羽迹法等辅助调查手段。

2018 年越冬季(2019 年 1 月)和 2019 年繁殖季(2019 年 5 月),采用固定距离样线法对保护区鸟类资源进行调查。根据不同的生境特点及地形地貌的实际情况,在保护区共调查样线 6 条(见图 6-1、表 6-9),样线单侧宽度 50m。夏季和冬季各样线重复调查 3 次,总计 36 次。

图 6-1　样线示意图

表 6-9　保护区鸟类监测调查样线

样线	样线长度/m	调查次数		起始坐标	起点海拔/m	终点坐标	终点海拔/m
		夏	冬				
白水坑	5370	3	3	28.33717918°N 118.59627533°E	445	28.36223984°N 118.61853027°E	341
周村下	2130	3	3	28.29734421°N 118.61161041°E	558	28.28188133°N 118.61138153°E	609
公路	3470	3	3	28.36537552°N 118.68457031°E	418	28.34120369°N 118.68171692°E	478
洪岩顶	2310	3	3	28.31690788°N 118.67077637°E	548	28.31741524°N 118.67090688°E	543
龙井坑	2670	3	3	28.31690788°N 118.67077637°E	548	28.29854965°N 118.67268372°E	616
高峰村—周村	870	3	3	28.29819107°N 118.61156464°E	560	28.30291055°N 118.61248416°E	644

调查选在天气晴朗、少雾、无大风的日子进行。调查时由 2～3 人组成 1 个小组，步行调查，记录样线两侧见到或听到的鸟类种类与数量等，并使用 GPS 记录样线位点及距离。调查时间一般为 6:00—10:00 和 15:00—18:00，调查时使用 8 倍双目望远镜对鸟类进行观察。

红外相机拍摄法是以保护区地形图为基础，在整个调查区域中划出 89 个 1km×1km 的公里网格图，以每个公里网格的中心为圆心、200m 为半径的区域作为布设相机的区域，每个区域内布设 1 台红外相机。同时，根据相机拍摄情况进行后续加密布设。

本次监测自 2018 年 12 月初开始，至 2019 年 9 月底结束，整个监测周期为 10 个月。

6.5.2　鸟类多样性

根据历史记录和 2019 年度调查结果，保护区共记录鸟类 151 种(见表 6-10)，2019 年度共新增物种 24 种，其中红外相机拍摄到新增物种 16 种。

表 6-10　保护区鸟类名录

物种	《IUCN 红色名录》	居留型	分布型	保护等级	《中国生物多样性红色名录——脊椎动物卷》	中国特有种	备注
一、鸡形目 GALLIFORMES							
(一)雉科 Phasianidae							
1. 鹌鹑 *Coturnix japonica*	NT	W	Pa		LC		
2. 灰胸竹鸡 *Bambusicolathoracicus*	LC	R	O		LC	√	
3. 黄腹角雉 *Tragopancaboti*	VU	R	O	Ⅰ	EN	√	
4. 勺鸡 *Pucrasiamacrolopha*	LC	R	E	Ⅱ	LC		
5. 白鹇 *Lophuranycthemera*	LC	R	O	Ⅱ	LC		
6. 白颈长尾雉 *Syrmaticusellioti*	NT	R	O	Ⅰ	VU	√	
7. 环颈雉 *Phasianuscolchicus*	LC	R	E		LC		
8. 白眉山鹧鸪 *Arborophilagingica*	LC	R	O	Ⅱ	VU	√	红外
二、雁形目 ANSERIFORMES							
(二)鸭科 Anatidae							
9. 小天鹅 *Cygnuscolumbianus*	LC	W	Pa	Ⅱ	NT		
10. 赤颈鸭 *Marecapenelope*	LC	W	Pa	S	LC		
11. 绿头鸭 *Anas platyrhynchos*	LC	W	Pa	S	LC		
12. 斑嘴鸭 *Anas zonorhyncha*	LC	W	E	S	LC		
13. 绿翅鸭 *Anas crecca*	LC	W	Pa	S	LC		
14. 中华秋沙鸭 *Mergus squamatus*	EN	W	Pa	Ⅰ	EN		新增
15. 普通秋沙鸭 *Mergus merganser*	LC	W	Pa	S	LC		
三、鸽形目 COLUMBIFORMES							
(三)鸠鸽科 Columbidae							
16. 山斑鸠 *Streptopelia orientalis*	LC	R	O		LC		
17. 珠颈斑鸠 *Streptopelia chinensis*	LC	R	O		LC		
四、夜鹰目 CAPRIMULGIFORMES							
(四)夜鹰科 Caprimulgidae							
18. 普通夜鹰 *Caprimulgus indicus*	LC	S	O		LC		红外
五、鹃形目 CUCULIFORMES							
(五)杜鹃科 Cuculidae							
19. 褐翅鸦鹃 *Centropus sinensis*	LC	R	O	Ⅱ	LC		
20. 噪鹃 *Eudynamys scolopaceus*	LC	S	O	S	LC		新增
21. 大鹰鹃 *Hierococcyx sparverioides*	LC	S	O	S	LC		
22. 四声杜鹃 *Cuculus micropterus*	LC	S	O	S	LC		
六、鹤形目 GRUIFORMES							
(六)秧鸡科 Rallidae							
23. 白胸苦恶鸟 *Amaurornis phoenicurus*	LC	S	O		LC		
24. 红脚田鸡 *Zapornia akool*	LC	R	Pa		LC		
25. 黑水鸡 *Gallinula chloropus*	LC	S	E		LC		
26. 白骨顶 *Fulica atra*	LC	W	Pa		LC		

续表

物种	《IUCN 红色名录》	居留型	分布型	保护等级	《中国生物多样性红色名录——脊椎动物卷》	中国特有种	备注
七、鸻形目 CHARADRIIFORMES							
(七)鹬科 Scolopacidae							
27. 丘鹬 *Scolopax rusticola*	LC	W	Pa		LC		红外
(八)三趾鹑科 Turnicidae							
28. 黄脚三趾鹑 *Turnix tanki*	LC	S	O		LC		新增
八、鹈形目 PELECANIFORMES							
(九)鹭科 Ardeidae							
29. 夜鹭 *Nycticorax nycticorax*	LC	S	O		LC		
30. 绿鹭 *Butorides striata*	LC	S	O		LC		
31. 池鹭 *Ardeola bacchus*	LC	S	O		LC		
32. 牛背鹭 *Bubulcus ibis*	LC	S	O		LC		
33. 苍鹭 *Ardea cinerea*	LC	R	E		LC		
34. 中白鹭 *Ardeaintermedia*	LC	S	O		LC		
35. 白鹭 *Egrettagarzetta*	LC	S	O		LC		
九、鹰形目 ACCIPITRIFORMES							
(十)鹰科 Accipitridae							
36. 林雕 *Ictinaetus malaiensis*	LC	R	E	Ⅱ	LC		新增
37. 凤头蜂鹰 *Pernis ptilorhynchus*	LC	P	Pa	Ⅱ	NT		
38. 黑冠鹃隼 *Aviceda leuphotes*	LC	S	E	Ⅱ	LC		
39. 蛇雕 *Spilornis cheela*	LC	R	Pa	Ⅱ	NT		
40. 赤腹鹰 *Accipiter soloensis*	LC	R	O	Ⅱ	LC		
41. 松雀鹰 *Accipiter virgatus*	LC	R	Pa	Ⅱ	LC		
42. 黑鸢 *Milvus migrans*	LC	R	Pa	Ⅱ	VU		
十、鸮形目 STRIGIFORMES							
(十一)鸱鸮科 Strigidae							
43. 领角鸮 *Otus bakkamoena*	LC	R	O	Ⅱ	LC		红外
44. 斑头鸺鹠 *Glaucidium cuculoides*	LC	R	O	Ⅱ	LC		
十一、犀鸟目 BUCEROTIFORMES							
(十二)戴胜科 Upupidae							
45. 戴胜 *Upupa epops*	LC	W	O	S	LC		
十二、佛法僧目 CORACIIFORMES							
(十三)蜂虎科 Meropidae							
46. 蓝喉蜂虎 *Merops viridis*	LC	S	O	Ⅱ	LC		
(十四)佛法僧科 Coraciidae							
47. 三宝鸟 *Eurystomus orientalis*	LC	S	O	S	LC		
(十五)翠鸟科 Alcedinidae							
48. 白胸翡翠 *Halcyon smyrnensis*	LC	R	O	Ⅱ	LC		
49. 普通翠鸟 *Alcedo atthis*	LC	R	O		LC		
50. 冠鱼狗 *Megaceryle lugubris*	LC	R	O		LC		
51. 斑鱼狗 *Ceryle rudis*	LC	R	O		LC		

续表

物种	《IUCN 红色名录》	居留型	分布型	保护等级	《中国生物多样性红色名录——脊椎动物卷》	中国特有种	备注
十三、啄木鸟目 PICIFORMES							
(十六)拟啄木鸟科 Megalaimidae							
52. 大拟啄木鸟 *Psilopogo nvirens*	LC	R	O		LC		
(十七)啄木鸟科 Picidae							
53. 大斑啄木鸟 *Dendrocopos major*	LC	R	Pa	S	LC		
54. 栗啄木鸟 *Micropternus brachyurus*	LC	R	O	S	LC		
55. 黄嘴栗啄木鸟 *Blythipicus pyrrhotis*	LC	R	O	S	LC		红外
56. 灰头绿啄木鸟 *Picus canus*	LC	R	O	S	LC		红外
十四、隼形目 FALCONIFORMES							
(十八)隼科 Falco nidae							
57. 红隼 *Falco tinnunculus*	LC	R	E	Ⅱ	LC		
58. 燕隼 *Falco subbuteo*	LC	S	E	Ⅱ	LC		
十五、雀形目 PASSERIFORMES							
(十九)八色鸫科 Pittdae							
59. 仙八色鸫 *Pitta nympha*	VU	P	O	Ⅱ	VU		红外
(二十)山椒鸟科 Campephagidae							
60. 灰喉山椒鸟 *Pericrocotus solaris*	LC	R	E		LC		
(二十一)卷尾科 Dicruridae							
61. 黑卷尾 *Dicrurus macrocercus*	LC	S	O		LC		
62. 灰卷尾 *Dicrurus leucophaeus*	LC	S	O		LC		
63. 发冠卷尾 *Dicrurus hottentottus*	LC	S	O		LC		红外
(二十二)伯劳科 Laniidae							
64. 虎纹伯劳 *Lanius tigrinus*	LC	S	E	S	LC		
65. 红尾伯劳 *Lanius cristatus*	LC	S	Pa	S	LC		
66. 棕背伯劳 *Lanius schach*	LC	R	O	S	LC		
(二十三)鸦科 Corvidae							
67. 松鸦 *Garrulus glandarius*	LC	R	Pa		LC		
68. 灰喜鹊 *Cyanopica cyanus*	LC	R	E		LC		
69. 红嘴蓝鹊 *Urocissa erythroryncha*	LC	R	O		LC		
70. 灰树鹊 *Dendrocitta formosae*	LC	R	O		LC		
71. 喜鹊 *Pica pica*	LC	R	E		LC		
(二十四)山雀科 Paridae							
72. 黄腹山雀 *Pardaliparus venustulus*	LC	W	O		LC	√	
73. 大山雀 *Parus cinereus*	LC	R	Pa		LC		
74. 黄颊山雀 *Machlolophus spilonotus*	LC	R	E		LC		
(二十五)百灵科 Alaudidae							
75. 云雀 *Alauda arvensis*	LC	W	Pa		LC		
(二十六)扇尾莺科 Cisticolidae							
76. 纯色山鹪莺 *Prinia inornata*	LC	R	O		LC		
(二十七)燕科 Hirundinidae							
77. 家燕 *Hirundo rustica*	LC	S	O		LC		

续表

物种	《IUCN 红色名录》	居留型	分布型	保护等级	《中国生物多样性红色名录——脊椎动物卷》	中国特有种	备注
78. 烟腹毛脚燕 *Delichon dasypus*	LC	S	O		LC		
79. 金腰燕 *Cecropis daurica*	LC	S	O		LC		
(二十八)鹎科 Pycnonotidae							
80. 领雀嘴鹎 *Spizixos semitorques*	LC	R	O		LC		
81. 白头鹎 *Pycnonotus sinensis*	LC	R	O		LC		
82. 绿翅短脚鹎 *Ixos mcclellandii*	LC	R	O		LC		
83. 栗背短脚鹎 *Hemixos castanonotus*	LC	R	O		LC		
84. 黑短脚鹎 *Hypsipetes leucocephalus*	LC	S	O		LC		
(二十九)柳莺科 Phylloscopidae							
85. 黄腰柳莺 *Phylloscopus proregulus*	LC	W	Pa		LC		
86. 黄眉柳莺 *Phylloscopus inornatus*	LC	P	Pa		LC		
87. 极北柳莺 *Phylloscopus borealis*	LC	P	O		LC		新增
88. 黑眉柳莺 *Phylloscopus ricketti*	LC	S	O		LC		新增
(三十)树莺科 Cettiidae							
89. 棕脸鹟莺 *Abroscopus albogularis*	LC	R	O		LC		
90. 强脚树莺 *Horornis fortipes*	LC	R	O		LC		
(三十一)长尾山雀科 Aegithalidae							
91. 红头长尾山雀 *Aegithalos concinnus*	LC	R	O		LC		
(三十二)莺鹛科 Sylviidae							
92. 棕头鸦雀 *Sinosuthora webbiana*	LC	R	O	Ⅱ	LC		
93. 短尾鸦雀 *Neosuthora davidiana*	LC	R	E		NT		
(三十三)绣眼鸟科 Zosteropidae							
94. 栗耳凤鹛 *Yuhina castaniceps*	LC	R	O		LC		
95. 暗绿绣眼鸟 *Zosterops japonicus*	LC	R	O		LC		
(三十四)林鹛科 Timaliidae							
96. 棕颈钩嘴鹛 *Pomatorhinus ruficollis*	LC	R	O		LC		
97. 华南斑胸钩嘴鹛 *Erythrogenys swinhoei*	LC	R	O		LC		红外
98. 红头穗鹛 *Cyanoderma ruficeps*	LC	R	O		LC		
(三十五)幽鹛科 Pellorneidae							
99. 灰眶雀鹛 *Alcippe morrisonia*	LC	R	O		LC		
100. 褐顶雀鹛 *Alcippe brunnea*	LC	R	O		LC	√	红外
(三十六)噪鹛科 Leiothrichidae							
101. 画眉 *Garrulax canorus*	LC	R	O	Ⅱ	NT		
102. 灰翅噪鹛 *Garrulax cineraceus*	LC	R	E		LC		
103. 黑脸噪鹛 *Garrulax perspicillatus*	LC	R	O		LC		
104. 黑领噪鹛 *Garrulax pectoralis*	LC	R	O		LC		
105. 小黑领噪鹛 *Garrulax monileger*	LC	R	O		LC		红外
106. 白颊噪鹛 *Garrulax sannio*	LC	R	O		LC		新增
107. 红嘴相思鸟 *Leiothrix lutea*	LC	R	E	Ⅱ	LC		
(三十七)河乌科 Cinclidae							
108. 褐河乌 *Cinclus pallasii*	LC	R	O		LC		
(三十八)椋鸟科 Sturnidae							
109. 八哥 *Acridotheres cristatellus*	LC	R	O		LC		
110. 丝光椋鸟 *Spodiopsar sericeus*	LC	R	O		LC		

续表

物种	《IUCN红色名录》	居留型	分布型	保护等级	《中国生物多样性红色名录——脊椎动物卷》	中国特有种	备注
111. 灰椋鸟 *Spodiopsar cineraceus*	LC	W	Pa		LC		
112. 黑领椋鸟 *Gracupica nigricollis*	LC	R	O		LC		
113. 北椋鸟 *Agropsar sturninus*	LC	P	Pa		LC		
114. 灰背椋鸟 *Sturnia sinensis*	LC	S	O		LC		
(三十九)鸫科 Turdidae							
115. 乌鸫 *Turdus mandarinus*	LC	R	O		LC		
116. 白腹鸫 *Turdus pallidus*	LC	W	Pa		LC		
117. 斑鸫 *Turdus eunomus*	LC	P	Pa		LC		
118. 白眉地鸫 *Geokichla sibirica*	LC	W	Pa		LC		红外
119. 白眉鸫 *Turdu sobscurus*	LC	W	Pa		LC		红外
120. 虎斑地鸫 *Zoothera dauma*	LC	W	Pa		LC		红外
121. 灰背鸫 *Turdus hortulorum*	LC	W	Pa		LC		红外
(四十)鹟科 Muscicapidae							
122. 红胁蓝尾鸲 *Tarsiger cyanurus*	LC	P	Pa		LC		
123. 鹊鸲 *Copsychus saularis*	LC	R	O		LC		
124. 北红尾鸲 *Phoenicurus auroreus*	LC	R	Pa		LC		
125. 红尾水鸲 *Rhyacornis fuliginosa*	LC	R	Pa		LC		
126. 紫啸鸫 *Myophonus caeruleus*	LC	S	O		LC		
127. 小燕尾 *Enicurus scouleri*	LC	R	E		LC		
128. 灰背燕尾 *Enicurus schistaceus*	LC	R	O		LC		
129. 白额燕尾 *Enicurus leschenaulti*	LC	R	O		LC		
130. 斑背燕尾 *Enicurus maculatus*	LC	R	O		LC		新增
131. 鸲姬鹟 *Ficedula mugimaki*	LC	P	Pa		LC		
132. 红尾歌鸲 *Larvivora sibilans*	LC	P	Pa		LC		红外
(四十一)叶鹎科 Chloropseidae							
133. 橙腹叶鹎 *Chloropsis hardwickii*	LC	R	O		LC		
(四十二)梅花雀科 Estrildidae							
134. 白腰文鸟 *Lonchura striata*	LC	R	O		LC		
135. 斑文鸟 *Lonchura punctulata*	LC	R	O		LC		
(四十三)雀科 Passeridae							
136. 山麻雀 *Passer cinnamomeus*	LC	R	O		LC		
137. 麻雀 *Passer montanus*	LC	R	E		LC		
(四十四)鹡鸰科 Motacillidae							
138. 黄鹡鸰 *Motacilla tschutschensis*	LC	P	Pa		LC		
139. 灰鹡鸰 *Motacilla cinerea*	LC	P	Pa		LC		
140. 白鹡鸰 *Motacilla alba*	LC	R	Pa		LC		
141. 树鹨 *Anthus hodgsoni*	LC	W	Pa		LC		
142. 黄腹鹨 *Anthus rubescens*	LC	W	Pa		LC		
(四十五)燕雀科 Fringillidae							
143. 燕雀 *Fringilla montifringilla*	LC	P	Pa		LC		

续表

物种	《IUCN 红色名录》	居留型	分布型	保护等级	《中国生物多样性红色名录——脊椎动物卷》	中国特有种	备注
144. 黑尾蜡嘴雀 *Eophona migratoria*	LC	P	Pa		LC		
145. 黑头蜡嘴雀 *Eophona personata*	LC	W	Pa		NT		
146. 金翅雀 *Chloris sinica*	LC	R	E		LC		
(四十六)鹀科 Emberizidae							
147. 三道眉草鹀 *Emberiza cioides*	LC	R	Pa		LC		
148. 小鹀 *Emberiza pusilla*	LC	W	Pa		LC		
149. 黄眉鹀 *Emberiza chrysophrys*	LC	P	Pa		LC		
150. 灰头鹀 *Emberiza spodocephala*	LC	W	Pa		LC		
151. 红颈苇鹀 *Emberiza yessoensis*	NT	W	Pa		NT		

注:①分布型中,"O"表示东洋界种;"P"表示古北界种;"E"表示广布种。

②居留型中,"W"表示冬候鸟;"S"表示夏候鸟;"R"表示留鸟;"Pa"表示旅鸟。

③《IUCN 红色名录》《中国生物多样性红色名录——脊椎动物卷》中,"LC"表示无危;"NT"表示近危;"VU"表示易危;"EN"表示濒危。

④保护等级中,"Ⅰ"表示国家一级重点保护野生动物;"Ⅱ"表示国家二级重点保护野生动物;"S"表示浙江省重点保护野生动物。

6.5.3 区系和分布特征

6.5.3.1 区系分析

保护区调查记录到的 151 种鸟隶属于 15 目 46 科,其中,雀形目鸟类最多,为 28 科 93 种,占保护区鸟类物种总数的 61.59%(见表 6-11)。

表 6-11 保护区鸟类组成统计

目	科数	种数	种数占比/%
鸡形目	1	8	5.30
雁形目	1	7	4.64
鸽形目	1	2	1.32
夜鹰目	1	1	0.66
鹃形目	1	4	2.65
鹤形目	1	4	2.65
鸻形目	1	2	1.32
鹈形目	1	7	4.64
鹰形目	1	7	4.64
鸮形目	1	2	1.32
犀鸟目	1	1	0.66
佛法僧目	3	6	3.97
啄木鸟目	2	5	3.31
隼形目	1	2	1.32
雀形目	28	93	61.59

保护区的鸟类区系以东洋界种为主(见表 6-12),有 85 种,占保护区鸟类种数的 56.29%;其次为古北界种,计 47 种,占保护区鸟类种数的 31.12%;广布种数量较少,有 19 种,占保护区鸟类种数的 12.59%。雀形目鸟类中,东洋界种占大部分,有 50 种;古北界种 32 种;广布种 11 种。保护区地处浙闽交界处,鸟类区系兼具古北界和东洋界特征,更偏向华南区的区系。

居留型则以留鸟为多(见表 6-12),计 82 种,占保护区鸟类种数的 54.30%;夏候鸟和冬候鸟分别为 29 种和 26 种,各占保护区鸟类种数的 19.21%和 17.22%;旅鸟 14 种,占保护区鸟类种数的 9.27%。留鸟与夏候鸟为繁殖鸟,总计 111 种,占保护区鸟类种数的 73.51%。留鸟中,雀形目种数最多,计 53 种,占保护区留鸟种数的 64.63%。

表 6-12　保护区鸟类区系特征

类型	组成	种数	占比/%
分布型	广布种	19	12.59
	东洋界种	85	56.29
	古北界种	47	31.13
居留型	旅鸟	14	9.27
	留鸟	82	54.30
	夏候鸟	29	19.21
	冬候鸟	26	17.22

2.分布特征

分析各样线物种多度以及丰富度,情况见表 6-13。

表 6-13　保护区各样线鸟类丰富度及多度情况

样线	丰富度(物种数)	多度(个体数)
白水坑	29	237
公路	27	185
龙井坑	26	176
高峰村—周村	25	266
洪岩顶	24	136
周村下	17	70

从表中可知,总体来说,白水坑、龙井坑等样线鸟类丰富度与多度较高,而周村下样线鸟类较少且多以活动迅速的小型鸟类为主,如灰眶雀鹛。高峰村—周村样线地形开阔,且是村庄,食物来源较丰富,鸟类个体数最多,但灰眶雀鹛和鹎类等鸟占了 65%以上,分布不均匀。龙井坑和洪岩顶建筑密度低,海拔跨度大,植被类型更完整,更接近原始状态,鸟类种类较多,分布较均匀。公路也记录到紫啸鸫、褐河乌等对人类干扰较敏感的物种,但这些鸟被记录到的时候均在沿路河流对岸,且记录点距离村庄较远,过往车辆不多,人为干扰少。

红外相机多次记录到黄腹角雉等珍稀濒危物种,多集中在保护区核心区远离样线的深山中,但在保护区南、北端常有在道路、村庄附近的相机能拍摄到画眉、白鹇等物种。

6.5.4 珍稀濒危和重要鸟类物种

1. 珍稀濒危鸟类

保护区内国家一级重点保护野生鸟类有 3 种，分别为白颈长尾雉、黄腹角雉、中华秋沙鸭；国家二级重点保护鸟类共有 22 种，分别为勺鸡、白鹇、白眉山鹧鸪、小天鹅、褐翅鸦鹃、林雕、凤头蜂鹰、黑冠鹃隼、赤腹鹰、蛇雕、松雀鹰、黑鸢、领角鸮、斑头鸺鹠、蓝喉蜂虎、白胸翡翠、红隼、燕隼、仙八色鸫、短尾鸦雀、画眉、红嘴相思鸟。中国特有鸟类有 6 种，分别为白颈长尾雉、黄腹角雉、灰胸竹鸡、白眉山鹧鸪、黄腹山雀、褐顶雀鹛。浙江省重点保护野生鸟类共有 17 种，其中 2 种为红外相机新监测到的，分别为黄嘴栗啄木鸟、灰头绿啄木鸟。

根据《IUCN 红色名录》，被列入濒危（EN）的有 1 种，即中华秋沙鸭 *Mergus squamatus*；易危（VU）的有 2 种，分别为黄腹角雉、仙八色鸫；近危（NT）的有 3 种，为鹌鹑 *Coturnix japonica*、白颈长尾雉、红颈苇鹀 *Emberiza yessoensis*；其余 145 种为低危（LC）物种。

根据《中国生物多样性红色名录——脊椎动物卷》，濒危（EN）的有 2 种，为黄腹角雉和中华秋沙鸭；易危（VU）的有 4 种，分别为白颈长尾雉、白眉山鹧鸪、黑鸢、仙八色鸫；近危（NT）的有 7 种，分别为小天鹅、凤头蜂鹰、蛇雕、短尾鸦雀、画眉、黑头蜡嘴雀、红颈苇鹀；其余 138 种为低危（LC）物种。

2. 重要鸟类物种

（1）黄腹角雉 *Tragopan caboti*

所属科目：鸡形目雉科

保护等级：国家一级重点保护野生动物

濒危等级：《中国生物多样性红色名录——脊椎动物卷》濒危（EN）；《IUCN 红色名录》易危（VU）

形态特征：体大（体长约 61cm）而尾短。虹膜褐色，嘴角色，脚粉红色或肉色。雄鸟具一短距，具肉距；额和头顶均黑；头上羽冠前黑，后转为深橙红色；后颈黑，颈两侧深橙红色向下伸到胸的中部。上体（包括两翅的表面）均黑。下体几乎纯皮黄色，仅两胁及覆腿羽稍杂以与上体近似的羽色。雌鸟无距，亦不具肉距，肉质角亦不发达；上体棕褐，而满分布情况：杂以黑色和棕白色矢状斑；头顶黑色较多；尾上黑色呈横斑状；下体较背淡、皮黄色，胸多黑色粗斑，腹部杂以明显的大型白斑，肛周羽和尾下覆羽灰白。

分布情况：保护区内分布于大龙岗、苏州岭、白确际、华竹坑、枫树凹、大岗尖、香菇棚、高峰等海拔较高区域。

（2）白颈长尾雉 *Syrmaticus ellioti*

所属科目：鸡形目雉科

保护等级：国家一级重点保护野生动物

濒危等级：《中国生物多样性红色名录——脊椎动物卷》易危（VU）；《IUCN 红色名录》近危（NT）

形态特征：虹膜褐色至浅栗色；嘴黄色；脚蓝灰色。雄鸟为体大（体长约 81cm）的近褐色雉；头灰褐色，颈白色，脸颊裸皮猩红色；上背、胸和两翅栗色；下背和腰黑色而具白斑；腹白色，尾灰色而具宽阔栗斑。黑色的颏、喉及白色的腹部为本种特征。雌鸟体长约45cm，体羽大都棕褐色；枕及后颈灰色，喉及前颈黑色，上体其余部位杂以栗色、灰色及黑色蠹斑；胸和两胁浅棕褐色，具白色羽端和微杂黑斑，下体余部白色，上具棕黄色横斑。

分布情况：保护区内发现于徐罗坑、龙井坑、苏州岭、和平等地。

(3)中华秋沙鸭 *Mergus squamatus*

所属科目：雁形目鸭科

保护等级：国家一级重点保护野生动物

濒危等级：《中国生物多样性红色名录——脊椎动物卷》濒危(EN)；《IUCN 红色名录》濒危(EN)

形态特征：体长 49～63cm。嘴长而窄，呈红色；鼻孔位于嘴峰中部，羽冠长而明显，呈双冠状。雄鸟的头、上背及肩羽黑色；下背、腰和尾上覆羽白色，杂以黑色斑纹；尾灰色；大覆羽、三级飞羽和初级飞羽组成的翼镜白色；长而窄近红色的嘴，嘴形侧扁，前端尖出，其尖端具钩，与鸭科其他种类具有平扁的喙形不同。黑色的头部具厚实的羽冠。下体近白色，两胁羽片白色而羽缘及羽轴黑色，形成特征性鳞状纹。

分布情况：保护区内见于白水坑水库一带。

(4)勺鸡 *Pucrasia macrolopha*

所属科目：鸡形目雉科

保护等级：国家二级重点保护野生动物

形态特征：体大(体长约 61cm)而尾相对短的雉类。虹膜褐色；嘴黑褐色；脚及趾等均暗红色。雄鸟头顶棕褐，冠羽细长；头部其余部分(包括颏、喉等)均为黑色，而带暗绿色的金属反光；颈侧白斑后面及背的极上部均为淡棕黄色，形成领环状；下体中央自黑喉以至下腹概染栗色；体侧与上体相似；尾下覆羽暗栗色，具黑色次端斑和白色端斑。雌鸟体形较小，具冠羽但无长的耳羽束；体羽图纹与雄鸟同。

分布情况：保护区内发现于大龙岗、洪岩顶、龙井坑、苏州岭、白确际、徐福年、小子坑和小龙等区域。

(5)白鹇 *Lophura nycthemera*

所属科目：鸡形目雉科

保护等级：国家二级重点保护野生动物

形态特征：虹膜橙黄色或红褐色，嘴角绿色，脚红色。雄鸟体大(体长 94～110cm)，头上羽冠及下体蓝黑色，耳羽灰白色，脸的裸露部赤红色；上体和两翅白色，自后颈或上背起密布近似 V 形的黑纹；尾甚长，中央尾羽几纯白，背及其余尾羽白色，带黑斑、细纹；颏、喉、胸、腹、尾下覆羽等均为纯辉蓝黑色。雌鸟上体橄榄褐色至栗色，下体具褐色细纹或杂白色、皮黄色，具暗色冠羽及红色脸颊裸皮。

分布情况：保护区内分布广泛。

(6)小天鹅 *Cygnus columbianus*

所属科目：雁形目鸭科

保护等级：国家二级重点保护野生动物

形态特征：体大(体长约 142cm)的白色天鹅，大型游禽。膜褐色；嘴黑色，带黄色嘴基；脚黑色。雌鸟略小。它与大天鹅在体形上非常相似，同样是长长的脖颈、纯白的羽毛、黑色的脚和蹼，身体也只是稍稍小一些，颈部和嘴比大天鹅略短。头顶至枕部常略沾有棕黄色。

分布情况：保护区内见于白水坑水库一带。

(7)褐翅鸦鹃 *Centropus sinensis*

所属科目：鹃形目杜鹃科

保护等级：国家级二重点保护野生动物

形态特征：体大(体长约 52cm)而尾长的鸦鹃。虹膜红色；嘴黑色；脚黑色。雄鸟体色除两翅红褐色外，通体黑色，其中头后、颈后、前胸略有蓝黑色金属光泽，羽干色稍淡，坚挺如针状；腰、腹羽长而蓬松，略呈绒状；翼下覆羽黑褐色具有光泽。雌鸟通体除两翅和肩外，均为灰黑色，其中头后、颈后、前胸部分呈蓝色金属光泽；体侧及下体(包括尾下覆羽)都有灰白色细横纹，羽干浅褐色；翅、肩栗褐色；下体都具有不规则横斑。

分布情况：保护区内常见于高峰。

(8)林雕 *Ictinaetus malaiensis*

所属科目：鹰形目鹰科

保护等级：国家二级重点保护野生动物

形态特征：体大(体长约 70cm)的褐黑色雕，中型猛禽，雌雄同色。嘴铅色，尖端黑色，蜡膜和嘴裂黄色；趾黄色，爪黑色。跗跖被羽，尾羽较长而窄，呈方形。飞翔时从下面看两翅宽长，翅基较窄，后缘略微突出；尾羽上具有多条淡色横斑和宽阔的黑色端斑；两翼后缘近身体处明显内凹，因而使翼基部明显较窄，使翼后缘突出，飞翔时极明显。下体黑褐色，但较上体稍淡，胸、腹有粗著的暗褐色纵纹。

分布情况：保护区内见于安民关和东坑口。

(9)凤头蜂鹰 *Pernis ptilorhynchus*

所属科目：鹰形目鹰科

保护等级：国家二级重点保护野生动物

形态特征：体形略大(体长约 58cm)的深色鹰。虹膜橘黄色；嘴灰色；脚黄色。头顶暗褐色至黑褐色，头侧具有短而硬的鳞片状羽毛。头的后枕部通常具有短的黑色羽冠。上体通常为黑褐色，头侧灰色，喉部白色，具有黑色的中央斑纹，其余下体棕褐色或栗褐色，具有淡红褐色和白色相间排列的横带、粗著的黑色中央纹。凤头蜂鹰的体色变化较大，但通过头侧短而硬的鳞片状羽和尾羽的数条暗色宽带斑，可以同其他猛禽相区别。

分布情况：保护区内见于雪岭、小龙、大子坑等地。

(10)黑冠鹃隼 *Aviceda leuphotes*

所属科目：鹰形目鹰科

保护等级：国家二级重点保护野生动物

形态特征：体形略小(体长约 32cm)的黑白色鹃隼。虹膜为紫褐色或血红褐色；嘴和腿均为铅色。雄鸟头顶具有长而垂直竖立的蓝黑色冠羽，极为显著；头部、颈部、背部尾上的覆羽和尾羽都呈黑褐色，并具有蓝色的金属光泽，喉部和颈部为黑色；上胸具有 1 个宽阔的星月形白斑，下胸和腹侧具有宽的白色和栗色横斑，腹部的中央、腿上覆羽和尾下覆羽均为黑色，尾羽内侧为白色，外侧具有栗色块斑，翅膀和肩部具有白斑。雌鸟羽色与雄鸟相似，但次级飞羽外翈无白色。

分布情况：保护区内见于交溪口周边林区。

(11)赤腹鹰 *Accipiter soloensis*

所属科目：鹰形目鹰科

保护等级：国家二级重点保护野生动物

形态特征：中等体形(体长约33cm)的鹰类。虹膜红或褐色；嘴灰色，端黑，蜡膜橘黄；脚橘黄。雄鸟上体及两翼的表面呈灰蓝色，后颈、肩及三级飞羽的基部缀白，其余飞羽内翈基部亦然；中央尾羽灰黑，先端较暗；其余尾羽暗褐色，具黑褐色横斑。颊、颈侧暗灰；颏、喉乳白，微染纤细的羽干纹；胸污棕色，上胸及两胁沾灰色；腹及尾下覆羽乳白，上腹沾污棕色；覆腿羽乳白沾灰。翼下覆羽淡皮黄色。雌鸟羽色与雄鸟相似，但中央尾羽微具暗色横斑，上腹隐现污棕色横斑。亚成鸟上体褐色，尾具深色横斑，下体白色，喉具纵纹，胸部及腿上具褐色横斑。

分布情况：保护区内见于龙井坑、高峰、野猪浆等地。

(12)蛇雕 *Spilornis cheela*

所属科目：鹰形目鹰科

保护等级：国家二级重点保护野生动物

形态特征：成鸟前额白色，头顶黑色，羽基白色；枕部有大而显著的黑色羽冠，通常呈扇形展开，其上有白色横斑。上体灰褐至暗褐色，具窄的白色或淡棕黄色羽缘，尾上覆羽具白色尖端；尾黑色，具1条宽阔的白色或灰白色中央横带和窄的白色尖端；翅上小覆羽褐色或暗褐色，具白色斑点；飞羽黑色，具白色端斑和淡褐色横斑。喉和胸灰褐色或黑色，具淡色或暗色虫蠹状斑；其余下体灰皮黄色或棕褐色，具丰富的白色圆形细斑。翼下覆羽和腋羽皮黄褐色，亦被白色圆形细斑。

分布情况：保护区内见于高勘底、雪岭、大子坑等地。

(13)松雀鹰 *Accipiter virgatus*

所属科目：鹰形目鹰科

保护等级：国家二级重点保护野生动物

形态特征：中等体形(体长约33cm)的深色鹰。虹膜、蜡膜和脚黄色，嘴在基部为铅蓝色，尖端黑色。雄鸟整个头顶至后颈石板黑色，头顶缀有棕褐色；眼先白色；颏和喉白色，头侧、颈侧和其余上体暗灰褐色；颈项和后颈基部羽毛白色；尾和尾上覆羽灰褐色，尾具4道黑褐色横斑，具有1条宽阔的黑褐色中央纵纹；胸和两肋白色，具宽而粗著的灰栗色横斑；腹白色，具灰褐色横斑；覆腿羽白色，亦具灰褐色横斑；尾下覆羽白色，具少许断裂的暗灰褐色横斑。雌鸟和雄鸟相似，但上体更富褐色，头暗褐色。下体白色，喉部中央具宽的黑色中央纹，雄鸟亦具褐色纵纹，腹和两肋具横斑。

分布情况：保护区内见于高峰、龙头、徐罗坑。

(14)黑鸢 *Milvus migrans*

所属科目：鹰形目鹰科

保护等级：国家二级重点保护野生动物

形态特征：虹膜暗褐色；嘴黑色，蜡膜和下嘴基部黄绿色；脚和趾黄色或黄绿色，爪黑色。中等体形(体长约55cm)的深褐色猛禽。前额基部和眼先灰白色，耳羽黑褐色，头顶至后颈棕褐色，颏、颊和喉灰白色。上体暗褐色，微具紫色光泽、不甚明显的暗色细横纹、淡色端缘；尾棕褐色，呈浅叉状；胸、腹及两胁暗棕褐色，具粗著的黑褐色羽干纹，下腹至肛部羽毛稍浅淡，呈棕黄色，几无羽干纹，或羽干纹较细，尾下覆羽灰褐色，翅上覆羽棕褐色。幼鸟全身大都栗褐色；头、颈大多具棕白色羽干纹；胸、腹具有宽阔的棕白色纵纹，翅上覆羽具白色端斑，尾上横斑不明显；其余似成鸟。

分布情况：保护区内见于白水坑水库周边区域的山林中。

(15)领角鸮 *Otus lettia*

所属科目：鸮形目鸱鸮科

保护等级：国家二级重点保护野生动物

形态特征：体形略大(体长约 24cm)的偏灰或偏褐色角鸮。虹膜深褐色；嘴黄色；脚污黄色。成鸟额和面盘白色或灰白色，稍缀以黑褐色细点；两眼前缘黑褐色，眼端刚毛白色，具黑色羽端，眼上方羽毛白色。上体(包括两翅表面)大都灰褐色，具黑褐色羽干纹和虫蠹状细斑，并杂有棕白色斑点，形成 1 个不完整的半领圈；肩和翅上外侧覆羽端具有棕色或白色大型斑点。初级飞羽黑褐色；尾灰褐色，横贯以 6 道棕色而杂有黑色斑点的横斑。颏、喉白色，其余下体白色或灰白色，满布粗著的黑褐色羽干纹及浅棕色波状横斑；趾被羽。

分布情况：保护区内见里东坑。

(16)斑头鸺鹠 *Glaucidium cuculoides*

所属科目：鸮形目鸱鸮科

保护等级：国家二级重点保护野生动物

形态特征：体小(体长约 24cm)而遍具棕褐色横斑。虹膜黄色；嘴黄绿色，基部较暗，蜡膜暗褐色；趾黄绿色，具刚毛状羽，爪近黑色。头、颈和整个上体(包括两翅表面)暗褐色，密被细狭的棕白色横斑；眉纹白色；部分肩羽和大覆羽外翈有大的白斑；尾羽黑褐色，具 6 道显著的白色横斑和羽端斑；颏、颚纹白色，喉中部褐色，具皮黄色横斑；下喉和上胸白色，下胸白色，具褐色横斑；腹白色，具褐色纵纹。幼鸟上体横斑较少，有时几乎纯褐色，仅具少许淡色斑点。

分布情况：保护区内见于茶地、飞连排等地。

(17)红隼 *Falco tinnunculus*

所属科目：隼形目隼科

保护等级：国家二级重点保护野生动物

形态特征：体小(体长约 33cm)的赤褐色隼。虹膜暗褐色；嘴蓝灰色，先端黑色，基部黄色，蜡膜和眼睑黄色；脚、趾深黄色，爪黑色。雄鸟头顶、头侧、后颈、颈侧蓝灰色；颏、喉乳白色或棕白色。背、肩和翅上覆羽砖红色，具近似三角形的黑色斑点；腰和尾上覆羽蓝灰色；尾蓝灰色，具宽阔的黑色次端斑和窄的白色端斑。胸、腹和两胁棕黄色或乳黄色，胸和上腹缀黑褐色细纵纹，下腹和两胁具黑褐色矢状或滴状斑。雌鸟上体棕红色，头顶至后颈以及颈侧具粗著的黑褐色羽干纹；脸颊部和眼下口角髭纹黑褐色；背到尾上覆羽具粗著的黑褐色横斑；尾亦为棕红色，具 9～12 道黑色横斑、宽的黑色次端斑与棕黄白色尖端；翅上覆羽与背同为棕黄色，并微缀棕色；下体似雄鸟，但色较淡。

分布情况：保护区内见于香菇棚、安民关和龙井坑等地。

(18)燕隼 *Falco subbuteo*

所属科目:隼形目隼科

保护等级:国家二级重点保护野生动物

形态特征:体小(体长约 30cm)黑白色隼。虹膜褐色;嘴灰色,蜡膜黄色;脚黄色。成鸟上体为暗蓝灰色,有一细白色眉纹,颊部有垂直向下的黑色髭纹,颈部的侧面、喉部、胸部和腹部均为白色,胸部和腹部有黑色的纵纹,下腹部至尾下覆羽和覆腿羽为棕栗色。尾羽为灰色或石板褐色,翼下为白色,密布黑褐色的横斑。翅膀折合时,翅尖几乎到达尾羽的端部,看上去很像燕子,因而得名。

分布情况:保护区主要分布于区内林缘地带,见于高峰、徐罗。

(19)仙八色鸫 *Pitta nympha*

所属科目:雀形目八色鸫科

保护等级:国家二级重点保护野生动物

形态特征:中等体形(体长约 18cm)、色彩艳丽、浑圆形的八色鸫。雌、雄羽色大致相似。虹膜褐色;嘴偏黑色;脚淡褐色。头深栗褐色,中央冠纹黑色,眉纹皮黄白色;窄而长,自额基一直延伸到后颈两侧。眉纹下面有 1 条宽阔的黑色贯眼纹,经眼先、颊、耳羽一直到后颈相连,形成领斑状。背、肩和内侧次级飞羽表面亮深绿色,腰、尾上覆羽和翅上小覆羽钴蓝色而具光泽。尾黑色,羽端钴蓝色。喉白色,胸淡茶黄色或皮黄白色,腹中部和尾下覆羽血红色。

分布情况:保护区见于大龙岗、洪岩顶。

6.6 兽类

6.6.1 调查研究方法

本次调查样线分别设在保护区与周边范围的雪岭、大子坑、香菇棚、徐福年、白确际、野猪浆、里东坑、大龙岗、龙井坑等方向。选择在 2018 年 12 月—2019 年 7 月进行调查,具体时间为 2018 年 12 月、2019 年 4 月、2019 年 7 月。调查路线主要在基本可行走的山区道路、林间小道以及布设红外相机的路径。

保护区兽类调查主要采用样线法、红外相机拍摄法、铗日法、网捕法、访问与资料收集法。

(1)样线法:以保护区及其周边范围为调查总体,在保证选取的各条样带具有代表性、随机性和可行性的前提下,兼顾海拔、植被类型、动物的生活习性及季节的差异,尽可能穿越样线上的所有生境类型。观察对象为动物个体和动物活动痕迹,调查时沿样线两侧仔细搜索和观察动物的活动痕迹,如足迹、粪便、卧迹、啃食痕迹、拱迹、洞巢穴等,包括越过样带的个体以及样带预定宽度以外的个体或活动痕迹。对所发现的痕迹根据形状、大小等特征进行分析,判断兽类的种类,并用 GPS 进行定位。

(2)红外相机拍摄法:主要用于调查大中型兽类。当温血动物从装置前方经过时,红外相机能自动感应识别动物,并拍摄照片或视频进行记录。调查时根据不同海拔高度和生境安放红外相机,通常选择在兽径、水源地、觅食场所等地,也可选择有兽类活动痕迹

(粪便、足迹等)附近安放。本次调查按公里网格布设,在有兽类活动的位置安放红外相机 157 台(现有范围内 89 台,见图 6-2)。红外相机累计工作 18042 个工作日(保护区范围内相机工作日,另调查总范围内累计拍摄 27905 个工作日,1 工作日指 1 台相机工作一昼夜的时间),累计拍摄有效照片 6026 张。

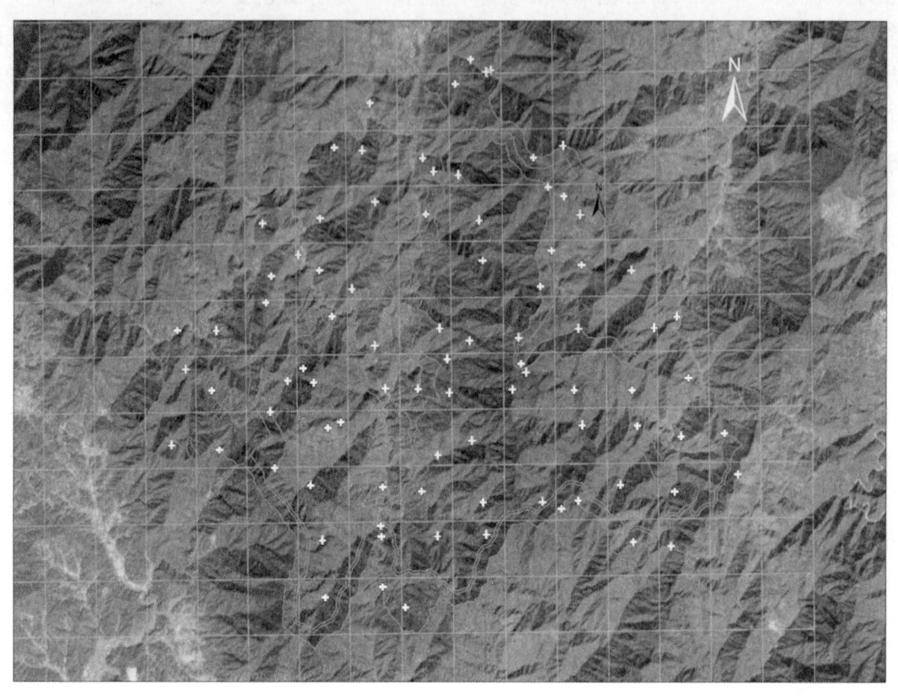

图 6-2 保护区红外相机监测位点

(3)铗日法:选择阔叶林、针阔叶混交林、竹林、村庄等不同生境,以新鲜花生米、火腿肠、炸肉为食饵,采用铗日法(中号铁板夹和鼠笼)捕捉小型兽类。鼠铗沿小路布放,行距 50m,铗距 5m,傍晚放铗,次日收铗,对所捕动物进行常规测量和分类。放置一昼夜为 1 个铗日,共布放 1083 个铗日。

(4)网捕法:主要用于翼手目调查,利用竖琴网或鸟网进行调查。天黑前将竖琴网安放于林道等环境,次日清晨检查捕获情况并取回标本。鸟网布设于洞穴口、洞穴内洞道、蝙蝠巢穴洞口等地,依靠驱赶、蹲守采集上网的蝙蝠标本。

(5)访问与资料收集法:考虑到兽类物种的可见率较低,为扩大资料来源渠道,对样线分布地区和周边村中对山林情况较熟悉的护林员、居民、有经验的猎户进行访谈,通过图鉴照片指认对比,收集物种被发现或被捕获的数据,访谈内容包括捕获或发现时间、地点、频率、数量、大小、质量等,对捕获或发现时间过长(>10 年)的数据需剔除。访谈结果都尽可能地要求有除访谈者外的他人佐证。同时查看居民家中保存的皮张、足爪、头骨等兽类标本,以确定保护区过去和现在可能存在的兽类种类及数量。采集到的标本用药品灭杀体表寄生虫,然后测量、记录其外形量度,将标本定形并保存于 95%的酒精中。并参考廿八都及附近地区的历史资料、动物资源调查报告、参考文献等,作为补充数据。

6.6.2 物种鉴定

动物种类鉴定依据《中国兽类野外手册》《中国哺乳动物图鉴》及部分模式标本描述的文献,中文名及拉丁名的确定参考《中国哺乳动物多样性》。

6.6.3 兽类多样性

1.物种组成

由于这些种类大部分性情机敏,活动隐蔽,调查中很难发现个体,大部分只能依据活动痕迹或者红外相机拍摄照片进行判断;食肉目中大中型食肉兽领域面积大,活动范围广,数量相对较少,要发现其踪迹就更加困难,因此,调查结果中许多物种依据访问调查结果,并结合历史资料及参考文献判断获得。

保护区内有兽类 63 种,分属 8 目 23 科(见表 6-14)。其中,劳亚食虫目 3 科 5 种,占保护区兽类物种总数的 7.9%;翼手目 3 科 14 种,占保护区兽类物种总数的 22.2%;灵长目 1 科2 种,占保护区兽类物种总数的 3.2%;鳞甲目 1 科 1 种,占保护区兽类物种总数的 1.6%;兔形目 1 科 1 种,占保护区兽类物种总数的 1.6%;啮齿目 5 科 17 种,占保护区兽类物种总数的 27.0%;食肉目 6 科 18 种,占保护区兽类物种总数的 28.6%;偶蹄目 3 科 5 种,占保护区兽类物种总数的 7.9%(见图 6-3)。

表 6-14 保护区兽类名录

物种	分布型	《中国生物多样性红色名录——脊椎动物卷》	保护等级
一、劳亚食虫目 EULIPOTYPHLA			
(一)刺猬科 Erinaceidae			
1.东北刺猬 *Erinaceus amurensis*	Pa	LC	
(二)鼩鼱科 Soricidae			
2.臭鼩 *Suncus murinus*	O	LC	
3.灰麝鼩 *Crocidura attenuata*	O	LC	
4.山东小麝鼩 *Crocidura shantungensis*	Pa	LC	
(三)鼹科 Talpidae			
5.华南缺齿鼹 *Mogera insularis*	O	LC	
二、翼手目 CHIROPTERA			
(四)菊头蝠科 Rhinolophidae			
6.大菊头蝠 *Rhinolophus luctus*	O	NT	
7.中菊头蝠 *Rhinolophusaffinis*	O	LC	
8.皮氏菊头蝠 *Rhinolophuspearsoni*	O	LC	
9.小菊头蝠 *Rhinolophuspusillus*	O	LC	
10.中华菊头蝠 *Rhinolophussinicus*	O	LC	
(五)蹄蝠科 Hipposideridae			
11.大蹄蝠 *Hipposiderosarmiger*	O	LC	
12.普氏蹄蝠 *Hipposiderospratti*	O	NT	
(六)蝙蝠科 Vespertilionidae			
13.东亚伏翼 *Pipistrelles abramus*	O	LC	

续表

物种	分布型	《中国生物多样性红色名录——脊椎动物卷》	保护等级
14. 大棕蝠 *Eptesicus serotinus*	O	LC	
15. 中华鼠耳蝠 *Myotischinensis*	O	NT	
16. 华南水鼠耳蝠 *Myotislaniger*	Pa	LC	
17. 中华山蝠 *Nyctalusplancyi*	Pa	LC	
18. 斑蝠 *Scotomanesornatus*	O	LC	
19. 亚洲长翼蝠 *Miniopterusfuliginosus*	O	NT	
三、灵长目 PRIMATES			
(七)猴科 Cercopithecidae			
20. 猕猴 *Macacamulatta*	O	LC	Ⅱ
21. 藏酋猴 *Macacathibetana*	O	VU	Ⅱ
四、鳞甲目 PHOLIDOTA			
(八)鲮鲤科 Manidae			
22. 穿山甲 *Manis pentadactyla*	O	CR	Ⅰ
五、兔形目 LAGOMORPHA			
(九)兔科 Leporidae			
23. 华南兔 *Lepus sinensis*	O	LC	
六、啮齿目 RODENTIA			
(十)松鼠科 Sciuridae			
24. 赤腹松鼠 *Callosciurus erythraeus*	O	LC	
25. 倭花鼠 *Tamiops maritimus*	O	LC	
26. 珀氏长吻松鼠 *Dremomys pernyi*	O	LC	
(十一)仓鼠科 Cricetidae			
27. 黑腹绒鼠 *Eothenomys melanogaster*	O	LC	
(十二)鼹形鼠科 Spalacidae			
28. 中华竹鼠 *Rhizomys sinensis*	O	LC	
(十三)鼠科 Muridae			
29. 巢鼠 *Micromys minutus*	O	LC	
30. 黑线姬鼠 *Apodemus agrarius*	Pa	LC	
31. 中华姬鼠 *Apodemus draco*	O	LC	
32. 小家鼠 *Mus musculus*	Pa	LC	
33. 黄胸鼠 *Rattus tanezunmi*	O	LC	
34. 褐家鼠 *Rattus norvegicus*	Pa	LC	
35. 大足鼠 *Rattus nitidus*	O	LC	
36. 针毛鼠 *Niviventer fulvescens*	O	LC	
37. 北社鼠 *Niviventer confucianus*	O	LC	
38. 白腹巨鼠 *Leopoldamys edwardsi*	O	LC	
39. 青毛巨鼠 *Berylmys bowersi*	O	LC	
(十四)豪猪科 Hystricidae			
40. 中国豪猪 *Hystrix hodgsoni*	O	LC	S

续 表

物种	分布型	《中国生物多样性红色名录——脊椎动物卷》	保护等级
七、食肉目 CARNIVORA			
(十五)犬科 Canidae			
41. 狼* *Canis lupus*	Pa	NT	Ⅱ
42. 赤狐* *Vulpes vulpes*	Pa	NT	Ⅱ
43. 豺* *Cuon alpinus*	Pa	EN	Ⅰ
44. 貉* *Nyctereutes procyonoides*	Pa	NT	Ⅱ
(十六)鼬科 Mustelidae			
45. 黄喉貂 *Martes flavigula*	Pa	VU	Ⅱ
46. 黄腹鼬 *Mustela kathiah*	O	NT	S
47. 黄鼬 *Mustela sibirica*	Pa	LC	S
48. 猪獾 *Arctonyx collaris*	O	NT	
49. 亚洲狗獾 *Meles leucurus*	Pa	NT	
50. 鼬獾 *Melogalemoschata*	O	NT	
(十七)灵猫科 Viverridae			
51. 小灵猫 *Viverricula indica*	O	NT	Ⅰ
52. 果子狸 *Paguma larvata*	O	NT	S
(十八)獴科 Herpestidae			
53. 食蟹獴 *Herpestes urva*	O	VU	S
(十九)猫科 Felidae			
54. 豹猫 *Prionailurus bengalensis*	O	VU	Ⅱ
55. 金猫* *Pardofelis temminckii*	O	EN	Ⅰ
56. 云豹* *Neofelis nebulosa*	O	CR	Ⅰ
57. 金钱豹* *Panthera pardus*	O	EN	Ⅰ
(二十)熊科 Ursidae			
58. 黑熊 *Ursus thibetanus*	O	VU	Ⅱ
八、偶蹄目 ARTIODACTYLA			
(二十一)猪科 Suidae			
59. 野猪 *Sus scrofa*	Pa	LC	
(二十二)鹿科 Cervidae			
60. 小麂 *Muntiacus reevesi*	O	NT	
61. 黑麂 *Muntiacus crinifrons*	O	EN	Ⅰ
62. 毛冠鹿 *Elaphodus cephalophus*	O	NT	Ⅱ
(二十三)牛科 Bovidae			
63. 中华鬣羚 *Capricornis milneedwardsii*	O	VU	Ⅱ

注:①《中国生物多样性红色名录——脊椎动物卷》中,“CR”表示极危,“EN”表示濒危,“VU”表示易危,“NT”表示近危,“LC”表示无危。

②保护等级中,“Ⅰ”表示国家一级重点保护野生动物;“Ⅱ”表示国家二级重点保护野生动物;“S”表示浙江省重点保护野生动物。

③分布型中,“Pa”表示古北界种;“O”表示东洋界种。

④“*”为近二十年未发现物种。

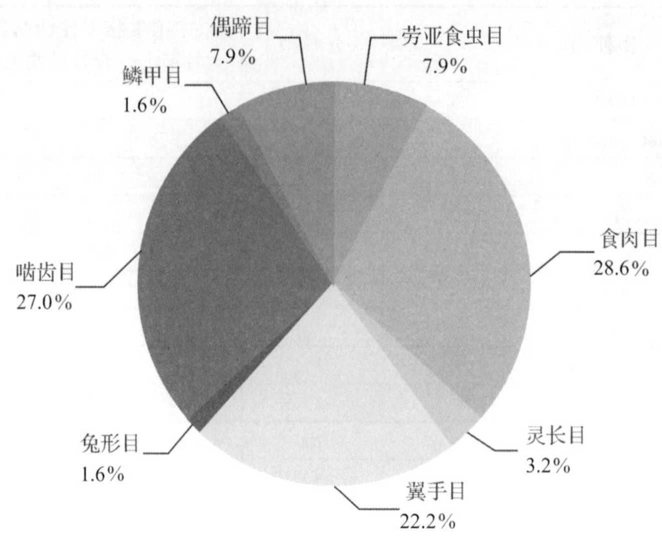

图 6-3　兽类物种多样性分析示意图

通过红外相机拍摄、样线调查，保护区内小麂、野猪、华南兔、黄鼬、赤腹松鼠及鼠科物种等种类资源量较高；黑麂、中华鬣羚、藏酋猴、猕猴、中国豪猪、豹猫、黄腹鼬等物种资源量相对较少；黑熊、小灵猫、毛冠鹿在本保护区为罕见种。

与保护区建成前的科考结果相比，本轮科考新增加兽类 8 种，分别是藏酋猴、大菊头蝠、中菊头蝠、皮氏菊头蝠、中华菊头蝠、大棕蝠、华南水鼠耳蝠和斑蝠。

其中，豺、狼、赤狐、貉、金猫、云豹、金钱豹等 7 种为国家重点保护野生动物，在保护区已近 20 年没有记录或发现，故未进行分析。

2. 生态类型和优势种分析

根据生境和兽类生态习性，保护区兽类生态类型可归纳为以下 3 种。

(1)地栖型

此类型包括绝大多数的兽类，有长时间潜伏洞巢内，啃食竹根、地下茎和竹笋的，有在耕地、苗圃等地挖掘洞道破坏表土的，有四肢发达、善于奔跑的。保护区有共有 39 种，占保护区兽类总数(不计近 20 年未发现物种，下同)的 69.6%，如主要生活在山区和丘陵的黑熊、东北刺猬、社鼠、白腹巨鼠、中国豪猪、华南兔、黄腹鼬、猪獾、果子狸、食蟹獴、豹猫、野猪、小麂、中华鬣羚、斑羚、穿山甲、小灵猫等；生活于田野及附近的山东小麝鼩、灰麝鼩、黑腹绒鼠、黑线姬鼠、黄鼬等，主要生活于住宅及附近的小家鼠、黄胸鼠和褐家鼠等。

(2)树栖型

此类型的形态结构适于树栖生活，较少地面活动，多为松鼠科物种。保护区内有赤腹松鼠、珀氏长吻松鼠、倭花鼠等 3 种，占保护区兽类总数的 5.4%。

(3)飞行型

此类型多为翼手目物种。保护区内如大菊头蝠、大蹄蝠、中华鼠耳蝠等 14 种，栖息于岩洞或树洞内，多夜间活动，占保护区兽类总数的 25.0%。

3. 多样性指数及分析

(1)拍摄率

调查时根据海拔高度和生境的不同安放红外相机，通常选择在水源地、空旷地等。本次调查在保护区范围内按公里网格共布设 89 台红外相机(另加密布设 20 台)。

①依据红外相机的拍摄数据计算相对多度指数(RAI)，比较保护区兽类物种的相对多度。

$$RAI=(\text{独立有效探测数}/\text{总有效相机工作日})\times 1000$$

式中：有效相机工作日，即单台红外相机持续工作 24h 记为 1 个有效相机工作日；独立有效探测数，即单个红外相机机位上拍摄到某物种记为此物种的 1 次有效探测，30min 内拍到的多张同一物种照片或多段视频，均合并记作 1 次独立有效探测。

②拍摄率(CR)的计算公式如下：

$$CR=(N\times 100)/T$$

式中：N 为拍摄到的野生动物独立照片数；T 为总有效工作日。每台相机的有效工作日即该相机拍摄到的第一张野外照片(可能为工作人员或空拍照片)和最后一张野外工作照片的日期间隔。

物种根据拍摄率不同，分为常拍种($CR>1\%$)、较常拍种($CR=0.1\%\sim1\%$)、偶拍种($CR=0.01\%\sim0.1\%$)和罕拍种($CR<0.01\%$)。

保护区范围内红外相机累计有效工作时长 18042 个工作日，累计拍摄有效照片 6026 张，兽类有效探测数 4638 次，共记录兽类 24 种(由于鼠类的物种鉴定难度大，除白腹巨鼠特征明显、易于区分外，将其他鼠类合并处理)，分属 7 目 14 科。可鉴定到具体物种的兽类 21 种，分属 5 目 12 科，其中灵长目 2 种，兔形目 1 种，啮齿目 5 种，食肉目 8 种，偶蹄目 5 种(见表 6-15)。红外相机记录到的小型鼠类、蝙蝠和鼩鼱由于体形小，未能进行有效的物种识别。

表 6-15　保护区红外相机网格调查记录的兽类名录

物种	保护等级	《中国生物多样性红色名录——脊椎动物卷》	网格数	相对多度
灵长目 PRIMATES				
猴科 Cercopithecidae				
猕猴 *Macaca mulatta*	Ⅱ	LC	17	1.88
藏酋猴 *Macaca thibetana*	Ⅱ	VU	10	0.83
兔形目 LAGOMORPHA				
兔科 Leporidae				
华南兔 *Lepus sinensis*		LC	15	3.04
啮齿目 RODENTIA				
松鼠科 *Sciuridae*				
赤腹松鼠 *Callosciurus erythraeus*		LC	2	0.11

续表

物种	保护等级	《中国生物多样性红色名录——脊椎动物卷》	网格数	相对多度
倭花鼠 *Tamiops maritimus*		LC	5	0.44
珀氏长吻松鼠 *Dremomys pernyi*		LC	14	2.66
鼹形鼠科 Spalacidae				
中华竹鼠 *Rhizomys sinensis*		LC	2	0.17
鼠科 Muridae				
白腹巨鼠 *Leopoldamys edwardsi*		LC	12	3.10
食肉目 CARNIVORA				
鼬科 Mustelidae				
鼬獾 *Melogale moschata*		NT	50	12.25
猪獾 *Arctonyx collaris*		NT	38	12.30
黄鼬 *Mustela sibirica*	S	LC	13	1.00
黄腹鼬 *Mustela kathiah*	S	NT	5	0.39
熊科 Ursidae				
黑熊 *Ursus thibetanus*	Ⅱ	VU	1	0.05
灵猫科 Viverridae				
小灵猫 *Viverricula indica*	Ⅰ	NT	1	0.05
果子狸 *Paguma larvata*	S	NT	44	8.09
猫科 Felidae				
豹猫 *Prionailurus bengalensis*	Ⅱ	VU	2	0.11
偶蹄目 ARTIODACTYLA				
猪科 Suidae				
野猪 *Sus scrofa*		LC	47	9.31
鹿科 Cervidae				
小麂 *Muntiacus reevesi*		NT	84	131.91
黑麂 *Muntiacus crinifrons*	Ⅰ	EN	14	4.21
毛冠鹿 *Elaphodus cephalophus*	Ⅱ	NT	1	0.05
牛科 Bovidae				
中华鬣羚 *Capricornis milneedwardsii*	Ⅱ	VU	14	1.16

注:①保护等级中,"Ⅰ"表示国家一级重点保护野生动物;"Ⅱ"表示国家二级重点保护野生动物;"S"表示浙江省重点保护野生动物。

②《中国生物多样性红色名录——脊椎动物卷》中,"CR"表示极危;"EN"表示濒危;"VU"表示易危;"NT"表示近危;"LC"表示无危。

通过拍摄率公式计算得出：拍摄率最高的5种兽类依次是小麂（CR＝13.12）、猪獾（CR＝1.23）、鼬獾（CR＝1.22）、野猪（CR＝0.93）、果子狸（CR＝0.81）；分布范围最广的前5位兽类依次是小麂（84个网格）、鼬獾（50个网格）、野猪（47个网格）、果子狸（44个网格）、猪獾（38个网格）。黑麂、小灵猫、黑熊、中华鬣羚、毛冠鹿、藏酋猴、豹猫、黄腹鼬、中华竹鼠等兽类拍摄率相对较小。21种红外相机拍摄的兽类中，常拍种3种（小麂、猪獾、鼬獾），较常拍种9种（野猪、果子狸、黑麂、白腹巨鼠、华南兔、珀氏长吻松鼠、猕猴、中华鬣羚、黄鼬），偶拍种6种（藏酋猴、倭花鼠、黄腹鼬、中华竹鼠、豹猫、赤腹松鼠），罕拍种3种（小灵猫、黑熊、毛冠鹿）。

（2）捕获率

铗日法捕获鼠类的捕获率计算如下：

$$\text{捕获率}=\frac{\text{捕鼠只数}}{\text{布放夹板总数}}\times 100\%$$

选择阔叶林、针阔叶混交林、竹林、村庄等不同生境，以新鲜花生米、火腿肠、炸肉为食饵，沿小路布放，行距50m，铗距5m，傍晚放铗，次日收铗，采用铗日法（中号铁板夹和鼠笼）捕捉小型兽类。共布放1083夹夜，总共抓获鼠类标本（尸体和活体）93只，鼠类捕获率为8.59％。主要为鼠科物种，如小家鼠 *Mus musculus*、褐家鼠 *Rattus norvegicus*、针毛鼠 *Niviventer fulvescens*、北社鼠 *Niviventer confucianus*、白腹巨鼠 *Leopoldamys edwardsi* 等。

（3）G-F指数

运用基于物种数目的G-F指数公式计算保护区兽类物种多样性。其中，G指数计算属内和属间的多样性；F指数计算科内和科间的多样性；G-F指数测定科、属水平上的物种多样性。具体的计算公式为：

①F指数

在一个特定的科

$$D_{FK}=-\sum_{i=1}^{n}P_i\ln P_i$$

式中：$P_i=S_{Ki}/S_K$；S_K＝名录中K科中的物种数；S_{Ki}＝名录中K科i属中的物种数；n＝K科中的属数。

一个保护区的F指数：

$$D_F=-\sum_{k=1}^{m}D_{FK}$$

式中：m＝名录中的科数。

②G指数

$$D_G=-\sum_{j=1}^{p}q_j\ln q_j$$

式中：$q_j=S_j/S$；S＝名录中的物种数；S_j＝j属种物种数；p＝总属数。

③G-F指数

$$D_{GF}=1-D_G/D_F$$

根据上述多样性指数计算公式，计算保护区内的兽类的 G-F 指数。G-F 指数分析表明，保护区兽类 G 指数为 3.994352931，F 指数为 6.89685823，G-F 指数为 0.420844565。保护区内兽类 F 指数和兽类 G 指数有较大差异，表明区内兽类科间差异大于其属间差异；F 指数较高，说明科的多样性较高；但 G 指数较低，说明其属间差异较低，物种只能局限于较少的科，甚至有不少的单型科；而经过标准化的 G-F 指数较高，说明科、属间分布相对合理。从 G 指数、F 指数、G-F 指数综合来看，保护区兽类物种多样性较高，且其科、属的分布较为合理，具有重要的保护价值。但由于保护区范围内人类活动较为频繁，生态系统具有较高的敏感性和脆弱性，区内脆弱的生境一旦被破坏，就难以恢复，这必将对区内兽类物种的生存造成严重威胁，因此，要加强对保护区内兽类物种生境的保护，减少旅游及采伐等干扰，以维持区内兽类物种的物种多样性。

6.6.4 区系和分布特征

保护区位于古北界与东洋界的过渡地带，古北界种类和东洋界种类相互渗透，物种组成表现出明显的过渡特征。根据调查结果分析，在动物地理区划上，保护区位于东洋界、华中区、东部丘陵平原亚区。根据《中国动物地理》的划分标准，调查所记录的 63 种兽类中，东洋界种 48 种，占总数的 76%，古北界种 15 种，占总数的 24%；区系成分上，东洋界种占绝对优势，主要表现出东洋界物种为主、东洋界和古北界物种相互渗透的区系特征（见表 6-14）。

本次调查显示，翼手目、啮齿目、食肉目种类较多，表现出明显的山地特征。

6.6.5 珍稀濒危和重要兽类物种

1. 珍稀濒危兽类

保护区珍稀濒危及保护野生动物资源丰富。根据《国家重点保护野生动物名录》（2021 年）、《IUCN 红色名录》《中国生物多样性红色名录——脊椎动物卷》《浙江省重点保护陆生野生动物名录》等统计，保护区范围内有珍稀濒危及保护野生动物 22 种（见表 6-16）。

（1）国家重点保护野生动物：共 17 种。其中，国家一级重点保护野生动物 7 种，为黑麂、穿山甲、小灵猫、豺、金猫、云豹和金钱豹；国家二级重点保护野生动物 10 种，分别为黑熊、藏酋猴、猕猴、中华鬣羚、豹猫、毛冠鹿、狼、赤狐、貉和黄喉貂。

（2）《IUCN 红色名录》：极危（CR）物种共 1 种，为穿山甲；濒危（EN）物种共 1 种，为豺；易危（VU）物种共 5 种，分别为黑麂、黑熊、中华鬣羚、云豹、金钱豹。

（3）《中国生物多样性红色名录——脊椎动物卷》：易危（VU）及以上物种共 12 种，其中，极危（CR）物种有穿山甲、云豹 2 种，濒危（EN）物种有黑麂、豺、金钱豹、金猫 4 种，易危（VU）物种有黑熊、藏酋猴、豹猫、中华鬣羚、黄喉貂、食蟹獴 6 种。

（4）浙江省重点保护野生动物：共 5 种，分别是黄腹鼬、黄鼬、果子狸、中国豪猪、食蟹獴。

表 6-16　保护区珍稀濒危及保护兽类

序号	中文名	拉丁名	保护等级	《IUCN 红色名录》	《中国生物多样性红色名录——脊椎动物卷》
1	猕猴	*Macaca mulatta*	Ⅱ	LC	LC
2	藏酋猴	*Macaca thibetana*	Ⅱ	NT	VU
3	穿山甲	*Manis pentadactyla*	Ⅰ	CR	CR
4	中国豪猪	*Hystrix hodgsoni*	S	LC	LC
5	狼*	*Canis lupus*	Ⅱ	LC	NT
6	赤狐*	*Vulpes vulpes*	Ⅱ	LC	NT
7	豺*	*Cuon alpinus*	Ⅰ	EN	EN
8	貉*	*Nyctereutes procyonoides*	Ⅱ	LC	NT
9	黑熊	*Ursus thibetanus*	Ⅱ	VU	VU
10	黄喉貂	*Martes flavigula*	Ⅱ	LC	VU
11	黄腹鼬	*Mustela kathiah*	S	LC	NT
12	黄鼬	*Mustela sibirica*	S	LC	LC
13	小灵猫	*Viverricula indica*	Ⅰ	LC	NT
14	果子狸	*Paguma larvata*	S	LC	NT
15	食蟹獴	*Herpestes urva*	S	LC	VU
16	豹猫	*Prionailurus bengalensis*	Ⅱ	LC	VU
17	金猫*	*Pardofelis temminckii*	Ⅰ	NT	CR
18	云豹*	*Neofelis nebulosa*	Ⅰ	VU	CR
19	金钱豹*	*Panthera pardus*	Ⅰ	VU	EN
20	毛冠鹿	*Elaphodus cephalophus*	Ⅱ	NT	NT
21	黑麂	*Muntiacus crinifrons*	Ⅰ	VU	EN
22	中华鬣羚	*Capricornis milneedwardsii*	Ⅱ	VU	VU

注：①《IUCN 红色名录》《中国生物多样性红色名录——脊椎动物卷》中，"CR"表示极危；"EN"表示濒危；"VU"表示易危；"NT"表示近危；"LC"表示无危。

②保护等级中，"Ⅰ"表示国家一级重点保护野生动物；"Ⅱ"表示国家二级重点保护野生动物；"S"表示浙江省重点保护野生动物。

③"*"为近二十年未发现物种。

2. 重要兽类物种

(1)黑麂 *Muntiacus crinifrons*

所属科目：偶蹄目鹿科

保护等级：国家一级重点保护野生动物

濒危等级：《中国生物多样性红色名录——脊椎动物卷》濒危（EN）；《IUCN 红色名录》易危（VU）；中国特有种

形态特征：黑麂是中国的特有动物，是麂类中体形较大的种类。体长 100～110cm，体重 21～26kg。冬毛上体暗褐色；夏毛棕色成分增加。尾较长，一般超过 20cm，背面黑色，尾腹及尾侧毛色纯白，白尾十分醒目。眼后的额部有簇状鲜棕、浅褐或淡黄色的长毛，有时能把 2 只短角遮得看不出来，"蓬头鹿"之名就是由此而来的。

生活习性：黑麂胆小怯懦，大多在早晨和黄昏活动，白天常在大树根下或在石洞中休息，稍有响动立刻跑入灌木丛中隐藏起来。其在陡峭的地方活动时有较为固定的路线，常踩踏出 16～20cm 宽的小道，但在平缓处则没有固定的路线。黑麂早春时常在茅草丛中寻找嫩草；夏季生活于地势较高的林间，常在阴坡或水源附近；冬季则向下迁移，在积雪的时候被迫下迁到山坡下的农田附近，大多在阳坡活动。

分布情况：保护区内分布相对较广，主要见于大子坑、枫树凹、半坑、白确际、大龙岗、龙井坑、苏州岭和深坑口等地海拔 700m 以上的山地常绿阔叶林、常绿落叶阔叶林混交林和灌木丛区域。

保护区毗邻黑麂遂昌九龙头自然保护区，是遂昌分布中心的重要组成部分。整个保护区的自然环境适宜黑麂生存，对黑麂种群的保护有着不可替代的作用。通过黑麂专题研究发现，保护区黑麂资源丰富，黑麂密度与遂昌九龙山国家级自然保护区接近。

(2)穿山甲 *Manis pentadactyla*

所属科目：鳞甲目鲮鲤科

保护等级：国家一级重点保护野生动物

濒危等级：《中国生物多样性红色名录——脊椎动物卷》极危(CR)；《IUCN 红色名录》极危(CR)

形态特征：穿山甲全身披覆瓦状排列的角质鳞甲，主要部位为头额、枕颈、体背侧、尾部背腹面及四肢外侧，鳞片间杂有硬毛。头小，呈圆锥状，吻尖长。舌长，无齿，眼小而圆，外耳壳呈瓣状。尾背略隆起而腹面平。四肢短，前足爪发达。

生活习性：地栖型，穴居生活。栖息在丘陵山地的灌丛、草丛中较为潮湿的地方，洞口很隐蔽，昼伏夜出。能游泳，会爬树，善挖洞。其分布情况：食物主要以白蚁为主，包括黑翅土白蚁、黑胸散白蚁、黄翅大白蚁、家白蚁等。

分布情况：保护区居民曾于徐福年区域发现穿山甲洞穴，在横坑区域附近目击实体。

(3)小灵猫 *Viverricula indica*

所属科目：食肉目灵猫科

保护等级：国家一级重点保护野生动物

濒危等级：《中国生物多样性红色名录——脊椎动物卷》近危(NT)

形态特征：小灵猫体形纤细。嘴尖，吻长而突出，额部狭窄，耳短。尾长相当于体长 2/3。通体毛色灰棕，从耳后沿颈背到肩部有 2 条黑褐色颈纹，后背有 4～6 条暗色背纹，中间 4 条清晰。尾具 6～9 个暗色环。

生活习性：栖息于丘陵地区和半山区的灌木丛中。夜行性。杂食性，以动物性食物为主，特别喜食鼠类。每年春秋繁殖。

分布情况：保护区内红外相机记录于大龙岗区域。浙江省内小灵猫的影像资料仅寥寥几个，本保护区拍摄影像是相当重要的一个记录。

(4)黑熊 *Ursus thibetanus*

所属科目：食肉目熊科

保护等级：国家二级重点保护野生动物

濒危等级：《中国生物多样性红色名录——脊椎动物卷》易危(VU)；《IUCN 红色名

录》易危(VU)

形态特征:黑熊身体肥大。头宽,吻部短,眼、耳均小,四肢粗壮。全身毛色黑,富有光泽,面部毛色近棕黄,下颏白色,胸部有一由白色短毛构成的月牙形横斑,十分明显。耳被毛长,颈侧尤长。

生活习性:栖息于高山,以陆地生活为主,亦具潜水能力。善攀爬,可爬到高达 4~6m 的树洞中。嗅觉灵敏。不合群,除繁殖期外,一般均单独活动。杂食性,以采食植物幼枝、嫩芽、嫩草、野菜、野果为主,也吃小型动物,如昆虫、蚂蚁,尤喜吃蜂蜜,也能涉水捕鱼。

分布情况:黑熊作为浙江少见的大型食肉目动物,对维持区域生态系统的完整和稳定有不可替代的作用。浙江省内主要分布于浙西和浙西南,但因受捕猎和栖息地破碎化影响,一度不见踪迹,近年来仅在开化、遂昌、常山等地有确切的黑熊影像记录。本次调查使大龙岗区域成为浙江省第四块明确有黑熊的活动影像记录的区域。另据保护区当地居民介绍,曾在老虎坑、高峰区域的山地常绿阔叶林及常绿落叶阔叶混交林发现黑熊的活动痕迹。黑熊在浙江乃至华东地区种群状况危急,保护区是黑熊华东种群的重要分布区。

(5)藏酋猴 *Macaca thibetana*

所属科目:灵长目猴科

保护等级:国家二级重点保护野生动物

濒危等级:《中国生物多样性红色名录——脊椎动物卷》易危(VU);《IUCN 红色名录》近危(NT);中国特有种

形态特征:藏酋猴身体粗壮,四肢等长。颜面随年龄和性别的不同而变化,幼时白色,成年雌性为肉红色,雄性则为肉黄色。有颊囊,面部长有浓密的毛,成年雄性还有颊须。体背部黑褐色,尾长 70mm 左右,短于后足长,腹面和四肢内侧色较淡,为灰黄色。藏酋猴栖息于高山密林中,主要活动场所为阔叶林、针阔叶混交林及悬崖峭壁等处,尤喜在山间峡谷的溪流附近觅食、活动。

生活习性:群栖性,活动范围受季节和食物条件影响。食物以植物的叶、果实、种子等为主,也吃少量的动物,如蜥蜴、小鸟和鸟卵等。

分布情况:保护区内主要见于田塘岩、吴家蓬等高山的山地常绿阔叶林及常绿落叶阔叶混交林。本保护区也是浙江省藏酋猴种群记录最多的区域。

(6)中华鬣羚 *Capricornis milneedwardsii*

所属科目:偶蹄目牛科

保护等级:国家二级重点保护野生动物

濒危等级:《中国生物多样性红色名录——脊椎动物卷》易危(VU);《IUCN 红色名录》易危(VU)

形态特征:中华鬣羚外形似羊,略比斑羚大,有 1 对短而尖的黑角,自角基至颈背有长十几厘米的灰白色鬣毛,甚为明显。颈背有鬃毛,吻部、鼻部黑色。身体的毛色较深,以黑色为主,杂有灰褐色毛。暗黑色的脊纹贯穿整个脊背。嘴唇、颌部污白色或灰白色。前额、耳背沾有深浅不一的棕色。四肢的毛为赤褐色至黄褐色。尾巴不长,与身体的色调相同。

生活习性：中华鬣羚栖息于针阔叶混交林、针叶林或多岩石的杂灌林，生活环境有两个突出特点：一是树林、竹林或灌丛十分茂密，二是地势非常险峻。性情比较孤独，除了雄兽总是单独活动以外，雌兽和幼仔也最多结成4～5只的小群，从不见较大的群体。早晨和傍晚出来在林中空地、林缘或沟谷一带摄食、饮水，主要以青草，树木嫩枝、叶、芽、落果，菌物，松萝等为食。

分布情况：保护区内主要见于高勘底、里东坑、徐罗坑、香菇棚等高山的山地常绿阔叶林及常绿落叶阔叶混交林。

(7)豹猫 *Prionailurus bengalensis*

所属科目：食肉目猫科

保护等级：国家二级重点保护野生动物

濒危等级：《中国生物多样性红色名录——脊椎动物卷》易危(VU)

形态特征：豹猫头形圆，通体浅棕色，头部两侧有2条黑纹，眼睛内侧有2条纵长白斑，耳背中部具有白色斑点。头部至肩部有4条黑色纵纹，中间2条断续向后延伸至尾基。颈部和两侧有数行不规则黑斑，颏下、胸、腹部和四肢内侧均呈白色，并具黑色斑点。尾和体色相同，并有黑色半环，尾长超过体长的一半。

生活习性：豹猫多见于丘陵和有树丛的地区，独居或雌雄同栖。夜行性，但在僻静之处，白天亦外出活动。以鸟为主食，亦食鼠、蛙、蛇及野果等，偶入农舍盗食家禽，故名“拖鸡豹”。春季繁殖，怀孕期2个月，每胎产2～3仔。性凶猛，不易驯养，生长发育缓慢。

分布情况：保护区内主要见于枫树凹、大龙岗、洪岩顶、华竹坑、大蓬等地的山地常绿阔叶林、常绿落叶阔叶混交林和灌木丛区域。

(8)毛冠鹿 *Elaphodus cephalophus*

所属科目：偶蹄目鹿科

保护等级：国家二级重点保护野生动物

濒危等级：《中国生物多样性红色名录——脊椎动物卷》近危(NT)；《IUCN 红色名录》近危(NT)

形态特征：毛冠鹿体形小于黑麂，体长在1000mm以下。额部、头顶有一簇马蹄状的黑色长毛，该毛长约50mm，故称“毛冠鹿”。雄兽具有不开叉的角，几乎隐于额部的长毛中。尾较短。通体毛色暗褐色，近黑色，颊部、眼下、嘴边色较浅，混杂苍灰色毛，耳尖及耳内缘近白色。体背直至臀部均为黑褐色。腹部及尾下为白色。

生活习性：毛冠鹿栖居在山区的丘陵地带，繁茂的竹林、竹阔混交林及茅草坡等处。白天隐居于林下灌丛或竹林中，晨昏时出来活动觅食，一般成对活动。草食性，食性与小麂相似，均喜食蔷薇科、百合科和杜鹃花科的植物，主食这些植物的枝、叶，有时也进入农田偷食玉米苗、大豆叶、薯类和花生叶等。

分布情况：保护区内见于高勘底附近常绿阔叶林、常绿落叶阔叶混交林和灌木丛区域。

6.7 受威胁情况与保护建议

动物多样性和珍稀性调查表明，保护区内生态环境良好，物种多样性丰富，分布多种国家重点保护野生动物，为野生动植物的栖息和繁殖提供了良好的条件，具备建立国家自然保护区的基础条件，但也存在一些问题亟待解决。

(1)保护区范围都为集体林，下坡种植大面积的经济林木。目前仍有超过百人常住于保护区内，或多或少存在砍伐林木和捕猎野生动物等人为影响，对区内的野生动物，特别是敏感物种构成一定的威胁，在一段时间内对生物多样性的影响难以彻底消除。

(2)本次动物资源调查时间相对较短，后期仍需进一步进行完整且系统的调查研究，包括物种数量、分布、丰富度等，特别是应对黑麂、黑熊、黄腹角雉、藏酋猴等珍稀濒危物种的多样性和栖息生态进行长期监测和研究。还可以与高校、科研院所等机构建立良好的合作关系，及时准确掌握本地区珍稀物种的分布状况、动态变化，从而更好地实施资源保护。

(3)现有的省级自然保护区存在经费和人力短缺、基础设施缺乏、管护能力不足等诸多问题，影响了其管理、监测和保护工作的有效开展。

(4)加强社区宣传，提高社区共管的积极性。利用“爱鸟周”和“野生动物保护月”等时机，对周边社区民众开展鱼类、两栖类、爬行类、鸟类、兽类保护重要性及有关法律法规的科普宣传活动，提高保护区周边社区群众的野生动物和自然保护意识，积极引导和动员社区居民自觉参与到保护野生动物中来。

(5)针对濒危物种开展专项调查和保护研究。对于那些种群数量稀少的种类，如黑麂、黄腹角雉、藏酋猴、黑熊、小灵猫等珍稀动物开展专项调查和保护研究，摸清它们在保护区内的种群数量和分布现状，提出切实可行的保护措施。

(6)加强管理，防止保护区内发生危害野生动物及其栖息地的情况。目前在保护区内捕捉两栖类、蛇类、龟类等，排放污水，游客进入核心区，危害破坏野生动物栖息地等仍有发生。保护区应加强管理，杜绝捕猎和危害野生动物、破坏野生动物栖息地的现象发生。

(7)与科研院所加强合作，提高保护区的科研和监测水平。保护区因具有海拔高和环境和地理区系特殊的特点，故拥有独特的动物类群。特别是在山溪鱼类、珍稀两栖类、鸟类、珍稀兽类的保护等方面，可与科研院所加强合作，以提高保护水平。开展鱼类生态和进化生物学研究；开展崇安髭蟾、凹耳蛙的种群生态学、保护生物学、行为和进化生物学研究；开展凹耳蛙声通信进化研究；开展鸟类群落生态学研究，保护区因独特的生态环境和地理区位而形成其鸟类群落的独特性，有必要在保护区内开展夏季繁殖鸟类群落、春秋季迁徙鸟类以及越冬鸟类群落的研究，建立长期鸟类监测站；开展大型珍稀兽类的种群生态学研究。

(8)加强职工培训，提高保护区的管理、监测、科研和宣传水平。

(9)升格保护区等级，切实加强保护区的基础设施，提高保护区的管理、监测和保护能力。目前，省级自然保护区的定位与其动植物资源的丰富性、生态区位的唯一性，以及濒危物种黑麂、黄腹角雉、黑熊等集中分布区的重要性不相匹配，成了制约开展珍稀物种保护工作的瓶颈，因而亟待升格保护区等级。

6.8 保护区野生脊椎动物名录

一、硬骨鱼纲 OSTEICHTHYES

(一)鲤形目 CYPRINIFORMES

1. 鲤科 Cyprinidae

马口鱼 *Opsariichthys bidens* Günther, 1873
长鳍马口鱼 *Opsariichthys evolans* (Jordan & Evermann, 1902)
草鱼 *Ctenopharyngodon idella* (Valenciennes, 1844)
青鱼 *Mylopharyngodon piceus* (Richardson, 1846)
尖头大吻鳄 *Rhynchocypris oxycephalus* (Sauvage & Dabry de Thiersant, 1874)
翘嘴鲌 *Culter alburnus* Basilewsky, 1855
红鳍原鲌 *Chanodichthys erythropterus* (Basilewsky, 1855)
𩾌 *Hemiculter leucisculus* (Basilewsky, 1855)
圆吻鲴 *Distoechodon tumirostris* Peters, 1881
鳙 *Hypophthalmichthys nobilis* (Richardson, 1845)
鲢 *Hypophthalmichthys molitrix* (Valenciennes, 1844)
高体鳑鲏 *Rhodeus ocellatus* (Kner, 1866)
唇䱻 *Hemibarbus labeo* (Pallas, 1776)
福建小鳔鮈 *Microphysogobio fukiensis* (Nichols, 1926)
小鳈 *Sarcocheilichthys parvus* Nichols, 1930
棒花鱼 *Abbottina rivularis* (Basilewsky, 1855)
麦穗鱼 *Pseudorasbora parva* (Temminck & Schlegel, 1846)
点纹银鮈 *Squalidus wolterstorffi* (Regan, 1908)
鲫 *Carassius auratus* (Linnaeus, 1758)
鲤 *Cyprinus carpio* Linnaeus, 1758
光唇鱼 *Acrossocheilus fasciatus* (Steindachner, 1892)
台湾白甲鱼 *Onychostoma barbatulum* (Pellegrin, 1908)
光倒刺鲃 *Spinibarbus hollandi* Oshima, 1919

2. 花鳅科 Cobitidae

中华花鳅 *Cobitis sinensis* Sauvage & Dabry de Thiersant, 1874
衢江花鳅 *Cobitis qujiangensis* (Chen & Chen, 2017)
泥鳅 *Misgurnus anguillicaudatus* (Cantor, 1842)
张氏薄鳅 *Leptobotia tchangi* Fang, 1936
扁尾薄鳅 *Leptobotia tientainensis* (Wu, 1930)

3. 爬鳅科 Cobitidae

拟腹吸鳅 *Pseudogastromyzon fasciatus* (Sauvage, 1878)
原缨口鳅 *Vanmanenia stenosoma* (Boulenger, 1901)

(二)鲇形目 SILURIFORMES

4. 钝头鮠科 Amblycipitidae

鳗尾鉠 *Liobagrus anguillicauda* Nichols, 1926

5. 鲇科 Siluridae

　　鲇 *Silurus asotus Linnaeus*, 1758

6. 鲿科 Bagridae

　　白边拟鲿 *Pseudobagrus albomarginatus*（Rendahl, 1928）

　　盎堂拟鲿 *Pseudobagrus ondon* Shaw, 1930

(三)鲈形目 PERCIFORMES

7. 鮨鲈科 Pecichthyidae

　　暗鳜 *Siniperca obscura Nichols*, 1930

　　斑鳜 *Siniperca scherzeri* Steindachner, 1892

　　波纹鳜 *Siniperca undulata* Fang & Chong, 1932

8. 沙塘鳢科 Odontobutidae

　　小黄黝鱼 *Micropercops swinhonis*（Günther, 1873）

　　河川沙塘鳢 *Odontobutis potamophilus*（Günther, 1861）

9. 虾虎鱼科 Gobiidae

　　无斑吻虾虎鱼 *Rhinogobius immaculatus* Li, Li & Chen, 2018

　　真吻虾虎鱼 *Rhinogobius similis* Gill, 1859

　　黑吻虾虎鱼 *Rhinogobius niger* Huang, Chen & Shao, 2016

　　武义吻虾虎鱼 *Rhinogobius wuyiensis* Li & Zhong, 2007

10. 鳢科 Channidae

　　乌鳢 *Channa argus*（Cantor, 1842）

二、两栖纲 AMPHIBIA

(一)有尾目 CAUDATA

1. 蝾螈科 Salamandridae

　　秉志肥螈 *Pachytriton granulosus* Chang, 1933

　　中国瘰螈 *Paramesotriton chinensis*（Gray, 1859）

　　东方蝾螈 *Cynops orientalis*（David, 1873）

(二)无尾目 ANURA

2. 角蟾科 Megophryidae

　　福建掌突蟾 *Leptobrachella liui*（Fei and Ye, 1990）

　　淡肩角蟾 *Megophrys*（*Panophrys*）*boettgeri*（Boulenger, 1899）

　　挂墩角蟾 *Megophrys*（*Panophrys*）*kuatunensis* Pope, 1929

　　崇安髭蟾 *Leptobrachium liui*（Pope, 1947）

3. 蟾蜍科 Bufonidae

　　中华蟾蜍 *Bufo gargarizans* Cantor, 1842

4. 雨蛙科 Hylidae

　　中国雨蛙 *Hyla chinensis* Günther, 1858

5. 姬蛙科 Microhylidae

　　小弧斑姬蛙 *Microhyla heymonsi* Vogt, 1911

　　饰纹姬蛙 *Microhyla fissipes* Boulenger, 1884

6. 叉舌蛙科 Dicroglossidae

泽陆蛙 *Fejervarya multistriata* (Hallowell, 1860)

福建大头蛙 *Limnonectes fujianensis* Ye and Fei, 1994

九龙棘蛙 *Quasipaa jiulongensis* (Huang and Liu, 1985)

棘胸蛙 *Quasipaa spinosa* (David, 1875)

7. 蛙科 Ranidae

武夷湍蛙 *Amolops wuyiensis* (Liu and Hu, 1975)

华南湍蛙 *Amolops ricketti* (Boulenger, 1899)

崇安湍蛙 *Amolops chunganensis* (Pope, 1929)

弹琴蛙 *Nidirana adenopleura* (Boulenger, 1909)

沼水蛙 *Hylarana guentheri* (Boulenger, 1882)

阔褶水蛙 *Hylarana latouchii* (Boulenger, 1899)

大绿臭蛙 *Odorrana graminea* (Boulenger, 1899)

天目臭蛙 *Odorrana tianmuii* Chen, Zhou, and Zheng, 2010

凹耳臭蛙 *Odorrana tormota* (Wu, 1977)

黑斑侧褶蛙 *Pelophylax nigromaculatus* (Hallowell, 1860)

镇海林蛙 *Rana zhenhaiensis* Ye, Fei, and Matsui, 1995

8. 树蛙科 Rhacophoridae

布氏泛树蛙 *Polypedates braueri* (Vogt, 1911)

大树蛙 *Zhangixalus dennysi* (Blanford, 1881)

三、爬行纲 REPTILIA

(一)龟鳖目 TESUDINES

1. 平胸龟科 Platysternidae

平胸龟 *Platysternon megacephalum* Gray, 1831

2. 地龟科 Geoemydidae

乌龟 *Mauremys reevesii* (Gray, 1831)

(二)有鳞目 SQUAMATA

3. 壁虎科 Gekkonidae

多疣壁虎 *Gekko japonicus* (Schlegel, 1836)

铅山壁虎 *Gekko hokouensis* Pope, 1928

4. 石龙子科 Scincidae

铜蜓蜥 *Sphenomorphus indicus* (Gray,1853)

股鳞蜓蜥 *Sphenomorphus incognitus* (Thompson,1912)

中国石龙子 *Plestiodon chinensis* (Gray,1838)

蓝尾石龙子 *Plestiodon elegans* (Boulenger,1887)

5. 蜥蜴科 Lacertidae

北草蜥 *Takydromus septentrionalis* (Günther,1864)

崇安草蜥 *Takydromus sylvaticus* (Pope,1928)

6. 蝰科 Viperidae

尖吻蝮 *Deinagkistrodon acutus* (Günther, 1888)

山烙铁头蛇 *Ovophis makazayazaya* (Takahashi, 1922)
福建竹叶青蛇 *Viridovipera stejnegeri* (Schmidt, 1925)
短尾蝮 *Gloydius brevicaudus* (Stejneger, 1907)

7. 水蛇科 Homalopsidae

中国水蛇 *Myrrophis chinensis* (Gray, 1842)
铅色水蛇 *Hypsiscopus plumbea* (Boie, 1827)

8. 眼镜蛇科 Elapidae

舟山眼镜蛇 *Naja atra* Cantor, 1842
银环蛇 *Bungarus multicinctus* Blyth, 1861

9. 游蛇科 Colubridae

绞花林蛇 *Boiga kraepelini* Stejneger, 1902
中国小头蛇 *Oligodon chinensis* (Günther, 1888)
饰纹小头蛇 *Oligodon ornatus* van Denburgh, 1909
翠青蛇 *Cyclophiops major* (Günther, 1858)
乌梢蛇 *Ptyas dhumnades* (Cantor, 1842)
灰腹绿蛇 *Rhadinophis frenatum* (Gray, 1853)
黄链蛇 *Lycodon flavozonatus* (Pope, 1928)
赤链蛇 *Lycodon rufozonatus* Cantor, 1842
紫灰蛇 *Oreocryptophis porphyraceus* (Cantor, 1839)
黑眉锦蛇 *Elaphe taeniura* (Cope, 1861)
双斑锦蛇 *Elaphe bimaculata* Schmidt, 1925
王锦蛇 *Elaphe carinata* (Günther, 1864)
红纹滞卵蛇 *Oocatochus rufodorsatus* (Cantor, 1842)
草腹链蛇 *Amphiesma stolatum* (Linnaeus, 1758)
锈链腹链蛇 *Hebius craspedogaster* (Boulenger, 1899)
颈棱蛇 *Macropisthodon rudis* Boulenger, 1906
虎斑颈槽蛇 *Rhabdophis tigrinus* (Boie, 1826)
黄斑渔游蛇 *Xenochrophis flavipunctatus* (Hallowell, 1860)
山溪后棱蛇 *Opisthotropis latouchii* (Boulenger, 1899)
赤链华游蛇 *Trimerodytes annularis* (Hallowell, 1856)
乌华游蛇 *Trimerodytes percarinatus* (Boulenger, 1899)

四、鸟纲 AVES

(一)鸡形目 GALLIFORMES

1. 雉科 Phasianidae

鹌鹑 *Coturnix japonica* Temminck & Schlegel, 1849
灰胸竹鸡 *Bambusicola thoracica* Temminck, 1815
白眉山鹧鸪 *Arborophila gingica* (Gmelin, JF, 1789)
黄腹角雉 *Tragopan caboti* (Gould, 1857)
勺鸡 *Pucrasia macrolopha* (Lesson, R, 1829)
白鹇 *Lophura nycthemera* (Linnaeus, 1758)
白颈长尾雉 *Syrmaticus ellioti* (Swinhoe, 1872)

环颈雉 *Phasianus colchicus* Linnaeus, 1758

(二)雁形目 ANSERIFORMES

2. 鸭科 Anatidae

小天鹅 *Cygnus columbianus* (Ord, 1815)

赤颈鸭 *Mareca penelope* (Linnaeus, 1758)

绿翅鸭 *Anas crecca* Linnaeus, 1758

绿头鸭 *Anas platyrhynchos* Linnaeus, 1758

斑嘴鸭 *Anas zonorhyncha* Swinhoe, 1866

中华秋沙鸭 *Mergus squamatus* Gould, 1864

普通秋沙鸭 *Mergus merganser* Linnaeus, 1758

(三)鸽形目 COLUMBIFORMES

3. 鸠鸽科 Columbidae

山斑鸠 *Streptopelia orientalis* (Latham, 1790)

珠颈斑鸠 *Streptopelia chinensis* (Scopoli, 1786)

(四)夜鹰目 CAPRIMULGIFORMES

4. 夜鹰科 Caprimulgidae

普通夜鹰 *Caprimulgus indicus* Latham, 1790

(五)鹃形目 CUCULIFORMES

5. 杜鹃科 Cuculidae

噪鹃 *Eudynamys scolopaceus* (Linnaeus, 1758)

褐翅鸦鹃 *Centropus sinensis* (Stephens, 1815)

大鹰鹃 *Hierococcyx sparverioides* (Vigors, 1832)

四声杜鹃 *Cuculus micropterus* Gould, 1838

(六)鹤形目 GRUIFORMES

6. 秧鸡科 Rallidae

白胸苦恶鸟 *Amaurornis phoenicurus* (Pennant, 1769)

红脚田鸡 *Zapornia akool* (Sykes, 1832)

黑水鸡 *Gallinula chloropus* (Linnaeus, 1758)

白骨顶 *Fulica atra* Linnaeus, 1758

(七)鸻形目 CHARADRIIFORMES

7. 鹬科 Scolopacidae

丘鹬 *Scolopax rusticola* Linnaeus, 1758

8. 三趾鹑科 Turnicidae

黄脚三趾鹑 *Turnix tanki* Blyth, 1843

(八)鹈形目 PELECANIFORMES

9. 鹭科 Ardeidae

苍鹭 *Ardea cinerea* Linnaeus, 1758

中白鹭 *Ardea intermedia* Wagler, 1829

白鹭 *Egretta garzetta* (Linnaeus, 1766)

牛背鹭 *Bubulcus ibis* (Linnaeus, 1758)

池鹭 *Ardeola bacchus* (Bonaparte, 1855)

绿鹭 *Butorides striata* (Linnaeus, 1758)

夜鹭 *Nycticorax nycticorax* (Linnaeus, 1758)

(九)鹰形目 ACCIPITRIFORMES

10. 鹰科 Accipitridae

林雕 *Ictinaetus malaiensis* (Temminck, 1822)

黑冠鹃隼 *Aviceda leuphotes* (Dumont, 1820)

凤头蜂鹰 *Pernis ptilorhynchus* (Temminck, 1821)

黑鸢 *Milvus migrans* (Boddaert, 1783)

蛇雕 *Spilornis cheela* (Latham, 1790)

赤腹鹰 *Accipiter soloensis* (Horsfield, 1821)

松雀鹰 *Accipiter virgatus* (Temminck, 1822)

(十)鸮形目 STRIGIFORMES

11. 鸱鸮科 Strigidae

领角鸮 *Otus lettia* (Hodgson, 1836)

斑头鸺鹠 *Glaucidium cuculoides* (Vigors, 1830)

(十一)犀鸟目 BUCEROTIFORMES

12. 戴胜科 Upupidae

戴胜 *Upupa epops* Linnaeus, 1758

(十二)佛法僧目 CORACIIFORMES

13. 蜂虎科 Meropidae

蓝喉蜂虎 *Merops viridis* Linnaeus, 1758

14. 佛法僧科 Coraciidae

三宝鸟 *Eurystomus orientalis* (Linnaeus, 1766)

15. 翠鸟科 Alcedinidae

普通翠鸟 *Alcedo atthis* (Linnaeus, 1758)

白胸翡翠 *Halcyon smyrnensis* (Linnaeus, 1758)

冠鱼狗 *Megaceryle lugubris* (Temminck, 1834)

斑鱼狗 *Ceryle rudis* (Linnaeus, 1758)

(十三)啄木鸟目 PICIFORMES

16. 拟啄木鸟科 Megalaimidae

大拟啄木鸟 *Psilopogon virens* (Boddaert, 1783)

17. 啄木鸟科 Picidae

大斑啄木鸟 *Dendrocopos major* (Linnaeus, 1758)

灰头绿啄木鸟 *Picus canus* Gmelin, JF, 1788

黄嘴栗啄木鸟 *Blythipicus pyrrhotis* (Hodgson, 1837)

栗啄木鸟 *Micropternus brachyurus* (Vieillot, 1818)

(十四)隼形目 FALCONIFORMES

18. 隼科 Falconidae

红隼 *Falco tinnunculus* Linnaeus, 1758

燕隼 *Falco subbuteo* Linnaeus，1758

(十五)雀形目 PASSERIFORMES

19. 八色鸫科 Pittdae

仙八色鸫 *Pitta nympha* Temminck & Schlegel，1850

20. 山椒鸟科 Campephagidae

灰喉山椒鸟 *Pericrocotus solaris* Blyth，1846

21. 卷尾科 Dicruridae

黑卷尾 *Dicrurus macrocercus* Vieillot，1817

灰卷尾 *Dicrurus leucophaeus* Vieillot，1817

发冠卷尾 *Dicrurus hottentottus*（Linnaeus，1766）

22. 伯劳科 Laniidae

虎纹伯劳 *Lanius tigrinus* Drapiez，1828

红尾伯劳 *Lanius cristatus* Linnaeus，1758

棕背伯劳 *Lanius schach* Linnaeus，1758

23. 鸦科 Corvidae

松鸦 *Garrulus glandarius*（Linnaeus，1758）

灰喜鹊 *Cyanopica cyanus*（Pallas，1776）

红嘴蓝鹊 *Urocissa erythroryncha*（Boddaert，1783）

灰树鹊 *Dendrocitta formosae* Swinhoe，1863

喜鹊 *Pica pica*（Linnaeus，1758）

24. 山雀科 Paridae

黄腹山雀 *Pardaliparus venustulus*（Swinhoe，1870）

大山雀 *Parus cinereus* Vieillot，1818

黄颊山雀 *Machlolophus spilonotus*（Bonaparte，1850）

25. 百灵科 Alaudidae

云雀 *Alauda arvensis* Linnaeus，1758

26. 扇尾莺科 Cisticolidae

纯色山鹪莺 *Prinia inornata* Sykes，1832

27. 燕科 Hirundinidae

家燕 *Hirundo rustica* Linnaeus，1758

金腰燕 *Cecropis daurica*（Laxmann，1769）

烟腹毛脚燕 *Delichon dasypus*（Bonaparte，1850）

28. 鹎科 Pycnonotidae

领雀嘴鹎 *Spizixos semitorques* Swinhoe，1861

白头鹎 *Pycnonotus sinensis*（Gmelin，JF，1789）

栗背短脚鹎 *Hemixos castanonotus* Swinhoe，1870

绿翅短脚鹎 *Ixos mcclellandii*（Horsfield，1840）

黑短脚鹎 *Hypsipetes leucocephalus*（Gmelin，JF，1789）

29. 柳莺科 Phylloscopidae

黄腰柳莺 *Phylloscopus proregulus*（Pallas，1811）

黄眉柳莺 *Phylloscopus inornatus*（Blyth，1842）

极北柳莺 *Phylloscopus borealis*（Blasius，JH，1858）

黑眉柳莺 *Phylloscopus ricketti*（Slater，1897）

30. 树莺科 Cettiidae

强脚树莺 *Horornis fortipes* Hodgson，1845

棕脸鹟莺 *Abroscopus albogularis*（Moore，F，1854）

31. 长尾山雀科 Aegithalidae

红头长尾山雀 *Aegithalos concinnus*（Gould，1855）

32. 莺鹛科 Sylviidae

棕头鸦雀 *Sinosuthora webbiana*（Gould，1852）

短尾鸦雀 *Neosuthora davidiana*（Slater，1897）

33. 绣眼鸟科 Zosteropidae

暗绿绣眼鸟 *Zosterops japonicus* Temminck & Schlegel，1845

栗耳凤鹛 *Yuhina castaniceps*（Moore，F，1854）

34. 林鹛科 Timaliidae

华南斑胸钩嘴鹛 *Erythrogenys swinhoei* David，1874

棕颈钩嘴鹛 *Pomatorhinus ruficollis* Hodgson，1836

红头穗鹛 *Cyanoderma ruficeps*（Blyth，1874）

35. 幽鹛科 Pellorneidae

灰眶雀鹛 *Alcippe morrisonia* Swinhoe，1863

褐顶雀鹛 *Alcippe brunnea* Gould，1863

36. 噪鹛科 Leiothrichidae

黑脸噪鹛 *Garrulax perspicillatus*（Gmelin,1789）

小黑领噪鹛 *Garrulax monileger*（Hodgson，1836）

黑领噪鹛 *Garrulax pectoralis*（Gould,1836）

灰翅噪鹛 *Garrulax cineraceus*（Godwin-Austen，1874）

画眉 *Garrulax canorus*（Linnaeus，1758）

白颊噪鹛 *Garrulax sannio* Swinhoe,1867

红嘴相思鸟 *Leiothrix lutea*（Scopoli，1786）

37. 河乌科 Cinclidae

褐河乌 *Cinclus pallasii* Temminck，1820

38. 椋鸟科 Sturnidae

八哥 *Acridotheres cristatellus*（Linnaeus，1758）

黑领椋鸟 *Gracupica nigricollis*（Paykull，1807）

北椋鸟 *Agropsar sturninus*（Pallas，1776）

灰背椋鸟 *Sturnia sinensis*（Gmelin，JF，1788）

丝光椋鸟 *Spodiopsar sericeus*（Gmelin，JF，1789）

灰椋鸟 *Spodiopsar cineraceus*（Temminck，1835）

39. 鸫科 Turdidae

乌鸫 *Turdus mandarinus* Bonaparte，1850

白腹鸫 *Turdus pallidus* Gmelin, JF, 1789

斑鸫 *Turdus eunomus* Temminck, 1831

白眉地鸫 *Geokichla sibirica* (Pallas, 1776)

白眉鸫 *Turdus obscurus* Gmelin, JF, 1789

虎斑地鸫 *Zoothera aurea* (Holandre, 1825)

灰背鸫 *Turdus hortulorum* Sclater, PL, 1863

40. 鹟科 Muscicapidae

红尾歌鸲 *Larvivora sibilans* Swinhoe, 1863

北红尾鸲 *Phoenicurus auroreus* (Pallas, 1776)

红尾水鸲 *Rhyacornis fuliginosa* (Vigors,1831)

红胁蓝尾鸲 *Tarsiger cyanurus* (Pallas, 1773)

鹊鸲 *Copsychus saularis* (Linnaeus, 1758)

小燕尾 *Enicurus scouleri* Vigors, 1832

灰背燕尾 *Enicurus schistaceus* (Hodgson, 1836)

白额燕尾 *Enicurus leschenaulti* (Vieillot, 1818)

斑背燕尾 *Enicurus maculatus* Vigors, 1831

紫啸鸫 *Myophonus caeruleus* (Scopoli, 1786)

鸲姬鹟 *Ficedula mugimaki* (Temminck, 1836)

41. 叶鹎科 Chloropseidae

橙腹叶鹎 *Chloropsis hardwickii* Jardine & Selby, 1830

42. 梅花雀科 Estrildidae

白腰文鸟 *Lonchura striata* (Linnaeus, 1766)

斑文鸟 *Lonchura punctulata* (Linnaeus, 1758)

43. 雀科 Passeridae

山麻雀 *Passer cinnamomeus* (Gould, 1836)

麻雀 *Passer montanus* (Linnaeus, 1758)

44. 鹡鸰科 Motacillidae

白鹡鸰 *Motacilla alba* Linnaeus, 1758

黄鹡鸰 *Motacilla tschutschensis* Gmelin, JF, 1789

灰鹡鸰 *Motacilla cinerea* Tunstall, 1771

树鹨 *Anthus hodgsoni* Richmond, 1907

黄腹鹨 *Anthus rubescens* (Tunstall, 1771)

45. 燕雀科 Fringillidae

燕雀 *Fringilla montifringilla* Linnaeus, 1758

金翅雀 *Chloris sinica* (Linnaeus, 1766)

黑尾蜡嘴雀 *Eophona migratoria* Hartert, 1903

黑头蜡嘴雀 *Eophona personata* (Temminck & Schlegel, 1848)

46. 鹀科 Emberizidae

三道眉草鹀 *Emberiza cioides* von Brandt, JF, 1843

红颈苇鹀 *Emberiza yessoensis* (Swinhoe, 1874)

小鹀 *Emberiza pusilla* Pallas, 1776

黄眉鹀 *Emberiza chrysophrys* Pallas，1776

灰头鹀 *Emberiza spodocephala* Pallas，1776

五、哺乳纲 MAMMALIA

(一)劳亚食虫目 EULIPOTYPHLA

1. 刺猬科 Erinaceidae

东北刺猬 *Erinaceus amurensis* Schrenk，1858

2. 鼩鼱科 Soricidae

臭鼩 *Suncus murinus*（Linnaeus，1766）

灰麝鼩 *Crocidura attenuata* Milne-Edwards，1872

山东小麝鼩 *Crocidura shantungensis* Miller，1901

3. 鼹科 Talpidae

华南缺齿鼹 *Mogera insularis*（Swinhoe，1863）

(二)翼手目 CHIROPTERA

4. 菊头蝠科 Rhinolophidae

中菊头蝠 *Rhinolophus affinis* Horsfield，1822

大菊头蝠 *Rhinolophus luctus* Temminck，1833

皮氏菊头蝠 *Rhinolophus pearsoni* Horsfield，1850

小菊头蝠 *Rhinolophus pusillus* Temminck，1833

中华菊头蝠 *Rhinolophus sinicus* K. Andersen，1904

5. 蹄蝠科 Hipposideridae

大蹄蝠 *Hipposideros armiger*（Hodgson，1835）

普氏蹄蝠 *Hipposideros pratti* Thomas，1891

6. 蝙蝠科 Vespertilionidae

东亚伏翼 *Pipistrellus abramus*（Temminck，1838）

大棕蝠 *Eptesicus serotinus*（Schreber，1774）

中华鼠耳蝠 *Myotis chinensis*（Tomes，1857）

华南水鼠耳蝠 *Myotis laniger*（Peters，1871）

中华山蝠 *Nyctalus plancyi* Gerbe，1880

斑蝠 *Scotomanes ornatus*（Blyth，1851）

亚洲长翼蝠 *Miniopterus fuliginosus* Hodgson，1835

(三)灵长目 PRIMATES

7. 猴科 Cercopithecidae

猕猴 *Macaca mulatta*（Zimmermann，1780）

藏酋猴 *Macaca thibetana*（Milne-Edwards，1870）

(四)鳞甲目 PHOLIDOTA

8. 鲮鲤科 Manidae

穿山甲 *Manis pentadactyla* Linnaeus，1758

(五)兔形目 LAGOMORPHA

9. 兔科 Leporidae

华南兔 *Lepus sinensis* Gray，1832

(六)啮齿目 RODENTIA

10. 松鼠科 Sciuridae

赤腹松鼠 *Callosciurus erythraeus* (Pallas,1779)

倭花鼠 *Tamiops maritimus* (Bonhote,1900)

珀氏长吻松鼠 *Dremomys pernyi* (Milne-Edwards,1867)

11. 仓鼠科 Cricetidae

黑腹绒鼠 *Eothenomys melanogaster* (Milne-Edwards,1871)

12. 鼹形鼠科 Spalacidae

中华竹鼠 *Rhizomys sinensis* Gray,1831

13. 鼠科 Muridae

巢鼠 *Micromys minutus* (Pallas,1771)

黑线姬鼠 *Apodemus agrarius* (Pallas,1772)

中华姬鼠 *Apodemus draco* (Barrett-Hamilton,1900)

小家鼠 *Mus musculus* Linnaeus,1758

黄胸鼠 *Rattus tanezunmi* Temminck,1844

褐家鼠 *Rattus norvegicus* (Berkenhout,1769)

大足鼠 *Rattus nitidus* (Hodgson,1845)

针毛鼠 *Niviventer fulvescens* (Gray,1847)

北社鼠 *Niviventer confucianus* (Milne-Edwards,1871)

白腹巨鼠 *Leopoldamys edwardsi* (Thomas,1882)

青毛巨鼠 *Berylmys bowersi* (Anderson,1879)

14. 豪猪科 Hystricidae

中国豪猪 *Hystrix hodgsoni* Gray,1847

(七)食肉目 CARNIVORA

15. 犬科 Canidae

狼* *Canis lupus* Linnaeus,1758

赤狐* *Vulpes vulpes* (Linnaeus,1758)

豺* *Cuon alpinus*(Pallas,1811)

貉* *Nyctereutes procyonoides*(Gray,1834)

16. 鼬科 Mustelidae

黄喉貂 *Martes flavigula*(Boddaert,1785)

黄腹鼬 *Mustela kathiah* Hodgson,1835

黄鼬 *Mustela sibirica* Pallas,1773

鼬獾 *Melogale moschata* (Gray,1831)

亚洲狗獾 *Meles leucurus* Linnaeus,1758

猪獾 *Arctonyx collaris* F. G. Cuvier,1825

17. 灵猫科 Viverridae

小灵猫 *Viverricula indica* Saint-Hilaire,1803

果子狸 *Paguma larvata* (C. E. H. Smith,1827)

注:“*”表示近二十年未发现物种。

18. 獴科 Herpestidae

食蟹獴 *Herpestes urva* (Hodgson, 1836)

19. 猫科 Felidae

豹猫 *Prionailurus bengalensis* (Kerr, 1792)

金猫* *Pardofelis temminckii* (Vigors & Horsfield, 1827)

云豹* *Neofelis nebulosa* (Griffith, 1821)

金钱豹* *Panthera pardus* Linnaeus, 1758

20. 熊科 Ursidae

黑熊 *Ursus thibetanus* Cuvier, 1823

(八)偶蹄目 ARTIODACTYLA

21. 猪科 Suidae

野猪 *Sus scrofa* Linnaeus, 1758

22. 鹿科 Cervidae

小麂 *Muntiacus reevesi* (Ogilby, 1839)

黑麂 *Muntiacus crinifrons* (Sclater, 1885)

毛冠鹿 *Elaphodus cephalophus* Milne-Edwards, 1872

23. 牛科 Bovidae

中华鬣羚 *Capricornis milneedwardsii* David, 1869

参考文献

Elliott M,Whitfield A K,Potter I C,et al. The guild approach to categorizing estuarine fish assemblages:a global review[J]. Fish and Fisheries,2007,8(3):241-268.

Flora of China 编委会. Flora of China(vol. 2-25)[M]. Beijing:Science Press; St. Louis:Missouri Botanical Garden Press,1988-2013.

Smith A T,解焱. 中国兽类野外手册[M]. 长沙:湖南教育出版社,2009.

蔡波,王跃招,陈跃英,等. 中国爬行纲动物分类厘定[J]. 生物多样性,2015,23(3):365-382.

蔡飞. 中国中亚热带东部木荷林的研究[D]. 上海:华东师范大学,1993.

蔡壬侯,章绍尧. 浙江省植被分片介绍[J]. 植物生态学与地植物学丛刊,1985,9(1):71-76.

陈立军,肖文宏,肖治术. 物种相对多度指数在红外相机数据分析中的应用及局限[J]. 生物多样性,2019,27(3):243-248.

陈灵芝. 中国的生物多样性[M]. 北京:科学出版社,1993.

陈书坤. 西南药用植物资源及其开发利用[J]. 自然资源学报,1994,9(2):107-111.

陈宜瑜,等. 中国动物志·硬骨鱼纲·鲤形目(中卷)[M]. 北京:科学出版社,1998.

陈有民. 园林树木学[M]. 北京:中国林业出版社,1990.

陈植. 观赏树木学(增订版)[M]. 北京:中国林业出版社,1984.

程亚青. 崆峒山自然保护区昆虫区系研究[J]. 甘肃农业大学学报,2007,6(3):74-79.

邓柏生,张燕均,李玉春,等. 广东南岭自然保护区翼手类物种资源调查[J]. 广东农业科学,2011,38(7):137-139.

邓可,张利周,李权,等. 云南天池自然保护区兽类资源调查[J]. 四川动物,2013(3):458-463.

丁冬荪,曾志杰,陈春发,等. 江西官山自然保护区昆虫区系分析[J]. 林业科学研究,2009,22(3):418-422.

费梁,等. 中国动物志·两栖纲(下卷)·无尾目·蛙科[M]. 北京:科学出版社,2009.

费梁,胡淑琴,叶昌媛,等. 中国动物志·两栖纲(上卷)·总论 蚓螈目 有尾目[M]. 北京:科学出版社,2006.

费梁,叶昌媛,胡淑琴,等. 中国动物志·两栖纲(中卷)·无尾目[M]. 北京:科学出版社,2009.

费梁,叶昌媛,黄永昭.中国两栖动物检索[M].重庆:科学技术文献出版社,1990.

费梁,叶昌媛,江建平.中国两栖动物及其分布彩色图鉴[M].成都:四川科学技术出版社,2012.

费梁,叶昌媛,李成.竹叶臭蛙的分类学研究Ⅱ.两新种记述(两栖纲:蛙科)[J].动物分类学报,2001(4):601-607.

高学敏.中药学:上、下册[M].北京:人民卫生出版社,2000.

郭瑞,王义平,翁东明,等.浙江清凉峰昆虫物种组成及其多样性[J].环境昆虫学报,2015,37(1):30-35.

何国军,周玮韭.浙江省主要木本药用植物资源[J].中国野生植物资源,2001,50(3):54-56.

胡中华,赵锡惟.草坪及地被植物[M].北京:中国林业出版社,1984.

江苏新医学院.中药大辞典:上册[M].上海:上海科学技术出版社,1977.

江苏新医学院.中药大辞典:下册[M].上海:上海科学技术出版社,1986.

蒋志刚,马勇,吴毅,等.中国哺乳动物多样性[J].生物多样性,2015,23(3):351-364.

蒋志刚.中国哺乳动物多样性及地理分布[M].北京:科学出版社,2015.

金波.室内观叶植物[M].北京:中国农业出版社,1998.

金东梅,东惠茹,等.野菜[M].北京:化学工业出版社,2001.

乐佩琦,等.中国动物志·硬骨鱼纲·鲤形目(下卷)[M].北京:科学出版社,2000.

李根有,陈征海,桂祖云.浙江野果200种精选图谱[M].北京:科学出版社,2013.

李根有,陈征海,项茂林.浙江野花300种精选图谱[M].北京:科学出版社,2012.

李根有,陈征海,杨淑贞.浙江野菜100种精选图谱[M].北京:科学出版社,2011.

李景侠,康永祥.观赏植物学[M].北京:中国林业出版社,2005.

李思忠,张春光,等.中国动物志·硬骨鱼纲·银汉鱼目 鳉形目 颌针鱼目 蛇鳚目 鳕形目[M].北京:科学出版社,2011.

刘胜祥.植物资源学[M].武汉:武汉出版社,1992.

刘雪华,武鹏峰,何祥博,等.红外相机技术在物种监测中的应用及数据挖掘[J].生物多样性,2018,26(8):850-861.

陆树刚.蕨类植物学[M].北京:高等教育出版社,2007.

吕贵学,石菊兰,王月梅.绿色保健与野菜开发利用[J].甘肃农业,2002,191(6):37.

马世骏.中国昆虫生态地理概述[M].北京:科学出版社,1959.

马太和,等.观叶植物大全[M].北京:中国旅游出版社,1989.

马文其.盆景制作与养护[M].北京:金盾出版社,1993.

牛翠娟,娄安如,孙儒泳,等.基础生态学 [M].3版.北京:高等教育出版社,2015.

欧建德.林下闽楠更新层生境质量评价模型的建立与应用[J].西南林业大学学报,2015,35(2):73-78.

彭东辉.闽北地区药用蕨类植物资源[J].中国野生植物资源,2004,23(1):15-17.

裘宝林.关于浙江南部森林植物华南、华东两个区系的划分问题[J].植物资源与环境,1995,4(1):23-30.

裘宝林.浙江重要野生秋色叶树种[J].南京林业大学学报,1990,14(1):68-73.

曲利明.中国鸟类图鉴[M].福州:海峡书局,2014.

盛和林,王歧山.脊椎动物学野外实习指导[M].北京:高等教育出版社,1982.

宋立人,洪恂,丁绪亮,等.现代中药学大辞典:上、下册[M].北京:人民卫生出版社,2001.

孙鸿烈.中国生态系统:上册[M].北京:科学出版社,2005.

谭娟杰.昆虫的地质历史[J].动物分类学报,1980,5(1):1-13.

唐婕,洪亚辉,周钺正.邵东药用观赏植物资源的调查[J].湖南农业大学学报:自然科学版,2003,29(6):488-491.

瓦尔明 E.植物生态学[M].陈庆诚,陈泽霖,译.北京:科学出版社,1965.

王火根,范忠勇,陈莹.中国浙江缨口鳅属一新种(鲤形目,平鳍鳅科,腹吸鳅亚科)[J].动物分类学报,2006,31(4):902-905.

王金荣,朱勇强.武义县木本植物区系研究[J].浙江林学院学报,1998,15(4):406-410.

王景祥.试论浙江省森林植物区系[J].植物分类学报,1986,24(3):165-176.

王剀,任金龙,陈宏满,等.中国两栖、爬行动物更新名录[J].生物多样性,2020,28(2):189-218.

王义平,毛晓鹏,翁国杭,等.浙江乌岩岭国家级自然保护区蝴蝶多样性及其森林环境健康评价[J].环境昆虫学报,2009,31(1):14-19.

吴鸿,潘承文.天目山昆虫[M].北京:科学出版社,2001.

吴鸿,朱志建,徐华潮.浙江仙霞岭昆虫物种多样性研究[J].浙江林学院学报,2000,17(3):235-240

吴诗华.观果植物栽培与欣赏[M].福州:福建科学技术出版社,1998.

吴文杰,蔡英卿,葛清秀,等.福建清源山药用蕨类植物资源与分布[J].亚热带植物科学,2001,30(4):36-39.

吴征镒,周浙昆,孙航,等.种子植物分布区类型及其起源和分化[M].昆明:云南科技出版社,2006.

吴征镒.论中国植物区系的分区问题[J].云南植物研究,1979,1(1):1-22.

吴征镒.中国植被[M].北京:科学出版社,1980.

吴征镒.中国种子植物属的分布区类型[J].云南植物研究,1991,13(增刊Ⅳ):1-139.

伍汉霖,钟俊生,等.中国动物志·硬骨鱼纲·鲈形目(五)·虾虎鱼亚目[M].北京:科学出版社,2008.

夏爱梅.浙江西天目山南坡植被垂直分布研究[D].上海:华东师范大学,2004:1-64.

肖治术,普三才.红外相机野外布设与操作[J].森林与人类,2015(3):70-71.

肖治术.红外相机技术在我国自然保护地野生动物清查与评估中的应用[J].生物多样性,2019,27(3):235-236.

肖治术.我国森林动态监测样地的野生动物红外相机监测[J].生物多样性,2014,22(6):808-809.

辛艳,李智,岳春雷.浙江省药用植物资源利用现状及开发利用途径[J].浙江林业科技,2004,24(1):33-36.

熊美兰.主要野菜品种介绍[J].当代蔬菜,2004(12):8.

徐华潮,郝晓东,黄俊浩,等.浙江凤阳山昆虫物种多样性[J].浙江农林大学学报,2011,

28(1):1-6.
徐华潮,吴鸿,杨淑贞,等.浙江天目山昆虫物种多样性研究[J].浙江林学院学报,2002(4):16-21.
许维岸,何俊华.侧沟茧蜂属一新种[J].动物分类学报,2000,25(2):195-198.
许又凯,刘宏茂.中国云南热带野生蔬菜[M].北京:科学出版社,2002.
杨卫平.临床常用中药手册[M].贵阳:贵州科技出版社,2001.
杨星科.长江三峡库区昆虫[M].重庆:重庆出版社,1997.
姚永正.园林植物及其景观[M].北京:农业出版社,1991.
尤民生.论我国昆虫多样性的保护与利用[J].生物多样性,1997,5(2):135-141.
余建平,余晓霞.浙江古田山自然保护区昆虫名录补遗[J].浙江林学院学报,2000(3):30-33.
袁乐洋,方一锋,杨佳,等.浙江省光唇鱼属分类整理及光唇鱼(*Acrossocheilus fasciatus*)种群系统发育研究[C]//.浙江省动物学会第十三次会员代表大会暨学术研讨会论文摘要集.2018.
约翰•马敬能,卡伦•菲利普斯,何芬奇.中国鸟类野外手册[M].湖南:湖南教育出版社,2000.
张孟闻,宗愉,马积藩.中国动物志•爬行纲(第一卷)•总论 龟鳖目 鳄形目[M].北京:科学出版社,1998.
张荣祖.中国动物地理[M].北京:科学出版社,1999.
张若蕙,等.浙江珍稀濒危植物[M].杭州:浙江科学技术出版社,1994.
兆赖之.浙江省典型常绿阔叶林群系组的分布格局及其生境类型[J].浙江林学院学报,1990,7(1):1-7.
赵尔宓,黄美华,宗愉,等.中国动物志•爬行纲(第三卷)•有鳞目•蛇亚目[M].北京:科学出版社,1998.
赵尔宓,赵肯堂,周开亚,等.中国动物志•爬行纲(第二卷)•有鳞目•蜥蜴亚目[M].北京:科学出版社,1999.
赵尔宓.中国蛇类(上卷)[M].合肥:安徽科学技术出版社,2006.
赵尔宓.中国蛇类(下卷)[M].合肥:安徽科学技术出版社,2006.
赵金光,韦旭斌,郭文场.中国野菜[M].长春:吉林科学技术出版社,2004.
赵天飙,陶波尔,董希超,等.啮齿动物种群数量调查方法及其评价[J].中国媒介生物学及控制杂志,2007,18(4):332-334.
赵云峰.泰山药用植物资源的开发利用[J].国土与自然资源研究,2002(4):81-82.
浙江动物志编辑委员会.浙江动物志•淡水鱼类[M].杭州:浙江科学技术出版社,1991.
浙江动物志编辑委员会.浙江动物志•两栖类 爬行类[M].杭州:浙江科学技术出版社,1990.
浙江动物志编辑委员会.浙江动物志•鸟类[M].杭州:浙江科学技术出版社,1990.
浙江动物志编辑委员会.浙江动物志•兽类[M].杭州:浙江科学技术出版社,1990.
浙江省林业局.浙江林业自然资源(野生植物卷)[M].北京:中国农业科学技术出版社,2002

浙江药用植物编写组. 浙江药用植物志[M]. 杭州:浙江科学技术出版社,1980.
浙江植物志编辑委员会. 浙江植物志:1-7卷[M]. 杭州:浙江科学技术出版社,1989-1993.
郑朝宗. 浙江种子植物检索鉴定手册[M]. 杭州:浙江科学技术出版社,2005.
郑光美. 中国鸟类分类与分布名录[M]. 北京:浙学出版社,2017.
中国科学院中国植物志编辑委员会. 中国植物志:1-80卷[M]. 北京:科学出版社,1959-2005.
中国野生动物保护协会. 中国哺乳动物图鉴[M]. 郑州:河南科学技术出版社,2005.
周繇,刘利,张明杰,等. 长白山国家级自然保护区药用植物资源及其多样性研究[J]. 林业科学,2005,41(6):57-63.
朱曦,姜海良,吕春燕. 华东鸟类物种和亚种分类名录与分布[M]. 北京:科学出版社,2008.
朱曦. 森林鸟类学[M]. 浙江:浙江科技学术出版社,2005.
诸新洛,郑葆珊,戴定远,等. 中国动物志·硬骨鱼纲·鲇形目[M]. 北京:科学出版社,1999.